金属丝电爆炸物理及应用

邱爱慈 石桓通 李兴文 吴 坚 王 坤 著

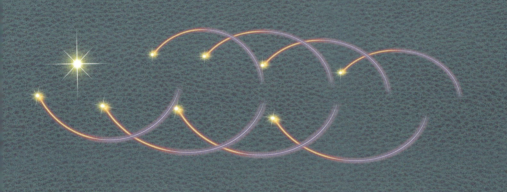

金属丝电爆炸物理及应用

邱爱慈 石桓通 李兴文 吴 坚 王 坤 著

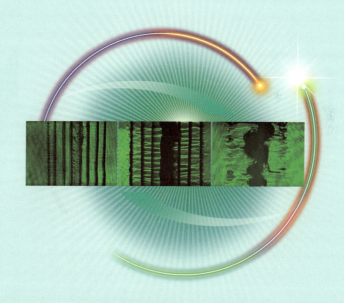

图书在版编目(CIP)数据

金属丝电爆炸物理及应用/邱爱慈等著.—西安：
西安交通大学出版社，2023.12
ISBN 978-7-5693-3609-2

Ⅰ.①金… Ⅱ.①邱… Ⅲ.①金属丝爆炸-研究
Ⅳ.①O38

中国国家版本馆CIP数据核字(2023)第242080号

JINSHUSI DIANBAOZHA WULI JI YINGYONG

书　　名	金属丝电爆炸物理及应用
著　　者	邱爱慈　石桓通　李兴文　吴　坚　王　坤
策划编辑	田　华
责任编辑	田　华　邓　瑞
责任印制	张春荣　刘　攀
责任校对	王　娜
装帧设计	伍　胜
出版发行	西安交通大学出版社 (西安市兴庆南路1号　邮政编码710048)
网　　址	http://www.xjtupress.com
电　　话	(029)82668357　82667874(市场营销中心) (029)82668315(总编办)
传　　真	(029)82668280
印　　刷	中煤地西安地图制印有限公司
开　　本	720 mm×1000 mm　1/16　印张 22.5　字数 440千字
版次印次	2023年12月第1版　2023年12月第1次印刷
书　　号	ISBN 978-7-5693-3609-2
定　　价	288.00元

如发现印装质量问题，请与本社市场营销中心联系。
订购热线：(029)82665248　(029)82667874
投稿热线：(029)82668818

版权所有　侵权必究

前　言

电爆炸现象是等离子体物理领域的经典研究对象。近几十年来，伴随着脉冲功率技术的进步，电爆炸在Z箍缩辐射源、惯性约束受控核聚变、温稠密物质特性研究、极端条件材料特性以及实验室天体物理等重大前沿科技领域获得了重要应用，成为实现电能到辐射能、动能、内能等其他形式能量转换以及获得高温、高压、高密、高速、强辐射等极端环境的重要手段。同时，电爆炸的工业应用潜力获得广泛重视，以纳米颗粒制备、钝感含能材料激发、冲击波动力学储层改造等为代表的应用基础研究在国内外蓬勃兴起。

本书是作者所在科研团队近20年来在金属丝电爆炸领域研究工作的系统总结。这一研究工作瞄准国际学术前沿和国家重大需求，将基础研究与工程应用紧密有机结合，并注重理论分析、实验研究与数值模拟相互融合，在长期的工程实践和人才培养中不断发展，形成了特色鲜明的金属丝电爆炸理论和应用体系。

本书共6章，可分为两大部分，第一部分(第1章至第3章)介绍金属丝电爆炸的基本物理过程和模型描述方法，第二部分(第4章至第6章)介绍真空、气氛和水中金属丝电爆炸的特性与应用。邱爱慈撰写第1章；石桓通撰写第2章2.1节～2.6节(2.3节部分)，第4章4.6节，第5章5.3节以及第6章；李兴文撰写第3章3.1节、3.2节，第5章5.1节、5.2节；吴坚撰写第4章4.1节～4.5节；王坤撰写第2章2.3节(部分)、2.7节，第3章3.3节～3.5节；最后由邱爱慈负责定稿。

在"211工程"三期重点学科建设项目支持下，西安交通大学率先在国内建设"脉冲功率与放电等离子体"新兴交叉学科，出版了系列著作，为国家培养了一批紧缺人才，我们期望本书的出版为进一步推动我国该领域的人才培养和科学研究提供有益的帮助。

北京应用物理与计算数学研究所的薛创、毛重阳为本书编写提供了宝贵素材，阴国锋、卢一晗、李旭东、张道源、胡于家、李团、陈紫维、张沛洲等多名西安交通大学研究生付出了辛勤努力，在此表示衷心的感谢！感谢国家出版基金对本书出版的资助！特别感谢西安交通大学出版社和田华编辑的大力支持，正是由于他们的努力，本书才得以出版。

  本书的研究工作是在多项国家重大专项项目、国家自然科学基金重大项目和重点项目、国家重点研发计划项目等支持下完成的，特此表示感谢。

  由于作者水平有限，谬误和疏漏在所难免，恳请读者批评指正。

作　者

2023 年 9 月于西安交通大学

目 录

第 1 章 引 言 ·· 1

1.1 金属丝电爆炸概述 ··· 2
   1.1.1 按负载构型划分 ··· 2
   1.1.2 按电爆炸的特征时间划分 ·· 6
   1.1.3 按金属材料划分 ··· 8
   1.1.4 按电爆炸的介质划分 ··· 10
1.2 研究历史与现状 ·· 12
1.3 本书内容安排 ··· 17
参考文献 ·· 17

第 2 章 金属丝电爆炸物理过程 ··· 19

2.1 常见实验设置简介 ··· 19
   2.1.1 驱动源 ··· 19
   2.1.2 测量与诊断方法 ··· 21
2.2 金属丝电爆炸的电学特性 ··· 27
   2.2.1 放电模式 ·· 27
   2.2.2 典型丝爆波形举例 ··· 32
2.3 能量注入与相变 ·· 37
2.4 击穿及等离子体产生 ·· 43
   2.4.1 真空环境下沿面击穿 ··· 43
   2.4.2 沿面击穿发展过程 ··· 59
   2.4.3 气氛中丝爆的击穿 ··· 64
   2.4.4 水中丝爆的击穿 ··· 71
2.5 丝芯状态 ··· 73
2.6 电爆炸过程中的辐射 ·· 78
2.7 电爆炸过程中的不稳定性 ··· 80
   2.7.1 电热不稳定性的波长和增长速率 ·· 80
   2.7.2 电热不稳定性的诊断图像 ··· 82

2.7.3　电热不稳定性的种子机制 ················· 86
参考文献 ················· 88

第 3 章　金属丝电爆炸数值模拟方法　94

3.1　电路模型 ················· 94
　3.1.1　驱动器的电路模型 ················· 95
　3.1.2　多路汇流区域的电路模型 ················· 98
　3.1.3　负载的电路模型 ················· 99
3.2　比作用量模型 ················· 100
3.3　磁流体力学数值模拟 ················· 102
3.4　模型数值求解方法 ················· 106
　3.4.1　物理数学模型 ················· 107
　3.4.2　数值求解方法 ················· 110
3.5　物态方程和输运参数模型 ················· 114
　3.5.1　托马斯-费米模型 ················· 114
　3.5.2　输运参数模型 ················· 128
参考文献 ················· 142

第 4 章　真空中的丝爆及其应用　148

4.1　真空中丝爆特点及应用概述 ················· 148
4.2　测量金属原子动态极化率 ················· 150
　4.2.1　偏移量积分法 ················· 150
　4.2.2　示例 1：钨动态极化率测量 ················· 153
　4.2.3　示例 2：420～680 nm 下铝金属原子极化率测量 ················· 156
4.3　X 箍缩 ················· 158
　4.3.1　X 箍缩概述 ················· 158
　4.3.2　X 箍缩动力学唯象模型 ················· 162
　4.3.3　X 箍缩点投影照相 ················· 164
　4.3.4　X 箍缩电流定标关系 ················· 167
　4.3.5　利用预脉冲电流提高混合型 X 箍缩辐射特性 ················· 171
4.4　丝阵 Z 箍缩 ················· 173
　4.4.1　丝阵 Z 箍缩概述 ················· 173
　4.4.2　丝阵的不均匀消融过程 ················· 175
　4.4.3　丝阵 Z 箍缩动力学唯象模型 ················· 177

4.4.4　利用预脉冲电流提高丝阵Z箍缩内爆品质的研究 ············ 179
　　4.4.5　Z箍缩在惯性约束聚变领域的应用 ··················· 181
　4.5　实验室天体物理 ································· 184
　　4.5.1　辐射不透明度测量 ··························· 184
　　4.5.2　等离子体射流 ····························· 186
　4.6　低阻抗杆箍缩二极管 ······························ 188
　参考文献 ······································· 193

第5章　气氛中的丝爆及其应用 ··························· 202

　5.1　气氛中丝爆特点及应用概述 ··························· 202
　5.2　纳米颗粒制备 ·································· 203
　　5.2.1　纳米颗粒概述 ····························· 203
　　5.2.2　丝爆炸法制备纳米颗粒 ························· 204
　　5.2.3　数值模拟方法 ····························· 206
　　5.2.4　丝爆的重复频率运行 ·························· 213
　　5.2.5　实验参数对纳米粉体特性的影响 ····················· 215
　5.3　引燃含能材料 ·································· 223
　　5.3.1　含能材料概述 ····························· 223
　　5.3.2　丝爆驱动含能材料特性 ························· 224
　　5.3.3　丝爆驱动含能材料光学诊断结果 ····················· 228
　　5.3.4　典型驱动机理 ····························· 231
　　5.3.5　起爆效率优化 ····························· 237
　　5.3.6　半导体桥火工品 ···························· 239
　参考文献 ······································· 241

第6章　水中丝爆及其应用 ····························· 247

　6.1　水中丝爆及其应用概述 ····························· 247
　6.2　水中冲击波源 ·································· 249
　　6.2.1　水中丝爆产生冲击波的物理过程 ····················· 249
　　6.2.2　数值模拟方法 ····························· 259
　　6.2.3　水中丝爆冲击波特性 ·························· 277
　　6.2.4　丝爆冲击波的应用 ··························· 298
　6.3　物态方程及输运参数测量 ··························· 310
　6.4　纳米材料制备 ·································· 312
　参考文献 ······································· 314

附录 A　基于 FLASH 的金属丝电爆炸数值模拟 ········· 324
 A.1　FLASH 磁流体力学方程组 ················· 324
 A.2　FLASH 模拟中的计算参数 ················· 325
  A.2.1　物态方程的选取 ················· 325
  A.2.2　电阻率的选取 ················· 327
  A.2.3　真空截止密度的选取 ················· 329
 A.3　FLASH 程序算法检验 ················· 329
 A.4　FLASH 使用外部物态方程 ················· 331
  A.4.1　FEOS 计算所需的数据文件 ················· 331
  A.4.2　数据库文件的配置 ················· 332
  A.4.3　用于 Soft-Sphere 函数的参数 ················· 333
  A.4.4　Soft-Sphere 函数系数的计算 ················· 334
  A.4.5　参数文件的配置 ················· 337
  A.4.6　物态方程数据导入 FLASH ················· 339

参考文献 ················· 342

索　引 ················· 344

第 1 章

引 言

金属丝电爆炸(简称丝爆),或者更宽泛地讲,导体的电爆炸现象,是一个"古老"的研究课题。文献所载最早对金属丝电爆炸现象的描述是 1773 年由 Nairne(奈恩)在英国皇家学会的一次会议上作出的,Nairne 将一根金属丝串联在总长度为 48 in(1 in=2.54 cm)的电路中,并通过莱顿瓶放电给回路施加大电流,实验发现金属丝安放在电路不同位置时其电爆炸现象没有任何区别,这一结果当时被用来佐证串联回路中的电流处处相等。

之后的近两百年中,人们对电爆炸现象的研究没有中断,这是由于导体在高电流密度下的行为是物理研究及电学相关应用中经常涉及的问题。例如,电爆炸过程中,金属材料经历固态、液态、气态及等离子体态的完整相变过程,其状态覆盖宽广的热力学参数范围,是研究金属物态方程、电导率等特性的重要手段。金属丝电爆炸真正意义上的"应用"出现于 20 世纪 40 至 50 年代第二次世界大战期间。曼哈顿工程中,技术人员发明了基于丝爆的桥丝雷管(exploding-bridge-wire detonator),成功将原子弹初级的猛炸药起爆时间抖动压缩到 0.1 μs 以下,从而获得了足够均匀的内聚冲击波,驱动中心核燃料达到超临界状态并起爆。桥丝雷管至今仍然是广泛采用的具有良好可控性的炸药起爆手段。

近几十年,伴随脉冲功率源技术的进步,基于大电流驱动的高能量密度物理获得了长足发展,其中最具代表性的研究方向包括 Z 箍缩(Z-pinch)[①]辐射源、惯性约束受控核聚变、极端条件材料科学以及实验室天体物理。在这些应用中,大电流与金属丝阵、套筒、飞片等负载相互作用,实现电能到辐射能、内能、动能等其他形式能量的转化,产生高温、高密、高速等极端环

---

① 载流导体在轴向(Z 方向)电流自磁压作用下向轴线收缩的现象。

境，因此必然涉及电爆炸现象。另一方面，随着脉冲功率驱动源电流水平不断提升，在靠近负载的真空传输线区域，由于电流集肤效应，导体表面电流密度将接近或达到驱动电爆炸的电流密度水平。因此电爆炸现象是脉冲功率负载技术和装置技术共同关心的问题。

本章对导体的电爆炸现象进行概述，包括其基本概念、研究历史和现状、电爆炸主要应用等，并对本书章节内容安排进行介绍。本章目的是让读者对金属丝电爆炸现象形成大致的认识，因此对某些物理量并未给出详尽的定义和计算方法，这些与电爆炸密切相关的专业名词和概念将在后文中展开。

1.1 金属丝电爆炸概述

金属材料的电阻率通常随温度升高而增大，因此当金属导体短时间内通过高电流密度时，焦耳加热引起导体温度升高、电阻增大，而电阻的增大又会提高加热功率，进一步加速温度的升高；这种正反馈作用会使导体温度急剧上升，并经历液化、汽化以及电离等相变过程。电爆炸就是指这种脉冲大电流作用下导体发生急剧温升和相变的现象，"爆炸"一词描述了材料由高密度的凝聚态迅速分散，形成小液滴、金属蒸气以及金属等离子体的过程；而"电"则表示爆炸由电能驱动。

高电流密度下导体发生的"爆炸性"相变一般都可归为电爆炸的范畴，如真空中电极的爆炸电子发射、电弧对电极的烧蚀作用等。发生电爆炸的条件可简单描述为以足够高的电流密度对导体加热足够长的时间；人们将电流密度平方对时间的积分定义为电流比作用量[①]，并发现这一指标可以作为导体发生"爆炸"的判断标准，丝爆的比作用量模型将在后文中详细介绍。本书中我们所关注的电爆炸电流密度范围为 $10^6 \sim 10^9$ A/cm², 电能注入的时间尺度为 10 ns～1 ms，这基本覆盖了目前电爆炸基础和应用研究所涉及的参数范围。

电爆炸包含复杂的物理过程，根据对其含义的描述可知影响这一过程的因素包括驱动源参数、负载材料和几何结构、电爆炸所处的环境等，根据这些影响因素可对电爆炸过程进行大致划分。

1.1.1 按负载构型划分

目前常见的电爆炸负载构型主要包括金属丝、金属箔和金属套筒三类。

---

① 电流比作用量，$g(t) = \int_{-\infty}^{t} j^2 \mathrm{d}t$。

金属丝典型直径为 1 μm～1 mm。桥丝起爆器中所采用的金属丝直径通常为数十微米，长度数毫米，除此之外直径数微米到数十微米的丝爆主要研究背景为 Z 箍缩 X 射线辐射源或辐射黑腔。如图 1-1 所示，将多根金属丝沿圆周或直线进行平行排布就形成了环形丝阵或平面丝阵，是高效的辐射转换负载（将电能转化为辐射能）。也可将金属丝交叉排布形成"X形"或双锥形，称为 X 箍缩负载，在大电流驱动下可在交叉点处形成高品质 X 射线点源辐射，可用于 X 射线点投影成像；由于点源尺寸可低至约 10 μm 量级，点源辐射的 X 射线具有空间相干性，因此可利用相衬效应使结构边缘锐化，得到极高分辨率的背光图像。直径 100 μm～1 mm 的金属丝常见于气体介质和液体中丝爆相关应用研究，如采用数微法电容、千焦级储能，驱动数百微米直径、数厘米长度的金属丝制备纳米粉体或产生水中冲击波。

(a) 环形丝阵负载

(b) X箍缩负载及电爆炸过程中某时刻激光阴影图像

(c) 利用X箍缩点源拍摄的蜘蛛背光图像

图 1-1　金属丝平行排布图像

金属箔的典型厚度为 100 nm～10 μm，与金属丝相比通常具有更大的横截面积，因此其电爆炸需要更大电流驱动。金属箔电爆炸的典型应用为飞片雷管，利用金属箔电爆炸形成的高压金属蒸气推动飞片，经过一定距离的加速后飞片以高速撞击起爆药，产生冲击波进而引起冲击起爆。以 Z 箍缩为背景的研究也关注金属箔在大电流驱动下的电爆炸行为。历史上，人们认为利用金属箔制作的薄壁圆筒负载较金属丝阵具有更好的旋转对称性，因此有望在 Z 箍缩过程中表现出更好的内爆均匀性，从而产生更高能量的 X 射线辐射。但实验结果表明，电爆炸过程中的各种不稳定性会严重破坏圆筒电爆炸产物的均匀性，导致内爆过程磁瑞利-泰勒（Magneto Rayleigh-Taylor，MRT）不稳定性迅速发展，最终无法获得预期的均匀箍缩效果。此后，有国内研究者提出采用一定宽度的金属带以一定间隔沿圆周排布形成阵列，但相关结果尚未见文献报道，这部分研究还在进行中。虽然利用金属箔负载直接实现高效 Z 箍缩辐射转换的尝试并不成功，但从另一个角度，金属箔可以视作厚金属套筒或金属导体的表面,因此可以作为认识存在趋肤效应时厚导体载流行为的等效工具,这将在下文中详细介绍。

金属套筒指具有较大厚度的圆筒形负载,此处的"厚"一方面代表负载具有相当的质量,另一方面是指导体厚度明显大于驱动电流集肤深度。目前套筒负载一般特指磁化套筒惯性约束核聚变(Magnetized Liner Inertial Fusion,MagLIF)中所使用的金属套筒,其典型尺寸为直径 7 mm、高度 1 cm、壁厚 0.5 mm。采用这样大的厚度主要目的是避免内爆过程中磁瑞利-泰勒不稳定性破坏套筒内表面的完整性。这样大横截面积的负载需要极高的驱动电流,目前 MagLIF 相关研究主要在美国桑迪亚(Sandia)国家实验室 ZR(Z Refurbishment)装置(见图 1-2)上开展。ZR 装置巨大的电流会将负载及其附近导体、元器件等全部摧毁,单次放电汽化的金属质量超过 20 kg,放电后需要对负载腔及绝缘堆进行清理,可见大型装置实验有很高的时间、人力及硬件成本。ZR 装置是世界上驱动电流水平最高的脉冲功率源之一,可在约 100 ns 时间内将峰值高达 26 MA 的脉冲电流注入负载。MagLIF 的有关情况将在第 4 章中详细介绍,下面我们简单讨论这种大型实验的"局部"或"缩比"研究方法。

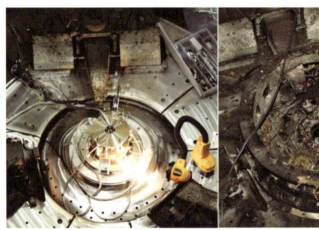

(a) 放电前 MagLIF 负载　　　　(b) 放电结束后负载区照片

图 1-2　ZR 装置负载腔中安装完成的放电前 MagLIF 负载以及放电结束后负载区照片

大型脉冲源的放电发次是极为珍贵的资源,ZR 装置和我国工程物理研究院的 PTS(Primary Test Standard,聚龙一号)装置每年可提供的放电次数均为 200 次左右,一次放电成本极高(见表 1-1)且通过诊断系统能够获得的数据量也是有限的。而另一方面,明确负载所经历的物理过程进而优化负载设计所需的数据量或实验发次是非常多的,现有装置的"打靶能力"远不能满足物理研究的需要。事实上，打靶能力不足或数据产出速率低下是各种大型科学装置面临的共性问题。

表 1-1 一些典型脉冲功率大科学装置额定储能单发放电成本

装置名称	装置类型	装置参数	单发成本/万美元
ZR	大电流驱动源	储能 22 MJ，电流上升时间 100 ns，峰值电流 30 MA，峰值功率 80 TW	约 20
PTS(聚龙一号)	大电流驱动源	储能约 3 MJ，电流上升时间 90 ns，峰值电流 8~10 MA，峰值功率 20 TW	约 2.0
Omega	激光聚变装置	60 路紫外激光（351 nm），激光能量 40 kJ，峰值功率 60 TW	约 2.5
NIF(Nation Ignition Facility，国家点火装置)	激光聚变装置	192 路紫外激光（351 nm），激光能量 1.8 MJ，峰值功率 500 TW	约 55

缓解这一矛盾的可行途径包括选取大质量/体积负载的一部分开展实验，以较小的驱动电流产生与原型实验相当的高能量密度环境，从而可以在具有更高运行效率和更加灵活、丰富诊断系统的中/小型驱动源上对大型实验中的某些关键物理过程进行实验诊断，并支撑数值模型的建立和校验。例如，对于厚金属套筒而言，由于集肤效应，起始阶段电流集中于表层，因此可以采用具有与集肤深度相当厚度的金属箔，并通过调控其宽度使电流密度与厚套筒表面相当，这样即可研究厚套筒表面早期的加热过程。

在金属丝阵的研究中人们也采用了类似的手段。在丝阵 Z 箍缩的初始阶段，单丝首先经历电爆炸过程，这时爆炸产物行为主要受单丝局部磁场影响，可将丝阵视为孤立金属单丝的叠加，因此可以使用小型驱动源驱动单丝电爆炸以研究大电流丝阵 Z 箍缩的早期过程。电爆炸过程之后单丝爆炸产物膨胀并与相邻爆炸产物碰撞融合，此时可采用三根或四根金属丝并排形成平面丝阵，并重点关注中间的一根或两根金属丝电爆炸后的演化情况，从而为丝阵中各单丝爆炸产物的演化提供参考。这种以局部认识整体的研究思路在 Z 箍缩等电爆炸负载物理过程的研究中发挥了重要作用。

1.1.2 按电爆炸的特征时间划分

对于电爆炸过程,通常考虑的特征时间有以下三个。

1.1.2.1 电能注入的特征时间 τ_{ex}

如前所述,这一时间描述了金属材料在发生电爆炸之前所能"承受"的最大电流比作用量(电流密度平方的时间积分),因此也称为爆炸时间。事实上,从直觉出发,电爆炸的发生应当与材料内沉积的电能密度关系密切。研究发现,对于固态和液态金属,其电阻率与电流比作用量存在较为确定的关系;而根据定义,比作用量与能量密度恰好通过电阻率相关联[①],以比作用量作为"自变量"与能量密度作为"自变量"具有相当的等价性,因此上述"电爆炸起始由能量密度决定"的直觉是正确的。常见金属材料特性如表表 1-2 所示。

表 1-2 常见金属材料特性表

金属	爆炸比作用量 /($10^9 A^2 \cdot s \cdot cm^{-4}$)	液化比作用量 /($10^9 A^2 \cdot s \cdot cm^{-4}$)	液化能量密度 /($kJ \cdot g^{-1}$)	原子化焓 /($kJ \cdot g^{-1}$)	临界密度 /($g \cdot cm^{-3}$)	临界温度 /eV[②]	临界压力 /kbar
Cu	4.1	1.07	0.205	4.75	2.39	0.72	7.46
Au	1.8	0.56	0.06	1.69	5.68	0.77	6.1
Al	1.8	0.41	0.4	10.85	0.64	0.69	4.47
Ag	2.8	0.77	0.1	2.33	2.93	0.61	4.5
Ni	1.9	0.28	0.3	6.3	2.19	0.89	9.12
Fe	1.4	0.15	0.25	6.27	2.03	0.83	8.25
W	1.85*	0.35	0.19	4.2	4.85**	1.38**	11.8**
Ti	0.8	—	0.32	8.56	1.13**	0.75**	4.78**
Mo	—	0.36	0.37	6.06	3.18	1.39	12.63
Zn			0.11	1.76	2.29	0.275	2.63

注:未标记的电流比作用量数据和临界点数据来自参考文献[1-2];原子化焓数据和液化能量数据来自参考文献[3];* 标记的数据来自参考文献[4];** 标记的数据来自参考文献[5]。

---

① 根据比作用量定义式 $g(t) = \int_{-\infty}^{t} j^2 dt$ 可知 $dg = j^2 dt$,因此焦耳加热的能量密度 $\varepsilon(t) = \int_{-\infty}^{t} \eta j^2 dt = \int_{-\infty}^{t} \eta dg$,其中 η 为电阻率。焦耳加热能量密度为电阻率对比作用量的积分,即电阻率-比作用量曲线 $\eta = \eta(g)$ 与横轴包围的面积。

② 等离子体物理中常以 $k_B T$ 表示温度,单位一般采用电子伏特(eV),其中, $k_B = 1.38 \times 10^{-23}$ J/K 为玻尔兹曼常数, T 为以 K 为单位的温度,1 eV 相当于 11594 K。

1.1.2.2 磁流体不稳定性发展特征时间 τ_{inst}

电爆炸过程中的磁流体不稳定性模式很多,常见的包括"腊肠"不稳定性、扭曲不稳定性等,通常以"腊肠"($m=0$)不稳定性发展的特征时间作为 τ_{inst}。对于金属丝电爆炸过程,这一特征时间取决于磁流体扰动在材料内部传播的速率(阿尔芬波速率)和金属丝半径。

1.1.2.3 趋肤效应特征时间 τ_{skin}

脉冲电流作用于金属丝时首先流过其表面。这可以从电感分流的角度理解,即将金属丝视为一系列同轴排布的圆筒形导体,单独考察每个圆筒导体流过相同电流时在空间产生的磁场能量,可知最外侧的圆筒磁场能量最小,即包含最外侧圆筒的回路具有最小的电感,因此脉冲电流将优先流过这一回路。这里应当注意与常见的交变电流集肤效应区分,因为即使金属丝半径远小于脉冲电流特征频率所对应的集肤深度,也存在趋肤效应特征时间;我们常说的"交流电集肤深度"可以理解成电流的稳态分布情况,而 τ_{skin} 则描述了达到这种稳态所需的时间。

也可从磁场的角度进行理解,根据麦克斯韦方程,电流密度等于磁场旋度。从这个意义上讲,磁场与电流相互对应。我们知道,磁场试图穿透导体(引起导体内部磁场变化)时会在其中产生涡流,涡流产生的磁场会抵消外部磁场的变化,即导体对时变磁场具有屏蔽作用。导体内部电流从无到有的过程实际上相当于导体内部建立磁场的过程,由于上述屏蔽作用,磁场的建立需要一定的时间,这对应于磁场从导体表面逐渐"扩散"进入导体内部的过程,因此 τ_{skin} 也被称为磁扩散特征时间。根据麦克斯韦方程,这一扩散过程的扩散系数就是导体的电阻率。特别地,当电阻率为 0 时,磁场无法扩散进入该区域,这对应于理想导体对磁场的全屏蔽。

基于上述三个特征时间的大小关系可以将丝爆过程划分为慢模式、快模式和超快模式三类。慢模式满足 $\tau_{\text{ex}} \gg \tau_{\text{inst}}$,此时磁流体不稳定性在爆炸发生之前有充足的时间发展,通常对应于能量注入速率较小(或电流上升速率小)的情况。慢电爆炸的特点可以概括为"极不均匀":通常仅部分金属材料汽化,而大部分仍以液态存在,爆炸时以液滴的形态四散飞溅。快模式满足 $\tau_{\text{ex}} \ll \tau_{\text{inst}}$,爆炸发生时磁流体不稳定性来不及发展,通常对应于能量高速注入(或电流上升率大)的情况。此时金属丝经历较完整的固态、液态到气态的相变过程,最终爆炸产物为金属蒸气/弱电离等离子体与微米/亚微米级小液滴的混合物,表现为均匀膨胀。应当指出的是,此处的"均匀"不代表金属丝轮廓为圆柱形,而是指爆炸产物的局部状态较为均匀,例如接近完全汽化状态而非液滴与金属蒸气混合物,爆炸产物在不同轴向位置的膨胀速率则可能存在显著差异。超快模式满足 $\tau_{ex} \ll \tau_{skin}$,这种情况下爆炸发生时电流还来不及进入金属丝内部,即电爆炸发生在金属丝表面。应当注意的是,超快模式下能量沉积只发生在金属丝表面附近的薄层中,因此金属丝的"有效"截面积减小了,计算其爆炸时间时,使用的电流密度也不再基于金属丝总截面积进行计算。

1.1.3 按金属材料划分

在早期电爆炸研究中,根据金属丝在空气中电爆炸时是否出现"电流暂停"现象(见图 1-3)将金属材料分为两类,第一类在一定驱动条件下具有显著电流暂停,而第二类很少或不出现电流暂停。从 0 时刻开始,电流增大到峰值后迅速减小到接近 0,并维持一定时间,该过程即电流暂停(current dwell 或 current pause)。一段时间后电流重新开始增大,称为重击穿(restrike)。在后续研究中,人们发现金属材料在电爆炸过程中的行为与其热物理性质密切相关,并基于不同驱动参数和介质中的实验现象进一步完善了这种分类方式。第一类材料以铜(Cu)、铝(Al)、金(Au)、银(Ag)等为代表,称为"非难熔"(non-refractory)金属,它们具有较低的沸点、原子化焓和电阻率,丝爆过程中可较为容易地实现均匀加热和汽化,进一步形成等离子体的方式通常为热电离或金属蒸气内部电击穿。第二类材料以钽(Ta)、钨(W)、钼(Mo)、钛(Ti)为代表,称为"难熔"(refractory)金属,它们具有较高的沸点、原子化焓及电阻率,并且是良好的电子发射体,在低密度介质中

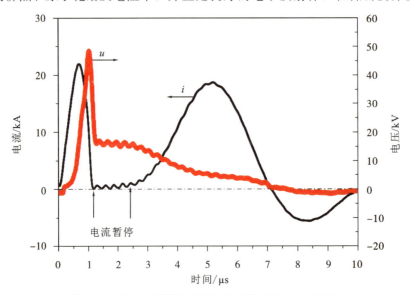

图 1-3 具有电流暂停特征的电爆炸电流、电压波形

容易发展表面放电通道，导致金属丝内部电流转移到表面，阻碍金属丝内部的加热和升温。第三类材料以镍(Ni)、铁(Fe)、铂(Pt)等为代表，它们的沸点、原子化焓和电阻率介于第一类和第二类之间，其电爆炸行为受介质密度影响显著，在高密度介质中(如空气、水)表现为第一类，而在低密度介质中(如真空)表现为第二类。

应当指出，这种分类方式仅用于帮助人们形成对不同金属电爆炸特性的大致认识或预期，"非难熔"金属通常更容易在电爆炸过程中得到均匀、充分加热，倾向于均匀汽化，而"难熔"金属则容易形成包括表面高温等离子体与内部低温丝芯的二元结构，倾向于分散为不均匀的混合体系。分类所依据的沸点、原子化焓及电阻率并不严格，观察表1-3中各种金属的熔沸点、原子化焓和常温电阻率数据，不难发现一些"特例"。例如，钛具有较低的熔沸点及原子化焓但属于"难熔"的第二类，锡具有较高的电阻率但属于"非难熔"的第一类。

表 1-3 常见金属单质的熔沸点、原子化焓及电阻率[6]

金属单质	熔点/K	沸点/K	原子化焓/(kJ·mol^{-1})	常温电阻率/(10^{-8} Ω·m)	分类
Au	1337	3243	368.2	2.214	第一类
Ag	1235	2483	284.9	1.587	第一类
Cu	1358	2835	337.4	1.678	第一类
Al	934	2743	330.9	2.65	第一类
Mg	923	1363	147.1	4.39	第一类
Sn	505	2875	301.2	11.5	第一类
Zn	693	1180	130.4	5.9	第一类
Cd	594	1040	111.8	6.8	第一类
Fe	1811	3134	415.5	9.61	第三类
Pt	2041	4098	565.7	10.5	第三类
Pd	1828	3236	376.6	10.54	第三类
Co	1768	3200	426.7	5.6	第三类
Ni	1723	3003	430.1	6.93	第三类
Ta	3290	5731	782.0	13.1	第二类
W	3695	6203	851.0	5.28	第二类
Mo	2896	4912	659.0	5.34	第二类
Ti	1941	3560	473.0	39	第二类

1.1.4 按电爆炸的介质划分

电爆炸可以发生在各种介质中,包括真空、气氛、液体、固体以及颗粒状介质等。

真空环境下的丝爆主要作为等离子体源,如用于 Z 箍缩辐射转换的丝阵负载。真空环境下,金属丝温度升高时表面很容易形成气体层。这些气体可能来自吸附气体、低沸点碳氢杂质以及金属蒸气,气体层在高温金属表面的电子发射以及金属丝两端的高电压作用下迅速电离,形成等离子体;等离子体层的密度远低于凝聚态金属,在电流的加热作用下温度迅速升高并迅速膨胀;等离子体温度升高导致电导率升高,而膨胀引起截面积增大,二者共同作用下等离子体层电阻迅速减小,因此沿面击穿发生后金属丝(丝芯)中的电流在很短时间内就会被这层所谓"晕层"等离子体分走,丝芯的焦耳加热也就基本停止了。真空中的丝爆通常形成上述的"芯-晕结构",丝芯所获得的电能注入非常有限。芯晕结构是丝阵不均匀性的重要来源。

气氛一般是指常压或高气压环境,此时介质的密度远高于真空环境,金属丝表面不容易形成低密度的气体层,因此沿面击穿得到抑制,有利于电能向金属丝内注入。典型的应用为电爆炸法制备纳米颗粒,即注入足够的能量使金属丝分散为金属蒸气和亚微米小液滴的混合物,爆炸产物在气氛中膨胀、冷却,最终形成纳米颗粒。相同负载和驱动源条件下,气氛中金属丝所获得的能量显著高于真空环境,爆炸产物更加均匀。

液体是密度更高的介质,在脉冲电压下具有极高的击穿场强,这决定了液体介质可以更有效地抑制金属丝表面放电通道的形成,因此通常液体中丝爆可以获得极高的沉积能量。由于液体的"不可压缩"性,爆炸产物膨胀推动液体可以产生强冲击波。相应地,液体中丝爆的典型应用就是产生水下冲击波。此外,利用液体中丝爆沉积能量更高、爆炸产物更加均匀的特点,可以制备较气氛中粒度更小、一致性更好的纳米颗粒。

在金属丝表面添加镀层可以实现固体介质中的丝爆,可以想象为对一根"漆包线"施加脉冲大电流。有镀层的丝爆曾被用于提高真空环境下金属丝电爆炸的能量沉积,从而抑制芯晕结构的产生,这里绝缘镀层可以起到抑制金属丝表面气体层产生以及表面电子发射的作用。此外,有研究者提出利用可发生化学反应的表面镀层将化学能与电能耦合,以提高金属丝电爆炸"输出"的能量,例如飞片雷管中在爆炸箔表面添加 CuO/Al 镀层,利用铝热反应释能提高飞片速度,或通过反应性镀层提高水下金属丝电爆炸冲击波强度。

颗粒状介质的代表是含能材料,对于安放在固体颗粒状炸药中的桥丝雷管来说，金属丝与大量固体颗粒和气体间隙同时接触，表面状态极为复杂；含能材料中经常添加铝粉等高能量密度金属粉末，虽然常温下金属粉末表面存在绝缘的氧化层，但有实验表明丝爆过程中金属丝周围的金属粉末也会参与导电，这增加了丝爆过程的复杂性；另外，固体颗粒阻挡下难以利用可见光诊断手段研究其物理过程。丝爆与含能材料的相互作用是目前仍在研究的内容。

根据前面对真空中芯晕结构形成过程的描述，读者应该已经意识到，电爆炸过程中注入金属丝的能量是有限的，通常显著小于脉冲源的储能。发生这一现象的根源是等离子体电导率随温度的升高而减小，通过电流的焦耳加热向等离子体内注入能量时，温度越高加热功率越低，因此可注入的总能量是有限的。实际上，正是因为同样的原因，在磁约束聚变的实践中人们开发了除电流加热以外的多种加热手段，以使等离子体达到发生聚变反应所需的高温。

电爆炸过程中有限的电能注入是电爆炸的关键参数，直接决定了爆炸产物的状态、辐射情况以及爆炸后与介质相互作用的动力学行为，而决定沉积能量这一参数的关键物理过程是等离子体的产生。当沉积能量远小于金属丝完全汽化所需的能量（近似等于原子化焓）时，电爆炸的效果是金属丝断裂形成宏观碎片或出现大液滴喷溅；当沉积能量超过原子化焓时，金属丝可以被转化为蒸气、微米/亚微米级液滴以及弱电离等离子体的混合物，爆炸产物表现为均匀[①]膨胀。

金属丝电爆炸的效应主要包括高温高压爆炸产物、强辐射和介质中的强冲击波，丝爆的各种应用就基于这些效应。金属丝电爆炸产物本身是高温、稠密的非理想等离子体，属于温密物质[②]范畴，因此丝爆作为一种方便的产生温密物质的手段在温密物质物态方程和输运参数相关研究中发挥了重要作用。丝爆具有良好的可控性和可重复性，其在介质中产生的冲击波也具有良好的一致性，因此液体中的丝爆最初被视为一种安全可控的冲击波源，用以研究冲击波传播以及与结构的相互作用等。除了在基础研究中的应用，人们也一直试图开发丝爆的工业或商业应用，20 世纪 50 至 60 年代，人们提出的可能应用包括：点燃含能材料，利用丝爆辐射制作闪光灯或驱动光化学反应，制备超细粉末，产生强冲击波用于材料成型等。

目前看来，这些商业应用的设想只有桥丝雷管得以发展成熟。对丝爆可

---

① 此处均匀表示爆炸产物局部状态，与沿金属丝轴向不同位置的膨胀速率一致性无关。
② 通常指密度处于 0.1～10 倍固体密度，温度处于 1～20 eV 的物质。

见光辐射的应用研究已少见报道,其原因包括丝爆难以重复频率运行,且会在容器中引入杂质,爆炸产物容易附着在光学器件上,而脉冲氙灯等清洁、高效的光源更具竞争力。制备纳米粉末和产生强冲击波则得到了人们的持续关注,目前已经发展出了较为成熟的设备,并在实践中取得了良好效果。这些应用将在第 4 至 6 章中详细展开。

1.2 研究历史与现状

20 世纪 20 年代,Anderson(安德森)借助转镜相机首次开展了时间分辨的丝爆光谱研究,虽然当时 Anderson 关注的对象是高温金属的辐射特性,丝爆仅仅用于产生温度超过 3000 ℃的高温金属蒸气,但是该工作仍被认为是最早的"科学"丝爆研究。由于缺乏具有足够时间分辨率的诊断设备,20 年代在丝爆物理以及关键数据方面的研究进展非常有限。

30 年代,Kleen(克伦)发表了第一篇丝爆专题研究论文,他发现了丝爆过程中的"波浪"(Unduloid)现象,即金属丝爆炸前液态金属沿轴向出现粗细间隔的调制,使金属丝轮廓如同波浪(见图 1-4)。Kleen 认为这一现象与丝爆在平板上的沉积物分层现象具有相同的机制。同一时期,研究者开始关注丝爆过程中的声波和光辐射。

图 1-4 钼丝通以直流电流熔断后呈现波浪形轮廓

50 年代,二战结束后,得益于微秒级脉冲功率源(脉冲电容器发展成熟)和相应诊断技术的发展,电爆炸研究进入"现代"阶段。同一时期,核聚变数据解密,研究人员开始设想利用大电流电爆炸和随后的箍缩过程实现聚变反应,这在一定程度上促进了对金属丝电爆炸现象的研究。这一阶段,人们观察到了放电过程中的电流暂停现象,初步提出了电爆炸放电模式的概念,并开始发展基于实验诊断与测量的电爆炸物理模型。美国桑迪亚实验室的Tucker(塔克)等建立了具有同轴结构的丝爆装置以及较为精确的电学测量系统,获得了各种金属材料电阻率与比电流作用量和能量密度之间的关系,并以此为依据建立了比作用量模型,实现了对"电爆炸丝"电学特性的描述。同时 Tucker 等还报道了丝爆介质对电击穿过程(电弧产生过程)的影响。

60年代，丝爆的研究方法已经较为成熟，并形成了对丝爆现象的初步认识：金属丝电爆炸是大量能量短时间内注入金属细丝时发生的复杂过程，金属材料经历相变，并伴随响声和闪光。这一时期，人们关注的重点包括电流暂停现象的成因、金属丝周围气体的电击穿及其对丝爆过程的影响、丝爆的数值模拟以及基于光谱测量估计爆炸产物温度等。同时，丝爆已经在含能材料点火和液电成型中得到应用，因此人们认为丝爆已经从纯粹的科学研究进入了具有工程研发支撑的新阶段。

50 至 60 年代召开了四次关于金属丝电爆炸的专题会议，形成的会议文集 *Exploding Wires Volume I - IV* 是关于金属丝电爆炸较为全面的资料，但遗憾的是这四册仅仅是会议论文的汇总，而没有按照某种逻辑系统介绍丝爆的理论与应用。90 年代，Burtsev（布尔采夫）等出版了俄文专著 *Electrical Explosion of Conductors and Its Applications in Electrophysical Installations*，但由于语言问题，这本专著并未被我国相关领域科技工作者所熟知。

70 年代以后，丝爆的研究很大程度上受到惯性约束核聚变的牵引，或者更确切地说，受真空环境下 Z 箍缩研究的牵引。Z 箍缩是指载流等离子体在其轴向电流自磁压作用下向轴心收缩的过程，本质上是由带电粒子在磁场中运动时所受的洛伦兹力引起的，类似于同方向电流的相互吸引。箍缩过程可以使等离子体以高速向轴线内聚，这种"向内加速"的过程也称为内爆，等离子体到达轴心后相互碰撞并将动能转化为内能，其密度、温度、压力急剧升高，进而产生高功率 X 射线辐射等效应。对 Z 箍缩的广泛研究同样始于 20 世纪 50 年代，核聚变资料解密之后，人们希望利用 Z 箍缩原理加热等离子体，实现可控热核反应。最初使用的负载为氘氚气体，即在真空环境下将氘氚气体喷入电极间隙，进而利用大电流对放电等离子体进行直接压缩。然而这种方式的效果并不理想，原因是箍缩过程磁流体不稳定性过早地破坏了等离子体的平衡状态，限制了箍缩等离子体所能达到的温度和密度，并缩短了约束的时间。为了解决这一问题，人们采取了诸多措施，例如借助传输线技术提高驱动电流的上升率等，这样虽然使箍缩等离子体的温度和密度得以提高，但距离"劳逊判据"所给出的聚变门槛仍有相当大的距离。多方努力和尝试无果的情况下，Z 箍缩在 60 年代陷入低谷。

70 年代，有研究者提出利用大量金属丝并联组成的丝阵替代喷气式负载可有效提高内爆等离子体的稳定性，但这一建议并没有立即受到重视。直到 90 年代，桑迪亚国家实验室的研究人员在桑迪亚加速器（土星）上取得突破，他们在实验中发现当铝丝丝阵中金属丝间距小于 1.5 mm 时其 X 射线辐射功率随丝间距的减小迅速增大至 40 TW[7]。在这一成果的基础上，桑迪亚国家实验室对原有的聚变加速器 PBFA-Ⅱ进行了升级，建造了输出电流达 20 MA 的 PBFA-Z 装置（简称 Z 装置）[8]。1996 年 Z 装置驱动单层钨丝丝阵产生了 200 TW 的 X 射线峰值功率[9]。1998 年 Deeny（迪尼）在单层丝阵的基础上提出双层嵌套丝阵构型，在 Z 装置上获得了总能量 1.75 MJ、峰值功率 280 TW 的 X 射线脉冲[10]，且其电能到 X 射线能量的转化效率达到 16%。桑迪亚实验室于 2007 年开始将 Z 装置进一步扩建为输出电流 26 MA 的 ZR 装置[11]，目前 ZR 装置上的丝阵负载已经可以产生总能量 2.7 MJ、峰值功率 350 TW 的 X 射线辐射。这一系列重大突破使得 Z 箍缩作为实现受控核聚变的潜在途径再一次受到世人关注，也带动了以俄罗斯、中国为代表的主要有核国家对 Z 箍缩的研究，各国相继建造了多台大、中型脉冲功率装置，并形成了较为完整的中、小型装置辅助大型装置的研究模式。时至今日，以真空中 Z 箍缩为背景开展的电爆炸研究仍是该领域的主流，具有代表性的研究机构包括：美国桑迪亚实验室、海军实验室、康奈尔大学、内华达大学；俄罗斯库恰托夫研究所、大电流研究所、列别捷夫物理研究所；英国伦敦帝国理工学院；法国替代能源和原子能委员会（Alternative Energies and Atomic Energy Commission，CEA）；中国工程物理研究院、西北核技术研究院、西安交通大学、清华大学等。

人们基于丝阵负载设计了两种 Z 箍缩聚变靶构型，其设计思路主要为利用双端丝阵 Z 箍缩或丝阵与泡沫材料相互作用产生的 X 射线辐照氘氚靶丸，使之达到聚变点火所要求的高温、高密状态（原理与激光惯性约束聚变类似）。然而目前丝阵 Z 箍缩的 X 射线的辐射功率尚不能满足聚变点火的需求，因此提高丝阵负载的 X 射线辐射能力仍然是该领域的重要研究内容。除采用更高的驱动电流外，设法抑制箍缩过程中磁流体不稳定性发展从而提高内爆品质和 X 射线辐射功率是关注的重点，而已有研究结果表明电爆炸阶段的电热不稳定性为后续箍缩过程不稳定性（主要是磁-瑞利-泰勒不稳定性）发展提供了重要的种子，这促使人们对金属丝电爆炸过程开展更加深入的研究。

两种 Z 箍缩聚变靶构型如图 1-5 所示。双端黑腔结构由 Hammer（哈默）等于 1998 年提出，其靶丸上下各设置高度约 1 cm 的丝阵负载，电路中二者串联，因此流过相同电流发生同步箍缩，产生的 X 射线由两端注入靶丸所在的静态黑腔中形成较为均匀的辐射场，靶丸表面吸收辐射能量升温，表面物质喷射，反作用力压缩靶丸引起聚变反应。Hammer 根据丝阵负载 X 射线辐射功率与驱动电流的定标关系估算了实现靶丸点火所需电流约 60 MA，这远远超过了目前 Z 箍缩驱动源所能达到的水平。动态黑腔负载构型由 Lash（拉希）等于 1999 年提出，其采用内爆的钨丝阵等离子体作为黑腔壁，用于加热靶丸的 X 射线可通过三种机制产生：对泡沫材料的冲击加热和绝热压缩加热；靶丸外爆消融等离子体与丝阵内爆等离子体碰撞；负载在轴线附近的滞止。Z 装置上动态黑腔实验获得了 10^{11} 量级的中子产额，但由于靶丸压缩的不均匀性，桑迪亚实验室放弃了对这种负载的进一步优化。

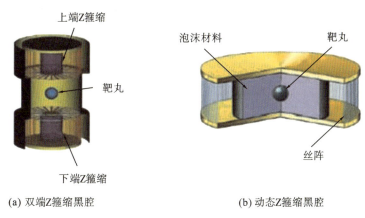

(a) 双端Z箍缩黑腔　　　　　　　　(b) 动态Z箍缩黑腔

图 1-5　两种 Z 箍缩聚变靶构型

2010 年，美国桑迪亚实验室提出了 Z 箍缩直接驱动的磁化套筒惯性聚变负载(MagLIF)构型(见图 1-6)，即利用柱形金属套筒 Z 箍缩内爆直接压缩氘氚燃料，相对于辐射间接驱动而言，没有磁能到 X 射线、X 射线到黑腔、黑腔到靶丸吸能等一系列复杂的中间过程，能量转换效率较高；26 MA 峰值电流时，可以产生 10^7 MPa 的压力，耦合 500 kJ 能量到厘米尺度的靶上，其能量转换效率是动态黑腔的 20 倍，是双端 Z 箍缩黑腔的 150 倍。2014 年，在 10 T 初始轴向磁场、2.5 kJ 激光能量和 20 MA 峰值电流下(ZR 装置上)，采用 D_2 作为燃料实现中子产额 10^{12} 量级。2016 年 8 月，ZR 装置启动氘氚(DT)聚变实验，成为除 Omega 和 NIF 激光聚变装置外，在运行的可开展 DT 靶惯性约束聚变实验的装置。

MagLIF 装置在施加大电流之前通过激光预热 DT 燃料到几百电子伏，与冷态起始相比在相同压缩比下燃料可获得更高温度；通过外加轴向磁场(初始状态磁感应强度数特斯拉，压缩过程中可增加到约 10000 T)，降低燃料热传导损失，增强 α 粒子能量沉积，获得较高的能量转化效率。数值计算结果表明，在 30 T 初始轴向磁场，6 kJ 的激光能量以及 27 MA、100 ns 的脉冲电流下，DT 靶聚变输出能量大于用于加热 DT 靶的馈入能量，实现聚变反应的"得失相当"。Slutz(斯卢茨)等预言在约 60 MA 电流条件下，采用高增益靶设计可以实现超过 100 的高能量增益。

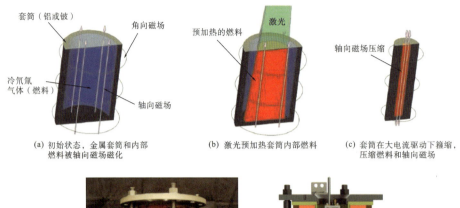

(a) 初始状态，金属套筒和内部　　(b) 激光预加热套筒内部燃料　　(c) 套筒在大电流驱动下箍缩，
　　燃料被轴向磁场磁化　　　　　　　　　　　　　　　　　　　　　　压缩燃料和轴向磁场

(d) ZR装置上MagLIF负载区照片　　(e) MagLIF负载结构剖面图

图 1-6　MagLIF 构型示意图

不难发现，实现受控核聚变是近几十年推动电爆炸相关研究持续发展的最大动力。目前，丝阵 Z 箍缩已经成为比较成熟的高效率实验室软 X 射线源，在武器物理尤其是核爆辐射效应模拟中发挥重要作用，以丝阵 Z 箍缩为背景的丝爆研究以及丝阵负载优化工作有减少的趋势，而利用丝阵作为等离子体源的实验室天体物理近年来得到了越来越多的关注，可能成为未来金属丝电爆炸研究的又一推动力。另一方面，磁化套筒内爆成为有望实现高增益惯性约束聚变的负载构型，与丝阵负载相似，内爆过程中的磁瑞利-泰勒不稳定性是 MagLIF 的关键问题，而套筒电爆炸过程中导体表面初始等离子体形成、电热不稳定性发展等对后续内爆动力学行为产生关键影响，这推动了套筒和金属箔负载电爆炸过程的研究。套筒与箔两种负载所涉及的基本物理过程与金属丝电爆炸有着极大的相似性，因此基于金属丝电爆炸研究所建立的理论体系和数值模拟方法将继续在 Z 箍缩惯性约束聚变中发挥重要作用。

Z 箍缩惯性约束核聚变研究带动了脉冲功率驱动源技术和负载技术的进步，也催生了一批电爆炸潜在工业应用，其中一些正处于研发的关键时期，其成功推广应用可能对相关行业带来变革性影响。这些应用也是本书将着重介绍的内容，其研究现状和面临的关键问题将在相应章节中展开。

1.3 本书内容安排

本书第 2 章详细阐述金属丝电爆炸物理过程,总体上按照电爆炸的时间顺序展开,包括能量注入、相变、击穿及等离子体产生,最后讨论电爆炸过程中的不稳定性。第 3 章介绍金属丝电爆炸的数值模拟,首先给出电爆炸系统各部分的物理、数学模型,包括电路、爆炸丝和介质;在此基础上介绍模型控制方程求解方法,并给出求解过程中需要的关键数据——物态方程和输运参数;最后介绍可用于电爆炸和 Z 箍缩模拟的开源 Flash 代码及其使用方法。第 4~6 章介绍三种典型介质中丝爆的应用,分别为真空环境、气氛环境和水环境,较为完整地给出了目前丝爆相关的基础和应用研究情况。

参考文献

[1] MESYATS G A. Pulsed power engineering and electronics[D]. Moscow: Nauka, 2004.

[2] MESYATS G A. Cathode phenomena in a vacuum discharge: the breakdown, the spark, and the arc[D]. Moscow: Nauka, 2000.

[3] GRIGORIEV I, MEYLIKHOV E. Physical values handbook[D]. Moscow: EnergoAtomIzdat, 1991.

[4] ORESHKIN V I. Thermal instability during an electrical wire explosion [J]. Phys. Plasmas, 2008, 15(9): 092103.

[5] FORTOV V E, KHISHCHENKO K V, LEVASGOV P R, et al. Wide-range multi-phase equations of state for metals[J]. Nucl. Instrum. Methods Phys. Res. A, Accel., Spectrometers, Detectors Associated Equip. 1998, 415 (3): 604 – 608.

[6] DAVID R L. CRC handbook of chemistry and physics[M]. 90th ed. CRC Press, 2009.

[7] SANFORD T, ALLSHOUSE G O, MARDER B M, et al. Improved symmetry greatly increases X-ray power from wire-array Z-pinches[J]. Physical Review Letters, 1996, 77(25): 5063 – 5066.

[8] DEENEY C, DOUGLAS M R, SPIELMAN R B, et al. Enhancement of X-ray power from a Z pinch using nested-wire arrays[J]. Physical Review Letters, 1998, 81(22): 4883 – 4886.

[9] SPIELMAN R B, DEENEY C, CHANDLER G A, et al. Tungsten wire-array Z-pinch experiments at 200 TW and 2 MJ[J]. Physics of Plasmas, 1998, 5(5): 2105-2111.

[10] WEINBRECH E A, MCDANIEL D H, BLOOMQUIST D D. The Z refurbishment project (ZR) at Sandia National Laboratories: IEEE pulsed power conference[C]//Giesselmann M, Neuber A, 2003: 157-162.

[11] MATZEN M K, ATHERTON B W, CUNEO M E, et al. The refurbished Z facility: capabilities and recent experiments[J]. Acta Physica Polonica A, 2009, 115(6): 956-958.

第 2 章

金属丝电爆炸物理过程

明确丝爆的基本物理过程是开展数值模拟和应用研究的基础。本章详细介绍丝爆的物理过程，总体上按照电爆炸的时间顺序，包括能量注入、相变、击穿及等离子体产生等，并讨论电爆炸过程中的不稳定性，特别是电热不稳定性。对于 Z 箍缩负载技术来说，明确等离子体不稳定性的种子来源和发展机理，进而设法延缓或抑制不稳定性的发展，是贯穿始终的关键问题。目前普遍认为，对于丝阵和磁化套筒等以电爆炸为等离子体源的 Z 箍缩过程，焦耳加热阶段的电热不稳定性为内爆阶段磁瑞利-泰勒不稳定性发展提供了重要的种子，因此对电热不稳定性成因和发展过程的探索是目前本领域的研究热点。

2.1 常见实验设置简介

实验是研究电爆炸这一复杂过程的重要手段，本节首先对常见的实验设置和测量诊断手段进行简要介绍。

2.1.1 驱动源

利用电容器储能并通过开关直接对负载放电是电爆炸相关研究中最常见的驱动方式。例如，康奈尔大学 Sinars(西纳尔斯)等搭建的 LC1 装置，其电路原理图如图 2-1(a)所示，使用 75 nF 储能电容，充电电压 15 kV，短路放电时电流峰值约为 4.2 kA，到达峰值的时刻约为 330 ns，0~100 ns 内电流上升速率约为 18 A/ns，这一电流参数与 Z 装置中"预脉冲"(prepulse)的参数接近。预脉冲是指在兆安级大电流之前施加于负载上的幅值较小的电流脉冲，其产生原因是开关的电容耦合[①]，Z装置可在其典型的丝阵负载(约300根丝)上产生金属丝电流约1 kA、电流上升率十到数十安每纳秒的预脉冲，并驱动丝阵在20 MA级主脉冲到达前发生电爆炸。利用参数相近的脉冲源驱动金属丝可研究丝阵在预脉冲作用下的电爆炸行为，这是2000年前后真空环境丝爆研究的重要应用背景。

主脉冲作用下丝阵中的金属丝电流幅值为数十千安，上升时间数十到百纳秒。向金属丝中注入这种参数的电流一般需要采用Marx发生器并配合脉冲压缩系统。例如，清华大学PPG-1装置，输出阻抗1.25 Ω，匹配条件下峰值电流400 kA，可驱动数根金属丝使其达到与Z箍缩主脉冲相似的电流参数，其电路原理图如图2-1(b)所示。

在预脉冲电流(金属丝电流1 kA量级)驱动的丝爆研究中，人们发现数十A/ns电流上升率下金属丝常常无法被加热到气态，而是形成大量液滴与少量金属蒸气的混合态，甚至产生宏观碎片。因此研究者围绕改善预脉冲电流驱动下丝爆的均匀性开展了大量工作，这一过程中使用了上升速率更快的驱动电流。一种获得快前沿电流的方式为电容对同轴电缆放电，如图2-1(c)所示，同轴电缆(传输线)的典型阻抗为50 Ω，在电缆电长度的两倍时间内，电容可视为对阻值等于传输线波阻抗的电阻放电，这种过阻尼情况可获得较快上升沿，其典型值约为20 ns。也可采用峰化电容加峰化开关的方式获得快前沿脉冲，如图2-1(d)所示，储能电容对脉冲变压器原边放电，并通过副边高压对峰化电容充电，当峰化电容上的电压达到峰化开关自击穿电压时，开关导通，峰化电容对金属丝放电。由于峰化电容值较小，放电时间常数也较小，这种方式也可产生前沿十几纳秒量级的驱动电流。

应当指出，脉冲源输出电流参数与负载阻抗密切相关，且负载段导体的感抗不应忽略。驱动源的驱动能力可通过其在一定阻抗的负载上加载大电流的能力加以表征。输出阻抗也是衡量驱动能力的重要指标，如果两个驱动源在匹配负载上可产生相同参数的电流，显然输出阻抗高的驱动源所需的电压更高，因此驱动能力更强。反之，驱动能力强的脉冲源可以在具有更高阻抗的负载上产生大电流，因此对负载结构的紧凑性要求较低，有利于各种测量与诊断的开展。

---

① Z装置中同轴脉冲传输线与汇聚段平板传输线之间设置有用于压缩脉冲宽度的水间隙开关(峰化开关)，水间隙具有一定电容，同轴脉冲传输线充电过程中有位移电流通过该电容，最终在负载上形成预脉冲。

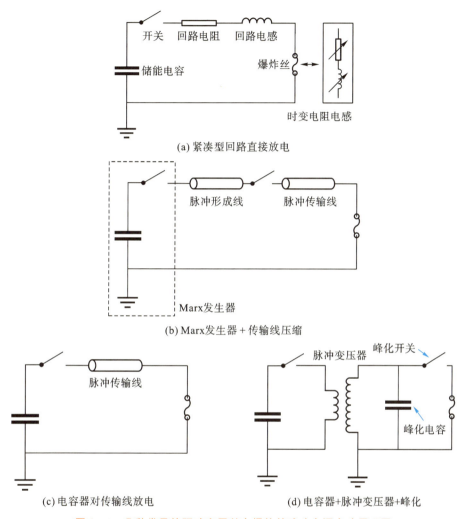

图 2-1 几种常见的驱动金属丝电爆炸的脉冲电源电路原理图

2.1.2 测量与诊断方法

电爆炸过程中希望获取的信息通常包括电流、电压、阻抗等电学量以及爆炸产物温度、密度、成分等等离子体参数。

电流测量一般采用分流器(shunt resistor)、罗氏线圈(Rogowski coil)、磁探针(B-dot probe)等[1]。几种常用电流测量探头结构如图 2-2 所示。分流器即串接于放电回路中的低值电阻,通过测量其两端的电压即可推算流过其中的电流,其测量方式是接触式测量,成功测量的前提条件为测量回路中的互感电压远小于分流器电阻的阻性电压。为此分流器一般设计成本身自感较小的同轴结构或折带结构，并采用同轴引出的方式以减小测量回路与主放电回路间的互感。罗氏线圈是基于电磁感应原理的非接触式测量方法，本质上是测量放电回路与线圈互感上的电压，其原始测量信号（互感电压）正比于回路电流的微分，因此需要进行积分以获得电流波形。磁探针与罗氏线圈原理相同，但一般圈数较少，其原始测量信号也与主回路电流微分成正比，即与穿过线圈的磁链的时间变化率成正比，由于线圈截面积可制作得很小，可近似认为磁场在线圈范围内为定值，由此可获得磁感应强度对时间的变化率，积分后可获得磁感应强度，这也是称其为磁探针的原因。

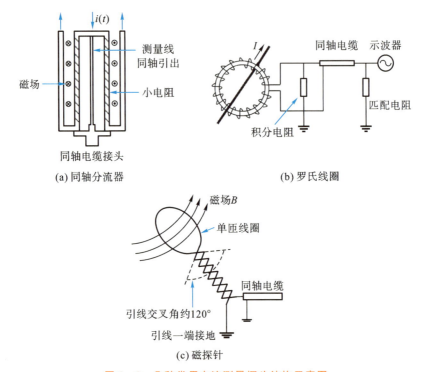

图 2-2　几种常用电流测量探头结构示意图

同轴分流器当同轴结构内外筒间距小且电阻元件导电层厚度也很小（如采用膜电阻）时，分流器自感较小；同时，测量线以及同轴电缆接头所在位置在理想情况下磁场为 0，与同轴接头相连的同轴电缆也具有屏蔽结构，因此测量信号引出回路与主电流回路的互感几乎为 0，此时通过同轴接头可测量小电阻两端的纯电阻电压；电阻导体与同轴结构外筒之间存在结构电容（可达到纳法量级），其充电与放电过程会造成电阻两端电压上升及下降沿的变缓，但由于电阻阻值通常为数十毫欧量级，充放电的时间常数约为 0.01 ns，这与被测电流特征时间相比是足够短的。罗氏线圈一般由多匝线圈环形绕制而成，被测电流穿过圆环中心。采用硬件积分时应保证积分电阻阻值远小于线圈自感感抗，这里存在几个相互矛盾的因素：若通过增大线圈匝数增大自感，由于线圈与周围导体存在杂散电容，线圈自感增大时振荡频率降低，高频响应变差；若通过减小积分电阻达到自积分条件，则一方面会降低输出电压幅值，即降低信噪比，另一方面积分电阻自身电感感抗压降增大，输出信号可能失真。因此硬件自积分的罗氏线圈应仔细设计其频率响应。磁探针一般是单匝或数匝面积较小的线圈，线圈磁通变化在线圈中产生正比于磁链变化率的感应电动势；线圈需要延长引线时需要将两股导线编织成交叉角度120°的"麻花"状，以减小非测点磁场在引线中产生的感应电动势；线圈末端一般直接焊接同轴电缆芯线，同轴电缆末端匹配，其波阻抗一般远大于线圈自感感抗，输出电压几乎等于感应电动势，即输出微分信号。此外，磁探头常常安装于传输线低压导体板上，若实际使用中发现输出波形毛刺严重，可尝试将其接地引线与低压导体板良好接触。

电压测量一般采用电阻分压器、电感分压器和电容分压器，其电路原理图如图 2-3 所示。电阻分压器（或阻容分压器）采用接触式测量，其高压臂直接接触高压导体，通过电阻分压或阻容分压在低压臂上产生测量范围内的电压信号。电感分压器也是一种接触式脉冲高电压测量方法，其采用大电感（感抗应远大于负载阻抗）将被测高压接地，则理论上电感中的电流与被测高压的积分成正比，此时只需进一步利用磁探针或微分式罗氏线圈测量电感中电流的微分，即可获得与被测高压成正比的测量信号。电容分压器一般特指利用测量电极与高压导体间结构电容作为高压臂的情况，可产生正比于测量电极表面场强（包括静电场和感应电场）微分的电流信号，进而通过硬件或软件积分获得被测电压，其中通过硬件积分的一般称为自积分式电容分压器，采用数值积分的称为 D-dot。应当指出，电压测量结果通常是阻性电压和感性电压之和，其中阻性电压是指静电场中的电势差，而感性电压是指由于磁场变化在测量回路中产生的感应电场沿测量回路的积分，实际上对应于测量回路与主放电回路间互感上的电压。很多时候这一互感与放电回路测点下游的自感近似相等，且交链的磁场也相同，此时可以将测量得到的互感电压作为负载测点下游的自感电压或感性电压。

准确地讲，测量脉冲电压的电阻分压器是阻容分压器，其响应受杂散参数特别是杂散电容的影响显著。例如，图 2-3(a)中高压臂对地杂散电容，其通过高压臂电阻的充放电可造成低压臂输出电压上升沿和下降沿变缓；被测高压高频分量大时，高压引线电感与高压导体对地电容可能发生振荡，严

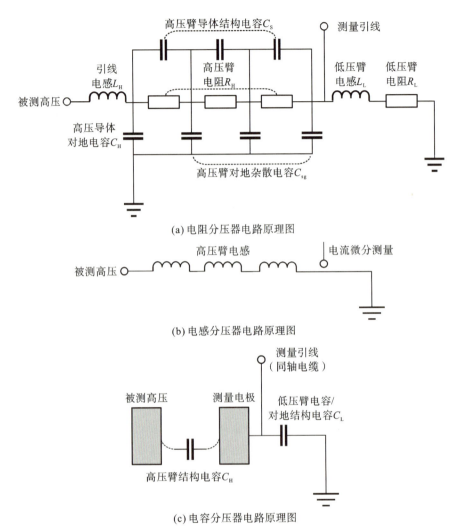

图 2-3 几种常用电压测量探头电路原理图

重干扰测量结果,因此高压引线一般应尽可能短;低压臂电阻较小,电压测量值易受互感电压影响,此时可考虑采用"同轴引出"的设计,即低压臂电阻本身具有中空的轴对称结构,测量线由低压臂轴线引出,这样可以很大程度上减小测量回路与低压臂之间的互感;低压臂也具有一定的自感,有时可设计信号引出方式使测量信号叠加部分感性电压,以补偿高压臂对地电容引起的前沿变缓。电感分压器中被测高压直接通过大电感接地,根据 $U=L\mathrm{d}i/\mathrm{d}t$ 可知,测量接地线中的电流微分即可获得与被测高压成正比的信号,而电流微分可以通过罗氏线圈或磁探针非常方便地测量。应注意高压臂电感感抗应远大于负载阻抗，同时在测量脉冲高电压时应注意防止高压臂电感与对地电容发生振荡，并处理好线圈匝间绝缘等问题。从电路的角度，电容分压器中测量电极与被测高压导体之间的结构电容作为高压臂，低压臂可采用大电容实现自积分，但这时存在电容与引线电感的振荡问题，应仔细考虑杂散参数造成的频率响应；低压臂仅有对地结构电容时，其容抗通常远大于测量电缆波阻抗，此时输出信号与被测电压微分成正比。

  总体而言，接触式电测量手段具有更强的抗干扰能力，可以获得更为可靠的负载区电参数，但其设计一般更为复杂，例如分流器要考虑电动力和发热问题，电阻分压器要考虑沿面绝缘、辐射屏蔽等问题。非接触式测量通常实现更为简洁，但一般需要较"温和"的工作环境，例如工作于水或油绝缘传输线中；靠近真空中的负载区时可能会在电子、等离子体、高能光子等作用下出现严重误差或失效。此外，由于非接触测量的原始测量信号均为微分信号，对其积分会带来误差的累积，因此随着时间延长其测量结果的可信度会降低。使用电阻分压器测量真空中负载区电压的示例如图 2-4 所示。图(a)为电阻分压器安放于负载腔中的照片，其外壳绝缘长度约 40 cm；放电负载为丝阵 Z 箍缩负载，放电电流峰值约为 400 kA；图(b)、(c)分别为分压器外壳不作遮挡和良好遮挡时测得的电压、电流波形；不作遮挡时分压器外壳在放电起始后数百纳秒即失去绝缘能力，表现为电压测量波形缓慢衰减到零，而良好遮挡①时分压器可测得负载滞止(约 350 ns 时刻)引起的电压尖峰。

  电爆炸实验中常用的等离子体诊断方法可分为高速成像诊断、辐射与光谱诊断以及探针光诊断三类。

  高速成像诊断的目的是获取等离子体自发光图像，一般采用分幅摄影和条纹摄影。分幅摄影可在一次曝光时间内获得一幅时间积分的二维图像，当曝光时间远小于物理过程持续的特征时间时可认为获得了某一时刻等离子体自发光状态，典型设备包括增强型电荷耦合探测器(Intensified Charge Coupled Device，ICCD)和分幅相机。目前基于 ICCD 的快速照相曝光时间为 1 ns 量级，但一次动作只能拍摄一幅图像，要获得瞬态等离子体演化过程，需要多次重复实验或使用多个 ICCD 组成的分幅相机。扫描摄影技术在一次曝光时间内将被测过程沿时间轴展开，典型设备为条纹相机，其中"条纹"是指相机前端狭缝的像，通过内部的扫描单元将条纹按时间排列在成像原件上，从而得到一幅条纹随时间的演化图像；可见条纹相机给出的是空间上一维光强

---

① 实验中采用绝缘筒进行遮挡，发现仅当绝缘筒不接触高压电极时才能获得正常测量信号。

(a) 电阻分压器

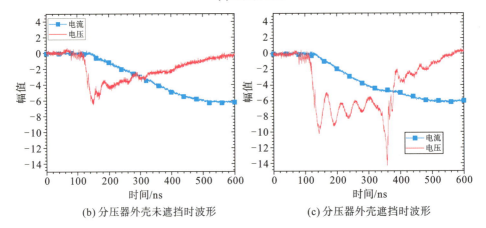

(b) 分压器外壳未遮挡时波形　　　　　(c) 分压器外壳遮挡时波形

图 2-4　使用电阻分压器测量真空中负载区电压

信息随时间的演化过程。

辐射及光谱诊断关注等离子体辐射功率、能量及能谱信息。辐射测量需要根据等离子体辐射的光谱范围、强度、持续时间等选择不同的测量原理和设备。对于可见光范围，常用光电管测量等离子体辐射功率，光栅光谱仪测量光谱；对于软 X 射线范围，常用半导体探测器测量辐射功率，晶体谱仪测量能谱。发射光谱是辐射诊断最重要的方法之一，可反映等离子体组分、温度、密度等丰富信息。

探针光诊断技术是指利用激光、微波等电磁波与等离子体相互作用实现等离子体参数诊断的方式。电爆炸相关研究中最常用的探针光诊断包括激光阴影、纹影和干涉成像，即利用短脉宽脉冲激光获取某一时刻爆炸产物的信息，通过空间延时可在一次实验中获得多分幅激光探针图像。阴影图像一般用于获得等离子体形态信息，其图像中的亮暗分布受多种因素影响，例如电爆炸早期丝芯部分为凝聚态，激光无法穿透，在阴影像中为暗区；载流等离子体中电子密度较高，导致截止频率超过探针光频率，相应区域在阴影像中也呈现为暗区；电爆炸产物在介质中形成压缩波，波前附近折射率分布造成入射激光方向偏折，超出了成像透镜的收光范围，则波前区域在阴影像中也表现为暗区。当激光可穿透被测区域并进入成像系统时，阴影图像的亮暗信息可反映被测区域折射率在空间的二阶导数。纹影成像可在阴影成像光路的基础上通过刀口阻挡一部分探针光到达成像元件，其图像亮暗可反映被测区域折射率沿垂直刀口方向的一阶导数。虽然借助阴影和纹影成像均可获得被测区域的折射率信息，但由于脉冲激光光斑均匀性一般较差，很少采用这两种方式进行定量测量。激光干涉成像是获得等离子体密度分布的重要手段，图像中干涉条纹的偏移量反映了被测区域的折射率分布，避免了光斑不均匀造成的误差，常用马赫曾德尔干涉定量测量等离子体中电子和中性分子的密度。关于激光诊断技术的细节读者可参考热物理激光测试技术相关书籍[2]。

2.2　金属丝电爆炸的电学特性

2.2.1　放电模式

金属丝电爆炸过程中的电流、电压波形具有一些显著特征，在早期研究中根据电流波形划分了丝爆的"放电模式"。本小节将对放电模式划分以及一些相关专有名词进行简要介绍，并归纳电流波形特定"特征"所对应的物理过程。

丝爆过程的电流电压波形由回路参数与爆炸丝阻抗共同决定，不妨假设丝爆由电容器直接放电驱动，且简单认为金属丝由固态升温直至汽化的过程中电阻不断增加，随后若爆炸产物保持低电离度金属蒸气状态，则负载一直维持高阻，若爆炸产物中通过电击穿等方式形成了高电导率等离子体，则负载电阻迅速减小。基于此可以形成对丝爆电学特性的感性认识。图2-5中给出了六种典型放电模式下金属丝的电流、阻性电压波形示意图，这里阻性电压表示金属丝时变电阻上的电压降。

图2-5(a)的放电模式一般称为"击穿模式"，其电流上升沿可见一短暂的"电流坑"，即电流在短时间内下降又上升，后续电流波形表现为类似短路状态的欠阻尼振荡。击穿模式下，金属丝在焦耳加热作用下开始汽化，阻抗迅速增大导致电流减小，随后发生电击穿形成高电导率等离子体通道，阻抗迅速减小导致电流重新上升。相应地，阻性电压波形一般存在明显的尖峰，即电压在电流转折时刻附近开始急剧升高，峰值时刻处于电流坑下降沿上，

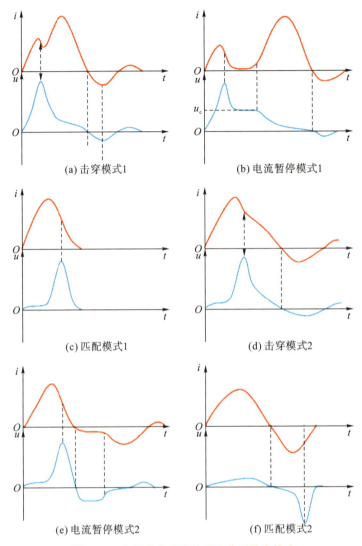

图 2-5 金属丝电爆炸的几种典型放电模式

这是由于此处电流下降对应于金属由凝聚态导体向分散态绝缘体转化过程，电阻迅速增大。另一方面，回路电感电压为 Ldi/dt，电流减小时电感电压为负，表示电感中存储的磁场能量阻碍电流减小，进一步推高了金属丝两端的阻性电压。回路及金属丝本身电感的存在使得丝爆过程中阻性电压可以远高于电容器的初始充电电压。击穿发生后，阻性电压迅速减小，电流重新转为上升，阻性电压急剧下降，最终阻性电压与电流同相位振荡衰减。图 2-5(d)所示也是一种击穿模式，此时电流坑出现在电流第一个半周期的下降沿。

真空环境中的电爆炸一般表现为击穿模式，这是由于真空中金属丝表面容易形成有利于放电发展的低密度气体层，进而发生沿面击穿。空气中的难熔金属丝电爆炸一般也表现为此模式，一般认为其过程与真空环境类似，即发生表面击穿；非难熔金属出现该模式时则存在沿面击穿和内部击穿两种可能，内部击穿情况下，电弧通道随着能量注入迅速扩展，能量充足时电弧通道的扩展可以追上膨胀的爆炸产物，将其重新加热至等离子体状态。

图 2-5(b)中的放电模式称为"电流暂停模式"，电流在第一个脉冲后下降并维持在很低的水平，这一特征称为电流暂停；一段时间后间隙发生重燃(restrike)，电流重新上升并呈现短路衰减振荡。电流暂停的成因与击穿模式中电流的短暂下降相同，都是由于汽化造成电阻迅速增加，但此时没有迅速形成高电导率等离子体，回路电流被高阻爆炸产物切断。汽化后不发生电击穿是电流暂停的必要条件，从电容器储能与金属丝汽化所需能量的角度，过高或过低的储能都可能出现电流暂停：储能充足且电流上升率较高时，金属丝汽化率高，产生的金属蒸气中粒子数密度高，此时电子碰撞的平均自由程小，碰撞时由于电场加速积累的动能小，不足以支撑电子崩的形成，因此无法击穿爆炸产物；储能不足时，汽化阶段结束后电容器上剩余能量少，电压低，也不足以造成爆炸产物击穿。应当指出，电流暂停并非电流归零，这一阶段回路中仍然保持着很低的电流，一般认为爆炸产物中高温金属液滴的电子发射提供了主要的载流电子。

进一步观察图 2-5(b)中的阻性电压波形，电压峰值对应于第一个电流脉冲的下降沿，其成因与击穿模式中的电压峰相同，电流暂停阶段金属丝两端的电压对应于电容器上的剩余电压。爆炸产物的密度随膨胀不断降低，同时温度降低造成部分金属蒸气冷凝形成液滴，进一步降低了爆炸产物的粒子数密度，因此电子平均自由程增大，当剩余电压足够高时，可引起爆炸产物的重击穿，类似于开关熄弧后的重燃。

Vlastós(弗拉斯托斯)通过大量实验分析了空气中丝爆电流暂停时间和充电电压、金属丝长度、直径等参数的关系[3-4]。结果表明低熔点金属丝电流暂停存在短时间和长时间两种模式，在短模式下重击穿在金属丝表面附近发生，而长模式下重击穿发生在金属丝的内部。充电电压较低时，仅存在短模式；充电电压超过某一临界值时，长模式占据主导，同时短模式也有一定概率出现。两种模式的电流暂停时间(dwell time)均可以表示为随平均场强增大而减小的单值函数；当场强继续增大到一定程度时电流暂停现象消失。值得注意的是，在临界电压附近，长模式转为主导且对应的电流暂停时间极长，此时驱动源中的火花间隙开关由于长时间低电流而无法维持导通状态，造成回路电流的开断，这一现象是丝爆作为断路开关的基础。可以从前述爆炸产物数密度降低导致重击穿的角度理解两种电流暂停模式的转换，低电压时爆炸产物汽化率低，同时金属丝边界处介质由于受热密度降低，都有利于电子崩的发展；高电压时汽化速率高同时爆炸产物快速膨胀，提高了爆炸产物本身及相邻介质的数密度，抑制了重击穿的发生。此外 Vlastós 对钨丝的实验结果表明，空气中钨丝电爆炸仅存在短电流暂停模式[5]。

Azarkevich（阿扎尔凯维奇）等对电流暂停模式发生的条件进行了分析，发现击穿模式和电流暂停模式之间存在一个临界长度 l_c，可以通过下式计算得到：

$$l_c = B(W_0 DLZ)^{0.36} \quad (2-1)$$

式中：$W_0 = CV_0^2/2$ 为电容器初始储能，J；$Z = (L/C)^{0.5}$ 为回路的特征阻抗，Ω；L 为回路电感，μH；D 为金属丝直径，mm；B 为与材料有关的值，其中 Al 为 27.7、Cu 为 18.5、Ag 为 21。当 $l > l_c$ 时，电爆炸为电流暂停放电模式；当 $l < l_c$ 时，金属丝为表面放电，l_c 单位为 mm。

图 2-5（b）中电流暂停发生在短路电流的 1/4 周期内，此时电容器上剩余电压为正极性（假设充电电压为正极性）；在此基础上减小电容器储能，则可能将电流暂停推迟到短路电流的 1/4 周期～1/2 周期范围，此时电容器上的电压极性已经反转，如图 2-5（e）所示，电流暂停和重燃阶段的电流极性也发生反转。某些情况下重燃可能不发生，例如当电容器储能与金属丝汽化所需能量接近时，电流暂停后爆炸产物膨胀过程中与介质混合导致绝缘强度始终高于电容器残压，这种现象多见于水中电爆炸。

图 2-5（c）中的放电模式称为"匹配模式"，其特点为电流、电压在第一个脉冲后同时归零，除了电路电阻损耗外，电容中储存的能量全部用于金属丝的加热，能量利用率高。匹配模式是丝爆相关应用中进行参数选择的重要参考，例如采用水中丝爆产生冲击波时一般认为匹配模式具有最高的电能到冲击波机械能转化效率。匹配模式可以视为一种特殊的电流暂停模式，对于存在电流暂停的丝爆过程，大量实验结果表明第一个电流脉冲时间内注入金属丝的能量可以用下式计算[6]：

$$W = (h_b W_0 S^2 Z)^{0.5} \quad (2-2)$$

式中：S 为金属丝截面积，mm²；h_b 为发生爆炸所需的电流比作用量，也被称为材料的"热硬度"（thermal toughness），如表 2-1 所示，其数值为电流密度平方对时间的积分，A²·s/mm⁴。根据匹配模式的含义，忽略回路能量损失的情况下，第一个电流脉冲注入金属丝的能量等于电容器初始储能，在公式(2-2)中令 $W = W_0$ 可得：
$$W_0 = h_b S^2 Z \qquad (2-3)$$
上式即匹配模式下初始储能与回路及金属丝参数应满足的关系。

表 2-1 几种金属材料的热硬度

材料	Cu	Al	Ag	Au	Ni	Fe	W	Pt
文献[6]热硬度 /($\times 10^5$ A·s·mm^{-4})	1.95~2.1	0.9~1.09	1.04	0.523	0.73~0.75	0.506	0.8	0.945
文献[7]爆炸比作用量 /($\times 10^5$ A·s·mm^{-4})	1.73	0.658	1.12	0.831	0.560	0.361	0.751	0.489

注：不同文献给出的热硬度对部分材料存在较大差异，可能的原因包括测量时回路参数以及电爆炸放电模式的差异等。因此上文中给出的经验公式可作为设计电爆炸电路的参考，但读者应对实验结果与文献经验值可能存在的差异有所预期。

观察公式(2-3)不难发现，匹配放电的实现与金属丝长度无关，因此在一定初始储能条件下，金属丝可达到的沉积能量密度与金属丝长度成反比，即长度减小、能量密度增大。然而沉积能量密度并不能无限制提高，当长度减小到公式(2-1)所限定的 l_c 时，回路电感在电流减小过程中产生的电压尖峰可造成爆炸产物的沿面击穿，此时放电模式即转换为击穿模式，高电导率等离子体的形成使电能无法有效注入爆炸丝中。另外，公式(2-3)表明在某种匹配放电参数的基础上，如果电容器的充电电压与金属丝的横截面积成比例变化，则金属丝的放电模式仍然为匹配模式，对于空气中的金属丝电爆炸，这一规律已为实验所证实[8]。

图 2-5(f)中展示的情况也可以视为一种特殊的匹配模式，此时金属丝直径"过大"，在第一个半周期内的沉积能量未能使金属丝显著升温，类似匹配模式中电流电压同时归零的过程发生在第二个半周期内，显然这种归零过程也可能发生在更晚的时间。

综上可以将电爆炸电流、电压波形典型特征对应的物理过程简单归纳如表 2-2 所示。

表 2-2 电爆炸电流、电压波形典型特征对应的物理过程

电流特征	波形特征	物理过程
电流坑	电流短暂下降随后上升	金属丝汽化并随后形成等离子体，常伴随爆炸产物表面附近电击穿

续表

电流特征	波形特征	物理过程
电流暂停	电流下降并维持于接近0，同时电压保持一定值（下降非常缓慢）	金属丝汽化形成的高阻爆炸产物"切断"回路电流
重击穿	电流暂停后重新上升	电流暂停阶段电容器剩余电压引起爆炸产物间隙击穿，可能的击穿位置包括表面附近介质、表面附近爆炸产物以及爆炸产物内部
匹配放电	电流电压在第一个脉冲后同时归零	电源储能"恰好"可将金属丝转化为高电阻率的分散态，爆炸产物通常为弱电离金属蒸气与液滴的混合物

2.2.2 典型丝爆波形举例

本小节给出一些典型丝爆波形，并结合放电模式简要论述其物理过程，以帮助读者形成对丝爆过程的总体把握。电爆炸波形主要由以下驱动源获得：

(1) 驱动源 A，电容对同轴电缆放电，同轴电缆波阻抗 50 Ω，长度 10 m，末端接负载，储能电容 10 nF，充电电压 60 kV 时短路电流峰值约 2 kA，10%~90% 上升时间 20 ns；

(2) 驱动源 B，电容通过场畸变开关直接对负载放电，结构较紧凑，储能电容 2.6 μF，短路放电周期约 6 μs，回路总电感约 325 nH；

(3) 驱动源 C，回路主体结构同 B，储能电容 4 μF，短路放电周期约 7.4 μs，回路总电感约 425 nH；

(4) 驱动源 D，电容通过同轴电缆对负载放电，储能电容 6 μF，短路放电周期约 19 μs，回路总电感约 1.5 μH。

不同驱动源、不同环境下、不同材料的电爆炸电流与电压变化如图 2-6 至图 2-9 所示。

图 2-6(a) 的参数是驱动源 A，真空环境下铝丝电爆炸，充电电压 60 kV，铝丝直径 15 μm、长度 1.5 cm。观察测量电压波形可见 0~6 ns 电压迅速升高而后下降，这一初始"电压峰"对应于电压测量点下游电感上的感性电压 Ldi/dt，初始阶段电流幅值小但变化率高，因此出现感性电压峰，进行后续分析时通常需要从测量电压波形中去除感性电压，得到"阻性"电压。对

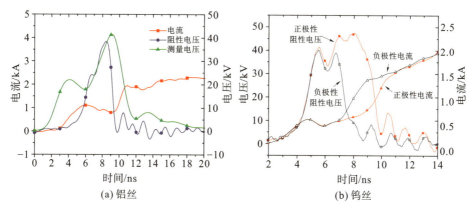

图 2-6 驱动源 A，真空环境下不同材料电爆炸的电压、电流变化

于铝丝电爆炸，阻性电压在 0~5 ns 缓慢上升，5 ns 后开始急剧上升，同时电流上升率减小并在 6 ns 后略微下降，这对应于金属丝由凝聚态导体分散为绝缘状态的过程；8 ns 后阻性电压跌落，在 2 ns 以内迅速减小到接近 0，这对应于金属丝表面等离子体的产生及迅速膨胀，即沿面击穿；与此同时电流迅速上升，随后表现为类似短路的衰减振荡。

图 2-6(b) 的参数是驱动源 A，真空环境下钨丝电爆炸，充电电压 60 kV，钨丝直径 12.5 μm、长度 1.0 cm。图中给出了两种极性下电爆炸的电流与阻性电压波形。对比真空中的铝丝电爆炸波形，二者具有非常相似的特征，即电流先上升，后平缓或略有下降，随后迅速升高，这对应于真空环境下金属丝表面的电击穿过程。阻性电压在 5.5 ns 左右出现第一个峰值，这对应于钨丝的液化，由于液态钨电阻率随温度升高变化不显著甚至略有下降，阻性电压在电流平缓阶段 5.5~6 ns 呈现下降趋势；多种难熔金属都具有与钨相似的电阻率特性。6 ns 以后阻性电压重新上升，这对应于钨丝汽化。不同极性下钨丝表面沿面击穿过程存在差异，称为极性效应，将在后文中详细介绍。

图 2-7(a) 的参数是驱动源 B，氩气中铝丝电爆炸，充电电压 20 kV，气压 101.325 kPa，铝丝直径 0.1 mm、长度 13 cm。电爆炸为电流暂停模式，发生电流暂停前金属丝两端阻性电压出现尖峰，表明金属丝已经分散为高电阻率金属蒸气及金属液滴的混合物；电流暂停期间电压几乎维持不变；随后重击穿发生，电流上升、电压下降。注意到阻性电压的第一个峰值明显高于测量电压峰值，这是由于电流迅速减小时感性电压 Ldi/dt 出现负的峰值，正的测量电压减去负的感性电压后进一步增大。

图 2-7(b) 的参数是驱动源 B，氩气中铝丝电爆炸，充电电压 20 kV，气

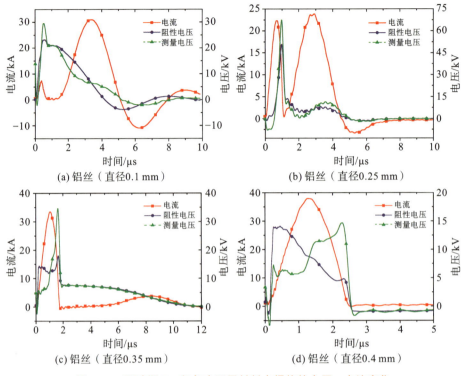

图 2-7 驱动源 B，氩气中不同材料电爆炸的电压、电流变化

压 101.325 kPa，铝丝直径 0.25 mm、长度 13 cm。电爆炸处于电流暂停模式与直接击穿模式的临界状态，即金属丝汽化或分散后很快发生了电击穿，形成了高电导率等离子体放电通道。注意到此处与图 2-7(a)相比仅增大了金属丝直径，在相同驱动参数下，预期汽化程度有所减小，爆炸产物的数密度较低，更容易发生电击穿。

图 2-7(c)的参数是驱动源 B，氩气中铝丝电爆炸，充电电压 20 kV，气压 101.325 kPa，铝丝直径 0.35 mm、长度 13 cm。电爆炸处于电流暂停模式，其波形特征与 0.1 mm 直径铝丝电爆炸相同，然而出现电流暂停的原因不同。此处铝丝质量达到 34 mg，按照常温常压铝原子化焓 330 kJ/mol 估算，完全汽化该铝丝需要 413 J 能量，而电容总储能为 520 J，与完全汽化所需能量接近；因此完成铝丝汽化将消耗绝大部分初始储能，电容上的剩余电压将不足以造成爆炸产物的迅速击穿。从图中可直接读出电流暂停阶段电容器上剩余电压约 8 kV，对应能量为 83 J。

图 2-7(d)的参数是驱动源 B，氩气中铝丝电爆炸，充电电压 20 kV，气压 101.325 kPa，铝丝直径 0.4 mm、长度 13 cm。电爆炸处于匹配模式，也

可视为电流暂停时间趋于无限长的电流暂停模式。与图 2-7(c)相比铝丝直径进一步增大,完成铝丝汽化几乎消耗了所有初始储能,因此电流电压在第一个脉冲后同时归零。图 2-7 中的电爆炸波形是在相同驱动条件和负载长度下获得的,仅从小到大改变金属丝直径,电爆炸模式就出现了"电流暂停—直接击穿—电流暂停—匹配放电"的过渡。

图 2-8(a)的参数是驱动源 C,氩气中铁丝电爆炸,充电电压 30 kV,气压 101.325 kPa,铝丝直径 0.3 mm、长度 7 cm。电爆炸处于直接击穿模式,其阻性电压波形出现两个峰(0.5 μs 和 1 μs),与图 2-6(b)中钨丝电爆炸接近,这是由于液态铁的电阻率随注入能量的变化规律具有与钨相似的特征。

图 2-8(b)的参数是驱动源 C,氩气中镍丝电爆炸,充电电压 30 kV,气压 101.325 kPa,铝丝直径 0.3 mm、长度 7 cm。电爆炸处于直接击穿模式,其阻性电压波第一个峰不显著。如前所述,按照电爆炸的常用划分方式,镍属于第三类金属材料,在真空环境下的电爆炸特征类似于难熔金属,而在高密度介质(如常压气氛环境)中的电爆炸特征类似低熔点金属。

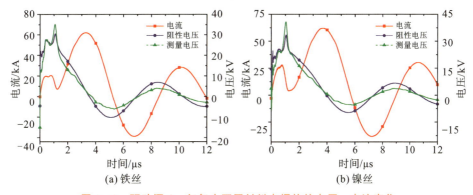

图 2-8 驱动源 C,氩气中不同材料电爆炸的电压、电流变化

图 2-9(a)的参数是驱动源 D,水中铜丝电爆炸,充电电压 13 kV,铜丝直径 0.05 mm、长度 4 cm。电爆炸为典型储能充足情况下的电流暂停模式,其物理过程与图 2-7(a)类似。

图 2-9(b)的参数是驱动源 D,水中铜丝电爆炸,充电电压 13 kV,铜丝直径 0.2 mm、长度 4 cm。在图 2-9(a)参数的基础上仅增大直径,电爆炸由电流暂停转为直接击穿模式,与图 2-7(b)类似。

图 2-9(c)的参数是驱动源 D,水中铜丝电爆炸,充电电压 13 kV,铜丝直径 0.3 mm、长度 4 cm。电爆炸处于匹配模式。

图 2-9(d)的参数是驱动源 D,水中铝丝电爆炸,充电电压 12 kV,铝丝直径 0.1 mm、长度 5 cm。电爆炸处于电流暂停模式。

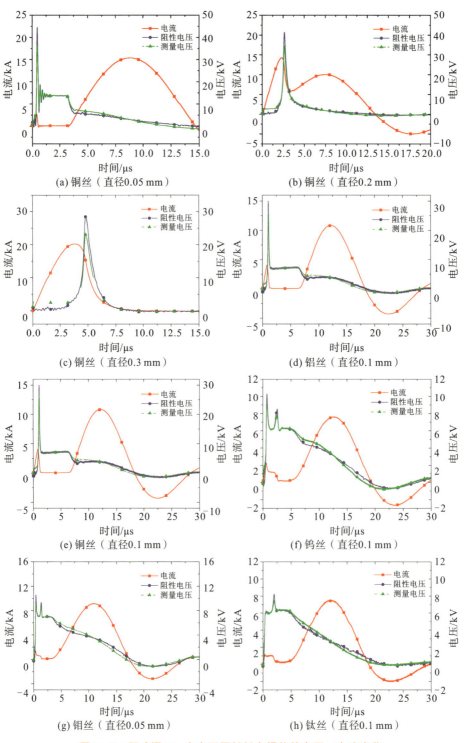

图 2-9 驱动源 D,水中不同材料电爆炸的电压、电流变化

图 2-9(e)的参数是驱动源 D，水中银丝电爆炸，充电电压 10 kV，铜丝直径 0.1 mm、长度 5 cm。电爆炸处于电流暂停模式。

图 2-9(f)的参数是驱动源 D，水中钨丝电爆炸，充电电压 9 kV，钨丝直径 0.1 mm、长度 5 cm。电爆炸处于电流暂停模式。

图 2-9(g)的参数是驱动源 D，水中钼丝电爆炸，充电电压 10 kV，钼丝直径 0.05 mm、长度 5 cm。电爆炸处于电流暂停模式。

图 2-9(h)的参数是驱动源 D，水中钛丝电爆炸，充电电压 9 kV，钛丝直径 0.1 mm、长度 5 cm。电爆炸处于电流暂停模式。

2.3 能量注入与相变

初看起来，金属丝对脉冲电流的响应是十分简单的。然而，金属丝在脉冲电流强烈的焦耳加热作用下发生熔化、蒸发，电爆炸产物很快发展成为非线性磁流体力学性态，伴随着此过程的电离和辐射也增加了它的复杂程度。金属丝在脉冲电流的驱动下经历从固态到等离子体态的剧烈的相变，最终形成了低密度、高温度晕(冕)等离子体包围低温度、稠密丝芯的芯-晕结构，电流迅速地从丝芯转移到冕层等离子体通道内，导致金属丝的阻性能量沉积阶段结束。金属丝内的能量沉积是决定电爆炸特性的重要参量，可通过下式计算：

$$E = \frac{1}{N}\int_0^t U_R I \, \mathrm{d}t \quad (2-4)$$

式中：E 为沉积能量，单位 eV/atom，表示平均每个原子(atom)中沉积的能量(后同)；N 为金属丝包含的原子数；I 为负载电流；U_R 为阻性电压分量，需要在实验测量的电压波形中减去电感电压分量。为了减小脉冲功率源的电感，提高电流上升率，电极系统一般采用同轴结构。圆柱形金属负载的电感为

$$L = 2l\ln\left(\frac{D}{d}\right) \quad (2-5)$$

式中：l 和 d 分别为金属丝的长度和直径；D 为回流柱所在圆周的直径。因此，可结合粗铜杆短路实验确定同轴负载的总电感，来重构阻性电压波形。

在电压崩溃过程中，电流迅速地径向转移到等离子体通道内，能量将沉积到占金属丝总质量很少的晕等离子体中，电压击穿时刻的沉积能量作为金属丝内的沉积能量的标准被普遍采用[9]。然而，Sarkisov(萨尔基索夫)等认为在电压崩溃过程中依然存在部分电流继续加热稠密丝核，金属丝电阻降低到电阻峰值一半时的沉积能量与磁流体力学数值模拟结果一致，金属丝内的

沉积能量应计算到金属丝电阻降低到电阻峰值一半的时刻[10]。

金属丝能量注入量和能量注入速率对金属丝电爆炸机理有决定性的影响。定义注入金属丝的总能量与金属丝完全汽化所需要的能量之比为过热系数,金属丝电爆炸可以分为过热电爆炸和欠热电爆炸两大类。当过热系数小于1时称为欠热电爆炸,此时注入的能量不足以使金属丝完全汽化,伴随着熔融状态金属液滴喷溅,金属丝出现断裂现象;当过热系数大于1时称为过热电爆炸,注入金属丝的能量足以使金属丝负载完全汽化,而后电爆炸产物的动力学行为主要受注入能量的速率的影响。Chace(蔡斯)等首先提出了基于关键物理过程的特征时间对金属丝电爆炸进行分类[11]。金属丝负载内能量注入的特征时间 τ_{ex},也称为爆炸时间,指的是电流开始流通金属丝的时刻到电压峰值时刻的时间段。在金属丝电爆炸早期的研究中,人们定义了与金属丝负载材料有关的比电流作用量

$$h = \int_0^{\tau_{ex}} j^2 \, dt \quad (2-6)$$

式中:j 为电流密度。由上式可推导 $\tau_{ex} = Ah/j^2$,A 为与电流波形有关的常数。

第二个重要的特征时间是磁流体力学腊肠不稳定性($m=0$ 模式)的演化时间 τ_{inst},表示磁场驱动的磁流体力学不稳定性改变电爆炸产物形态所需要的时间,它由金属丝的半径和阿尔芬波的速度决定[12]:

$$\tau_{inst} = \frac{r_0}{c_A} \quad (2-7)$$

式中:r_0 为金属丝的半径;$c_A = B/(\mu_0 \rho)^{1/2}$ 为阿尔芬波的波速,其中 B 为磁感应强度,μ_0 为真空磁导率,ρ 为密度。当电流密度在金属丝截面内均匀分布时,磁感强度 $B = \mu_0 I/(2\pi r_0)$,电流 $I = j\pi r_0^2$。此时,公式(2-7)可简化为 $\tau_{inst} = (4\rho/j^2\mu_0)^{1/2}$。脉冲电流上升率增大,趋肤效应不可忽略,磁场在金属丝内的扩散过程决定了趋肤效应特征时间 τ_{skin},其表达式如下:

$$\tau_{skin} = \frac{\mu_0 r_0^2}{\eta} \quad (2-8)$$

式中:η 为金属丝电阻率。

当 $\tau_{inst} \ll \tau_{ex}$ 时,磁流体力学不稳定性的特征时间小于金属丝负载丧失金属性电导率的时间,在金属丝电爆炸能量注入的阻性阶段,磁流体力学腊肠不稳定性(模数 $m=0$)得到显著的发展,极不均匀的焦耳加热导致只有很少比例的金属丝蒸发,其余金属丝处于呈现喷溅的液体形态,这种金属丝电爆炸模式称为慢模式。反之,在快模式下($\tau_{inst} \gg \tau_{ex}$),金属丝的外形在能量注入的

阻性阶段基本保持不变。金属丝在较为均匀的焦耳加热条件下经历从固态、液态到气态的相变，最终金属蒸气、解吸附气体和杂质等被电离，形成低密度、高温度晕等离子体包围低温度、稠密丝芯的芯-晕结构。伴随着金属丝不同相态的演变，电爆炸产物也由金属态转变为非金属态，而这引起剧烈的焦耳加热导致爆炸现象[13]。在金属丝电爆炸快模式下，模数 $m=0$ 的磁流体力学腊肠不稳定性不再是主导扰动增长的主要不稳定性源，此时，具有温度系数的电导率引起的电热不稳定性决定扰动增长特性[14]。

根据上文定义的特征时间，可划分不同电流密度-金属丝尺寸范围对应的金属丝电爆炸模式。以铝丝为例，比电流作用量 $h=1.8\times 10^9 \ A^2 \cdot s/cm^4$。令 $A=1$，η 选取铝丝熔化时的电阻率。图 2-10 为不同电流密度-金属丝半径对应的铝丝电爆炸模式示意图。电流密度 $j=1.9\times 10^{12} \ A/m^2$ 是金属丝电爆炸慢、快模式的分界线。

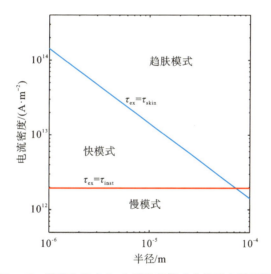

图 2-10　不同电流密度-金属丝半径对应铝丝电爆炸模式

直径为 15 μm、长度为 2 cm 的铝丝在真空中电爆炸典型电压、电流波形如图 2-11 所示。金属丝负载两端阻性电压在初始阶段迅速地升高直到电压击穿时刻 t_0，铝丝逐渐丧失金属性电导率。在 t_0 时刻，铝丝达到最大电阻值 52.6 Ω。在电压击穿之后，几乎绝大部分电流在很短的时间内转移到等离子体通道内，金属丝阻性能量沉积大幅度降低。金属丝内的沉积能量对电爆炸等离子体特性有决定性的影响。在电压击穿时刻，金属丝内的沉积能量为 3.1 eV/atom，而这低于铝的原子化焓。尽管在电压崩溃过程中，大部分电流径向转移到等离子体通道内，仍有部分电流对稠密丝核持续加热，当金属丝的电阻降低到最大值的一半时沉积能量为 4.5 eV/atom。

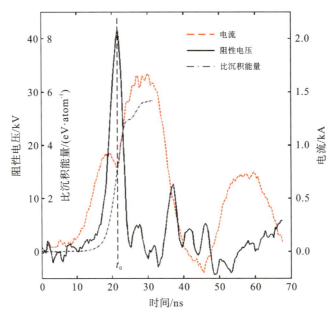

图 2-11　真空中直径 15 μm、长度 2 cm 铝丝电爆炸典型电压、电流波形

"爆炸"现象是丝爆的关键特征，能量注入后金属丝为何发生剧烈爆炸这一问题从电爆炸现象发现之初就吸引了研究者的兴趣。丝爆研究领域著名的科学家，也是 Exploding Wires（电爆炸金属丝）系列会议论文集的编辑 Chace，还曾经为这一爆炸过程创造一个专有名词"transplosion"，以描述这种剧烈的爆炸性相变现象。目前人们已经认识到不同条件下存在不同的触发爆炸的机理，下面将分别加以介绍。

图 2-12 所示为金属材料相空间（实线表示两相共存线）和电爆炸过程中金属丝经过的热力学状态曲线（箭头虚线）。电流起始时刻，金属丝为常温固态，随着温度的升高，穿过固-液共存线进入液态，进一步加热后金属丝将"试图"穿越液-气共存线进入气态，由于气态具有远大于液态的比容，气态金属丝将迅速膨胀；与此同时，流过金属丝的脉冲电流也在持续增大，其自磁场产生的磁压力（Z 箍缩效应）也相应增大，这约束了趋于膨胀的金属丝；当电流足够大时，金属丝会从液-气共存线的左侧重新进入液态区域，并继续被电流加热；此后这一过程可重复多次，每当金属丝试图穿越共存线汽化，电流磁压力就将其压缩回液态；上述过程的效果即图中展示的虚线，金属丝沿着液-气共存线向上攀登，不断接近临界点（critical point）；临界点附近，电流的磁压力无法继续约束金属丝，此时炙热金属丝内部瞬间出现大量汽化核，

液态金属围绕这些微小气泡迅速汽化，导致爆炸性的体积增大。这个过程与我们生活中见到的过热水的爆沸相似，在丝爆相关的文献中一般称为相爆炸。此外，在金属丝状态接近临界点的过程中，驱动源驱动能力不足以及电击穿形成的外部放电通道分流等原因也会造成丝芯电流磁压不足或卸载，导致液态金属进入亚稳态甚至穿过旋节线（spinodal），引发相爆炸。

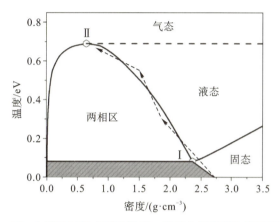

图 2-12　电爆炸过程中材料温度、密度在相平面上经过的路径

应当指出，上述关于相爆过程的描述将金属丝作为一个整体，实际上在发生相爆炸之前金属丝表面已经开始汽化并伴随着导电能力的丧失，此时由金属丝表面产生的气体无法被磁压约束，随着表面金属的不断汽化，电流也逐渐向金属丝内部转移，导体横截面积缩小，电流密度升高，欧姆加热的功率迅速升高，此时内部导体经历更剧烈的欧姆加热正反馈过程。相关文献中一般将这种由外向内逐渐汽化的现象被称为"汽化波"。

可以从流体动量方程的角度理解汽化波的成因。假设液态载流金属丝与压力为 p_0 的环境介质处于平衡状态，金属丝内部电流密度为一有限值，而介质中电流密度为 0，则对于液态金属丝和环境介质均应满足动量守恒方程：

$$\nabla \cdot \boldsymbol{P} + \boldsymbol{j} \cdot \boldsymbol{B} = 0 \tag{2-9}$$

式中：$\boldsymbol{P}$ 为应力张量；$\boldsymbol{j}$、$\boldsymbol{B}$ 分别为电流密度与磁感应强度。假设电流密度仅有沿金属丝方向分量且整个系统轴对称，则在柱坐标系下上式可写为

$$\frac{\partial p}{\partial r} = -|\boldsymbol{j}||\boldsymbol{B}| = -jB \tag{2-10}$$

式中：p 为金属丝或环境介质中的热压力。观察上式可以发现，由于电流和磁场的存在，金属丝内部的热压力由轴线（$r=0$）向外逐渐减小（也可理解为由表面向内压力逐渐升高）；在界面处热压梯度不连续，但热压的数值连续，

即界面处金属丝一侧热压等于环境压力 p_0。这种情况下，当金属丝升温达到 p_0 压强对应的沸点时，表面液态金属可完全转化为气态，此时汽化波开始。

进一步在平衡假设下借助化学势更细致地考察载流情况下金属蒸气的状态。金属蒸气与液态金属化学势应满足以下关系[15]：

$$\mu_g = \mu_l + \int_0^R \frac{f_A}{\rho_l} \cdot dr \quad (2-11)$$

式中：下标"g"表示气态，"l"表示液态；μ 为化学势；R 为液态金属丝半径；f_A 为单位体积的安培力，对于电流密度 j 均匀分布于金属丝横截面的情况，其大小为 $f_A = \mu_0 j^2 r/2$，方向沿径向指向轴线。上式中右侧第二项表示由安培力贡献的单位质量势能。一定温度下，载流导体表面汽化产生的蒸气化学势将偏离无电流情况下的平衡化学势。假设仅有微小偏差，则载流情况下蒸气化学势可线性化表示为

$$\begin{cases} \mu_g = \mu_s + (p - p_s)/\rho_g \\ \mu_l = \mu_s + (p - p_s)/\rho_l \end{cases} \quad (2-12)$$

注意上式应用了无电流平衡状态下气液两相化学势相等以及载流情况下气液界面两侧热压 p 相等。将式(2-11)代入式(2-12)得到

$$(p - p_s)\left(1 - \frac{\rho_g}{\rho_l}\right) = \frac{\mu_0 j^2 R^2 \rho_g}{4\rho_l} \quad (2-13)$$

可见金属蒸气的热压力总是大于无电流时的气液平衡压力，即饱和蒸气压，因此载流液态丝芯表面产生的金属蒸气处于过饱和状态。观察式(2-13)可知，当电流密度足够高时表面金属蒸气的压力 p 可显著高于饱和蒸气压 p_s，此时蒸气层可能直接穿过旋节线（可理解为一定温度下金属蒸汽的粒子数密度过高），进而通过旋节线分解（spinodal decomposition）瞬间转化为液滴与蒸气的混合状态。液态的出现使蒸气层压力下降，引起界面外侧压力卸载，最终造成液态丝芯失稳发生相爆炸。汽化产生的蒸气层处于旋节线与双节线（binodal）之间，此时亚稳态的过饱和蒸气通过成核逐渐向液滴与蒸气的混合体系过渡，其压力趋于饱和蒸气压，这一过程同样会破坏液态丝芯表面的压力平衡，最终诱发相爆炸。

以上简述了汽化波引发相爆炸的两种机制，即旋节线机制和成核机制，两种情况下爆炸发生的关键均为液态丝芯表面压力失衡造成整个"液态丝芯-金属蒸气"体系失稳。显然，若汽化波发展的过程中蒸气层内部发生电击穿，导致丝芯内电流部分转移到外部放电通道，此时作用在丝芯上的磁压力迅速降低，也将诱发过热液态丝芯的相爆炸。除此之外人们还提出了汽化过程产生的机械波引发液态丝核失稳等相爆炸机制。

2.4 击穿及等离子体产生

丝爆中等离子体产生的过程可统称为"击穿",与高电压工程中的击穿具有相同含义,表现为被击穿介质电导率的迅速升高,从电信号上则表现为电压迅速跌落的同时电流迅速增大。初始状态下金属丝是高电导率的导体,但汽化后电离度极低的金属蒸气就成为绝缘介质,丝爆过程中的"击穿"就是发生在爆炸产物或其周围介质中的放电过程。

击穿是丝爆过程的关键阶段,击穿形成的"晕层"等离子体被加热时电阻率下降并迅速膨胀,而这种膨胀进一步加速了负载电阻的减小,导致大部分电流迅速转移到晕层中,同时丝芯的电能沉积功率降低直至停止,因此击穿过程对丝爆的最大电能沉积及爆炸产物状态具有决定性影响。丝爆击穿的方式通常有两种,沿面击穿和内部击穿,其中沿面击穿是指放电发生在金属丝表面附近的气体层内,气体的来源可能为环境介质或金属丝本身;内部击穿发生在爆炸产物内部,可能以一条或多条电弧放电通道的形式存在。

2.4.1 真空环境下沿面击穿

首先介绍真空环境丝爆的击穿过程,目前的实验观测结果表明真空丝爆的击穿过程都是发生在金属丝表面气体层中的沿面击穿。参考一般的气体放电条件可知,发生这一击穿的要素包括气体介质、引发碰撞电离的种子电子以及驱动放电发展的强电场。

气体介质的来源包括环境气体、金属丝受热后释放出的吸附气体、金属丝内部低沸点杂质的汽化以及金属丝本身的汽化。对于在"真空"环境下进行(典型气压 1×10^{-3} Pa)的丝爆,环境气体可以忽略不计;除此之外,可将气体的解吸附与金属丝内部杂质的汽化归为一类,而将金属丝材料本身的汽化归为第二类。这两类气体都可在金属丝表面形成易电离的气体层并引起击穿,其不同之处在于产生两类气体所需要的温度不同,第一类所需的温度较低,在金属丝被加热的过程中第一类气体先于第二类产生。若金属丝在第一类气体产生时就发生了沿面击穿,其丝芯的注入能量较低,爆炸产物极不均匀,这种情况通常是希望避免的;而第二类气体来源于金属丝本身的汽化,所需温度较高,这时丝芯的沉积能量已经达到了较高水平。

种子电子的主要来源包括金属丝表面的热发射、金属丝与电极接触电阻发热造成的热发射以及结合部位的高场强造成的局部击穿等,另外若金属丝表面存在负的径向电场分量(沿径向由无穷远指向金属丝表面,在负极性电流驱动的丝爆中多见），由于金属丝直径很小，这一电场往往可以达到场致发射的水平，并在高温的金属丝表面造成更加强烈的"热-场"发射。不同金属材料发射种子电子的能力不同，这一事实在很大程度上决定了不同材料的金属丝在电爆炸时丝芯的最大沉积能量不同；难熔金属一般具有更强的电子发射能力，这一特点使其更难以在电爆炸过程中获得足够用于汽化的能量，甚至在熔化之前发生沿面击穿（对应于前文中第一类气体产生阶段）。

驱动沿面放电发展的轴向电场来源于大电流流经高温金属丝电阻时产生的高压。此外，电流磁场也会显著影响电子运动轨迹，在轴向电场 E_z 与角向磁场 B_θ 的作用下，电子漂移运动的方向 $E_z \times B_\theta$ 沿半径指向金属丝表面，电子穿过气体层以及轰击金属丝表面造成的二次电子发射都有利于表面气体层的电离。

影响真空丝爆沿面击穿过程的因素众多，包括金属丝材料、尺寸、驱动电流的上升率、绝缘镀层、高压极性、金属丝表面杂质以及金属丝与电极的接触情况等，这些因素都通过影响上述气体放电的要素发挥作用。下面介绍其中的几个典型因素。

2.4.1.1　电流上升率

实验结果表明在快电爆炸（fast explosion）的范围内提高电流上升率可有效地提高丝爆的沉积能量，虽然电流上升率提高时击穿的时刻也有所提前，但大大增加的能量沉积速率使得最终沉积能量增加。从击穿的时延特性或"伏秒特性"来看，更大的电流上升率可以在"击穿"发生之前向丝中注入更多的能量。一般认为，电流上升率低时（数十安每纳秒）击穿发生在金属丝表面解吸附气体以及低沸点碳氢杂质气体中；电流上升率高时（百安每纳秒）金属丝可达到沸点，发生击穿的气体层中出现大量金属蒸气。表 2-3 为 Sarkisov 分别采用 20 A/ns 和 150 A/ns 电流上升速率驱动不同材料金属丝得到的沉积能量对比[16]（电流上升速率指短路条件下电流上升沿的平均上升率，且短路电感与带负载情况接近），沉积能量积分终点取为负载等效电阻减小为峰值 50% 的时刻，实验中金属丝直径 20 μm、长度 20 mm，电容储能保持不变，不同电流上升率通过改变回路电感获得，过热系数为沉积能量与原子化焓之比。

表 2-3 不同电流上升率下不同材料金属丝电爆炸沉积能量对比

参数		Ag	Al	Cu	Au	Ni	Ti	Pt	Mo	W
慢电流	沉积能量 /(eV·atom^{-1})	4.4	3.4	3.1	3.5	1.6	1.5	2.3	3.6	2.2
	过热系数	1.64	1.06	0.91	0.97	0.38	0.32	0.41	0.56	0.26
快电流	沉积能量 /(eV·atom^{-1})	7.5	5.6	6.2	7.6	2.8	3.7	4.2	4.8	5.5
	过热系数	2.80	1.75	1.82	2.10	0.67	0.78	0.75	0.74	0.64
沉积能量比		1.70	1.65	2.00	2.17	1.75	2.47	1.83	1.33	2.5

由表 2-3 中数据可见，电流上升率提高后各种材料金属丝电爆炸沉积能量均显著增加。横向对比不同材料的沉积能量，可见第一类（非难熔）金属整体上具有最高的能量沉积和过热系数，且采用高电流上升率时沉积能量可达到原子化焓的两倍以上；以 Ni 为代表的第三类金属在真空中的电爆炸特性类似于难熔金属，高电流上升率也无法使其过热系数达到 1。难熔金属具有较高沸点，丝爆过程中产生的金属蒸气温度更高，粒子热运动平均动能更大，而其原子第一电离能一般较低，因此更容易发生电离；同时难熔金属液态丝核的温度更高，且电子逸出功一般较低（例如 W 是良好的电子发射阴极材料），为气体层的电离提供了更多的种子电子。

图 2-13 给出了不同短路电流上升率（50~100 A/ns）下直径 12.5 μm、长度 1 cm 钨丝电爆炸的沉积能量。采用与图 2-6 相同的驱动源，储能电容 10 nF，充电电压 30~60 kV，电缆波阻抗（输出阻抗）50 Ω，充电 60 kV 时在

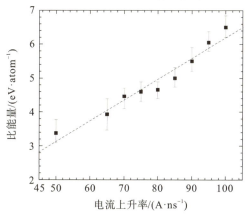

图 2-13 直径 12.5 μm、长度 1 cm 钨丝沉积能量随电流上升率的变化

短路负载上产生的电流前沿 20 ns，峰值约 2 kA，因此对应于平均电流上升率为 100 A/ns。在实验的参数范围内，沉积能量与电流上升率有近似线性的正相关关系。

2.4.1.2 极性

这里极性表示驱动电流的极性或高压电极相对地电极的电位正负。与很多极不均匀场中的放电现象相似，丝爆具有显著的"极性效应"，即驱动电流极性不同时爆炸丝的沉积能量和外形都有明显差别（爆炸丝外形体现了局部的能量沉积情况，局部能量高的位置膨胀率大）。

如图 2-14 所示为直径 12.5 μm、长度 1 cm 的钨丝在正、负极性电流驱动下同一时刻的激光干涉照片（时间零点为电流起始时刻）。采用与图 2-6 相同的驱动源，充电电压 60 kV，电流上升率为 100 A/ns，两次实验中驱动电流波形相同，仅极性相反。电极为平板形，上方为高压，下方为接地。

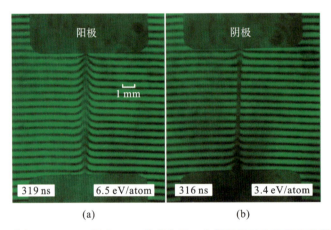

图 2-14 直径 12.5 μm、长度 1 cm 钨丝在正、负极性驱动电流下的丝爆干涉照片

可见正极性下爆炸丝外形呈锥形，沉积能量的最大值出现在阳极附近，且向阴极递减；负极性下爆炸丝中部的沉积能量低于电极附近区域，且沉积能量最低的区域出现在阴极附近；另外平均沉积能量正极性明显大于负极性。需要指出，正极性下局部沉积能量的最大值并不出现在紧邻阳极的区域，实际上由图 2-14(a)可见金属丝与阳极接触部分直径很小，这表明此处金属丝沉积能量很低。其原因为金属丝与电极接触部位具有较大接触电阻，在金属丝汽化开始之前就形成了部分等离子体，其分流作用造成金属丝与电极接触部位难以通过焦耳加热有效沉积能量。

相应的电信号波形如图 2-15 所示。图 2-15（a）给出了正、负极性驱动电流作用下丝爆的电流和阻性电压($u_r = u - \mathrm{d}(Li)/\mathrm{d}t$)波形。对比不同极性下的相应波形可以发现二者的总体趋势是十分相似的,主要的不同点在于电压的峰值和电压"跌落"的时刻,正极性下电压峰值约为 42.6 kV 高于负极性的 36.5 kV,而正极性下电压跌落的时刻较负极性推迟了约 2 ns。由于电压的跌落反映了金属丝表面的沿面击穿过程,因此正极性电流驱动下沿面击穿被推迟了,金属丝两端获得了更高的电阻电压。图 2-15(b)给出了金属丝等效电阻率与比能量的关系曲线,电阻率的计算公式:

$$\eta = \frac{r\pi d^2}{4l} \tag{2-14}$$

式中:r 为金属丝总电阻;d 为金属丝初始直径;l 为金属丝长度。这里忽略了丝爆初期金属丝直径随时间的变化,这种近似的依据主要有两点:第一是沿面击穿发生前电流流过丝芯,金属丝膨胀受到电流磁压力的限制;第二如前文中所述比能量的积分终点选择为金属丝等效电阻减小为峰值电阻一半的时刻,而该时刻距离击穿起始时刻约 1 ns,忽略这一时间内金属丝的膨胀并不会带来很大的误差。图 2-15(b)正负极性下电阻率曲线在 0~2 eV/atom 比能量范围内较接近(钨沉积能量达到 1.22 eV/atom 时开始熔化,达到 1.75 eV/atom 时完全熔化),表明钨丝在正负极性电流的加热下经历了相同的固态加热和熔化过程;曲线的差异在液态加热及汽化过程起始后逐渐增大,对应于丝爆的沿面击穿过程,正极性下金属丝等效电阻率下降明显减缓,这与图 2-15(a)中显示的正极性下沿面击穿被推迟是一致的。

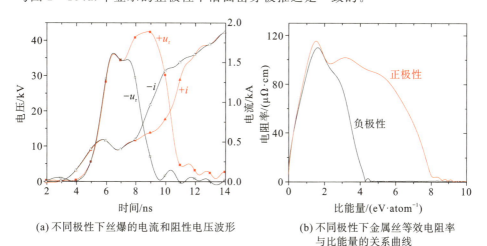

(a) 不同极性下丝爆的电流和阻性电压波形　　(b) 不同极性下金属丝等效电阻率与比能量的关系曲线

图 2-15　正、负极性下丝爆的电信号波形

"极性效应"的产生与金属丝表面的径向电场密切相关,当径向电场方向为由丝表面指向无穷远时(定义该方向为正),该径向电场可抑制丝表面的电子热发射，反之则可造成强烈的表面"热-场"发射。这种差别必然造成沿面击穿起始时刻的差异，即正向径向电场可延迟沿面击穿，从而使丝芯获得更高的能量沉积。爆炸产物的外形与径向电场沿金属丝方向（轴向）的分布有关，若局部径向电场为正且幅值越大，则其抑制电子发射的能力越强，该处的局部能量沉积就越高，同一时刻的膨胀率也越高；反之若径向电场为负且幅值越大，局部表面电子发射越强烈，该处局部能量沉积就越低，在阴影照片中的直径也越小。

借助有限元分析软件可以计算金属丝表面的径向电场，进而分析极性效应的成因。针对图 2-14 所示的电极结构进行二维静电场[①]仿真以考察金属丝表面的径向电场。根据实际尺寸建立几何模型如图 2-16 所示，竖直方向为轴向（z 方向），水平为径向（r 方向），$r=0$ 处为对称轴，金属丝位于纵坐标 $z_1 \sim z_2 (z_1 < z_2)$ 之间。高压电极设置固定电位 U，地电极和回流柱为零电位，金属丝上设置随纵坐标线性变化的电位分布（认为金属丝电阻沿 z 方向均匀分布），并保证与高压电极和地电极电位的连续。

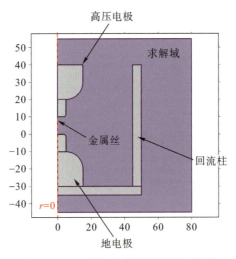

图 2-16 二维静电场仿真的几何模型

图 2-17 给出了正负极性驱动电流下径向电场的计算结果，横坐标为轴

---

① 瞬态过程可采用静电场计算丝表面径向电场的原因：(1) 电极间隙距离为厘米尺度，电磁波一次来回的时间为 0.1 ns 量级，远小于所关注的 10 ns 级电爆炸时间尺度；(2) 金属丝的典型长径比约为 1000（10 mm/10 μm），若以无限长载流导线近似，时变磁场仅产生轴向感应电场（对应于感性电压），对径向电场无贡献，然而这种近似处理在电极附近不再合理，可能造成显著误差。

向位置，0 处为地电极，10 mm 处为高压电极；纵坐标为径向电场与轴向平均场强绝对值之比，使用这个比值可以省略高压电极的电压，比值为正表示电场从丝表面指向无穷远。从图中可以看出正极性下阳极附近有最强的抑制电子发射电场，而负极性下阴极附近有最强的促进电子发射电场，这与照片中给出的爆炸丝外形有较好的对应关系。

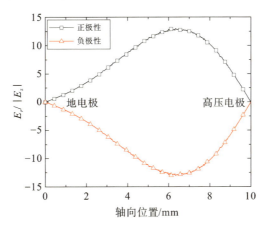

图 2-17　正、负极性驱动电流下的径向电场分布

进一步可以人为改变丝爆的径向场分布以观察爆炸丝外形以及比能量（沉积能量）是否发生相应的变化。可通过在一侧电极加装不同直径的金属板来改变径向电场的分布，如图 2-18 所示为在高压阴极加装屏蔽板的示意图。

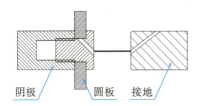

图 2-18　阴极加装屏蔽板的电极构型

图 2-19(a)给出了采用不同直径金属圆盘时丝爆的比能量变化，负载金属丝均为长度 1 cm、直径 12.5 μm 的钨丝。可见随着圆盘直径的增大，比能量相应增大，但增长速率趋缓，呈现逐渐"饱和"的趋势。图 2-19(b)为静电场仿真给出的径向电场分布——随着圆板直径的增大，径向电场由负变正，即从促进丝表面电子发射逐渐变为抑制电子发射，这与比能量的变化趋势是一致的。比较图 2-19(b)"40 mm"曲线与图 2-17 中"正极性"曲线可发现二者径向电场具有相似的幅值和形状（径向电场峰值出现在靠近阳极一侧），与此相对应，二者具有相似的比能量（6.6 eV/atom 和 6.5 eV/atom）和相似的

爆炸丝外形。图 2-20(a)给出了负极性带 40 mm 圆板的阴影照片，与图 2-14(a)中的正极性爆炸丝外形一致。也就是说，虽然使用的驱动电流极性不同，但得到的丝爆"结果"却相同，而造成这种现象的原因即二者具有相同的径向电场。图 2-20(b)为负极性带 20 mm 圆板时的阴影照片，其外形也与图 2-19(b)中"20 mm"曲线变化趋势相一致。

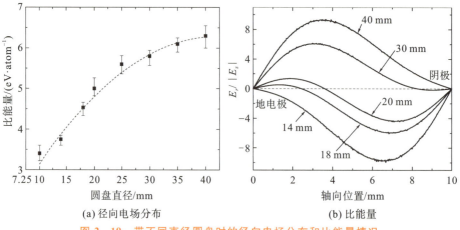

(a) 径向电场分布　　　　(b) 比能量

图 2-19　带不同直径圆盘时的径向电场分布和比能量情况

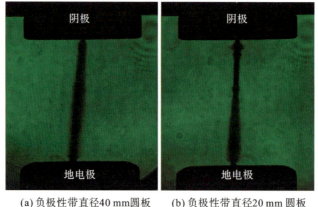

(a) 负极性带直径40 mm圆板　　(b) 负极性带直径20 mm 圆板

图 2-20　400 ns 时刻阴影照片

2.4.1.3　绝缘镀层

实验发现镀膜(表面覆盖绝缘镀层如聚酰亚胺)可以显著提高真空中丝爆的沉积能量，且对于高熔点和低熔点金属都有很好的效果。其作用一般认为包括两方面：绝缘镀层与金属丝间热传导效率低，因此在丝爆的汽化阶段其主体仍保持固态，可有效阻碍金属丝表面气体层的形成；镀层介电常数大(常用聚酰亚胺镀层介电常数约为 3.4），可有效降低金属丝表面的电场强度。

图 2-21 给出了裸钨丝和镀膜钨丝（厚度约 2 μm 聚酰亚胺镀层）电爆炸的电压、电流波形，两种钨丝导体长度均为 1 cm，直径均为 12.5 μm，平均电流上升率 100 A/ns。图中镀膜钨丝的电压崩溃时刻较裸钨丝推迟了约 5 ns，即镀膜的存在有效推迟了沿面击穿的起始时间，从而可以注入更多的能量，将钨丝加热到更高的温度和电阻。相应的阻性电压峰值达到约 60 kV，显著高于非镀膜钨丝的电压峰值约 43 kV；镀膜丝的比能量可达到 20 eV/atom，远高于裸丝时的 6.5 eV/atom。

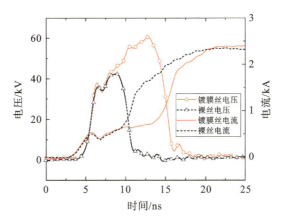

图 2-21　正极性下，长度 1 cm、直径 12.5 μm 裸丝和镀膜钨丝（镀膜后直径 14～17 μm）电爆炸的阻性电压和电流波形

与裸钨丝相似，镀膜丝电爆炸也存在显著的极性效应。如图 2-22 给出了正极性下镀膜丝电爆炸的干涉照片，钨丝长度 1 cm、直径 12.5 μm，镀膜后直径为 17～21 μm。爆炸丝的整体外形与裸丝相似，最大直径出现在靠近阳极的一侧。这种镀膜丝的比能量典型值为 20 eV/atom，超过钨原子化焓的两倍，但不同放电发次间的分散性较大，可达到 4 eV/atom。对镀膜丝而言，初始状态下导体与电极之间是绝缘的，因此电流起始阶段最先发生的是绝缘镀层的击穿，之后才是金属丝的焦耳加热；电极端面与镀膜丝接触点的绝缘击穿会产生大量高电导率的等离子体，其分流作用阻碍了附近金属丝的能量沉积，因此从照片中可见电极端面处的金属丝膨胀率很小，甚至小于裸丝。减小镀层厚度可显著改善上述由于电极与金属丝接触位置放电引起的轴向不均匀性。

观察图 2-22 可以发现镀膜丝电爆炸的另一个显著特征，即爆炸产物中比能量最高的阳极下方区域干涉条纹存在向下的偏移，同时其边沿可见向上

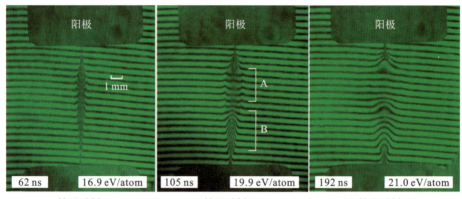

(a) 拍照时刻62 ns　　　(b) 拍照时刻105 ns　　　(c) 拍照时刻192 ns

图 2-22　正极性下，长度 1 cm、直径 12.5 μm 镀膜丝干涉照片，镀膜后丝直径 17～21 μm

的偏移。在这组实验中，向上的偏移由电中性物质引起，向下的偏移由电子引起；由此可知镀膜钨丝爆炸产物出现了一段中性气体包裹的等离子体，例如图 2-22(b)中的 A 段。同时对于图 2-22(b)中的 B 段，其沉积能量相对较少，条纹偏移整体向上，且边缘未出现高密度中性气体层，表明这部分条纹偏移主要由钨的金属蒸气[1]贡献。图 2-22(c)中高比能量区域的条纹几乎保持水平(条纹偏移量近似为 0)，表明此时这一区域电子和中性气体对条纹偏移的贡献相互抵消。

为了估计出现汽化镀层所需的局部沉积能量，需要借助沉积能量与爆炸产物膨胀速率之间的统计规律。实验结果表明，电压崩溃发生后，真空中的爆炸产物在相当长的时间内以匀速膨胀，且膨胀速率与比能量(积分终点为等效电阻减小为峰值一半时刻)具有良好的线性关系。图 2-23(a)为几种钨丝爆炸产物平均半径[2]随时间的变化(其中时间零点为电压峰值时刻)，其金属丝的导体直径均为 12.5 μm，标记为厚镀层的金属丝镀膜后直径为 17～21 μm，标记为薄镀层的镀膜后直径为 14～17 μm。由图可见，镀膜丝与裸丝的平均半径随时间近似线性增大，即爆炸丝具有恒定的膨胀速率且两种镀膜

---

[1]　爆炸产物中存在一系列由不同个数钨原子组成的团簇，类似多原子分子，这些"分子"的动态极化率或对条纹偏移的贡献目前是未知的。

[2]　爆炸产物半径 r 是轴向位置 z 的函数，平均半径即 $\frac{1}{l}\int_0^l r(z)\mathrm{d}z$，其中 l 为金属丝长度。图 2-4(a)中爆炸产物边界根据激光阴影图像确定，边界对应的灰度为峰值灰度的 30%，进一步可根据边界确定各处爆炸产物半径。

丝的膨胀速率几乎相等。在此基础上，可通过爆炸丝某一时刻平均半径与拍照时刻(注意这里选择了电压峰值时即近似膨胀起始时刻为时间零点)之比近似计算其膨胀速率。图 2-23(b) 给出了平均膨胀速率与比能量的关系，可见二者之间有较好的线性关系，且与是否镀膜以及镀层厚度无关。据此可以估计爆炸产物中粗细不同的区域分别对应于多少比能量。如图 2-22(a) 中，直径最大的区域对应比能量为 25.5 eV/atom，图 2-22(b) 相应区域对应比能量为 26.9 eV/atom。在图 2-22 基础上降低充电电压，沉积能量也相应下降；电压下降到 45 kV 时观察到中性气体层消失，此时对应的比能量为 22.5 eV/atom。因此可以大致认为对于镀膜丝而言，局部沉积能量超过 22.5 eV/atom 时可导致镀层显著汽化；沉积能量不足时镀层则以破碎的凝聚态存在。

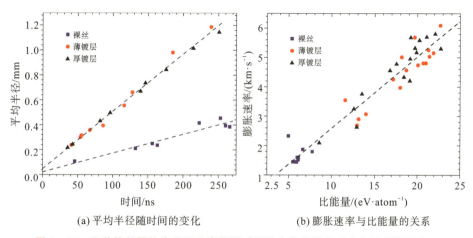

(a) 平均半径随时间的变化　　(b) 膨胀速率与比能量的关系

图 2-23　几种钨丝爆炸产物平均半径随时间的变化及膨胀速率与比能量的关系

在丝阵 Z 箍缩早期过程的研究中，人们提出利用千安级预脉冲实现丝阵的均匀电爆炸，并使爆炸产物在兆安级主脉冲到达之前发展一段时间，形成壳层或某些特殊密度分布，从而抑制内爆过程磁瑞利-泰勒不稳定性的发展。为了实现千安级小电流驱动下丝阵的均匀电爆炸，需要设法提高电爆炸的能量沉积，从而改善爆炸产物的均匀性并抑制芯晕结构的形成，特别是对于芯晕结构最为显著的难熔金属丝。

相关研究中的一个典型结果是 Sarkisov 等利用高电流上升率和绝缘镀层实现钨丝的"无晕丝爆"[17]。报道称使用 150 A/ns 高电流上升率结合聚酰亚胺镀层实现了长度 2 cm、直径 12 μm 钨丝的完全汽化丝爆(丝爆的全过程未发生沿面击穿)，计算得到的钨丝平均沉积能量高达 180 eV/atom，这一数值约为钨原子化焓(使常温下钨完全转化为气体所需注入的能量)的 20 倍。

然而遗憾的是，本书编者开展的镀膜丝实验并没有成功重复这一结果，使用导体直径为 12.5 μm 的镀膜钨丝，电流上升率约 100 A/ns，对于 1 cm 长度钨丝，注入能量约为 20 eV/atom，与文献[17]中得到的 180 eV/atom 相距甚远；提高电流上升率至 200 A/ns 时，沉积能量约为 35 eV/atom，仍远低于文献给出的数值。真空中电爆炸金属丝膨胀速率与沉积能量有近似线性的实验规律，因此从光学图像可以大致判断丝爆的沉积能量水平；基于对金属丝膨胀速率的分析，本书认为文献[17]作者给出的电测量结果有误，导致了错误的能量沉积量计算结果①。但毋庸置疑，镀层的采用有效地提高了金属丝沉积能量，改善了爆炸产物的轴向均匀性。应该指出，镀膜丝在丝阵 Z 箍缩中的使用是否可带来 X 射线辐射上的改善尚未得到足够的实验验证，绝缘镀层作为一种提高电爆炸金属丝能量沉积的方式早在 2000 年就已经被多次报道，但至今尚未看到大型 Z 箍缩装置上使用镀膜丝获得 X 射线辐射增强的报道。

2.4.1.4 金属丝长度

一般认为不均匀电场下的绝缘具有"饱和"效应，即间隙的平均击穿场强随着间隙距离的增大而减小，或者说击穿电压不会随间隙距离的增大而正比地增加。实验结果表明，上述认识对于不同长度金属丝电爆炸过程中的沿面击穿仍然适用。

图 2-24 给出了直径 12.5 μm，长度 0.5~1.5 cm 的钨丝在负极性电流驱动下电爆炸的干涉照片，所有照片都拍摄于约 300 ns 时刻，相应击穿电压、平均击穿场强和丝芯沉积能量如表 2-4 所示。丝爆图像表明随长度增加爆炸产物膨胀速率和汽化程度都明显下降；相应地，丝爆过程的峰值电压即击穿电压随长度增加而增大，但平均击穿场强随长度增加而减小。驱动电流极性改变时上述规律仍然成立。

换一个角度，不妨假设不同长度下丝爆时比能量都相同，根据金属丝被加热时电阻率与比能量的确定关系，可以更进一步假设不同长度金属丝击穿时具有相同的电阻率。为了简化计算，认为丝爆为电流源驱动，即不同丝长度下电流波形相同，且忽略电感电压对沿面击穿的作用②。易知对于直径相

---

① 本书编者曾就这一问题与对上述实验结果有所了解的 Pikuz（皮库兹）教授讨论，他表示文章的结果明显是偏高的，实验中只有少数放电发次获得了极高的沉积能量计算值，原因为测量用的电容分压器（D-dot）与高压电极间发生了放电，产生了过高的电压测量值。

② 击穿时刻一般位于电流波形的局部极小值附近，例如，电流由下降到上升的转折点，因此电流变化率一般较小，感性电压也较小。

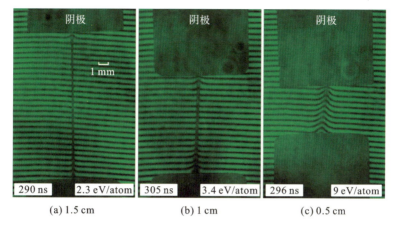

图 2-24 直径 12.5 μm、不同长度的钨丝电爆炸干涉照片，拍照时刻约 300 ns

表 2-4 不同长度钨丝在负极性电流驱动下电爆炸的击穿电压、击穿电场、比能量

长度/cm	击穿电压/kV	击穿场强/(kV·cm^{-1})	比能量/(eV·atom^{-1})
0.5	23.5	47	9.0
1.0	35.0	35	3.4
1.5	44.4	30	2-3

同而长度不同的金属丝，加热到击穿电阻率所需的时间相同，即击穿时刻流过金属丝的电流相同，由此可得击穿电压(U_b)正比于钨丝长度(l)：

$$U_b = I_b \rho_b \frac{l}{S} \propto l \tag{2-15}$$

式中：I_b、ρ_b 分别为击穿时刻电流、金属的电阻率；S 为金属的截面积。

显然这与之前所述的关于绝缘沿面长度与击穿电压的"常识"以及实验结果相违背。

2.4.1.5 金属丝直径

定性地分析，一定长度下金属丝直径减小时电阻增大，因此其两端电压或轴向电场趋于升高，这有利于沿面击穿的发展。另一方面，直径减小造成表面径向电场增大，若径向电场为负极性(方向由无穷远指向丝表面)，表面电子发射加剧，有利于沿面击穿发展；而径向电场为正极性时，表面电子发射得到更加强烈的抑制，不利于沿面击穿发展。因此从电场的角度，负极性驱动电流下减小金属丝直径有利于沿面击穿的发展，正极性电流下则存在相互竞争的两种趋势。

然而直接评价直径对沿面击穿的影响是困难的,参考对绝缘介质绝缘性能的评价方法,需要在试品两端施加一定波形的电压;而金属丝为导体,其在脉冲电流作用下两端的高电压是由时变的电流与电阻产生的(感性电压对金属丝表面附近轴向电场也有贡献),驱动源本身也不能视为电压源,因此丝爆过程中难以实现在不同直径金属丝两端施加相同的电压波形。

从丝爆比能量的角度,金属丝直径改变时阻抗也发生变化,其与驱动源的能量传输效率也相应改变,从沿面击穿具有"伏秒特性"的角度,注入能量的速率提高有利于提高丝芯的沉积能量。在实验中确实观察到了类似阻抗匹配的"最优直径"现象,图 2-25 给出了长度 1 cm、直径 10~25 μm 的钨丝在正、负极性驱动电流下丝爆的比能量,其中比能量的积分上限包括峰值电阻时刻和半峰值电阻时刻[18]。从图中可明显看出比能量随负载丝直径的增大有"先增后减"的变化趋势,即存在能量沉积的"最佳直径",而且这个最佳直径与驱动电流的极性无关。参考前面对于不同极性下金属丝表面径向电场的分析,对于正极性驱动电流而言,随着金属丝直径的减小,径向电场和轴向电场均有增大趋势,而正极性径向电场将抑制电子发射,因此二者作用相反,可能造成能量沉积随直径先增大后减小的趋势;对于负极性驱动电流,电场同样随直径的减小而增大,但此时径向电场促进表面电子发射,即径向和轴向电场二者共同促进沿面击穿的发展,从而阻碍金属丝的能量沉积。因此仅从电场的角度并不能完全解释正、负极性下金属丝能量沉积随直径所具有的相似的变化趋势。

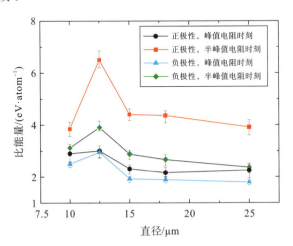

图 2-25 正负极性下丝爆比能量与负载丝直径的统计关系

图 2-26 给出了初始直径 10 μm、12.5 μm 和 15 μm 的钨丝等效电阻率

与比能量之间的关系，这里通过电阻换算电阻率时忽略了金属丝受热造成的直径变化以及沿面击穿起始后爆炸丝的膨胀；图中还给出了同样条件下表面镀有 2 μm 厚度聚酰亚胺(Polyimide，PI)且导体直径为 12.5 μm 的钨丝电爆炸结果，其比能量明显大于裸丝。初始阶段电阻率随比能量的增大而增大，这对应了丝爆过程的阻性加热阶段；当电阻率达到 120～130 μΩ·cm 时比能量达到约 2 eV/atom，这时钨丝开始汽化，对于三种不镀膜的钨丝，电阻率从这个范围开始下降，这对应了沿面击穿的起始和发展；最终钨丝的等效电阻率减小到接近 0，这时已经形成了高电导率的晕层等离子体。可见金属丝能量沉积的差异主要形成于沿面击穿阶段，12.5 μm 直径的金属丝电阻下降的趋势最缓慢。

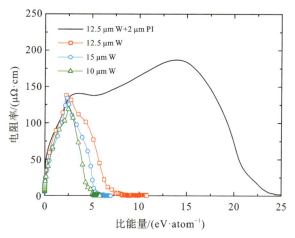

图 2-26　不同直径钨丝等效电阻率与比能量的关系曲线

进一步考虑电源对金属丝的能量注入效率问题，借助数值计算考察沿面击穿起始与发展过程中的能量积累情况。观察图 2-26 中电阻率与比能量的关系可知沿面击穿起始时刻爆炸丝电阻率均处于 120～130 μΩ·cm，即钨丝汽化过程的起始阶段。在此之前钨丝电阻率与比能量有基本确定的对应关系，在此之后则由于沿面击穿的发展难以得到确定的模型。因此可以通过计算不同直径钨丝加热达到汽化点(等效电阻率 120 μΩ·cm)时的平均注入功率，反映在这之后的能量注入速率。如此可不必关心击穿开始之后的电阻率变化情况，数值计算模型中这一段采用了同样条件下真空中镀膜钨丝的电阻率曲线，如图 2-26 中曲线"12.5 μm W+2 μm PI"。

通过电路仿真计算汽化点(等效电阻率为 120 μΩ·cm)时能量注入的平均功率 P_v，结果如图 2-27(a)所示。仿真结果表明不同直径钨丝达到汽化点电阻率时电源对其注入能量的速率不同,且存在一个最佳直径,仿真得到的最佳直径约为 13 μm,与实验结果相近;当改变电源的输出阻抗时,能量注入的效率随之改变,且最佳直径按照阻抗匹配的规律移动,如图 2-27(b)所示。由此可确定电源输出阻抗与金属丝阻抗的匹配关系确实会造成能量注入效率的差异,可以合理地推测这种匹配作用在沿面击穿的起始和发展过程中随着金属丝等效电阻率的不断变化将持续起作用,而其最终效果是使某个直径的金属丝获得最高的能量注入量,从而造成了实验现象所呈现的差异。

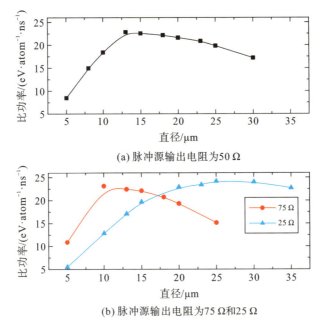

图 2-27 等效电阻率为 120 μΩ·cm 时比功率与金属丝直径的关系

2.4.1.6 其他因素

影响沿面击穿的因素还包括金属丝与电极的电接触情况以及预加热等。

文献[19]的实验结果表明通过焊接等手段保证丝与电极的良好接触,能延后沿面击穿时刻,从而提高能量沉积量。其原因在于大电流会在金属丝与电极接触电阻上沉积能量并产生等离子体,从而为放电发展提供更多种子电子,且高电导率等离子体的存在也可增强驱动电子崩发展的轴向电场;焊接后金属丝与电极接触电阻大大减小,可抑制接触位置等离子体的形成。但这种方法的局限性在于只能处理铜等容易焊接的金属,对于钨丝等难以焊接的金属并不适用。

文献[20-21]的实验结果表明若使用较小的直流电将金属丝事先加热到

较高的温度，则爆炸丝可在脉冲电流驱动下获得更高的沉积能量。一方面，预加热去除了金属表面的吸附气体和低沸点杂质，从而抑制了金属丝表面气体层的产生；另一方面，需要保证脉冲电流通过时金属丝仍处于很高的温度，这时金属丝加热到高温所需的时间大大缩短，根据击穿的伏秒效应，这有利于向金属丝内注入更多的能量。但需要指出的是，为了获得较好的沉积能量提升效果，发生电爆炸时金属丝需要处于高温状态，这是由于温度降低后环境气体又会迅速吸附到金属丝表面，因此用于加热的低压电源需要与驱动电爆炸的脉冲电源隔离，也有研究者提出采用直线变压器驱动源(LTD)等获得有利于能量沉积的放电波形。

2.4.2 沿面击穿发展过程

根据前面的叙述，真空中丝爆一般有极性效应，爆炸产物沿金属丝方向具有不同的膨胀速率，可以合理推测，造成丝芯电流分流的晕层等离子体沿金属丝方向出现的时刻不同。晕层等离子体的产生伴随着较强的辐射，因此可通过测量沿丝方向的辐射研究沿面击穿的发展情况。本小节介绍借助光纤阵列[22]和ICCD[23]高速成像获得的实验结果，并讨论沿面击穿发展对爆炸产物沉积能量轴向不均匀性的贡献。

将爆炸丝不同位置的辐射光通过光纤阵列引出，并连接到相应的PIN二极管探测器上，即可获得不同位置的自辐射波形，从而实现具有高时间分辨率和一定空间分辨率的自辐射测量，借此可以研究沿面放电的弧光发展过程，其原理如图2-28所示。通过凸透镜对爆炸丝成像，在像平面上放置光纤阵列，则金属丝某一段所发出的光将进入相应位置的光纤中，光纤另一端耦合PIN探测器，将多路测量波形导入示波器中。光纤中部通过光纤接头连接，实验前将光纤从此处断开，利用外部校准激光对成像系统进行校准。如使用光纤中最外侧的两根光纤作为基准，当校准光入射时，由于光路的可逆性，将在凸透镜左侧成像得到两个光斑，若调节光纤阵列端面的位置和角度，使上下两个光斑都落在被测试的金属丝上，那么可保证光纤阵列中的每一条光纤都对应于金属丝上的某一段。

图2-29为正极性电流驱动下，直径12.5 μm、长度1.5 cm钨丝电爆炸的电流、阻性电压以及光纤阵列测得的光信号波形(PIN型号为DET10A，信号已归一化)。图2-30给出了相应的阴影照片以及爆炸丝直径沿轴向的分布曲线，以金属丝与阳极接触点为原点。阴影照片拍照时刻为电流起始后470 ns，由电信号计算得到沉积能量为4.4 eV/atom，其轮廓呈明显的锥形，局部沉积能量从阴极到阳极递增。进一步将四个PIN通道的辐射时刻(10%、

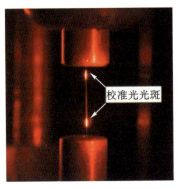

(a) 用光纤校准

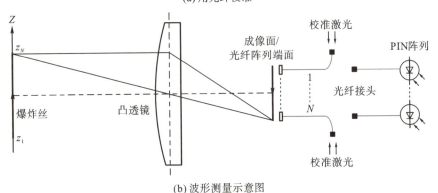

(b) 波形测量示意图

图 2-28 光纤阵列自辐射波形测量示意图和使用两侧光纤进行校准的照片

50%、90%峰值时刻)及相应的光纤收光位置归纳于表 2-5 中,其中电弧长度为金属丝总长度 15 mm 减去相应通道轴向位置。

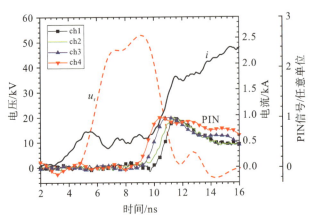

图 2-29 直径 12.5 μm、长度 1.5 cm 钨丝电爆炸电流(i)、阻性电压(u_r)和 PIN 探头波形

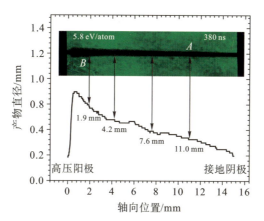

图 2-30 丝爆的阴影照片以及爆炸丝直径沿轴向的分布

表 2-5 四个 PIN 通道对应的轴向位置与辐射时刻

通道	ch1	ch2	ch3	ch4
轴向位置/mm	1.90	4.20	7.60	11.00
电弧长度/mm	13.10	10.80	7.40	4.00
10%峰值时刻/ns	10.15	9.73	9.36	8.91
50%峰值时刻/ns	10.74	10.47	9.99	9.55
90%峰值时刻/ns	11.55	11.34	11.00	10.43

由上述实验结果分析沿面击穿的发展过程，根据四条光纤对应的位置和 PIN 信号的峰值时间可知弧光最先在阴极附近出现，并向阳极发展。将表 2-5 中的电弧长度与辐射时刻绘制于图 2-31 中以观察弧光走过的距离与时间的关系，可见实测数据可以良好地以直线进行拟合，直线的斜率即弧光发展速度。拟合得到的平均速率为 7.7 ± 1.0 mm/ns。

进一步考察弧光发展过程与能量沉积沿轴不均匀性之间的关系：阴影照片显示爆炸丝的局部沉积能量由阴极向阳极递增，而光纤阵列测量结果表明电弧同样从阴极向阳极发展，可知电弧的发展过程必然在一定程度上导致了爆炸丝沉积能量的不均匀性。可基于以上实验数据进行简单的定量校验，以考察沿面击穿电弧的发展过程在爆炸丝能量沉积结构的形成中所起的作用。

图 2-32 为爆炸丝比能量变化曲线，在 6～12 ns 时间区间内其能量沉积速率相对恒定（沿面击穿阶段对应的大致时间范围是 9～12 ns），对该段进行直线拟合得到能量沉积速率为 1.09 eV/atom/ns。我们已经知道有关沿面击穿的一些基本特征：放电会在金属丝表面形成晕层等离子体，该等离子体层

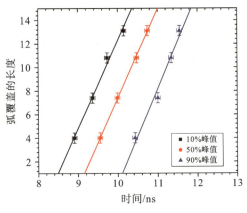

图 2-31 电弧长度与时间的关系

具有很高的膨胀速率,因此其电阻率迅速下降,导致丝芯电流的分流,从而终止丝芯的阻性加热过程。由此可知根据比能量曲线算得的功率是丝芯与晕层等离子体并联后的注入功率,沿面击穿发生后丝芯的能量沉积功率迅速减小,但这一减小的过程是未知的。若进一步考虑弧光覆盖区域的丝芯和晕层等离子体能量沉积情况则更为复杂,因此这里简单地认为弧光所到之处丝芯的能量沉积立刻终止,而未被弧光覆盖的区域则获得了更高的注入功率,以维持爆炸丝整体具有恒定的注入功率 1.09 eV/atom/ns。

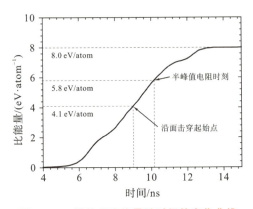

图 2-32 爆炸丝比能量随时间的变化曲线

在以上假设的基础上计算爆炸丝上具有不同轴向位置的两点间沉积能量的差异。设弧光在 t_0 时刻由阴极起始,向阳极发展;在 t_1 时刻到达距离阴极 d_1 的 A 点;在 t_2 时刻到达距离阴极 d_2 的 B 点($d_2 > d_1$);记 A 点的沉积能量为 E_A,B 点沉积能量为 E_B,金属丝总长度为 l,弧光发展速度为 v,爆炸丝总体能量注入功率为 P。可得关系式:

$$E_B = E_A + \int_{t_1}^{t_2} \frac{lP}{l - [d_1 + v(t - t_1)]} dt$$

$$\Rightarrow \Delta E = E_B - E_A = \int_{t_1}^{t_1 + (d_2 - d_1)/v} \frac{lP/v}{(l - d_1)/v + t_1 - t} dt = \frac{lP}{v} \ln\left(\frac{l - d_1}{l - d_2}\right)$$

(2 - 16)

选取四条测量光纤的首末两条进行验算,代入数据 $l = 15$ mm,$P = 1.09$ eV/atom/ns,$v = 7.7$ mm/ns,$d_1 = 15 - 11 = 4$ mm,$d_2 = 15 - 1.9 = 13.1$ mm;得到两点的能量差值为 3.7 eV。

利用阴影照片中爆炸丝轮廓线计算局部比能量,根据图 2 - 23(b)给出的统计规律,局部比能量与局部直径有近似正比关系[①]:

$$E = 9.52D \tag{2-17}$$

式中:D 为局部直径,mm;E 为局部比能量,eV/atom。两条光纤对应位置的爆炸丝直径分别为 0.79 mm 和 0.53 mm,可得到比能量差值:

$$\Delta E = 9.52 \times (0.79 - 0.53) = 2.5 \text{ eV/atom} \tag{2-18}$$

以 2.5 eV/atom 作为两点间实际的比能量差值,则由弧光发展所计算得到的比能量差值明显大于实际值,这种偏差是由于所假设的弧光到达处能量沉积立刻停止所导致的,实际上弧光发展到爆炸丝上某处时能量沉积并不立刻停止,而是有一个减小的过程,因此实际的沉积能量差异会小于按照假设所得到的结果。

那么电弧发展过程所造成的沉积能量差异是否可能小到可以忽略的程度呢?通过以下的方式进行估计。根据丝爆的电流、电压波形,沿面击穿的起始时刻约为 9 ns,对应的比能量(E_b)约为 4.1 eV/atom,而最终爆炸丝整体的比能量(E_t)约为 8.0 eV/atom,按照电阻减半规则估计的丝芯沉积能量为 $E_{core} = 5.8$ eV/atom,也就是说:在沿面击穿起始之后,驱动电流向爆炸丝中注入了 $E_{wire} = E_t - E_b = 3.9$ eV/atom 的比能量,而这些比能量只有 $E'_{core} = E_{core} - E_b = 1.7$ eV/atom 沉积到了丝芯中,因此平均来讲晕层等离子体在与丝芯的分流过程中获得了 $(E_{wire} - E'_{core})/E_{wire} = 56.4\%$ 的能量,按照这个比例

[①] 对实验结果进行最小二乘直线拟合,得到的直线表达式为 v[km/s] = $0.24E$[eV/atom]$+ 0.15$,截距并不严格为 0,但远小于爆炸丝典型膨胀速率 1 km/s,因此这里估算时简单认为膨胀速率与沉积能量成正比。Sarkisov 等(Sarkisov G S, et al. Phys. Plasmas, 2005(12), 052702)也给出了钨丝膨胀速率与沉积能量线性相关的结果:v [km/s] = $0.22 \times (E$[ev/atom]$- 1.75)$。上述表达假设了沉积能量为 1.75 eV/atom 时膨胀速率为 0,此时钨丝完全熔化为液态;在这种限制条件下上式并非实验结果的最优拟合。两种拟合表达式中直线的斜率较为接近。

估计，计算得到的比能量差确实应适当减小，且减小后的比能量差值为$3.7 \times 56.4\% = 2.1$ eV/atom。这个数值与根据阴影照片获得的实际比能量差已经较为接近，因此根据上述估算可知电弧发展过程所造成的沉积能量轴向不均匀性是不可忽略的。

Sarkisov 等利用两台 ICCD 对真空中镍丝与不锈钢丝的电爆炸过程进行了直接观测[23]，两台 ICCD 曝光时间设置为 2 ns，触发时刻间隔 1 ns，通过对比前后两张自发光图像即可直接观察电弧光的发展情况。图 2-33 为作者拍摄的直径 25.5 μm、长度 1 cm 的镍丝双幅自发光图像，所采用的驱动电流为正极性，上升率约 100 A/ns。通过直接比较两幅图像中自发光覆盖的长度可以估计镍丝表面电离发展的速率为 1.7~2.4 mm/ns；对于不锈钢丝，速率为 1.4~3.5 mm/ns。上述速度与光纤阵列测量的钨丝表面弧光发展速度 7.7 mm/ns 数量级相同；与镍、不锈钢（铁）相比，钨是更典型的难熔金属，具有更高的沸点、电阻率、原子化焓以及更低的逸出功，因此钨丝表面弧光发展速率更快是合理的。

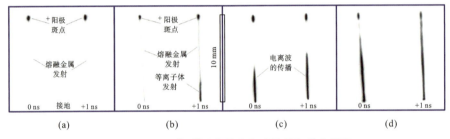

图 2-33　文献[23]给出的真空中镍丝自发光图像

综上所述，真空环境中正极性驱动电流下①，金属丝表面电离由阴极向阳极发展，典型速率为数毫米每纳秒，且沿面击穿的发展过程与丝芯沉积能量沿轴向的不均匀分布关系密切。负极性电流下丝爆的表面辐射或沿面击穿发展情况目前未见报道。

2.4.3　气氛中丝爆的击穿

气体中丝爆的击穿过程可能为沿面击穿或内部击穿。

根据 Vlastós 等的实验结果（参考 2.2.1 节），气氛中丝爆的电流暂停存在两种模式。即短模式与长模式：当脉冲源充电电压低于临界值时，仅出现

---

① 这里正极性驱动电流指金属丝表面形成了类似图 2-17 中的正极性径向电场分布，在负极性驱动电流下通过采用适当的电极结构也可以获得正极性径向电场。

短模式,击穿发生在金属丝表面附近;当电压高于临界值时,长模式占主导,但短模式仍有一定概率出现,两种模式出现的频次之比随电压变化略有变化,且临界电压下比值最大。如图 2-34 所示为 Vlastós 给出的铜丝电爆炸电流暂停时间与充电电压的关系曲线[3],实验中电容为 9.6 μF,使用了直径均为 50 μm 但长度 3.2~13 cm 不等的四种铜丝。图中共有八条曲线,即每种尺寸的铜丝均有两个典型电流暂停时间,其中较长的那个在电压超过一定临界值时才出现;两种电流暂停时间均随充电电压提高而缩短,最终趋于 0。

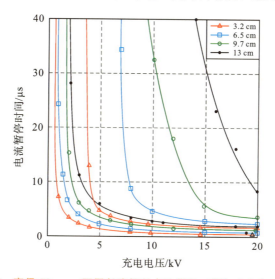

图 2-34　直径 50 μm、不同长度铜丝电流暂停时间与充电电压的关系

Vlastós 进一步分析了电流暂停时间与"平均场强"①的关系,如图 2-35 所示。可以发现不同长度铜丝电流暂停时间与平均场强均近似满足相同的统计规律,对于两种模式可分别拟合:

$$短模式:t = k/(E - E_0) \tag{2-19}$$

$$长模式:t' = k'/(E - E_0') \tag{2-20}$$

式中:k、k' 为与材料相关的常数;E_0 为重击穿可以发生的最低平均场强(充电电压更低时,电流暂停阶段电容器上的剩余电压不足以引起爆炸产物电击

---

① 这里平均场强定义为电容器初始充电电压与金属丝长度之比,并不代表击穿发生时刻爆炸产物间隙的平均场强。铜升华焓按 338 kJ/mol 计,对于直径 50 μm 的铜丝,由常温常压固体转化为气体所需的能量为 0.93 J/cm。图 2-34 中 3.2 cm 铜丝最低充电电压约 1 kV,此时电容器储能为 $0.5 \times 9.6\ \mu F \times (1\ kV)^2 = 4.8\ J$;3.2 cm 铜丝汽化所需能量 3.0 J,因此电流暂停开始时电容器上剩余的电压已经远低于充电电压。

穿）；E_0' 是长模式开始出现的临界值。几种材料的上述常数汇总于表 2-6 中。应当注意，这里的统计数据仅针对特定的驱动源和金属丝直径，即上式中的"常数"应是驱动源参数与金属丝直径的函数。

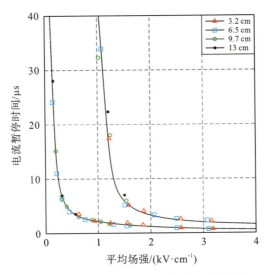

图 2-35　直径 50 μm、不同长度铜丝电爆炸电流暂停时间与平均场强的关系

表 2-6　几种金属丝电流暂停时间统计规律中的常数

金属丝	$k/(\mu s \cdot cm \cdot kV^{-1})$	$k'/(\mu s \cdot cm \cdot kV^{-1})$	$E_0/(kV \cdot cm^{-1})$	$E_0'/(kV \cdot cm^{-1})$
50 μm 康铜丝	1.9	4.5	0.15	0.95
50 μm 铜丝	1.5	3.1	0.09	1.0
250 μm 锂丝	2.6	6.7	0.12	0.3

进一步从空气中铝丝电爆炸的典型实验结果展开讨论。如图 2-36 所示为长度 2 cm、直径 15 μm 铝丝在常压空气环境下电爆炸的电流、电压（阻性）、辐射以及沉积能量波形，两次实验所采用的驱动源及充电电压完全相同[24]。图 2-37 为脉冲激光探针拍摄的干涉、阴影及纹影图像，图 2-38 给出了条纹偏移级数分布以及阿贝尔逆变换得到的爆炸产物折射率径向分布。图 2-36 中，两次实验（shot 101 和 shot 102）具有较为接近的电流、电压和沉积能量波形，电流暂停持续的时间相差约 10 ns(shot 101-60 ns、shot 102-48 ns)；然而自发光信号或辐射强度存在明显的差异，shot 101 的峰值辐射功率远大于 shot 102。进一步观察图 2-37 中的干涉照片，中性原子造成向

左的条纹偏移。可见对于 shot 101[见图 2-37(a)]，丝芯处条纹偏移方向明显向左；而对于 shot 102[见图 2-37(b)]，丝芯处条纹出现向右的凹陷。为了获得爆炸产物折射率的径向分布，需要对干涉图像进行阿贝尔逆变换。根据图 2-38(c)，shot 101 产物中心折射率大于 1，对应于丝芯位置，两侧(径向位置 0.3~0.7 mm)为折射率小于 1 区域，这表明丝芯主要由中性原子组成，而其外侧存在电子密度较高的等离子体区域。根据图 2-38(d)，shot 102 产物中心折射率低，这表明丝芯具有一定的电离度(但未完全电离)，电子对条纹偏移的贡献部分抵消了中性原子的贡献。

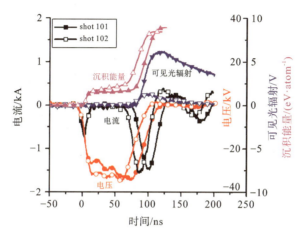

图 2-36 长度 2 cm、直径 15 μm 铝丝空气中电爆炸的电流、
电压、辐射以及沉积能量波形

综合这些实验现象，可以对两次实验中的击穿情况作出合理判断。shot 101 中击穿发生在丝芯外侧，形成放电通道的介质主要为空气(含有少量金属蒸气)；shot 102 中击穿发生在丝芯内部，形成放电通道的介质主要为金属蒸气。从放电沉积能量波形来看，重击穿阶段电源向负载区域注入的总能量接近，但注入能量的位置不同，shot 101 位于丝芯外侧，shot 102 位于丝芯内部，因此 shot 102 中丝芯直径明显较大，但其击穿产生的辐射被丝芯中存在的大量金属液滴阻挡，造成测得的辐射功率明显小于 shot 101。

此外注意到，按照 Vlastós 给出的实验规律，shot 101 中金属丝发生"沿面击穿"，对应于电流暂停的短模式，发生"内部击穿"的 shot 102 对应于长模式，然而实际测量结果给出 shot 101 电流暂停时间更长。也就是说，对于同样参数下可能出现的不同击穿模式，内部击穿的电流暂停时间并不一定大于沿面击穿，这一事实从击穿时延具有分散性的角度是可以接受的。

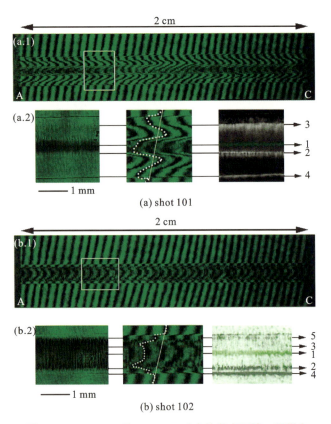

图 2-37　shot 101 和 shot 102 对应的激光干涉、阴影和纹影照片，拍摄时刻分别为电流起始后 366 ns 和 304 ns

　　对于沿面击穿，除了上文中介绍的发生于爆炸产物表面外侧（即气氛一侧），也可能发生在爆炸产物表面附近的丝芯一侧，即放电通道在金属蒸气中形成。以镍、钯等为代表的第三类金属材料在适当的参数下可发生这种击穿。如图 2-39 所示为 Romanova（罗曼诺娃）等给出的空气中钯丝电爆炸的激光阴影和纹影图像[25]，采用的驱动源储能电容 0.1 μF，充电电压 20 kV，峰值电流 10 kA，上升时间约 370 ns，钯丝直径 25 μm、长度 12 mm。从阴影图像观察，钯丝爆炸产物形态与内部击穿模式下的铝丝接近，即透明度差的金属材料占据了冲击波前沿以内的大部分区域，表明丝芯具有较高的膨胀速率，也就是说放电发生在图中深色的丝芯区域。然而进一步观察纹影图像，可以在金属材料与空气交界面附近发现代表载流区域的带状结构，这表明电流在深色区域边界以内很浅的地方流动。

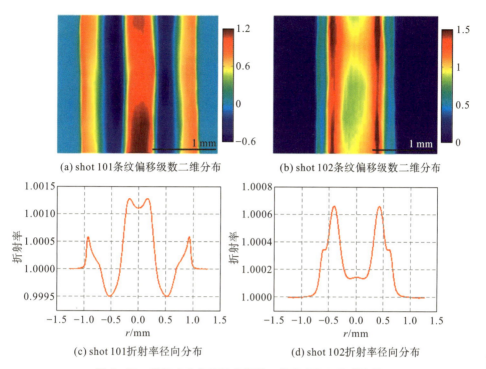

(a) shot 101条纹偏移级数二维分布　　(b) shot 102条纹偏移级数二维分布

(c) shot 101折射率径向分布　　(d) shot 102折射率径向分布

图 2-38　爆炸产物条纹偏移级数二维分布阿贝尔逆变换
得到的爆炸产物折射率径向分布

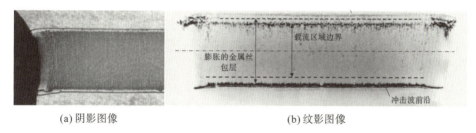

(a) 阴影图像　　　　　　　　　(b) 纹影图像

图 2-39　文献[25]给出的空气中钯丝电爆炸 500 ns
时刻阴影图像(局部)和 530 ns 时刻纹影图像

通过进一步降低充电电压至 10 kV，Romanova 观察到了深色区域内部的结构，如图 2-40 所示，所使用的金属丝为镍丝，直径 25 μm、长度 12 mm。从图中可以很明显观察到代表金属材料的深色区域由两部分组成，即位于中心的颜色最深的丝芯和丝芯外部颜色较浅的包层；结合图 2-39 中的纹影图像可知电流流经的区域为包层。

至此可以对气氛中丝爆的击穿位置进行归纳。首先负载区域可大致分为外部的压缩空气层和内部的爆炸产物两部分，其中爆炸产物又可细分为包层

(a) t=395 ns（shot 070130-3）

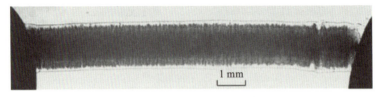

(b) t=510 ns（shot 070130-1）

(c) t=640 ns（shot 101111-22）

图 2‑40　文献[25]给出的空气中镍丝电爆炸不同时刻的激光阴影图像

和丝芯。空气层与爆炸产物之间并不存在严格的界限，而是在爆炸产物膨胀过程中通过扩散、对流相互混合。对于以铜、铝等为代表的第一类金属材料，其沸点较低，蒸气温度（以 eV 为单位）与电离能之比小，此时汽化及相爆炸可以在击穿发生前波及金属丝大部分，因此爆炸产物不显现明显的分层结构，或者可认为爆炸产物几乎全部由包层组成；对于以钨、钼等为代表的第二类金属材料，其沸点较高，蒸气温度与电离能之比较大，因此通常在由外到内的相变完成之前击穿已经发生，丝芯电流转移，失去电流磁压约束的过热液态丝芯即分散为金属蒸气与液滴的混合体系，爆炸产物呈现包层与丝芯的二元结构。在这一过程中，击穿可以发生于爆炸产物外侧的气体介质层或内部的包层中。对于第一类金属，储能充足时表面汽化剧烈，可抑制爆炸产物外侧的沿面击穿，此时倾向于发展内部击穿，储能不足时也可能发展沿面击穿；对于第二类金属，由于其蒸气温度高且金属丝本身易于发射电子，一般发生爆炸产物外侧的沿面击穿；对于第三类金属，其特性介于前两类之间，可能发生位于包层中的爆炸产物内侧的击穿。

应当指出，目前对于丝爆击穿过程的认识是相当有限的，特别是缺乏直接的实验诊断结果,这是由于击穿发生时金属丝直径小、密度高,且击穿发展的时间尺度小(数纳秒),现有的激光、X 射线等诊断手段难以给出有效的信息,因此只能通过击穿发生数百纳秒后的图像推测击穿的物理过程。

2.4.4 水中丝爆的击穿

水密度是常压空气的数百倍,在脉冲电场下,水具有很高的击穿场强,因此水中丝爆过程中金属丝表面的击穿可以得到显著抑制,从而达到远高于真空和气氛环境的沉积能量。

以色列理工学院的研究人员利用光谱测量研究了水中铜丝电爆炸过程中击穿发生的位置,采用具有一维空间分辨的光谱仪配合分幅相机,可以在一次实验中获得爆炸产物某一轴向位置、不同径向位置的光谱在几个时刻的情况[26],通过分析特征谱线对应的元素和能级,可以考察爆炸产物及其附近介质的情况。他们采用了基于 Marx 加同轴水线的脉冲源,实验中丝爆的时间尺度为百纳秒级(驱动源阻抗 0.5 Ω,带匹配负载时输出电压 110 kV,电流 70 kA,电流脉冲半高宽 80 ns)。图 2-41 给出了直径 100 μm、长度 5 cm 铜丝水中电爆炸的一维光谱随时间的变化情况,图中的纵轴表示径向位置,横轴表示接收到的自发光波长。在丝爆过程中未观察到明显的 H 和 O 元素谱线,因此可以判断放电过程中未产生明显的水等离子体层。上述电参数和丝参数下丝爆工作于储能较为充足的直接击穿模式。

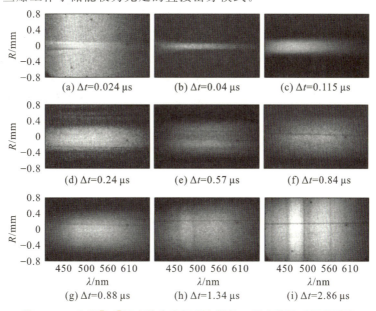

图 2-41 文献[26]给出的水中铜丝电爆炸一维光谱随时间的演化

图 2-42 的脉冲激光阴影图像展示了不同材料的金属丝在水下发生电爆炸时重击穿过程产生的冲击波[27]。冲击波波前附近具有陡峭的压力上升沿，相应的此处水的密度和折射率具有较大的梯度；平行激光穿过这一区域时，光线传播方向发生偏折，并超出了成像所使用透镜的收光范围，相应位置在图像中为黑色，因此阴影图像中冲击波波前表现为黑色条纹。冲击波是由爆炸产物膨胀产生的，因此冲击波的结构能够反映爆炸产物的能量注入情况。

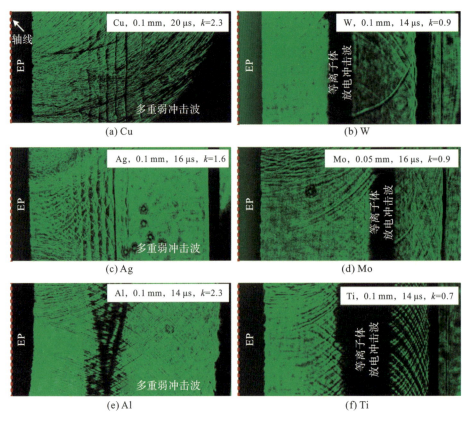

图 2-42　不同材料的金属丝水下电爆炸重击穿过程产生的冲击波

图 2-42(a)、(c)、(e)对应典型非难熔金属 Cu、Ag 和 Al，(b)、(d)、(f)对应典型难熔金属 W、Mo 和 Ti。可以发现非难熔金属重击穿过程中出现了一定间隔的多重弱冲击波，而难熔金属则产生整体的压缩波。非难熔金属重击穿阶段的多重弱冲击与上述内部击穿过程密切相关，以铜丝为例，如图 2-43 所示，重击穿发生在靠近轴线的狭小区域内，形成高温放电通道，而周围则是温度较低的爆炸产物。放电通道膨胀在爆炸产物中激发压缩波，这一压缩波向外传播到达爆炸产物与水的交界面，此时爆炸产物密度小于水密

度,因此压缩波由波疏介质向波密介质入射。其结果为水中形成的折射波为压缩波,表现为阴影图像中的一条黑色条纹;同时反射波也是压缩波,向轴线传播,并在轴线处再次发生发射形成向外传播的压缩波,再次到达交界面时在水中产生第二重弱冲击。上述在交界面处的折反射可重复多次,最终形成了图中所示的多重弱冲击现象。与此同时,随着放电通道电流的增大,其温度不断升高,进而通过辐射及传导等传热过程使周围爆炸产物温度升高并发生电离,此时表现为放电通道不断扩展,储能充足的情况下爆炸产物最终转化为等离子体状态,此时放电通道以整体推动水介质形成主冲击[28]。

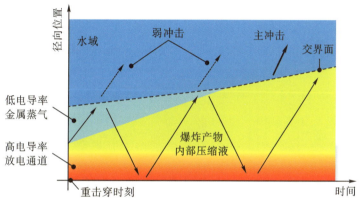

图 2-43 爆炸产物内部击穿导致多层弱冲击的机理

值得注意,铝丝的多重冲击波呈现相互交叉的复杂结构,这表明铝丝内部很可能形成了多条倾斜的放电通道。而难熔金属重击穿阶段形成整体压缩波的原因尚不清晰,可能的原因为爆炸产物与水交界面附近发生了类似沿面击穿的过程。这些实验现象再一次表明了丝爆击穿过程的复杂性。

2.5 丝芯状态

电爆炸产物状态(液态、气态、等离子体态等)是相变过程的结果,与能量注入密切相关,现有的认识主要来源于以丝阵 Z 箍缩早期过程为背景的真空中金属丝电爆炸相关研究,其中基于 X 箍缩的高分辨率 X 射线点投影成像在获取高密度爆炸产物状态方面发挥了重要作用。1993 年 Hammer(哈默)首次报道了 X 箍缩拍摄的真空中金属丝电爆炸芯-晕结构[29],1999 年 Pikuz(皮库兹)等利用 X 箍缩观察到了电爆炸产物中不均匀的泡沫状结构[30]。

图 2-44 为 Pikuz 等拍摄的真空中钨丝电爆炸产物 X 射线点投影图像，钨丝直径 7.5 μm、长度 1.04 cm，驱动电流峰值为 2～5 kA，上升时间约 1 μs。图 2-44(a)、(b)分别对应于无预加热与有预加热的两种钨丝，这里我们只关注预加热钨丝的电爆炸产物状态，即图(c)；可以发现丝芯区域由连续的深色区域和"点缀"于其上的大量浅色斑点组成。对于图示的 X 射线投影图像，浅色代表较低的质量面密度（质量密度在投影方向的积分，kg/m²），因此图中的浅色斑点代表大量小气泡，而深色区域很可能由液态金属构成，文章的作者将这种结构称为液-气泡沫(liquid-vapor foam)。图 2-44 预加热过程中钨丝表面温度约 2000 K，持续时间数分钟，可以有效去除钨丝表面的吸附气体和低沸点杂质（如碳氢化合物），有利于抑制电爆炸过程中的沿面击穿，从而达到更高的沉积能量。

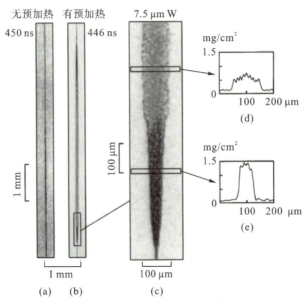

图 2-44　文献[30]中真空中钨丝电爆炸的 X 射线背光图像，对比了无预加热和有预加热的情况

图 2-45 为更晚时刻的钨丝丝芯 X 射线背光图像，被拍对象为两根并联的钨丝，由于各自与电极的接触情况不同其沉积能量差异显著，表现为图(b)、(e)中左侧丝芯直径明显小于右侧，(b)、(e)为两次不同发次实验。从图(a)、(c)中仍可明显观察到泡沫状结构，同时局部可见体积较大的浅色气泡，表明液态丝芯汽化过程中汽化核的产生是不均匀的；图(d)、(f)对应于更晚时刻，丝芯爆炸产物进一步冷却，汽化过程中产生的微米级小液滴通过

碰撞融合形成了更大尺度的结构，图(d)中可见大量直径十微米级的液滴，图(f)中上部出现长度百微米级的线状结构。

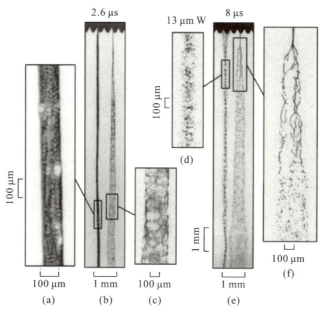

图 2-45　文献[30]中并联钨丝电爆炸 X 射线背光图像，两根并联的钨丝爆炸产物直径有显著差异

Sarkisov 等利用激光阴影成像观察了真空环境中钨丝电爆炸产物，并总结了丝芯沉积能量与爆炸产物形态的关系，实验中通过改变钨丝直径与驱动电流上升率调节丝芯平均沉积能量[31]。如图 2-46 所示，当沉积能量不足以使钨丝达到液化温度时，钨丝保持完整；丝芯开始熔化而未完全液化时，钨丝断裂成数段；沉积能量达到完全液化能量后可发生直观的"电爆炸"现象，即丝芯迅速膨胀、分散。图 2-46(c)中可见大量深色斑点镶嵌于爆炸产物轮廓内部，斑点直径 $100\sim 200~\mu m$，对应于未被分散的小液滴；随着沉积能量进一步增加，液滴尺寸显著减小；图(e)中沉积能量达到 6.3 eV/atom 时，爆炸产物变得"均匀"①。沉积能量继续升高时，丝芯的汽化程度也不断升高，

---

① 此处"均匀"仅表示观察不到图像灰度在小尺度内的剧烈波动，即视觉效果均匀；此时沉积能量仍小于钨的原子化焓，丝芯不可能完全汽化成钨蒸气（真正的均匀体系），因此爆炸产物仍为气-液混合状态，只不过液滴在阴影图像上不可分辨。实际上阴影图像中爆炸产物表现为深色区域（透光较少）正是由于大量小液滴的存在，汽化程度较高的丝芯在阴影图像中难以分辨，可参考图(g)中标注"汽化"的部分。

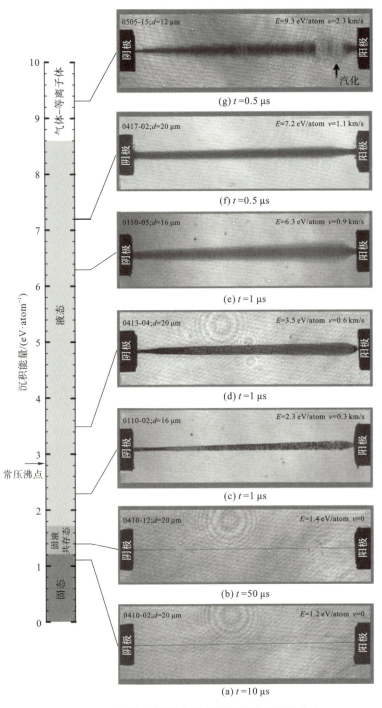

图 2-46 文献[31]中给出的不同沉积能量下真空中钨丝电爆炸产物激光阴影图像（钨丝长度 2 cm）

但应当注意的是沉积能量达到原子化焓(对于钨约为 8.6 eV/atom)时并不代表丝芯被完全转化为金属蒸气：一方面，8.6 eV/atom 是钨的标准原子化焓，定义为 25 ℃、100 kPa 条件下将固态钨完全分散为原子所需的能量，这与电爆炸过程中的瞬态相变过程不同，因此标准原子化焓仅可作为参考；另一方面，由于晕层等离子体的分流作用，电爆炸过程中丝芯沉积能量的计算需要选择适当的积分截止时间，如前所述，一般选为电压峰值时刻或负载等效电阻减半时刻，因此计算得到的丝芯沉积能量并不准确反映丝芯真实电能沉积；此外，丝爆过程存在显著的轴向不均匀性，计算得到的平均沉积能量与爆炸产物局部沉积能量可能存在显著差异。图 2-47 给出了利用串联闪络开关获得的真空中钨丝电爆炸产物的激光阴影和干涉图像[32]，采用电阻减半时刻估算丝芯沉积能量约 12 eV/atom，阴影图像中大部分钨丝丝芯表现为"浅色"，同时干涉图像中相应区域可见清晰的干涉条纹，并可估计拍照时刻丝芯汽化率约为 80%。沉积能量显著高于原子化焓时(如达到原子化焓数倍)，爆炸产物一般可见电热不稳定性引起的分层结构；对于钨等高原子序数元素(第一电离能较低)，局部高沉积能量区域会出现一定程度的电离，可参考图 2-22 中镀膜钨丝的结果，其平均沉积能量达到 20 eV/atom，图 2-46(g)中所示的爆炸产物部分汽化也是采用镀膜钨丝获得的。

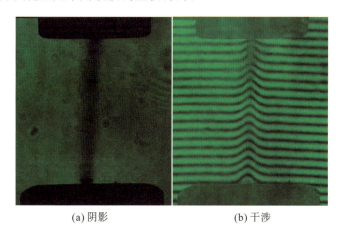

(a) 阴影　　　　　　　(b) 干涉

图 2-47　串联闪络开关情况下真空中钨丝电爆炸激光阴影与干涉图像
(钨丝长度 1 cm，电阻减半时刻沉积能量约 12 eV/atom，
拍摄时刻约电流起始后 325 ns)

2.6　电爆炸过程中的辐射

电爆炸过程中的辐射主要来源包括放电等离子体、高温金属颗粒以及爆炸产物与介质间(可能的)化学反应。

Sarkisov等较系统地研究了真空环境下丝爆辐射特性[33]，实验中所使用的金属丝直径均为 20 μm、长度均为 2 cm，驱动电流上升速率约 150 A/ns。图 2-48(a)所示为测得的不同材料金属丝电爆炸过程的辐射功率，按照原子化焓顺序排列；图 2-48(b)为铝丝和钨丝电爆炸过程时间积分光谱，二者分别代表非难熔和难熔金属材料，实验中光谱仪狭缝接收爆炸产物某一轴向位置横截面上的辐射信号，因此光谱图具有一维空间分辨。

可以发现，电流起始后数十纳秒内各种金属丝辐射功率均出现尖峰，这对应于沿面击穿过程中等离子体的产生；如前所述，表面等离子体通常来源于丝表面解吸附气体、汽化的碳氢化合物以及部分金属蒸气，观察图 2-48(b)也可发现铝丝、钨丝光谱中均有明显的碳、氢元素特征谱线。沿面击穿辐射峰结束后，钨、钼等难熔金属出现长时间持续强辐射，而银、铝等非难熔金属则观察不到后续辐射峰。Sarkisov 认为后续辐射峰主要来源于高温金属液滴的黑体辐射：对于难熔金属，电爆炸沉积能量与原子化焓相当，此时爆炸产物中包含大量金属液滴，膨胀过程中存在透光率升高与液滴辐射冷却两个相反的机制，因此辐射功率先上升后下降；对于非难熔金属，由于实验中采用了较高驱动电流上升率，其沉积能量显著高于原子化焓，此时爆炸产物汽化率高，同时金属液滴产生时温度更低(材料沸点低)，因此金属液滴辐射不显著。通过降低电流上升率降低非难熔金属电爆炸沉积能量时，辐射功率波形出现显著的"第二峰"。从光谱组成的角度，非难熔金属光谱中特征谱线更加显著，图 2-48(b)中可见明显的 Al Ⅱ(一价铝离子)特征谱线，而难熔金属光谱具有显著的连续谱特征，谱线几乎被淹没。从爆炸产物状态的角度可以理解上述光谱特征：非难熔金属汽化率高，爆炸产物辐射不透明度低，因此可观察到大量谱线；难熔金属爆炸产物存在大量金属液滴，产生类似黑体的辐射谱。

介质中丝爆的辐射特性不仅取决于能量沉积密度、爆炸产物状态、等离子体产生情况等，还应考虑介质本身在丝爆产物及辐射等作用下的行为。韩若愚等研究了气氛中不同材料丝爆的辐射特性[34]，实验中采用了数百微米直径金属丝及更高储能，并测量了时间积分的光谱，总体上仍获得了难熔金属辐射以连续谱为主、非难熔金属谱线特征更明显的结论，同时谱线上可见明

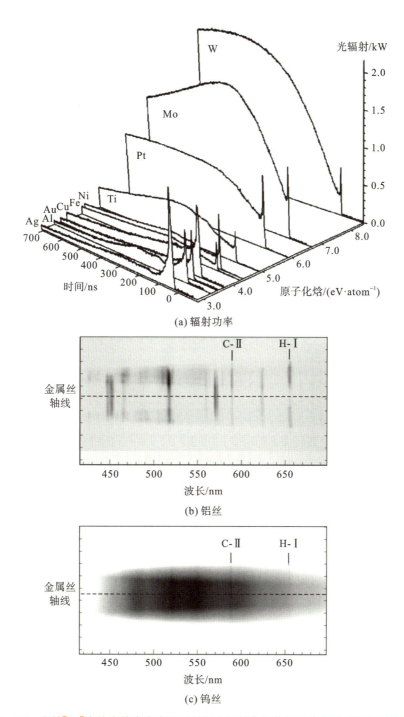

图 2-48 文献[33]中给出的真空中不同材料金属丝电爆炸辐射功率随时间的变化以及铝丝、钨丝电爆炸的时间积分光谱,其中铝丝与钨丝过热系数分别为 1.7 和 0.5

显的自吸收峰；但与真空中丝爆不同，并未观察到辐射功率曲线上对应于沿面击穿的尖峰。赵军平等测量了铝丝在不同压力氩气气氛下电爆炸的光谱[35]，压力较低（20 kPa）时可见明显铝、氩特征谱线，随着压力升高，线谱特征被连续谱淹没。Fedotov（费多托夫）等研究了水中铜丝电爆炸的辐射特性[36]，他们发现：在电爆炸初期和晚期，辐射光谱与黑体辐射谱拟合度较高；然而在电能注入功率最高的爆炸中期，辐射光谱明显偏离黑体谱（短波长辐射强度较黑体谱降低）。同时，若采用黑体谱拟合估计温度，则可得到爆炸产物温度不超过 1.2 eV 的结论，这远低于磁流体仿真的预测值。作者将这一反常的光谱测量结果归因于金属丝表面水等离子体层对辐射的吸收作用。Rososhek（罗索舍克）等在水中铝丝电爆炸过程中观察到了电能注入结束后爆炸产物辐射强度再次上升现象，表明铝与水发生了燃烧反应[37]。

2.7 电爆炸过程中的不稳定性

2.7.1 电热不稳定性的波长和增长速率

大电流下金属丝电爆炸的构型最初是被作为一种软 X 射线源，金属等离子体在箍缩后的电子密度通常能达到 10^{21} cm^{-3}。受这一研究的启发，20 世纪 50 年代的聚变研究提出了一种可能的聚变系统，即利用微秒尺度、强电流压缩氘等离子体。基于等离子体的拟静态磁约束，在合理的约束时间内聚变的温度和密度是可能实现的。然而，观察到的磁流体力学不稳定性很快破坏了磁约束状态，在当时的实验和理论水平下，这种磁流体力学不稳定性不可能被消除，极大地阻碍了 Z 箍缩在聚变领域的应用。

对箍缩对称性威胁最大是磁瑞利-泰勒不稳定性。大功率、快前沿脉冲功率源的研制成功和丝阵等新型负载的应用提高了人们对磁瑞利-泰勒不稳定性的抑制能力，以极高的电磁能-辐射能的转换效率（>15%），输出了里程碑式的 X 射线产额（280 TW、1.8 MJ）。丝阵 Z 箍缩成为实验室中制造的最强的 X 射线源，也被认为是一种非常有竞争力的惯性约束聚变的技术途径。丝阵 Z 箍缩在 X 射线源和聚变能源领域的诱人前景，促使人们对金属丝负载中的各种不稳定性开展了深入和广泛的研究。虽然，磁瑞利-泰勒不稳定性是 Z 箍缩的显著特征，但人们感兴趣的只是不稳定性增长的时间是否足够长，使得高密度等离子体可以被约束至足够的时间来实现 Z 箍缩应用的目标（也就是聚变应用的能量增益或 X 射线源的产额等）。

早在 20 世纪 50 年代，人们就观察到金属丝电爆炸中形成的分层结构。

第 2 章 金属丝电爆炸物理过程

尽管人们对这种不稳定性的研究由来已久,但目前依然没有令人完全信服的理论解释电爆炸产物的不稳定性现象。在微秒级脉冲电流驱动金属丝电爆炸的情况下,人们普遍认为磁流体力学腊肠不稳定性(模数 $m=0$)是引发这种分层现象的物理机制。此时,金属丝电爆炸是慢模式电爆炸,磁流体力学不稳定性有足够的时间建立起温度和密度的扰动,从而改变电爆炸等离子体的形态。Iskoldsky(伊斯科尔德斯基)等提出金属丝表面的扰动是由液态相金属丝内流通电流的旋涡结构导致的[38]。金属丝的参数在脉冲电流作用下发生若干数量级的变化,而上述液态金属丝内电流旋涡模型并未考虑输运参数的变化,因此,该模型并不适用于大电流密度下金属丝电爆炸。在纳秒级脉冲电流驱动直径为微米级的金属丝电爆炸过程中,电爆炸产物演化时间小于磁流体力学不稳定性发挥作用的时间,并且电流密度也远高于电流旋涡理论的临界值,磁流体力学腊肠不稳定性和电流旋涡理论都不能用于解释快模式下金属丝电爆炸中出现的分层现象。电热不稳定性理论预测的分层结构的波长与实验测量数据相符,人们相信这是一种非常可信的形成分层结构的物理机制[39]。

电热不稳定性是负载电导率随温度变化特性引起焦耳加热非均匀沉积形成的一种磁流体不稳定性。电热不稳定性有两种典型的模式。金属丝负载处于固态和液态等凝聚态时,电阻率的温度系数大于零($\partial \eta / \partial T > 0$),此时,电热不稳定性形成与电流流动方向垂直的分层现象;而当负载处于理想等离子体态时,电阻率温度系数小于零($\partial \eta / \partial T < 0$),电热不稳定性发展成为与电流流动方向平行的丝状形态。在等离子体厚度远小于负载直径的假设下,电流沿着 $+z$ 方向流动,磁场沿着 y 方向。Ryutov(留托夫)等在直角坐标系下利用安培环路定理和法拉第定律推导了电热不稳定性扰动电流密度与电阻率波动之间的关系[40]为

$$\begin{cases} \delta J_z = -J_z \dfrac{\cos^2 \alpha}{1+\gamma/\gamma_0} \dfrac{\delta \eta}{\eta} \\ \delta J_y = -\dfrac{k_z}{k_y} \delta J_z \end{cases} \quad (2-21)$$

式中:α 为未受扰动磁场与不稳定性波矢量之间的夹角。电热不稳定性波矢量 $\boldsymbol{k} = k_y \boldsymbol{y} + k_z \boldsymbol{z}$。$\gamma$ 为不稳定性增长速率。γ_0 的表达式为

$$\gamma_0 = \frac{2k\eta}{\mu_0 h} \quad (2-22)$$

式中:μ_0 为真空磁导率;h 为均匀分布的等离子体负载的厚度。在电热不稳定性中焦耳加热的扰动 $\delta(\eta J^2)$ 为

$$\delta(\eta J^2) = \delta \eta J_z^2 \left(1 - \frac{2\cos^2 \alpha}{1+\gamma/\gamma_0} \right) \quad (2-23)$$

当忽略等离子体负载的运动和辐射时，流通均匀电流密度的负载满足如下热平衡方程：

$$\rho c_v \frac{\partial T}{\partial t} = \eta J_z^2 + \nabla \cdot (\kappa \nabla T) \qquad (2-24)$$

式中：κ 为热导率；c_v 为比热容；ρ 为等离子体负载的密度。电热不稳定性引起负载温度的扰动 $\delta T = C \cdot \exp\left(\int \gamma \mathrm{d}t + ik_y y + ik_z z\right)$。温度从 T_0 到 $T_0 + \delta T$ 的波动中，负载电阻率可简化为 $\eta(T) = \eta(T_0) + \delta T \cdot \partial \eta / \partial T$，代入公式(2-24)可以得到扰动方程为

$$\rho c_v \gamma \delta T = \frac{\partial \eta}{\partial T} J_z^2 \left(1 - \frac{2\cos^2\alpha}{1 + \gamma/\gamma_0}\right)\delta T - k^2 \kappa \delta T \qquad (2-25)$$

式(2-25)右侧第一项代表电热不稳定性两种模式的贡献。括号中第一项代表分层模式，第二项代表成丝模式。电热不稳定性的增长速率 γ 的表达式为

$$\gamma = \frac{\frac{\partial \eta}{\partial T} J_z^2 \left(1 - \frac{2\cos^2\alpha}{1 + \gamma/\gamma_0}\right) - k^2 \kappa}{\rho c_v} \qquad (2-26)$$

当 $\partial \eta / \partial T > 0$ 时，电热不稳定性增长率最大值出现在 $\alpha = \pi/2$，此时对应电热不稳定性分层模式。从上式可以看出热传导可以减小电热不稳定性的增长速率，是一种不稳定性的致稳因素。

绝大部分金属在固态和液态相满足 $\partial \eta / \partial T > 0$ 的条件，在电热不稳定性分层模式下($\cos\alpha = 0$)，存在电热不稳定性临界波长 $\lambda_{\min}$：

$$\lambda_{\min} = \frac{2\pi}{J_z} \sqrt{\kappa \left(\frac{\partial \eta}{\partial T}\right)^{-1}} \qquad (2-27)$$

当电热不稳定性的波长 $\lambda > \lambda_{\min}$ 时，电热不稳定性是不稳定的，扰动不会因为热传导效应而消失；当电热不稳定性的波长 $\lambda < \lambda_{\min}$ 时，电热不稳定性是稳定的，热传导效应抑制了扰动的发展。金属丝电爆炸阴影诊断图像估算电热不稳定性分层模式的波长是数十微米，而公式(2-27)结合一维磁流体力学数值模拟表明，电热不稳定性的临界波长的极小值可以达到 2 μm。

2.7.2 电热不稳定性的诊断图像

粗铝杆 Z 箍缩数值模拟研究表明电热不稳定性分层模式为丝阵、套筒等 Z 箍缩负载等离子体磁瑞利-泰勒不稳定性提供了初始扰动[41]，而这引起了人们对电热不稳定性极大的兴趣。激光探针和 X 射线背光照相技术是研究金属丝电爆炸等离子体动力学行为的重要手段。自 20 世纪 50 年代起，科研工作者们已经积累了大量的电热不稳定性的演化图像[42-44]。

纳秒级脉冲电流驱动金属丝演化的时间小于磁瑞利-泰勒不稳定性发展的时间。纳米级金属丝电爆炸可用于研究电热不稳定性的演化过程。通常采用的脉冲电流上升率为数十安培每纳秒。图 2-49 是直径为 $15~\mu m$、长度为 2 cm 铝丝在幅值约为 1 kA、上升沿约 20 ns 的脉冲电流驱动下的电爆炸阴影图像。图 2-49(a) 是 0 ns、44 ns、97 ns 和 150 ns 时刻的阴影图像。从图像中可以估算稠密丝芯的膨胀速度是 3.42 km/s。从阴影图像中可以看出，丝芯在电极附近膨胀速度快，可以推测更多的能量沉积在此区域内。到目前为止，人们还未获得放电初期电热不稳定性增长的实验证据。这主要受到两方面因素限制，一是在没有使用放大图像的成像系统时，激光探针诊断系统的分辨率最高可以达到 $10\sim20~\mu m$，而这不满足拍摄电热不稳定性增长初期物理图像的分辨率要求；另一方面，金属丝处于固态相时具有一定的材料强度，会阻碍电热不稳定性扰动的增长。Peterson（彼得森）等开展的磁驱动金属杆构型的数值模拟研究表明电热不稳定性分层结构在金属杆负载熔化时开始形成[41]。在阴影图像中可观测到的分层不稳定性首先出现在 97 ns 时刻靠近电极附近区域。97 ns 和 150 ns 时刻阴影图像中形成分层结构区域的局部方法图像如图 2-49(b) 和 (c) 所示。这些图片被转变为灰度图，沿着图 2-49(c) 中白色虚线的灰度值如图 2-49(d) 所示。从灰度曲线图可以估算出分层结构的波长约为 $60~\mu m$。

电热不稳定性理论预测电热不稳定性具有分层和成丝两种演化模式。从磁驱动金属负载相态演变的过程来看，金属负载在初始的凝聚态阶段具有正的电阻率温度系数，电热不稳定性会发展成为分层模式。当金属负载成为等离子体态时，电阻率温度系数由正变负，电热不稳定性出现成丝模式，这通常出现在喷气 Z 箍缩或者金属负载 Z 箍缩后期内爆阶段。图 2-50 是不同时刻金属镁套筒内爆阶段电热不稳定性成丝模式，电压峰值时刻为内爆时间。图 2-50(a)、(b)、(c) 和 (d) 分别是内爆时刻前 40 ns、内爆时刻前 20 ns、内爆时刻和内爆时刻后 20 ns 的光学诊断图像。在图 2-50(a) 和 (b) 中，可清晰地观察到丝状的不稳定性形态。图 2-50(a) 中丝状通道的数量远高于图 2-50(b) 中丝状通道的数量。随着内爆等离子体的演化，丝状通道的数量不断减小，在压缩度最高的内爆时刻，已经无法观察到成丝不稳定性。

人们已经在金属丝电爆炸高时空分辨诊断中观察到大量的电热不稳定性分层模式的物理图像。在喷气、套筒等 Z 箍缩等离子体演化后期观察到电热不稳定性成丝模式的演化。金属丝负载在脉冲电流的驱动下，经历从固态、液态、气态到等离子体态的演变，电阻率温度系数也由正变负，即金属丝在

(a) 0 ns、44 ns、97 ns和150 ns时刻的阴影图像

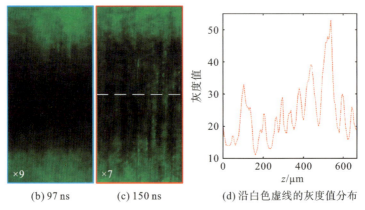

(b) 97 ns　　(c) 150 ns　　(d) 沿白色虚线的灰度值分布

图 2-49　直径为 15 μm、长度为 2 cm 铝丝电爆炸在不同时刻的阴影图像

电爆炸过程中实现了金属态到非金属态的转变。依据电热不稳定性理论预测，金属丝电阻率温度系数由正转为负对应电热不稳定性由分层模式转变为成丝模式，金属负载等离子体的电热不稳定性形态由分层结构转变为丝状结构。

2 cm 等较长的金属丝电爆炸中，电热不稳定性呈现相似演化过程。在沉积能量较高的区域出现分层结构，而从未观察到电热不稳定性形成的丝状结构。当进一步缩短金属丝的长度时，金属丝内的比沉积能量会有大幅度地提高[45]。在比沉积能量较高的短金属丝电爆炸中，电热不稳定性展现出与长金属丝差异很大的演化过程。图 2-51 是一组直径为 15 μm、长度为 1 cm 和 0.5 cm 的铝丝电爆炸阴影图像。图 2-51(a)是 1 cm 长铝丝在 113 ns 和 176 ns 时刻的阴影图像。从这一组阴影图像中可以看出，由于脉冲电流驱动金属丝电爆炸具有极性效应，靠近阴极区域的沉积能量高导致丝芯的膨胀速度快[46]。虽然稠密丝芯也形成了分层的过热结构，但靠近阴极的丝状通道是

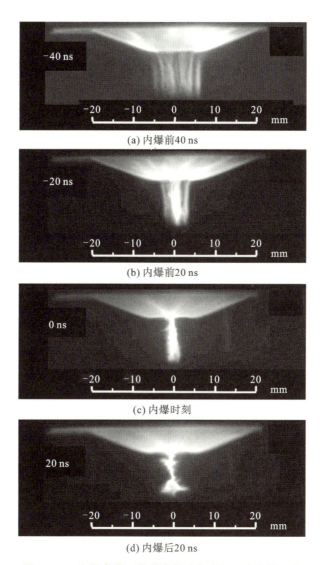

图 2-50　金属套筒 Z 箍缩内爆阶段成丝不稳定性图像

此时电热不稳定性最为显著的特征。电热不稳定性丝状过热结构正在向阴极发展，1 cm 长铝丝在 176 ns 时刻已有将近 50% 的丝芯被丝状通道占据。在靠近阳极区域水平的分层结构正在逐渐转变为电热不稳定性垂直的丝状结构。这种现象在 0.5 cm 长的铝丝中更加明显，如图 2-51(b) 所示，在更为早期的放电过程丝状通道就已经形成了。丝芯被分成三个区域，阳极侧的分层不稳定性区域、阴极侧的成丝不稳定性区域和中间的分层-成丝过渡区域。图 2-51(b) 中红色和蓝色实线框分别是成丝不稳定性和分层不稳定性占主导的

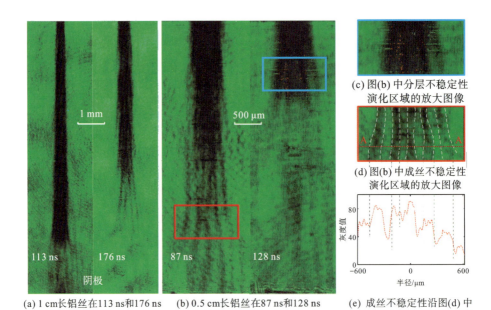

(a) 1 cm长铝丝在113 ns和176 ns时刻的阴影图像
(b) 0.5 cm长铝丝在87 ns和128 ns时刻的阴影图像
(e) 成丝不稳定性沿图(d)中A—A红色虚线的灰度值

图 2-51　不同长度铝丝内电热不稳定性分层模式和成丝模式演化

区域。在图 2-51(d)中，白色虚线代表丝状结构的边界。沿着红色虚线 A—A 的灰度值如图 2-51(e)所示，从灰度值分布可以估算出丝状结构的平均波长是 238 μm，而这远高于分层结构的平均波长。

2.7.3　电热不稳定性的种子机制

电热不稳定性的种子机制是理解电热不稳定性复杂演化规律的基础。在固态相时，金属负载具有一定的弹-塑性。帝国理工学院 Pecover（彼科弗）等的研究表明，金属套筒负载由内到外以 10 $\mu m/ns$ 的速度失去材料强度，而这增加了电热不稳定性的波长[47]。金属材料强度决定了固态相负载的弹-塑性形变，也会对电磁驱动套筒内爆特性产生影响[48]，耦合金属负载材料强度以金属负载热-弹-塑性作为种子是等离子体不稳定性种子研究的重要进展[49]。

在分析金属丝负载真实物理状态时，研究人员首先注意金属负载表面的不均匀性和杂质等阻性内含物可能会触发电热不稳定性[50]。美国桑迪亚国家实验室的 Awe（阿韦）等在套筒不稳定性致稳措施中指出，采用表面光滑（10~30 μm 波动）的负载所形成的不稳定性幅值与表面粗糙（50~100 μm 波动）的负载相比得到了一定的抑制，但并未有实质性的改善[42]。由此可见，粗糙的负载表面可以触发电热不稳定性,但表面光滑的负载并不能完全杜绝电热不稳定性的出现。2018 年,美国密歇根大学的 Steiner(斯坦纳)等在铝箔中设置了两类种子,一是表面压制间距 320 μm 的沟槽;二是设置直径 50 μm、间距 1 cm 的空洞模拟负载中的阻性内含物[44]。实验结果表明,电热不稳定性的分层结构会沿着孔洞的方向发展。2019 年,新墨西哥大学 Yates(耶茨)等开展的兆安级脉冲驱动铜合金杆实验中,低纯度铜(99.5% Cu、0%~0.7% Te、0%~0.012% P)比高纯度铜(>99.99% Cu)更早地出现了电热不稳定性[51]。上述研究证实金属负载阻性内含物是电热不稳定性增长的重要来源。

2020 年,美国桑迪亚国家实验室的 Yu(友)等通过流体与电流的类比,研究了阻性内含物、表面不均匀性等对电流密度分布的影响[52]。电流密度在阻性内含物(电阻率无穷大)周围垂直于电流流动方向的 1.5 倍的增幅与阻性内含物的尺寸无关;表面不均匀性也可增加特定区域内的电流密度,其增幅正比于扰动幅值与波长比值。电流密度在局部区域的集中有利于形成电热不稳定性的过热结构。图 2-52 展示了阻性内含物引发的不同时刻的密度扰动图像。假设半径为 1 μm 的杂质球均匀分布在对称轴上。由上到下 4 个阻性内含物的电阻率是随机决定的,其数值分别是 8 倍、60 倍、40 倍和 6 倍的金属铝的电阻率。在 25 ns,丝芯的密度降低到正常密度的 2%。球状阻性内含物形成热点,并在径向方向不断被拉长。热点区域的质量不断在阻性内含物之间区域堆积。堆积质量沿着 z 轴传播,引入了密度的波动。虽然在丝芯内部形成了密度的波动,但是晕等离子体依然保持平滑。在 80 ns 时刻,丝芯膨胀半径约为 300 μm。此时,如图 2-52(c)所示,丝芯前沿出现了较为明显的不稳定性。阻性内含物形成的热点发展成为飞盘状通道。在 110 ns 时刻,具有 60 倍和 40 倍铝电阻率的阻性内含物发展成为贯通性的低密度通道。在 140 ns 时刻,形成了较为清晰的高密度和低密度条纹形成的分层结构。不稳定性波长随着时间的演化快速地增长。

在目前的研究中,人们提出了固体金属负载材料的热-弹-塑性质、表面不均匀性和阻性内含物可能是潜在的引发电热不稳定性的种子。然而,由于金属丝负载的尺寸通常是微米级,在放电初期很难进行更为细致的诊断研究,目前主导电热不稳定性增长的种子机制仍需进一步深入研究。

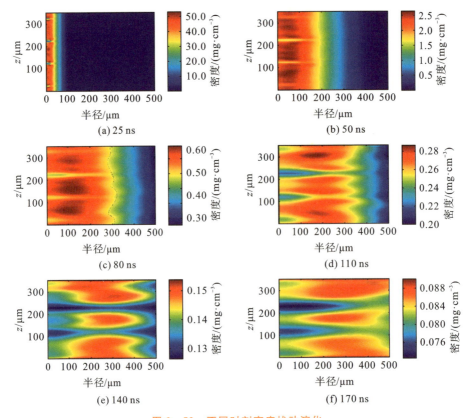

图 2-52 不同时刻密度扰动演化

参考文献

[1] 韩旻，邹晓兵，张贵新. 脉冲功率技术基础[M]. 北京：清华大学出版社，2010.

[2] 朱德忠. 热物理激光测试技术[M]. 北京：科学出版社，1990.

[3] VLASTÓS A E. Current pause in exploding wire discharges[J]. Journal of Applied Physics，1967，38(13)：4993-4998.

[4] VLASTÓS A E. Dwell times of thin exploding wires[J]. Journal of Applied Physics，1973(44)：2193.

[5] VLASTÓS A E. Dwell times of exploding tungsten wires in air[J]. Journal of Applied Physics，1973(44)：628.

[6] KOTOV Y A. Electric explosion of wires as a method for preparation of

nanopowders[J]. Journal of Nanoparticle research, 2003, 5(5): 539-550.

[7] TUCKER T J, TÓTH R P. A computer code for the prediction of the behavior of electrical circuits containing exploding wire elements, unlimited distribution[R]. United States: Sandia National Lab, 1975.

[8] EROL O. Effect of cross section on the first pulse of an exploding wire[J]. The Review of Scientific Instruments, 1965, 36(9): 1327-1328.

[9] SINARS D B, HU M, CHANDLER K M, et al. Experiments measuring the initial energy deposition, expansion rates and morphology of exploding wires with about 1 kA/wire[J]. Physics of Plasmas, 2001, 8(1): 216-230.

[10] SARKISOV G S, ROSENTHAL S E, COCHRANE K R, et al. Nanosecond electrical explosion of thin aluminum wire in vacuum: experimental and computational investigations[J]. Physical Review E, 2005, 71(4): 046404.

[11] CHACE W G, LEVINE M A. Classification of wire explosions[J]. Journal of Applied Physics, 1960, 31(7): 1298-1298.

[12] VLADIMIR I O, RINA B B. Wire explosion in vacuum[J]. IEEE Transactions on Plasma Science, 2020, 48(5): 1214-1248.

[13] 王坤, 姜林村, 史宗谦, 等. 纳秒级铝金属丝电爆炸过程中金属态-非金属态转变研究[J]. 中国电机工程学报, 2021, 41: 1-8.

[14] ADAM M S, PAUL C C, DAVID A Y, et al. The electro-thermal stability of tantalum relative to aluminum and titanium in cylindrical liner ablation experiments at 550 kA[J]. Physics of Plasmas, 2018, 25(3): 032701.

[15] TKACHENKO S I, VOROB'EV V S. MALYSHENKO S P. The nucleation mechanism of wire explosion[J]. Journal of Physics D: Applied Physics, 2004, 37(3): 495-500.

[16] SARKISOV G S, STRUVE K W, MCDANIEL D H. Effect of current rate on energy deposition into exploding metal wires in vacuum[J]. Physics of Plasmas, 2004, 11(10): 4573-4580.

[17] SARKISOV G S, ROSENTHAL S E, STRUVE K W. Corona-free electrical explosion of polyimide-coated tungsten wire in vacuum[J]. Physical Review Letters, 2005, 94(3): 035004.

[18] SHI H T, ZOU X Z, WANG X X. Study of the relationship between maximum specific energy and wire diameter during electrical explosion of tungsten wires[J]. IEEE Transactions of Plasma Science, 2016, 44(10): 2092-2096.

[19] DUSELIS P U, VAUGHAN J A, KUSSE B R. Factors affecting energy deposition and expansion insingle wire low current experiments[J]. Physics of Plasmas, 2004, 11(8): 4025-4031.

[20] BEILIS I I, BAKSHT R B, ORESHKIN V I, et al. Discharge phenomena associated with a preheated wire explosion in vacuum: Theory and comparison with experiment[J]. Physics of Plasmas, 2008, 15(1): 13501.

[21] ROUSSKIKH A G, BAKSHT R B, CHAIKOVSKY S A, et al. The effects of preheating of a fine tungsten wire and the polarity of a high-voltage electrode on the energy characteristics of an electrically exploded wire in vacuum[J]. IEEE Transactions on Plasma Science, 2006, 34(5): 2232-2238.

[22] SHI H T, ZOU X Z, WANG X X. Using of fiber-array diagnostic to measure the propagation of fastaxial ionization wave during breakdown of electrically exploding tungsten wire in vacuum[J]. Review of Scientific Instruments, 2017, 88(12): 123505.

[23] SARKISOV G S, CAPLINGER J, PARADA F, et al. Breakdown dynamics of electrically exploding thin metal wires in vacuum[J]. Journal of Applied Physics, 2016, 120(15): 153301.

[24] WU J, LI X W, YANG Z F, et al. Effects of load voltage on voltage breakdown modes of electrical exploding aluminum wires in air[J]. Physics of Plasmas, 2015, 22(6): 062710.

[25] ROMANOVA V M, IVANENKOV G V, MINGALEEV A R, et al. Electric explosion of fine wires: three groups of materials[J]. Plasma Physics Reports, 2015, 41(8): 617-636.

[26] GRINENKO A, EFIMOV S, FEDOTOV A, et al. Addressing the problem of plasma shell formation around an exploding wire in water[J]. Physics of Plasmas, 2006, 13(5): 052703.

[27] SHI H T, YIN G F, LI X W, et al. Electrical wire explosion as a source of underwater shock waves[J]. Journal of Physics D: Applied Physics,

2021, 54(40): 403001.

[28] SHI H T, YIN G F, LAN Y F, et al. Multilayer weak shocks generated by restrike during underwater electrical explosion of Cu wires[J]. Applied Physics Letters, 2019, 115(8): 084101.

[29] KALANTAR D H, HAMMER D A. Observation of a stable core within an unstable coronal plasma in wire initiated dense Z-pinch experiments [J]. Physical Review Letters, 1993, 71(23): 3806-3809.

[30] PIKUZ S A, SHELKOVENKO T A, SINARS D B, et al. Multiphase foamlike structure of exploding wire cores[J]. Physical Review Letters, 1999, 83(21): 4313-4316.

[31] SARKISOV G S, STRUVE K W, MCDANIEL D H. Effect of deposited energy on the structure of an exploding tungsten wire core in a vacuum [J]. Physics of Plasmas, 2005, 12(5): 052702.

[32] SHI H S, ZOU X B, WANG X X. Fully vaporized electrical explosion of bare tungsten wire in vacuum[J]. Applied Physics Letters, 2016, 109(13): 134105.

[33] SARKISOV G S, SASOROV P V, STRUVE K W, et al. State of the metal core in nanosecond exploding wires and related phenomena[J]. Journal of Applied Physics, 2004, 96(3), 1674-1786.

[34] HAN R Y, WU J W, QIU A C. Optical emission behaviors of C, Al, Ti, Fe, Cu, Mo, Ag, Ta, and W wire explosions in gaseous media[J]. Physics Letters A, 2019, 383(16): 1946-1954.

[35] ZHAO J P, LIU H Y, WU Z C. Experimental investigations on energy deposition and morphology of exploding alumium wires in argon gas[J]. Journal of Applied Physics, 2019, 125(10): 103301.

[36] FEDOTOV A, SHEFTMAN D, GUROVICH V T, et al. Spectroscopic research of underwater electrical wire explosion[J]. Physics of Plasmas, 2008, 15(08): 082704.

[37] ROSOSHEK A, EFIMOV E, GOLDMAN A, et al. Microsecond timescale combustion of aluminium initiated by an underwater electrical wire explosion[J]. Physics of Plasmas, 2019, 26(5): 053510.

[38] ISKOLDSKY A M, VOLKOV N B, ZUBAREV N M. A model of the stratification of a liquid current-carrying conductor[J]. Physics Letters A, 1996, 217(6): 330-334.

[39] PETERSON K J, YU E P, SINARS D B, et al. Simulations of electrothermal instability growth in solid aluminum rods[J]. Physics of Plasmas, 2013, 20(5): 056305.

[40] RYUTOV D D, DERZON M S, MATZEN M K. The physics of fast Z pinches[J]. Reviews of Modern Physics, 2000, 72(1): 167 – 223.

[41] PETERSON K J, SINARS D B, YU E P, et al. Electrothermal instability growth in magnetically driven pulsed power liners[J]. Physics of Plasmas, 2012, 19(9): 092701.

[42] AWE T J, PETERSON K J, YU E P, et al. Experimental demonstration of the stabilizing effect of dielectric coatings on magnetically accelerated imploding metallic liners[J]. Physical Review Letters, 2016, 116(6): 065001.

[43] HUTCHINSON T M, AWE T J, BAUER B S, et al. Experimental observation of the stratified electrothermal instability on aluminum with thickness greater than a skin depth[J]. Physical Review E, 2018, 97(5): 053208.

[44] STEINER A M, CAMPBELL P C, YAGER-ELORRIAGA D A, et al. The electrothermal instability on pulsed power ablations of thin foils[J]. IEEE Transactions on Plasma Science, 2018, 46(11): 3753 – 3765.

[45] SHI Z, WANG K, SHI Y, et al. Experimental investigation on the energy deposition and expansion rate under the electrical explosion of aluminum wire in vacuum[J]. Journal of Applied Physics, 2015, 118(24): 243302.

[46] WANG K, SHI Z, XU H, et al. Stratification and filamentation instabilities in the dense core of exploding wires[J]. Physics of Plasmas, 2020, 27(11): 112102.

[47] PECOVER J D, CHITTENDEN J P. Instability growth for magnetized liner inertial fusion seeded by electro-thermal, electro-choric, and material strength effects[J]. Physics of Plasmas, 2015, 22(10): 056303 – 051062.

[48] 章征伟, 魏懿, 孙奇志, 等. 材料强度对电磁驱动固体套筒内爆过程的影响[J]. 强激光与粒子束, 2016, 28(4): 162 – 166.

[49] KASELOURIS E, DIMITRIOU V, FITILIS I, et al. The influence of the solid to plasma phase transition on the generation of plasma instabilities[J]. Nature Communications, 2017, 8(1): 1713.

[50] YAGERELORRIAGA D A, ZHANG P, STEINER A M, et al. Discrete helical modes in imploding and exploding cylindrical, magnetized liners [J]. Physics of Plasmas, 2016, 23(12): 124502.

[51] YATES K C, BAUER B S, FUELLING S, et al. Significant change in threshold for plasma formation and evolution with small variation in copper alloys driven by a mega-ampere current pulse[J]. Physics of Plasmas, 2019, 26(4): 042708.

[52] YU E P, AWE T J, COCHRANE K R, et al. Use of hydrodynamic theory to estimate electrical current redistribution in metals[J]. Physics of Plasmas, 2020, 27(5): 052703.

第 3 章

金属丝电爆炸数值模拟方法

金属丝电爆炸的特点是小尺度、快过程、高密度、强干扰，对这种复杂过程的实验诊断手段是非常有限的，因此数值模拟是认识电爆炸物理过程的重要途径，而实验诊断结果又作为校验物理模型合理性和准确性的依据，经过实验校验的模型可进一步用于各种应用系统中电爆炸负载和驱动源参数的设计和优化，因此掌握丝爆的数值模拟方法对于开展丝爆相关理论与应用研究都是至关重要的。本章介绍金属丝电爆炸的数值模拟，首先给出电爆炸系统各部分的物理、数学模型，包括电路、爆炸丝和介质；在此基础上介绍模型数学方程的求解方法，并给出求解过程中需要的关键数据——物态方程和输运参数。本章附录介绍了开源代码 Flash，可用于电爆炸过程磁流体模拟，供读者参考。

3.1 电路模型

电磁脉冲在驱动器内部的传输规律本质上应采用麦克斯韦方程组描述。但是，驱动器结构复杂，某些关键部件的几何尺寸差别很大，某些物理过程的时间尺度差别也很大，导致直接采用麦克斯韦方程组进行全电磁建模十分困难。由于驱动器中传播的电磁波通常以 TEM 模为主，且电压和电流也比电场和磁场更容易测量，一般采用电路方程和电路参数代替麦克斯韦方程组，来近似描述驱动器中电磁脉冲的传输规律。根据电磁脉冲在驱动器内部的传输特点，把初级储能源、开关和负载都视作集总参数的电路元件，把水介质传输线视作分布参数的电路元件，把真空磁绝缘传输线根据其长度和电磁波波长的不同视作分布参数或集总参数电路元件，建立电路模型。

3.1.1 驱动器的电路模型

3.1.1.1 初级储能源

通常使用简化的线性"C-L-R"电路描述驱动器的初级储能源，如图 3-1 所示。

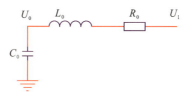

图 3-1 初级储能源的电路模型

描述储能源电容、电感和电阻的电路方程组为

$$\begin{cases} -C_0 \dfrac{\partial U_0}{\partial t} = I_0 \\ U_0 - I_0 R_0 - L_0 \dfrac{\partial I_0}{\partial t} = U_1 \\ U_0(t=0) = U_{0m} \end{cases} \quad (3-1)$$

式中：C_0 为储能源的等效电容；U_0 为储能电容的放电电压；U_1 为储能源的输出电压；L_0 为储能源的等效电感；R_0 为储能源的等效电阻；U_{0m} 为初始时刻的放电电压。

这样，初级储能源的总储能为 $\dfrac{1}{2}C_0 U_{0m}^2$。微分方程组(3-1)表述了储能源放电时，这些物理量之间的电路关系。

3.1.1.2 水介质传输线

采用包含漏电及损耗电阻的"L-C"链模型，将分布参数的一段传输线进一步分解为集总参数元件的级联，如图 3-2 所示。

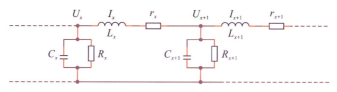

图 3-2 传输线的电路模型

采用电报方程组(3-2)描述水介质传输线的电路关系为

$$\begin{cases} \dfrac{\partial U}{\partial z}+rI=-\dfrac{\partial(LI)}{\partial t} \\ \dfrac{\partial I}{\partial z}+\dfrac{U}{R}=-\dfrac{\partial(CU)}{\partial t} \end{cases} \qquad (3-2)$$

式中：U 为传输线在位置 z 处的电压瞬时值；r 为单位长度的传输线损耗电阻；I 为传输线在位置 z 处的电流瞬时值；L 为单位长度的传输线电感；R 为单位长度的传输线漏电阻；C 为单位长度的传输线电容。

采用向前差分法对空间导数作离散。这样的处理，实际上是把传输线等效为电感、电容和电阻组成的电路单元，节点电压和电流满足方程组：

$$\begin{cases} U_{x+1}=U_x-\dfrac{\partial(L_xI_x)}{\partial t}-r_xI_x \\ I_{x+1}=I_x-\dfrac{\partial(C_{x+1}U_{x+1})}{\partial t}-\dfrac{U_{x+1}}{R_{x+1}} \end{cases} \qquad (3-3)$$

式中：U_x 为传输线单元 x 的电压瞬时值；L_x 为传输线单元 x 的传输线电感；I_x 为传输线单元 x 的电流瞬时值；r_x 为传输线单元 x 的损耗电阻；C_x 为传输线单元 x 的电容；R_x 为传输线单元 x 的漏电阻。

离散后的方程组(3-3)正好符合基尔霍夫定律，其中下标"x"和"$x+1$"用于表示节点位置。当 $r_x=0$ 且 $R_x=+\infty$ 时即表示无损传输线，方程组(3-3)简化为

$$\begin{cases} U_{x+1}=U_x-\dfrac{\partial(L_xI_x)}{\partial t} \\ I_{x+1}=I_x-\dfrac{\partial(C_{x+1}U_{x+1})}{\partial t} \end{cases} \qquad (3-4)$$

通常，实验人员多采用测量的波阻抗 Z、单向传输时间 T 等物理量来描述一段传输线，这两个物理量和电感 L、电容 C 之间满足简单的换算关系式：$Z^2=L/C$，$T^2=LC$。

最后要特别指出，采用 LC 链模拟传输线时，存在一个截止频率 ω_c，$\omega\leqslant\omega_c$ 的电磁波才能无损通过传输线。先对无损电报方程的时间变量作傅里叶变换：

$$\begin{cases} \widetilde{U}_{x+1}+\mathrm{i}\omega L_x\widetilde{I}_x=\widetilde{U}_x \\ \mathrm{i}\omega C_x\widetilde{U}_x=\widetilde{I}_{x-1}-\widetilde{I}_x \end{cases} \Rightarrow \widetilde{I}_{x+1}-(2-\omega^2L_xC_x)\widetilde{I}_x+\widetilde{I}_{x-1}=0 \qquad (3-5)$$

再假设指数形式的信号：$\widetilde{I}_x=I_0\mathrm{e}^{ax}$ 代入方程得到 e^a，$|\mathrm{e}^a|<1$ 则表示信号衰减。代入方程，解得 $\lambda_{1,2}=\mathrm{e}^{a_{1,2}}=1-\dfrac{1}{2}\omega^2L_xC_x\pm\dfrac{1}{2}\sqrt{\omega^4L_x^2C_x^2-4\omega^2L_xC_x}$。

当且仅当 $\omega^2 \leqslant \dfrac{4}{L_x C_x}$ 时，$|\lambda_1|=|\lambda_2|=1$，信号能够无损通过，截止频率 $\omega_c = \dfrac{2}{\sqrt{L_x C_x}} = \dfrac{2}{\Delta x \sqrt{LC}}$，其中 Δx 是网格尺寸。

对于高频电磁波，如果网格不够精细，Δx 较大，则 LC 链将具有低通滤波的效果。

3.1.1.3 开关

图 3-3 给出了典型的水介质自击穿开关的结构和电路模型。

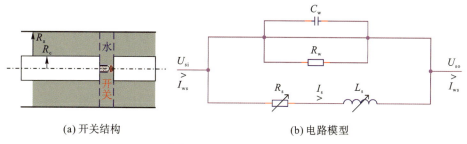

(a) 开关结构 (b) 电路模型

图 3-3 水介质自击穿开关的结构和电路模型

为实现电磁脉冲的压缩，采用二次反射开关的方式对脉冲形成线充电，即在脉冲形成线输入端开关打开以后，略小于形成线单向传输时间 3 倍的时间点将形成线的输出端开关闭合。为了提高形成线的电压峰值，采用多次反射的方式对形成线充电。例如，假设形成线输入端的开关闭合时间为 t_0，形成线的时间长度为 T，形成线输出端的开关闭合时间为 t_1，那么形成线两端开关的闭合时间满足关系式：$2nT<(t_1-t_0)<(2n+1)T$；$n=1, 2, \cdots$。

开关的电感、对地杂散电容以及漏电阻等参数对脉冲的形成都有重要影响。将开关电路视为水介质通道与电弧通道的并联，并且认为电弧通道的电阻和电感依赖于时间或开关两端的电压。例如，开关电阻随时间增加或者随电压升高而从一个较大值减小为零。总体来说，开关的电路参数满足如下电路方程：

$$\begin{cases} U_{si} - U_{so} = R_s I_s + \dfrac{\partial(L_s I_s)}{\partial t} \\ I_{ws} = I_s + \dfrac{U_{si} - U_{so}}{R_w} + C_w \dfrac{\partial(U_{si} - U_{so})}{\partial t} \end{cases} \quad (3-6)$$

式中：U_{si} 为开关输入端的电压；U_{so} 为开关输出端的电压；R_s 为开关电弧通道的损耗电阻；I_s 为开关电弧通道上流过的电流；L_s 为开关电弧通道的等效电感；I_{ws} 为开关上流过的总电流；R_w 为开关水通道上的漏电阻；C_w 为开关

水通道的等效电容。

3.1.1.4 真空磁绝缘传输线

如果真空磁绝缘传输线的长度与其中传播的电磁波波长相比不能忽略，则须建立分布参数电路模型，具体处理方法与水介质传输线类似。如果真空磁绝缘传输线的长度与其中传播的电磁波波长相比可以忽略，则可粗略近似为集总参数的元件。

磁绝缘传输线的一个难点在于磁绝缘是一个非线性物理过程。首先，磁绝缘的建立需要时间，建立之前的这段时间会发生空间电子流漏电等非线性效应。其次，磁绝缘建立以后，传输线的电路参数依赖于电压和电流等变量，由于传输线上的电磁脉冲是随时间变化的，因此这些电路参数也随时间变化，因而是非线性的。

美国桑迪亚国家实验室的 Z 装置的电路模型采用集总参数的漏电阻元件描述近负载区的电子漏电，其电路模型如图 3-4 所示。

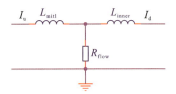

图 3-4 真空磁绝缘传输线漏电流的电路模型

该漏电阻依赖于上游和下游的电流，满足如下关系式：

$$R_{flow}(t) = Z_{flow} \sqrt{\frac{I_u + I_d}{I_u - I_d}} \quad (3-7)$$

式中：R_{flow} 为描述电流损失的漏电阻；Z_{flow} 为根据实验测量设置的常数流阻抗；I_u 为上游电路单元的电流；I_d 为下游电路单元的电流。

流阻抗根据实验测量的电流波形与模拟结果的比较获得，Z 装置的 Z_{flow} 为 0.25 Ω。

3.1.2 多路汇流区域的电路模型

为了实现高电压和大电流，脉冲功率技术的一个突破就是多路并联运行。多路并联的节点上电压相等，电流叠加。电路模型的结构如图 3-5 所示。

各电路模块的输出端在汇流区实现并联，它们需要汇流区提供输出电压作为边界条件，而汇流区则需要各路电流之和作为输入条件。并联节点上的电压和电流满足以下关系式：

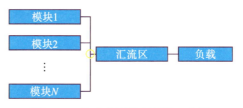

图 3-5 多路并联模型结构示意图

$$\begin{cases} U_C = U_{01} = U_{02} = \cdots = U_N \\ I_C = I_{01} + I_{02} + \cdots + I_N \end{cases} \quad (3-8)$$

式中：U_C 为并联节点电压；U_{01}，U_{02}，$\cdots$，U_N 为各路输出端的电压；I_C 为并联节点的电流；I_{01}，I_{02}，$\cdots$，I_N 为各路输出端的电流。

3.1.3 负载的电路模型

负载为驱动器电路模型提供输出端的边界条件。常用的几种负载包括纯电阻型负载、纯电感型负载和电感电阻混合型负载。

3.1.3.1 纯电阻型负载

驱动器测试时多采用与水介质传输线阻抗相等的硫酸铜水电阻作为负载，这样传输线输出端不会反射电磁脉冲，负载对驱动器的影响最小，可以更好地测试驱动器的运行状况。

3.1.3.2 纯电感型负载

驱动器调试运行时，多采用电感型负载，如采用金属杆连接负载阴阳电极，造成短路。这样，负载端的电压较小，电极间不至于击穿。

3.1.3.3 电感电阻混合型负载

Z箍缩实验和磁驱动准等熵压缩实验的负载就是电感电阻混合型的，并且电感和电阻是随负载动力学过程而变化的。负载的电路模型如图 3-6 所示。

负载电路满足如下方程：

$$U_M = I_M R_{load} + \frac{\partial[(L_{inner} + L_{load})I_M]}{\partial t} \quad (3-9)$$

式中：U_M 为驱动器的输出电压；I_M 为负载电流；R_{load} 为负载电阻；L_{inner} 为近负载区的磁绝缘传输线等效电感；L_{load} 为负载电感。

随时间变化的负载电阻和负载电感等负载的动力学量，包括电导率、磁感应强度等物理量，它们和驱动器的其他电路参数共同决定驱动器的输出。

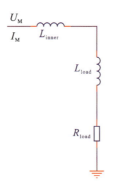

图 3-6 负载的电路模型

负载电阻可用下式计算：

$$R_{load} = \frac{1}{\sigma_{R_{load}}} \frac{l_{R_{load}}}{S_{R_{load}}} \qquad (3-10)$$

式中：$\sigma_{R_{load}}$ 为负载电阻的电阻率，关于电导率的计算将在 3.5.2 节输运参数模型中介绍；$l_{R_{load}}$ 为负载电阻的长度；$S_{R_{load}}$ 为负载电阻的横截面积。

需要注意的是，负载区各部分的电阻率一般不完全相同，这时可将负载电阻看作若干电阻的串并联，分别计算每个电阻值后再串并联得到总的负载电阻。

在计算负载电感时，首先要计算整个负载区磁场的储能：

$$W_B = \int_V \frac{B^2}{2\mu} dV \qquad (3-11)$$

式中：W_B 为整个负载区磁场的储能；dV 为体积微元；B 为负载区每个体积微元处的磁感应强度，由磁流体力学数值模拟获得，详见 3.3 节磁流体力学数值模拟；μ 为负载区每个体积微元处的磁导率；V 为积分区域，应包含整个负载区磁感应强度不为 0 的区域。

然后再计算负载电感：

$$L_{load} = \frac{2W_B}{I_M^2} \qquad (3-12)$$

由此可见，驱动器与负载高度耦合，必须将本节中的电路模型与后文将介绍的负载模型耦合，交替迭代计算，才能获得准确的电流电压计算结果。

3.2 比作用量模型

对于各类电爆炸现象，数学模型描述的核心是金属丝状态随着脉冲电流注入的变化过程。美国桑迪亚国家实验室 Tucker(塔克)等建立了比作用量模型来计算金属丝电阻率随脉冲电流注入的变化。模型定义比作用量 g 为电流

密度的 2 次方与时间的积分,即

$$g = \int_0^t j(t)^2 \mathrm{d}t \qquad (3-13)$$

式中:j 为电流密度;t 为时间;比作用量 g 的物理意义是 t 时间内金属丝单位截面积的电流流过 1 Ω 电阻时产生的焦耳热量。

在定相加热阶段(固态加热和液态加热),金属的电阻率可以表示为

$$\rho(t) = \rho_i \cdot \exp\left[\frac{g(t)}{g_{\max}} \ln \frac{\rho_{\max}}{\rho_i}\right], \quad 0 \leqslant g \leqslant g_{\max} \qquad (3-14)$$

式中:$g_{\max}$ 和 $\rho_{\max}$ 分别为加热相末端点的比作用量和电阻率;ρ_i 为加热开始时候的电阻率。

相变阶段(熔化或汽化)金属电阻率与比作用量之间的关系可表示为

$$\rho(t) = \frac{\rho_1}{\sqrt{1 - \frac{\rho_2^2 - \rho_1^2}{\rho_2^2} \frac{g(t)}{g_m}}}, \quad 0 \leqslant g \leqslant g_{\max} \qquad (3-15)$$

式中:ρ_1 和 ρ_2 分别为相变前、后的电阻率;$g_{\max}$ 为相 1 转换为相 2 所对应的比作用量的值。通过理论方法计算 $g_{\max}$ 和 $\rho_{\max}$ 等参数存在较大的困难,所以一般通过测定特定材质的金属丝的电爆炸实验的电阻率-时间(ρ-t)曲线和比作用量-时间(g-t)曲线,间接获得某一金属的电阻率-比作用量(ρ-g)曲线。

图 3-7 展示了金属铝的电阻率-比作用量曲线,在 6.2×10^4 $A^2 \cdot s/mm^4$ 附近金属开始汽化,其电导率开始快速增大;随着能量的沉积,在 6.5×10^4 $A^2 \cdot s/mm^4$ 附近高温气态金属发生了显著的电离,材料的电导率又开始迅速下降。金属的电阻率-比作用量曲线中的尖峰(spike)在一定程度上导致金属丝电爆炸的电压波形也出现了尖峰。

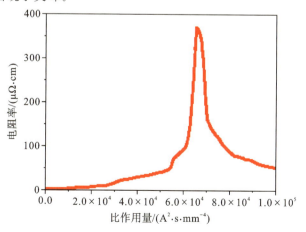

图 3-7 金属铝的电阻率-比作用量曲线

基于获得的金属电阻率与比作用量曲线,在耦合外电路模型后可以求解得到放电波形。与磁流体力学模型相比,比作用量模型更为简单,可以快速求出放电波形,在电爆炸领域有较广泛的应用。毛志国利用比作用量模型描述金属电阻率的变化,在商业软件 Simplorer 6.0 中搭建了电路模型,对空气中铜丝电爆炸的放电波形进行了仿真,结果如图 3-8 所示。整体而言,仿真波形与实验波形较为相似,电压峰值时刻较为接近,但是峰值电流、峰值电压、电压峰的半高宽等有较明显的差异。毛志国进一步利用该电路模型分析了外电路参数和金属丝参数对电爆炸过程中能量注入过程的影响。

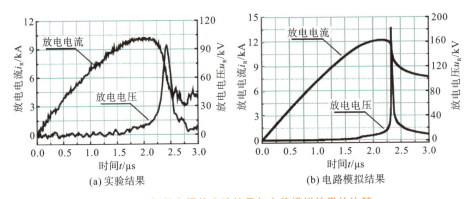

图 3-8 铜丝电爆炸实验结果与电路模拟结果的比较

比作用量模型仍存在比较明显的缺陷,在不同实验条件下存在不同金属电阻率与比作用量曲线,即金属电阻率不能仅由比作用量确定,还受其他实验条件的影响;使用同一条电阻率比作用量曲线对不同条件下的实验进行仿真,结果可能出现较大误差。在一些更高仿真精度要求或者需要获得金属丝温度、密度、压力、半径等信息的情况下,则采用更加复杂的磁流体模型进行仿真。

3.3 磁流体力学数值模拟

描述等离子体的原理和方法可以分为两类:一类是从等离子体的微观行为出发,采用统计方法描述由带电粒子组成的多粒子体系随时间的演化过程,属于等离子体动力论的研究范畴,适用于粒子加速和反常输运等极小尺度微观物理过程的研究[1]。在 Z 箍缩的研究中,大多数情况下只对等离子体宏观尺度下的行为感兴趣。因此,另一类方法是将等离子体看作连续介质,采用磁流体动力学(magnetohydrodynamics)描述等离子体的整体行为。宏观描述等离子体的方法易于实施数值模拟，但需要满足一定的条件。粒子间足够频繁的碰撞是保证流体元中绝大多数中性粒子在特征时间内保持在特征空间内的先决条件，这要求流体元的特征长度远大于中性粒子之间的平均自由程，并且流体元的特征时间远大于中性粒子碰撞平均时间。当粒子的分布处于热力学平衡状态时，流体元能够表征绝大部分粒子的状态[2]。磁流体是带电粒子组成的流体，一方面带电粒子间的碰撞频率远大于中性粒子间的碰撞频率；另一方面，磁场对带电粒子具有横向的约束作用，因此，只要磁流体元的横向长度远大于回旋半径就可以用流体描述了。

在金属丝电爆炸中，绝大部分温度-密度范围内电爆炸等离子体中电子惯性长度远小于磁流体构型的物理尺度，当忽略麦克斯韦方程组中位移电流的影响时，可采用霍尔磁流体力学近似来描述电爆炸等离子体动力学行为；而当电爆炸等离子体中离子惯性长度也远小于等离子体构型的物理尺度时，霍尔磁流体力学模型进一步简化为阻性磁流体力学模型。目前，阻性磁流体力学模型也是应用于重现金属丝电爆炸物理过程最为普遍的模型。在金属丝电爆炸早期，尤其是阻性能量沉积阶段，稠密的电爆炸产物中电子和离子之间的碰撞频率高导致电子-离子间能量弛豫时间小于脉冲放电的时间尺度，单温、单流体磁流体力学模型是适用的，其方程组为

$$\frac{\partial \rho}{\partial t}+\nabla \cdot (\rho v)=0 \quad (3-16)$$

$$\frac{\partial \rho v}{\partial t}+\nabla \cdot (\rho v v)=-\nabla P+j\times B \quad (3-17)$$

$$\frac{\partial \rho e}{\partial t}+\nabla \cdot (\rho e v)+P \nabla \cdot v=-\nabla \cdot (\kappa \nabla T)+\eta j^2 \quad (3-18)$$

式中：ρ、v、P 和 e 分别为密度、速度、压强和内能；j 和 B 分别为电流密度和磁感应强度；κ 和 η 分别为热导率和电阻率。

真空中金属丝电爆炸产物的参数跨越从室温到数十电子伏特、固体密度到真空截止密度的若干数量级的温度-密度范围。电爆炸产物从碰撞占优的高密度等离子体径向膨胀到低密度真空环境，而欧姆定律在不同温度、密度范围内具有截然不同的形式。在高密度区域，欧姆定律决定了电流密度与流体速度、电阻率、磁场和电场的关系；而在低密度等离子体区域，由于等离子体中电子-离子碰撞效应不再起主导作用，要确定电场强度还需要获得流体种类速度及其惯性参数；当等离子体密度足够低时，粒子速度不满足麦克斯韦分布，此时，流体力学模型不再适用。通常，人们以等离子体参数 $\tau_{ei}\omega_{ce}$ 来判定欧姆定律的形式。真空中金属丝电爆炸典型的驱动电流前沿是数十纳秒、

幅值为数千安。从金属丝电爆炸一维磁流体力学数值模拟结果估算 $\tau_{ei}\omega_{ce}\ll 1$。因此，在真空金属丝电爆炸等离子体中，电流密度是流体速度、电阻率、磁场和电场的函数。欧姆定律结合麦克斯韦方程可以得到决定等离子体中磁场的传播规律的磁扩散方程：

$$\frac{\partial \boldsymbol{B}}{\partial t}=\nabla\times\left(\boldsymbol{v}\times\boldsymbol{B}-\frac{\eta}{\mu_0}\nabla\times\boldsymbol{B}\right) \quad (3-19)$$

式中：μ_0 为真空磁导率。利用上述单温磁流体力学模型，结合物态方程和输运参数模型可以开展金属丝电爆炸磁流体力学数值模拟。在金属丝电爆炸数值模拟中，有两种方式来实现驱动金属丝相变的电流波形：一是在模型中以实验测量电流波形作为输入参数，确定计算区域磁场的边界条件；二是在模型中耦合外电路，通过在电路方程中考虑电爆炸产物阻抗变化确定负载回路中电流参数。采用第一种方式，利用实验中测量的电路波形来驱动金属丝负载从固态到等离子体态的相变。图 3-9 是实验测量的电参数波形和典型的数值模拟结果。

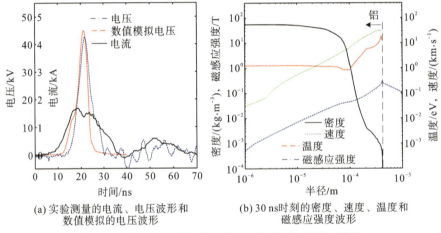

(a) 实验测量的电流、电压波形和数值模拟的电压波形

(b) 30 ns 时刻的密度、速度、温度和磁感应强度波形

图 3-9　实验测量的电参数波形和典型的数值模拟结果

脉冲电流驱动金属丝经历从固态、气态、液态到等离子体的剧烈相变，在放电早期只有占比非常小的等离子体处于低密度等离子体状态，当关注稠密等离子体消融等行为时可以采用单温磁流体力学模型来描述金属丝电爆炸的物理过程。在磁流体力学数值模拟研究中，当密度低于 10^{-4} kg/m^3 时，数值模拟结果不再有明显的区别。因此，真空截止密度通常设置为 10^{-4} kg/m^3。当金属丝电爆炸形成低密度晕等离子体之后，电子与离子之间的碰撞不足以使等离子体中电子和离子处于热平衡状态，电子和离子的温度出现偏差。例如，金属等离子体-真空界面处的低密度等离子体或者丝阵负载中相向运动的

融合等离子体，电子和离子的温度会有较大的差别。这种情况在 Z 箍缩等离子体融合阶段非常显著。因此，描述金属丝阵等离子体融合过程时，应该考虑电子和离子的能量平衡方程，公式(3-18)可以分裂成离子能量守恒方程和电子能量守恒方程：

$$\frac{\partial \rho e_{\text{ion}}}{\partial t}+\nabla \cdot (\rho e_{\text{ion}} \boldsymbol{v})+P_{\text{ion}} \nabla \cdot \boldsymbol{v}=\rho \frac{c_{v,\text{ele}}}{\tau_{\text{ei}}}(T_{\text{ele}}-T_{\text{ion}}) \quad (3-20)$$

$$\frac{\partial \rho e_{\text{ele}}}{\partial t}+\nabla \cdot (\rho e_{\text{ele}} \boldsymbol{v})+P_{\text{ele}} \nabla \cdot \boldsymbol{v}=\rho \frac{c_{v,\text{ele}}}{\tau_{\text{ei}}}(T_{\text{ion}}-T_{\text{ele}})-\nabla \cdot (\kappa \nabla T_{\text{ele}})+\eta j^2$$

$$(3-21)$$

式中：e_{ion}、P_{ion} 和 T_{ion} 分别为离子的内能、压强和温度；e_{ele}、P_{ele} 和 T_{ele} 分别为电子的内能、压强和温度。我们以平行双丝电爆炸为例来演示低密度晕等离子体融合过程，平行双丝电爆炸每根金属丝形成的芯-晕结构如图 3-10 所示。在融合之前，金属丝电爆炸可以认为是独立的演化。在二维数值模拟中植入 30 ns 时刻金属丝电爆炸一维磁流体力学数值模拟结果。两根金属丝所形成的电爆炸产物中心相距 1.4 mm。以极低密度的空气来表征真空环境，因此，在模型里定义了铝等离子体和空气两种流体种类，为了描述两种流体之间的对流相互作用，在磁流体力学方程中耦合了不同流体种类的对流方程，如下式所示：

$$\frac{\partial \rho X_l}{\partial t}+\nabla \cdot (\rho X_l \boldsymbol{v})=0 \quad (3-22)$$

式中：X_l 为不同流体种类的比例，满足 $\sum X_l = 1$。

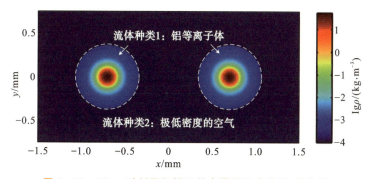

图 3-10　30 ns 时刻平行铝双丝电爆炸形成的芯-晕结构

铝丝形成的等离子体向周围真空区域膨胀，金属丝之间的等离子体相向运动。在 50 ns 时刻，两根金属丝形成的相向运动的铝等离子体还未融合。从图 3-11(c)中可以看出，晕等离子体中离子的温度远低于电子的温度。在 150 ns 时刻，不同金属丝形成的等离子体已经开始融合，不同粒子之间的碰撞效应明显，导致离子与电子的温度基本一致。从图中可以看出，电爆炸等离子体融合初期电子和离子温度是不平衡的，随着焦耳加热效率降低和融合等离子体密度升高，电子和离子之间膨胀足以保持热平衡状态。

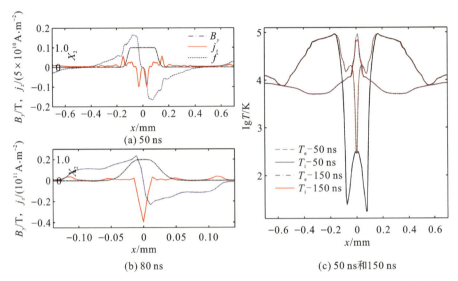

图 3-11　不同时刻平行双丝之间的磁场分布、电流密度分布和铝等离子体质量分数及电子和离子的分布

3.4　模型数值求解方法

金属丝在金属丝电爆炸过程中经历了熔化、蒸发、电离等复杂的物理过程，随着金属丝表面的金属蒸气、脱附气体和杂质被击穿，出现了电压崩溃的现象，金属丝形成由低密度等离子体包围高密度丝核的核冕结构[3]。在电压崩溃的过程中，伴随着等离子体的快速膨胀，电流迅速地从丝核转移到等离子体通道内，金属丝的焦耳加热阶段结束，此后能量主要沉积在等离子体中。利用高时空分辨率的诊断设备可以直观地观察到金属丝电爆炸产物的形态、沉积能量的结构，用于丝核和冕层等离子体的动力学行为研究。但是，实验测量丝核和冕层等离子体内电流密度分布、磁场分布以及温度分布等参数是非常困难的。近年来，数值模拟研究已经成为金属丝电爆炸研究非常重要的途径，不仅能够得到金属丝电爆炸过程中物理参量的详细信息，补充实验研究的不足，而且是验证物态方程和输运参数模型准确性的有力工具[4-5]。

3.4.1 物理数学模型

金属丝消融成为等离子体的过程在丝阵 Z 箍缩整体过程中占有很大的比重，因此科研工作者非常关注金属丝电爆炸"冷启动"数值模拟，所谓"冷启动"数值模拟是指计算从室温开始[6]。数值模拟研究离不开物态方程、电离平衡和输运参数模型，在 Z 箍缩、金属丝电爆炸等高能量密度物理领域数值模拟研究中物态方程等数据最为准确的是 SESAME 数据库[7]，其中包含物态方程、输运参数、电离平衡等数据。但是，鉴于 SESAME 数据库可申请应用范围的局限性，科研工作者也积极建立了很多半经验的物态方程模型[8-10]，并且应用到金属丝电爆炸数值模拟研究中。金属丝电爆炸数值模拟研究涉及磁流体力学方程数值计算方法。稳定的、精度比较高的磁流体力学数值计算方法依然是流体力学、偏微分方程领域非常活跃的研究工作。目前，用于金属丝电爆炸数值模拟研究的程序有英国帝国理工学院的 MH2D[6]，美国桑迪亚实验室的 MACH2、ALEGRA[4,11]，莫斯科物理与技术研究所的 RAZRYAD[5]等，研究内容主要是一维的密度分布、电流密度分布，二维的电爆炸产物形态等。在金属丝电爆炸数值模拟研究中，无论是建立金属丝电爆炸物理数学模型，还是求解模型的磁流体力学数值计算方法，都是非常具有挑战性的工作。

本章建立了描述金属丝电爆炸"冷启动"的物理数学模型。流体力学方程求解采用无波动、无自由参数的耗散格式（Non-oscillatory and Non-free-parameter Dissipation Difference Scheme，NND），磁扩散方程采用向后差分隐式格式，并且采用追赶法求解三对角矩阵。数值模拟研究了在不同时刻的密度分布、电流密度分布、磁场分布等参数，主要关注金属丝电爆炸过程中核-冕结构的形成和演化过程，并且将数值模拟结果与相关实验数据作了对比和分析。

真空中金属丝电爆炸实验研究中金属丝内流通的典型的脉冲电流参数为上升沿约为 10 ns、幅值为 1~2 kA。在脉冲电流焦耳加热作用下，金属丝的温度迅速升高进而熔化。当金属丝周围形成金属蒸气之后，金属蒸气向真空自由膨胀。电离过程首先发生在低密度金属蒸气区域。随着等离子体的形成，金属丝形成低密度冕层等离子体包围高密度丝核的核冕二元结构。冕层等离子体快速地膨胀，并且温度不断升高，金属丝内的电流也迅速地转移到冕层等离子体中。金属丝在金属丝电爆炸的过程中经历了固态、液态、气态和等离子体态的相变，按照金属丝所处的状态可以将金属丝电爆炸过程分为四个阶段，分别是固态阶段、固态向液态转变阶段、初始金属蒸气形成阶段、核冕结构形成和演化阶段。以长度为 2 cm、直径为 20 μm 的金属丝为例，金属丝电爆炸四个阶段的示意图如图 3-12 所示。

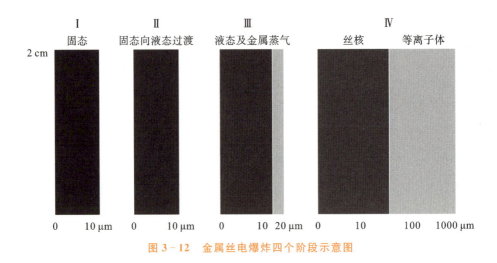

图 3-12　金属丝电爆炸四个阶段示意图

Ⅰ阶段、Ⅱ阶段分别是金属丝处于固态和固态向液态转变的阶段。在这两个阶段内金属丝处于凝聚态状态。铝的热膨胀系数约为 $24\times10^{-6}\ \text{K}^{-1}$，当温度从室温升高到铝的熔点时，铝丝半径只增加 1.57%，铝丝密度降低了 3%。因此，在温度到达熔点之前忽略金属丝的热膨胀，可以采用热动力学方法描述金属丝在Ⅰ、Ⅱ阶段内的行为[12]。在时间 dt 内金属丝的沉积能量 dE 与温升 dT 的关系由下列公式计算：

$$dE = I^2 R dt \tag{3-23}$$

$$dT = \frac{dE}{mc} \tag{3-24}$$

式中：I 为电流；R 为金属丝的电阻；m 为金属丝的质量；c 为比热。

在Ⅱ阶段内，金属丝的温度达到铝的熔点，金属丝开始从固态向液态转变，直到金属丝内的沉积能量大于熔化潜热，金属丝完全转变为液态。在这个阶段内金属丝的温度保持不变。金属丝的电阻率和比热是根据沉积能量和熔化潜热插值得到的：

$$\rho = \rho_s + \frac{\rho_l - \rho_s}{h_f} dE \tag{3-25}$$

$$c = c_s + \frac{c_l - c_s}{h_f} dE \tag{3-26}$$

式中：ρ_s 为熔点时固态侧电阻率；ρ_l 为熔点时液态侧电阻率；c_s 为熔点时固态侧比热；c_l 为熔点时液态侧比热；h_f 为熔化潜热。

在Ⅰ、Ⅱ阶段采用热动力学计算，不涉及磁流体力学、物态方程等复杂模型，只需要输入凝聚态状态下金属丝的电导率和比热，避免了凝聚态状态下物态方程不准确对结果的影响。而电导率与比热在凝聚态区域具有比较高的精度。忽略金属丝热膨胀的热动力学计算至少在金属丝电爆炸Ⅰ、Ⅱ阶段是比较准确的。

当金属丝完全熔化之后，金属丝周围开始形成金属蒸气，金属丝电爆炸产物在径向密度分布不均匀。随着金属丝两端的电压逐渐升高，低密度金属蒸气被击穿形成等离子体。金属丝电压击穿过程与电子爆炸发射和非平衡态电离过程有关，涉及非流体的电子动力学[11]，因此，非平衡态电压击穿过程不包含在本节建立的物理数学模型中。本节研究中采用"热击穿"模式来描述金属丝电爆炸电压击穿过程。在金属丝电爆炸过程中的Ⅲ、Ⅳ阶段各物理量有明显的径向分布，可采用一维柱坐标下磁流体力学模型描述金属丝电爆炸产物后续过程的发展和演化。磁流体力学方程包括流体力学方程和磁扩散方程，其中一维流体力学方程在圆柱坐标下的质量守恒方程、动量守恒方程和能量守恒方程的形式如下[13-14]：

$$\frac{\partial \rho}{\partial t} + \frac{1}{r}\frac{\partial (r\rho u)}{\partial r} = 0 \qquad (3-27)$$

$$\frac{\partial (\rho u)}{\partial t} + \frac{1}{r}\frac{\partial (\rho u^2)}{\partial r} = -\boldsymbol{j} \cdot \boldsymbol{B} - \frac{\partial P}{\partial r} \qquad (3-28)$$

$$\frac{\partial (\rho e)}{\partial t} + \frac{1}{r}\frac{\partial (r\rho e u)}{\partial r} = -P\frac{1}{r}\frac{\partial (ru)}{\partial r} + \frac{j^2}{\sigma} + \frac{1}{r}\frac{\partial}{\partial r}\left(r\kappa_{\mathrm{t}}\frac{\partial T}{\partial r}\right) \qquad (3-29)$$

式中：ρ 为密度；u 为速度；j 为电流密度；B 为磁感应强度；P 为压强；σ 为电导率；κ_{t} 为热导率；e 为单位质量内能量。

动量方程中压强 P 是由物态方程模型得到的。当金属丝的温度高于熔点，密度处于亚固态密度范围时，金属丝处于亚稳态状态，物态方程计算的压强是负值。亚稳态状态下的电爆炸产物的物态方程计算以及其行为的磁流体力学数值模拟依然是一个没有解决的问题[15]。在本节的研究中，不考虑亚稳态状态下金属结构对金属丝电爆炸过程的影响。当过渡区域的电爆炸产物压强为负值时，其压强采用麦克斯韦重构压强值替代。

等离子体的运动和电导率的分布对磁场的扩散都有重要的影响。电场、磁场、电流密度之间的关系可以根据下述麦克斯韦方程、广义欧姆定律描述[13]，一维磁扩散方程在柱坐标下展开式为

$$\frac{\partial B}{\partial t} + \frac{\partial (uB)}{\partial r} = \frac{\partial}{\partial r}\left[\frac{1}{\mu_0 \sigma}\frac{\partial (rB)}{\partial r}\right] \qquad (3-30)$$

磁扩散方程可以看作是扩散项占优的对流扩散方程，右端扩散项在磁场运动中起主导作用。通过磁扩散方程可以得到磁场分布，电流密度的计算公式如下：

$$j = \frac{1}{\mu_0 r}\frac{\partial (rB)}{\partial r} \qquad (3-31)$$

3.4.2 数值求解方法

磁流体力学方程组中式(3-27)、式(3-28)、式(3-29)可以写成如下形式：

$$\frac{\partial \boldsymbol{U}}{\partial t} + \frac{\partial f(\boldsymbol{U})}{\partial r} = \boldsymbol{S} \quad (3-32)$$

式中：$\boldsymbol{U}$、$f(\boldsymbol{U})$、$\boldsymbol{S}$ 的表达式分别为

$$\boldsymbol{U} = (\rho \quad \rho u \quad \rho e)^{\mathrm{T}} \quad (3-33)$$

$$f(\boldsymbol{U}) = (\rho u \quad \rho u^2 \quad \rho e u)^{\mathrm{T}} \quad (3-34)$$

$$\boldsymbol{S} = \left[-\frac{\rho u}{r} \quad -\frac{\rho u^2}{r} - \boldsymbol{j} \cdot \boldsymbol{B} - \frac{\partial P}{\partial r} \quad -\frac{\rho e u}{r} - P\frac{1}{r}\frac{\partial(ru)}{\partial r} + \frac{j^2}{\sigma} + \frac{1}{r}\frac{\partial}{\partial r}\left(r\kappa_{\mathrm{t}}\frac{\partial T}{\partial r}\right) \right]^{\mathrm{T}} \quad (3-35)$$

式(3-32)中左面第二项为对流项，右面 $\boldsymbol{S}$ 为源项。流体力学方程求解分为两个步骤，首先求解源项对磁流体方程的贡献：

$$\frac{\partial \boldsymbol{U}}{\partial t} = \boldsymbol{S} \quad (3-36)$$

然后，再计算流体力学方程中对流项对矢量 $\boldsymbol{U}$ 的贡献。NND 格式是针对正、负流通量采用不同的差分算法建立起来的具有二阶精度的流体力学数值计算方法。

在应用 NND 格式求解流体力学方程时，要将流通量 $f(\boldsymbol{U})$ 分裂为正、负流通量，然后再针对正、负流通量采用不同的差分算法。一般常用的流通量分裂方法有局部流通量分裂和全局流通量分裂两种算法[14,16]。流体力学方程组的特征值为

$$\lambda = \frac{\partial f(\boldsymbol{U})}{\partial \boldsymbol{U}} \quad (3-37)$$

特征值 λ 可以写成 $\lambda = \lambda^+ + \lambda^-$，其中 λ^+、λ^- 具有如下形式：

$$\lambda^{\pm} = \frac{\lambda \pm |\lambda|}{2} \quad (3-38)$$

根据分裂的特征值可以得到正、负流通量为

$$f^{\pm} = \lambda^{\pm} \cdot \boldsymbol{U} \quad (3-39)$$

以上算法称为局部流通量分裂算法。此方法得到正、负流通量有利于捕获激波，但是易于出现非物理振荡。因此，为了获得稳定光滑的物理解，全局流通量分裂算法也是常用的方法。根据式(3-37)可以得到在计算区域内最大的特征值 $\lambda_{\max} = \max(\lambda)$，正、负流通量可以表示为

$$f^{\pm} = \frac{\lambda \pm \lambda_{\max}}{2}\boldsymbol{U} \quad (3-40)$$

张涵信等在欧拉方程的数值计算方法研究中发现激波附近数值解的非物理振荡与差分方程的修正方程的三阶色散项相关[17]。在激波两侧适当地改变三阶色散项的系数,可以保证流体力学方程差分解在激波上游、下游满足熵增条件,抑制非物理波动。基于这种思想,构建了实质上为二阶精度的无自由参数、无波动的差分格式。NND 格式具有总变差非增性质(Total Variation Diminishing, TVD),易于编程实现,在国内已经广泛地应用于流体力学计算。

在流体力学数值计算中分别计算源项和对流项对流场的贡献,假设已经根据源项更新了流场 U。$f(U)$ 可以采用全局流通量分裂算法表示成正、负流通量之和。因此,略去源项的流体力学方程组可表示为

$$\frac{\partial U}{\partial t}+\frac{\partial f^+(U)}{\partial r}+\frac{\partial f^-(U)}{\partial r}=0 \qquad (3-41)$$

若用二阶迎风格式计算 $\partial f^+/\partial r$,其修正方程的三阶色散项系数为正;若采用中心差分格式计算 $\partial f^+/\partial r$,则三阶色散项系数为负。与之相反,若采用二阶迎风格式计算 $\partial f^-/\partial r$,其修正方程右端三阶色散项系数为负;若采用中心差分格式计算 $\partial f^-/\partial r$,其三阶色散项系数为正。如果在计算区域内,采用的差分格式导致全区域内三阶色散项系数为正,则激波上游差分数值解是不波动的,但是激波下游数值解出现非物理解振荡。如果采用的差分格式导致在计算区域内三阶色散项系数为负,激波上游数值解出现非物理解振荡,激波下游数值解是不波动的。若构造的差分格式使得在激波上游三阶色散项系数为正,而激波下游三阶色散项系数为负,在计算区域内数值解都是不波动的。因此,在激波上游 $\partial f^+/\partial r$ 采用二阶迎风格式计算,$\partial f^-/\partial r$ 采用二阶中心差分格式计算;在激波下游 $\partial f^+/\partial r$ 采用二阶中心差分格式计算,而 $\partial f^-/\partial r$ 采用二阶迎风格式计算。这样构造的差分格式在激波上、下游的数值解都不存在非物理振荡[18]。综合以上分析,可以得到激波上游半离散化的差分格式为

$$\left(\frac{\partial U}{\partial t}\right)_j^n=-\frac{3f_j^{+n}-4f_{j-1}^{+n}+f_{j-2}^{+n}}{2\mathrm{d}r}-\frac{f_{j+1}^{-n}-f_{j-1}^{-n}}{2\mathrm{d}r} \qquad (3-42)$$

式中:n 表示时间节点;j 表示网格节点。而在激波下游采用的差分格式为

$$\left(\frac{\partial U}{\partial t}\right)_j^n=-\frac{-3f_j^{-n}+4f_{j-1}^{-n}-f_{j-2}^{-n}}{2\mathrm{d}r}+\frac{f_{j+1}^{+n}-f_{j-1}^{+n}}{2\mathrm{d}r} \qquad (3-43)$$

为了合并式(3-42)、式(3-43),定义如下 min mod 函数:

$$\min\mathrm{mod}(x,y)=\begin{cases}\min(|x|,|y|) & xy\geqslant 0 \\ 0 & xy<0\end{cases} \qquad (3-44)$$

因此,综合上述公式可以构造 NND 差分格式如下:

$$\left(\frac{\partial U}{\partial t}\right)_j^n = -\frac{1}{\mathrm{d}r}\Big[f_j^{+n} + \frac{1}{2}\min\mathrm{mod}(f_j^{+n} - f_{j-1}^{+n},\ f_{j+1}^{+n} - f_j^{+n}) +$$

$$f_j^{-n} - \frac{1}{2}\min\mathrm{mod}(f_{j+1}^{-n} - f_j^{-n},\ f_{j+2}^{-n} - f_{j+1}^{-n}) -$$

$$f_{j-1}^{+n} + \frac{1}{2}\min\mathrm{mod}(f_{j-1}^{+n} - f_{j-2}^{+n},\ f_{j+1}^{+n} - f_{j-1}^{+n}) -$$

$$f_{j-1}^{-n} - \frac{1}{2}\min\mathrm{mod}(f_j^{-n} - f_{j-1}^{-n},\ f_{j+1}^{-n} - f_j^{-n})\Big]$$

(3 – 45)

磁流体力学方程求解中时间步长是涉及数值计算稳定性问题的重要参数。根据 NND 差分格式稳定性的要求，时间步长 $\mathrm{d}t$ 可通过下式确定：

$$\mathrm{d}t \leqslant \mathrm{CFL}\frac{\mathrm{d}r}{\max(u) + c_\mathrm{a}} \tag{3-46}$$

式中：CFL 为库朗数；c_a 为局部声速。本节研究中 CFL 取 0.3。物态方程压强是根据三项式全局物态方程得到的，不能直接应用理想气体物态方程声速公式。局部声速通过下式计算[14]：

$$c_\mathrm{a}^2 = \left(\frac{\partial P}{\partial \rho}\right)_T + \frac{T}{\rho^2}\frac{\left(\frac{\partial P}{\partial T}\right)_\rho^2}{\left(\frac{\partial e}{\partial T}\right)_\rho} \tag{3-47}$$

无论是求解对流项对流体方程的贡献，还是求解源项对流体力学方程的贡献，都要根据时间步长进行推进求解下一时刻流场，时间步推进的表达式为

$$\frac{\partial U}{\partial t} = g(U) \tag{3-48}$$

式中：$g(U)$ 表示源项或者对流项表达式。一般流体力学计算中采用一阶差分格式

$$U_j^{n+1} = U_j^n + \mathrm{d}t \cdot g(U_j^n) \tag{3-49}$$

为了提高时间推进步的计算精度，在数值模拟中采用三阶龙格-库塔法，其差分格式为

$$U_j^{n+a} = U_j^n + \mathrm{d}t \cdot g(U_j^n) \tag{3-50}$$

$$U_j^{n+b} = \frac{3}{4}U_j^n + \frac{1}{4}[U_j^{n+a} + \mathrm{d}t \cdot g(U_j^{n+a})] \tag{3-51}$$

$$U_j^{n+1} = \frac{1}{3}U_j^n + \frac{2}{3}[U_j^{n+b} + \mathrm{d}t \cdot g(U_j^{n+b})] \tag{3-52}$$

磁扩散方程式是扩散占优的对流扩散方程，为了增强差分格式的稳定性，在本节数值模拟研究中采用隐式差分格式求解，构造的差分格式为

$$-\frac{r_{j-1}}{\mu_0 r_{j-1/2}\sigma_{j-1/2}}B_{j-1}^{n+1} + \left(\frac{r_j}{\mu_0 r_{j-1/2}\sigma_{j-1/2}} + \frac{r_j}{\mu_0 r_{j+1/2}\sigma_{j+1/2}} - \frac{\mathrm{d}r}{\mathrm{d}t}\right)B_j^{n+1} -$$

$$\frac{r_{j+1}}{\mu_0 r_{j+1/2}\sigma_{j+1/2}}B_{j+1}^{n+1} = \frac{u_{j-1}^n}{2}B_{j-1}^n + \frac{\mathrm{d}x}{\mathrm{d}t}B_j^n - \frac{u_{j+1}^n}{2}B_{j+1}^n$$

(3-53)

式中：定义 $r_{j+1/2} = (r_j + r_{j+1})/2$，$\sigma_{j+1/2} = (\sigma_j + \sigma_{j+1})/2$。在 $n+1$ 时刻，计算区域 r_N 内流通的电流为 I^{n+1}，根据毕奥-萨伐尔定律可以计算磁场的边界条件为

$$\begin{pmatrix} B_1^{n+1} \\ B_N^{n+1} \end{pmatrix} = \begin{pmatrix} 0 \\ \dfrac{\mu_0 I^{n+1}}{2\pi r_N} \end{pmatrix}$$

(3-54)

将边界条件式(3-54)代入式(3-53)，可以得到 $Ax = b$ 形式的方程组，其中系数矩阵 A 是对角占优的三对角矩阵，采用追赶法求解，可得到 $n+1$ 时刻的磁场分布。

根据本节建立的物理数学模型和构造的差分格式，利用 MATLAB 编写了一维磁流体力学程序，磁流体力学数值模拟采用欧式网格。计算区域中心采用中心对称边界条件，计算区域外边界采用自由边界条件。计算程序的流程图如图 3-13 所示。

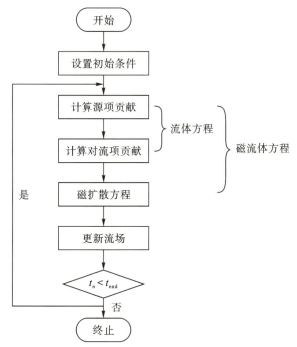

图 3-13　磁流体力学程序流程图

3.5 物态方程和输运参数模型

物态方程是指描述处于热力学平衡态的均匀系统宏观性质的状态参量之间的关系式。狭义上讲，物态方程可以表示成压强、内能(或者温度)和密度(或者体积)之间的函数关系。对物态方程的研究可以追溯到17世纪，英国化学家玻意耳和法国物理学家马里奥特分别提出了理想气体物态方程[19]。随后，为了更精确地体现实际物质的状态，描述电离气体[20-21]、量子气体、凝聚态物质[22]和超高压物质[23-24]性质的物态方程模型相继被建立起来。得益于计算机技术的进步和发展，蒙特卡罗和分子动力学的方法开始应用于物态方程计算[25]。近年来，在量子力学的基础上结合分子动力学理论形成的"从头算"方法(第一性原理)，由于不需要依赖实验数据和经验公式在物态方程领域得到越来越多的应用[25-26]。虽然"从头算"方法可以建立精确的凝聚态物质的物态方程，但是"从头算"方法涉及很多复杂的物理思想和物理方法，而且会耗费大量的计算时间和计算资源，并且这种方法在宽密度范围内应用还存在物理上没有解决的问题，需要进一步地研究[27]。自然科学和工程技术领域的很多实际问题，例如，天体物理、等离子体物理、核聚变、武器系统设计及其破坏效应模拟等都离不开物态方程。建立适用温度、密度范围宽，应用灵活，并且精度比较高的物态方程模型一直是物态方程领域中非常活跃的研究方向[22,28]。

3.5.1 托马斯-费米模型

1927年，托马斯和费米为解决多电子原子电荷密度分布问题，提出了托马斯-费米(Thomas-Fermi，TF)模型[23-24]。自模型问世以来，就以其清晰的物理概念，相对简洁的数学处理，在分子物理、固体物理领域得到了广泛应用，至今依然是研究超高压状态下物质物态方程非常有效的方法之一[8]。为了改善TF模型的计算精度，狄拉克首先对零温TF模型作了修正，提出了托马斯-费米-狄拉克(Thomas-Fermi-Dirac，TFD)模型[29]。基尔日尼茨在TF模型的基础上同时引入了量子修正和交换修正，提出了托马斯-费米-基尔日尼茨(Thomas-Fermi-Kirzhnits，TFK)模型，极大地降低了在低温状态下物质内电子释放的压强[30]。

TF模型是利用统计的方法来研究原子中电子的行为。原子被看作是由原子核和电子组成的独立的原子球胞，而物质是由许多独立的原子球胞构成的。TF模型不能反映原子之间的相互作用，而把对物质性质的研究简化为对一个原子球胞的研究。原子球胞中的电子处于球对称中心势场 $U(r)$ 内,并且遵循费米-狄拉克(Fermi-Dirac)统计。电子密度 n_e 的表达式为[33-34]

$$n_e = \frac{8\pi}{h^3} \int_0^\infty \frac{p^2}{\exp\{[-\mu + p^2/2m_e - eU(r)]/k_b T\} + 1} dp \quad (3-55)$$

式中:h 为普朗克常数;μ 为电子化学势;p 为动量;m_e 为电子质量;T 为温度;e 为电子电荷;k_b 为玻尔兹曼常数。

电子电荷密度与球对称中心势场之间关系满足泊松方程:

$$\nabla^2 U(r) = -\frac{en_e}{\varepsilon_0} \quad (3-56)$$

式(3-55)的形式比较复杂,为了简化方程的表达式定义如下变量:

$$y = \frac{p^2}{2k_b T m_e} \quad (3-57)$$

$$x = \frac{r}{r_0}, \quad x \in (0, 1) \quad (3-58)$$

$$\frac{\varphi(x)}{x} = \frac{\mu + eU(r)}{k_b T} \quad (3-59)$$

式中:$\varphi(x)$ 为无量纲势能;r_0 为维格纳-塞茨(Wigner-Seitz)半径。

将式(3-55)、式(3-57)、式(3-58)和式(3-59)代入式(3-56),经过化简得到无量纲的 TF 方程[34-35]为

$$\varphi''(x) = ax F_{1/2}[\varphi(x)/x] \quad (3-60)$$

式中:$a = [r_0 4\pi e (2m_e)^{3/4} (k_b T)^{1/4}/h^{3/2}]^2$;$F_{1/2}$ 为 1/2 阶费米积分。n 阶费米积分定义为

$$F_n(t) = \int_0^\infty \frac{z^n}{\exp(z-t) + 1} dz \quad (3-61)$$

TF 模型的原子球胞中心是带 $+Ze$(Z 为原子序数)电荷的原子核,并且假设原子核是静止不动的。原子球胞内的原子核与电子总体呈现电中性,在原子球胞边界处的势能和势能梯度为 0。因此,以前文定义的符号表示无量纲 TF 方程的边界条件为[34,36]

$$\varphi(0) = \frac{Ze^2}{k_b T r_0} \quad (3-62)$$

$$\varphi(1) = \varphi'(1) \quad (3-63)$$

在 TF 模型的理论框架内,通过研究一个原子的状态来得到物质的性质。原子球胞边界处的电场为 0,并且具有恒定的电势能。因此,电子在原子球胞边界处的分布可以看作是均匀的,并且只与球胞边界交换动量。电子在球胞边界各向同性的运动,每个电子的动量变化率为 $2p^2/3m_e$。电子在原子球

胞边界的动量变化即为压强 P，其表达式为

$$P = \frac{8\pi}{h^3} \int_0^\infty \frac{p^2}{1+\exp[(-\mu+p^2/2m_e)/k_bT]} \frac{2p^2}{3m_e} dp \quad (3-64)$$

结合费米积分式(3-61)，上述压强公式可以简化成如式(3-65)的形式[34]：

$$P = \frac{2}{9} \frac{a}{\varphi(0)} \frac{Zk_bT}{V_0} F_{3/2}[\varphi(1)] \quad (3-65)$$

式中：V_0 为原子球胞体积。

每个电子的动能为 $p^2/2m_e$，电子的动能与电子密度分布函数的乘积在原子球胞体积和动量空间内积分，可以得到整个原子的动能：

$$\begin{aligned} e_{kin} &= \frac{32}{h^3} \int_0^{r_0} r^2 \int_0^\infty \frac{p^2}{1+\exp\{[-\mu+p^2/2m_e-eU(r)]/k_bT\}} \frac{p^2}{2m_e} dr dp \\ &= Zk_bT \frac{a}{\varphi(0)} \int_0^1 x^2 F_{3/2}[\varphi(x)/x] dx \end{aligned} \quad (3-66)$$

电子的势能来自电子-电子、电子-原子核之间的库仑相互作用，原子球胞内的电子势能在球胞体积内积分的表达式为[34]

$$\begin{aligned} e_{pot} &= -2\pi e \int_0^{r_0} r^2 n_e \left[U(r)+\frac{Z}{r}\right] dr \\ &= -Zk_bT \frac{a}{2\varphi(0)} \int_0^1 F_{1/2}[\varphi(x)/x] x [\varphi(x)-\varphi(1)x+\varphi(0)] dx \end{aligned} \quad (3-67)$$

因此，一个原子的总内能 $e_{TF} = e_{kin} + e_{pot}$。

从 TF 方程求解出无量纲势能 $\varphi(x)$，即可得到物质的压强、内能等热力学量。TF 方程中包含费米积分，在 $x \to 0$ 时，费米积分的被积函数的值趋于无穷大。为了提高在 $x=0$ 的邻域内数值求解的精确度，采取变量代换 $y^2 = x$。TF 方程可以化简为一阶微分方程组：

$$\begin{cases} \varphi(y)' = W(y) \\ W(y)' = ay^2 F_{1/2}[\varphi(y)/y^2] \end{cases} \quad (3-68)$$

通过假定 $\varphi(1)$ 的值，并且结合初值调整方向的关系式，方程组(3-68)可以迭代求解。在本节的研究中，上述一阶微分方程组采用四阶标准龙格-库塔法求解，构造的第 i 个点的差分计算格式为

$$\begin{cases} W(i-1) = W(i) + \frac{1}{6}(K_{12}+2K_{22}+2K_{32}+K_{42}) \\ \varphi(i-1) = \varphi(i) + \frac{1}{6}(K_{11}+2K_{21}+2K_{31}+K_{41}) \end{cases} \quad (3-69)$$

方程组(3-69)中系数求解公式如下所示：

$$\begin{bmatrix} K_{11} & K_{12} \\ K_{21} & K_{22} \\ K_{31} & K_{32} \\ K_{41} & K_{42} \end{bmatrix} = \begin{bmatrix} \mathrm{d}y W(i) & \mathrm{d}y(a y(i)^2 F_{1/2}(\varphi(i)/y(i)^2)) \\ \mathrm{d}y(W(i)+K_{12}/2) & \mathrm{d}y(a(y(i)+\mathrm{d}y/2)^2 F_{1/2}((\varphi(i)+K_{11}/2)/(y(i)+\mathrm{d}y/2)^2)) \\ \mathrm{d}y(W(i)+K_{22}/2) & \mathrm{d}y(a(y(i)+\mathrm{d}y/2)^2 F_{1/2}((\varphi(i)+K_{21}/2)/(y(i)+\mathrm{d}y/2)^2)) \\ \mathrm{d}y(W(i)+K_{32}) & \mathrm{d}y(a(y(i)+\mathrm{d}y)^2 F_{1/2}((\varphi(i)+K_{21})/(y(i)+\mathrm{d}y)^2)) \end{bmatrix}$$

(3-70)

上式中，求解步长 $\mathrm{d}y$ 根据网格划分确定，本节研究中差分格式求解的方向是由边界向中心求解，因此，$\mathrm{d}y = y(i-1) - y(i)$。迭代过程中调整迭代初值的关系式可以通过积分形式的 TF 方程确定。对微分形式的 TF 方程从中心到边界进行两次积分操作，结合边界条件式(3-63)可以得到积分形式的 TF 方程，如下式所示：

$$\varphi(x) = \varphi(1)x + a\int_x^1 (z-x)z F_{1/2}[\varphi(z)/z]\mathrm{d}z \quad (3-71)$$

由式(3-71)可以得到结论，对于给定的 x，有 $\varphi(x) \propto \varphi(1)$。在迭代求解的过程中设置迭代初始值 $\varphi(1)$，并向 $x \to 0$ 的方向逐点计算得到 $\varphi(0)$。数值计算得到的 $\varphi(0)$ 与边界条件式(3-63)比较，通过迭代关系调整迭代初值的大小，直到数值解满足要求的精度为止。

铝丝是金属丝电爆炸研究中最为常见的材料。因此，以金属铝为例计算物态方程数据库。将上述 TF 模型及其数值解法应用到金属铝物态方程计算中，当温度为 1 eV、密度为 0.5 g/cm³ 时，无量纲的势能 $\varphi(x)$ 的曲线如图 3-14 所示。

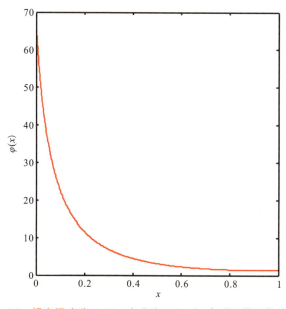

图 3-14　铝在温度为 1 eV、密度为 0.5 g/cm³ 时无量纲势能分布

TF 模型中所有参量都是基于无量纲势能建立起来的。由图 3-14 中无量纲势能曲线可以得到电子化学势等非常重要的热力学状态参数。在原子球胞边界处 $(x=1)$ 的势能 $U(r_0)=0$，式(3-59)可化简为 $\varphi(1)=\mu/k_bT$。$\varphi(1)$ 称为约化电子化学势。电子化学势在等离子体输运参数计算、凝聚态物质相平衡研究、半导体物理等领域应用广泛。在很多物理问题研究中，电子化学势是根据理想费米电子气体模型计算的，并不考虑库仑相互作用等非理想特性。在 TF 模型中的电子化学势加入了电子-电子、电子-离子之间库仑相互作用，其结果比理想费米电子气体模型的结果更准确。

在 TF 模型中，对于给定密度、温度下物态方程的压强、内能等热力学量都可以根据无量纲势能求解。将无量纲势能 $\varphi(x)$ 代入式(3-65)即可以求得压强。温度在 0.02 eV、0.1 eV、1 eV、10 eV 和 100 eV 时，TF 模型计算的铝压强随密度变化的等温曲线如图 3-15 所示。

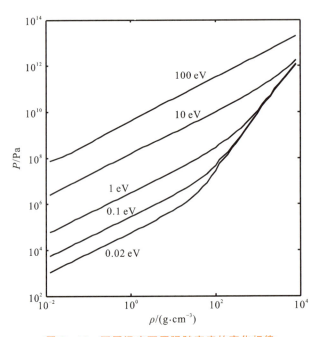

图 3-15　不同温度下压强随密度的变化规律

同理，根据动能表达式(3-66)和势能表达式(3-67)可以计算原子的总内能，温度在 0.02 eV、0.1 eV、1 eV、10 eV 和 100 eV 时内能随密度变化的等温曲线如图 3-16 所示。

TF 模型存在两方面的近似，一方面是没有考虑包括泡利不相容原理对粒子间相互作用的交换效应和反映粒子图像本身不准确性的相关效应；另一

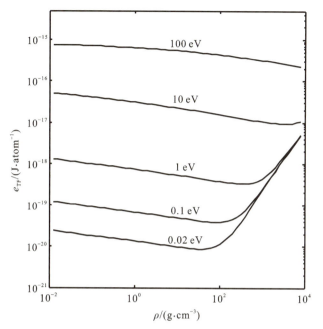

图 3-16　不同温度下内能随密度的变化规律

方面是没有考虑与不确定性原理有关的量子效应和反映原子结构的壳层效应[19,37]。在 TF 模型的实际应用中发现，当模型用于计算低温度、亚固态密度区域的物态方程时，TF 模型过高地估算了电子释放的压强。为了改进 TF 模型计算结果的准确度，狄拉克首先在零温 TF 模型中考虑了交换修正[29]。随后，若干针对 TF 模型的修正模型相继被建立起来[33]，其中基尔日尼茨在 TF 模型的基础上同时引入了量子修正和交换修正取得的效果比较好，所得到的模型称为 TFK 模型。

在 TF 模型的无量纲势能 φ 中加入量子修正项和交换修正项即为 TFK 模型中无量纲势能 ϕ：

$$\phi = \varphi + \delta_1\varphi + \delta_2\varphi \tag{3-72}$$

式中：$\delta_1\varphi$ 为量子修正项；$\delta_2\varphi$ 为交换修正项。为了简化标记，定义 $\xi=\phi/x$。因此，式(3-72)可以转换成如下形式：

$$\xi = \xi_{TF} + \delta_1\xi + \delta_2\xi \tag{3-73}$$

定义的变量有 TF 下标的符号为采用 TF 模型计算得到的相应的值。将式(3-73)代入泊松方程(3-56)，并且根据密度近似展开可以得到量子修正方程和交换修正方程[30]：

$$\nabla^2 \delta_1\xi - aF'_{1/2}\delta_1\xi = \frac{\sqrt{2}Z^{-2/3}}{6\pi\theta^{1/2}}\left[F'''_{1/2}(\nabla\xi_{TF})^2 + 2aF''_{1/2}F_{1/2}\right] \tag{3-74}$$

$$\nabla^2 \delta_2 \xi - aF'_{1/2}\delta_2\xi = 6aF'^{2}_{1/2} \qquad (3-75)$$

式中：$\theta = a_0 k_b T/(e^2 Z^{4/3})$；$a_0 = h^2/4\pi^2 m_e e^2$。

式(3-74)、式(3-75)的数学形式比较复杂，会增加数值求解的难度。因此，在数值求解量子修正方程和交换修正方程时进行如下数学变换[33,38]：

$$\delta_1 \xi = \frac{\sqrt{2}Z^{-2/3}}{6\pi\theta^{1/2}}(F'_{1/2} + u_1) \qquad (3-76)$$

$$\delta_2 \xi = \frac{\sqrt{2}Z^{-2/3}}{6\pi\theta^{1/2}} u_2 \qquad (3-77)$$

将上述变量代换符号分别代入量子修正方程和交换修正方程，可以将修正方程化简成如下形式[38]：

$$\nabla^2 u_1(x) - aF'_{1/2} u_1(x) = a(F'^{2}_{1/2} + F''_{1/2} F_{1/2}) \qquad (3-78)$$

$$\nabla^2 u_2(x) - aF'_{1/2} u_2(x) = 6aF'^{2}_{1/2} \qquad (3-79)$$

此时，量子修正方程、交换修正方程的边界条件有 $xu_i|_{x\to 0}=0$，$u'_i(1)=0$，其中 $i=1,2$。为了在求解修正方程的过程中应用边界条件 $xu_i|_{x\to 0}=0$，需要采用一种变量代换的方法，令 $\psi_i = xu_i$ 以简化边界条件。根据以上变量代换方程(3-78)、式(3-79)又可以转换为如下形式：

$$\psi''_1 - aF'_{1/2}\psi_1 = ax(F'^{2}_{1/2} + F''_{1/2} F_{1/2}) \qquad (3-80)$$

$$\psi''_2 - aF'_{1/2}\psi_2 = 6axF'^{2}_{1/2} \qquad (3-81)$$

经过以上处理，量子修正方程、交换修正方程的边界条件为 $\psi_i(0)=0$，$\psi'_i(1)=\psi_i(1)$，其中 $i=1,2$。

与TF方程的数值求解方法相似，采用标准四阶龙格-库塔法求解量子修正和交换修正方程中无量纲势能的修正项。对于金属铝，当温度 $T=1$ eV，密度 $\rho=0.5$ g/cm³ 时，无量纲势能的量子修正项和交换修正项如图 3-17 所示。

TF模型中的压强公式(3-65)按泰勒公式展开，并且保留一阶导数项[38]，即可以得到量子修正的压强项 $\delta_1 P$：

$$\delta_1 P = \frac{\sqrt{2} P_{TF}}{4\pi Z^{2/3} F_{3/2}[\varphi(1)]}\{F_{1/2}[\varphi(1)]u_1(1) + F_{1/2}[\varphi(1)]F'_{1/2}[\varphi(1)]\}$$
$$(3-82)$$

同理，交换修正的压强项 $\delta_2 P$ 的表达式为[38]

$$\delta_2 P = \frac{\sqrt{2} P_{TF}}{4\pi Z^{2/3} F_{3/2}[\varphi(1)]}\left\{F_{1/2}[\varphi(1)]u_2(1) + 6\int_{-\infty}^{\varphi(1)} F'^{2}_{1/2}(t)dt\right\} \qquad (3-83)$$

因此，TFK模型总压强 $P_{TFK} = P_{TF} + \delta_1 P + \delta_2 P$。

采用TFK模型计算得到的在温度为 0.3 eV、0.9 eV、3 eV 和 30 eV 时

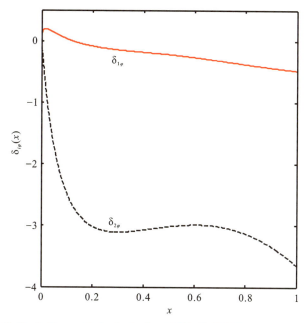

图 3-17 当 $T=1$ eV、$\rho=0.5$ g/cm³ 时,无量纲势能的量子修正项和交换修正项

压强随密度变化的等温曲线如图 3-18 所示。采用 TF 模型计算得到的相应温度的压强曲线也列于图中作了对比。采用 TF 模型以及 TFK 模型计算得到的压强都随着温度的升高而增大。采用 TF 模型计算得到的压强随着密度的增大逐渐增大,而采用 TFK 模型计算得到的压强,由于加入了量子修正和交换修正,其数值总体上比采用 TF 模型计算得到的压强要小。在低密度区域和高密度区域,采用 TFK 模型计算得到的压强与采用 TF 模型计算得到的结果比较接近,但是在亚固态密度区域,尤其是在温度比较低的情况下,采用 TFK 模型计算得到的压强是负值,这表现出凝聚态区域物质内电子释放的是相结合的力。在接近固体密度区域,即使密度有很小的变化,压强也会出现非常大的差别。量子修正和交换修正效果随着温度的升高而减小。在 30 eV 时,采用 TF 模型计算得到的压强与采用 TFK 模型计算得到的结果已经没有明显的区别。

TFK 模型内能的量子修正项 $\delta_1 e$ 和交换修正项 $\delta_2 e$ 由下式计算:

$$\delta_1 e = \frac{Ze}{3\pi}\sqrt{\frac{k_b T}{2a_0}} u_1(0) + \frac{Zk_b Tab}{\varphi(0)} \int_0^1 x^2 \left[\frac{1}{2} F_{1/2} u_1(x) + F'_{1/2} F_{1/2} \right] dx$$

(3-84)

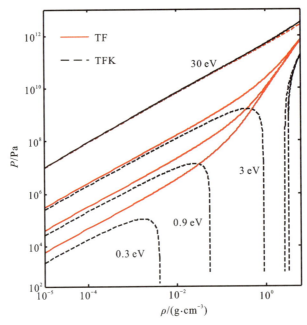

图 3-18 采用 TF 模型以及 TFK 模型计算得到的压强在不同温度、密度下的等温曲线

$$\delta_2 e = \frac{Ze}{3\pi}\sqrt{\frac{k_b T}{2a_0}}u_2(0) + \frac{Zk_b Tab}{\varphi(0)}\int_0^1 x^2 \left[\frac{1}{2}F_{1/2}u_2(x) + 6\int_{-\infty}^{\varepsilon_{TF}(x)} F'^2_{1/2}dt\right]dx$$
(3-85)

式中：$b=(2m_e)^{1/2}e^2/[3h(k_b T)^{1/2}]$。TFK 模型的总内能 $e_{TFK}=e_{TF}+\delta_1 e+\delta_2 e$。

采用 TFK 模型和 TF 模型计算得到温度在 0.3 eV、0.9 eV、3 eV 和 30 eV 时，内能随密度变化的等温曲线如图 3-19 所示。采用 TF 模型计算得到的内能和采用 TFK 模型计算得到的内能相比，随着温度的升高，采用 TF 模型计算得到的结果与采用 TFK 模型计算得到的结果差别越来越小，量子修正、交换修正项逐渐减小。在低温度、低密度区域，量子修正和交换修正增加了原子球胞的内能。然而，随着密度的增大，量子修正、交换修正减小了 TF 模型的内能，采用 TFK 模型计算得到的内能项随着密度的增大而减小。在低温度、亚固态密度区域，采用 TFK 模型计算得到的内能远小于采用 TF 模型计算得到的结果。

磁流体力学数值模拟研究中，需要物态方程数据来描述金属在不同状态下的行为。以金属丝电爆炸为例，电爆炸产物涉及温度、密度范围很宽，从低温凝聚态到高温理想等离子体态。因此，建立的物态方程模型要易于得到如此宽温度、密度范围内比较精确的数据。在金属的单一相区可以建立比较

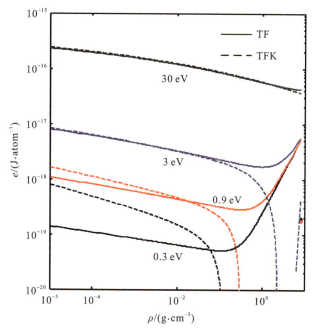

图 3-19 采用 TF 模型以及 TFK 模型计算得到的能量随温度、密度的变化规律

准确的物态方程模型，但是单一相区的物态方程不能描述如此宽温度、密度范围内的热力学状态参量的变化，难以应用于全局相变。因此，应用单一相区物态方程需要构造不同相区内物态方程的衔接处理[22]。而金属丝在电爆炸过程中会处于高温、高压状态，其熔点和沸点与常态下数据相比已发生很大的变化，所以不同相区物态方程的衔接处理是比较困难的。为了避免建立衔接公式，一般采用半经验的方法建立全局物态方程。

物态方程一般可以分为零温项（与温度无关）和含温项两项。含温项又可以分为离子热贡献项和电子热贡献项，而零温项不再将电子和离子的贡献分开。因此，物态方程可以分为零温项、离子热贡献项和电子热贡献项[19]。对于给定体积 V 和温度 T 的体系，其总自由能 F 可以表示为

$$F(V, T) = F_c(V) + F_i(V, T) + F_e(V, T) \quad (3-86)$$

式中：F_c 为零温自由能项；F_i 为离子热贡献项；F_e 为电子热贡献项。

将密度区间分为压缩比 $\sigma_c \geqslant 1$ 和 $\sigma_c < 1$ 的两个区域。Khishchenko（希什琴科）在建立超高压状态下金属镁物态方程模型的研究中提出了一种多项式公式，用于拟合压缩比 $\sigma_c \geqslant 1$ 的区域内零温自由能项，其表达式[40]为

$$F_c(V) = a_{0c} V_{0c} \ln \sigma_c - 3V_{0c} \sum_{k=1}^{3} \frac{a_k}{k} (\sigma_c^{-k/3} - 1) + 3V_{0c} \sum_{k=1}^{2} \frac{b_k}{k} (\sigma_c^{-k/3} - 1)$$

$$(3-87)$$

式中：V_{0c} 为压强 $P=0$ 和温度 $T=0$ 时的比体积[41]；$\sigma_c=V_{0c}/V$，为压缩比；a_{0c}、a_k、b_k 为待定系数。在压强 $P=0$、温度 $T=0$ 时，自由能应该达到最小值 0。因此，式(3-87)满足 $F_c(V_{0c})=0$。

当压缩比 $\sigma_c<1$ 时，F_c 也采用类似于 $\sigma_c>1$ 区域的拟合多项式，其表达式[41]为

$$F_c(V)=V_{0c}[a_l(\sigma_c^x/x-\sigma_c^j/j)+a_n(\sigma_c^y/y-\sigma_c^j/j)]+E_{sub} \quad (3-88)$$

式中：a_l、a_n 为待定系数；x、j、y 为经验参数；E_{sub} 为升华能。

系数 b_k 是根据以下经验公式[40]计算的

$$b_1=-(0.484Z^2+0.3Z^{4/3})a_B E_H(Am_u V_{0c})^{-4/3} \quad (3-89)$$

$$b_2=2Z^{5/3}a_B^2 E_H(Am_u V_{0c})^{-5/3} \quad (3-90)$$

式中：E_H 为哈特里能量；a_B 为玻尔半径；A 为相对原子质量；m_u 为原子质量单位。而 a_{0c}、a_k、a_n、a_l 根据压缩比 $\sigma_c=1$ 时零温自由能项的多项式和零温 TFK 模型计算的压强、零温时体积模量及其一阶、二阶导数对应相等得到的方程组确定。

由上述多项式确定的零温自由能项在压缩比 $\sigma_c=1$ 处存在跳跃间断点。因此，在计算热力学量时，需要在 $\sigma_c=1$ 的邻域内将零温自由能平滑地连接起来，以得到平滑连续的热力学量。假设 $\sigma_c=1$ 的一个邻域为(σ_{c1}，σ_{c2})，将其中任意压缩比 σ_{c3} ($\sigma_{c1}\leq\sigma_{c3}\leq\sigma_{c2}$)分别代入式(3-87)、式(3-88)得到零温自由能为 F_{c1}、F_{c2}，此时，压缩比 σ_{c3} 对应的零温自由能为 $F_c=(F_{c1}^{-2}+F_{c2}^{-2})^{-1/2}$。

离子对物态方程的热贡献在固态和气态区域都有比较准确的模型。在全局范围内描述离子对物态方程的热贡献需要合理的插值方法，将固态到理想气态连接起来。因此，采用一种准谐振模型[41]，如式(3-91)所示。此准谐振模型可用于近似描述固态中离子对物态方程的热贡献。通过计算验证，准谐振模型在高温度、低密度区域，逐渐趋于理想气体物态方程。采用此模型在满足一定精度的要求下，不仅简化了物态方程模型，还减少了引进的经验参数，该模型如下：

$$F_i(V,T)=3RT\ln\{1-\exp[-\theta(V)/T-\sqrt{T_0\sigma^{2/3}/T}]\} \quad (3-91)$$

其中，特征温度 $\theta(V)$ 可按下式计算：

$$\theta(V)=\theta_0\sigma^{2/3}\exp\left\{(\gamma_0-2/3)\frac{f^2+d^2}{f}\arctan\left[\frac{f\ln\sigma}{f^2+d(\ln\sigma+d)}\right]\right\} \quad (3-92)$$

式中：$\sigma=V_{01}/V$；V_{01} 为常态下比体积；R 为普适气体常量；θ_0、γ_0、T_0、f、d 为常数。

TF 模型过高地估算了低温度、亚固态密度区域物质的压强，从而不能反映电子释放的结合的力。TFK 模型是在 TF 模型的基础上引入了量子修正

和交换修正,极大地降低了电子在低温度、亚固态密度区域的压强,使得描述电子从固态、液态、气态到等离子体态的相变行为成为可能。因此,电子的热贡献项 F_e 采用 TFK 模型计算。含温 TFK 模型的计算结果中包括零温 TFK 模型的结果。在含温 TFK 模型结果中减去相同密度条件下零温 TFK 模型的结果,即为电子的热贡献项。

铝的三项式全局物态方程模型中涉及很多参数,参数列表如表 3-1 所示。用于计算离子的热贡献项的系数 T_0、θ_0、f、d、γ_0 取自 Shemyakin(舍米亚金)的物态方程研究[41]。零温自由能项多项式中的系数 a_{0c}、a_1、a_2、a_3、a_l、a_n、b_1、b_2 是根据上文中介绍的计算方法确定的。x、j、y 为经验参数。

表 3-1 铝三项式全局物态方程模型中的参数列表

参数	$a_{0c}/(\text{J}\cdot\text{m}^{-3})$	$a_1/(\text{J}\cdot\text{m}^{-3})$	$a_2/(\text{J}\cdot\text{m}^{-3})$	$a_3/(\text{J}\cdot\text{m}^{-3})$	$a_l/(\text{J}\cdot\text{m}^{-3})$	$a_n/(\text{J}\cdot\text{m}^{-3})$
结果	6.8×10^{12}	-4.9×10^{12}	1.3×10^{12}	5×10^{10}	-3.3×10^{11}	1.5×10^{11}
参数	$b_1/(\text{J}\cdot\text{m}^{-3})$	$b_2/(\text{J}\cdot\text{m}^{-3})$	$E_{\text{sub}}/(\text{J}\cdot\text{kg}^{-1})$	$V_{0c}/(\text{m}^3\cdot\text{kg}^{-1})$	T_0/K	θ_0/K
结果	-5.2×10^{12}	1.6×10^{12}	1.2×10^7	3.6×10^{-4}	0.894	200
参数	f	d	γ_0	x	j	y
结果	0.5	0.357	2	1.2	1.1	1.7

随着高能炸药产生的冲击波压缩、激光压缩等先进的物态方程实验研究方法的进步,实验测量的物质物态方程数据的范围不断扩大,精度也有很大的提高。物态方程中压强是磁流体力学数值模拟中非常重要的热力学量,并且压强数据比较容易通过实验方法测量的。因此,实验测量的压强数据与三项式全局物态方程模型计算的结果对比可以检验物态方程模型的准确度。自由能与热力学量压强 P 的关系根据下式确定:

$$P=-\left(\frac{\mathrm{d}F}{\mathrm{d}V}\right)_T \qquad (3-93)$$

由多项式形式的零温自由能项 F_c 计算得到的冷压 P_c 与由零温 TFK 模型计算得到的压强对比如图 3-20 所示。从零温 TFK 物理数学模型出发,数值计算很宽温度、密度范围内的压强数据的计算量是非常庞大的,然而,由零温自由能项多项式能够快速地得到冷压结果。从图 3-20 可以看出采用拟合多项式的方法确定的冷压与零温 TFK 模型数值计算结果符合得是比较好的,而且这种拟合多项式的方法具有易于推广到其他物质物态方程计算、数学处理简单等优点。零温自由能多项式中部分系数是根据高压缩比区域零温 TFK 模型计算的结果确定的,因此,从图中可以看到,在高压缩比区域内由零温自由能多项式计算得到的结果与由零温 TFK 模型计算得到的结果基本是一致的,并且两种方法在低压缩比区域得到的结果符合得也是比较好的。

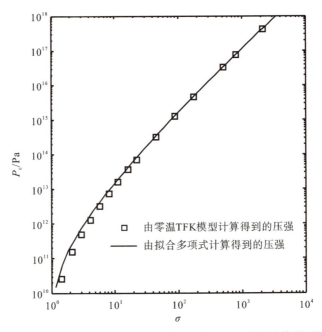

图 3‑20　由零温自由能项计算得到的冷压与由零温 TFK 模型计算得到的结果对比

研究者们采用高压加载技术拓宽了物态方程实验研究中测量数据的范围。然而,现代大量的科学问题研究中涉及物质的状态远超目前实验条件能够达到的温度、密度范围,特别是在超高压、高温情况下,建立物态方程的理论模型来得到物态方程的数据几乎是唯一的选择。实验测量的数据在理论模型中发挥着关键作用,实验数据可以用于确定半经验物态方程模型中的某些参数,检验物态方程模型的准确度。300 K 等温压缩实验数据是非常丰富的[42-43],并且实验测量数据的精度也比较高。因此,研究者们通常采用 300 K 等温压缩实验数据检验物态方程模型的准确性。本节建立的三项式全局物态方程模型计算的 300 K 等温压缩曲线与实验数据对比如图 3‑21 所示。三项式全局物态方程模型计算的等温压缩曲线与实验测量数据符合得比较好,这表明建立的物态方程模型准确度是比较高的。

在金属丝电爆炸的物理过程中,金属丝经历了从固态到等离子体态的相变。金属丝电爆炸"冷启动"数值模拟需要密度从凝聚态到理想气态,温度从室温到几百电子伏特内能对应的温度范围内的物态方程数据。利用三项式全局物态方程模型得到了不同温度、密度下的压强曲线,如图 3‑22 所示。

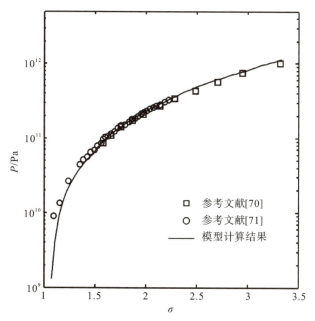

图 3-21　由三项式全局物态方程模型计算得到的 300 K 等温压缩曲线与实验数据对比

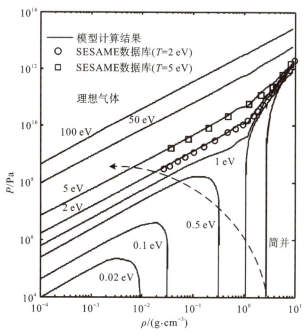

图 3-22　由三项式全局物态方程模型计算得到的压强在不同温度、密度下的变化规律

由三项式全局物态方程计算得到的结果可以看出,在密度范围 10^{-2} g/cm³＜ρ＜2.7 g/cm³ 内,较低温度的情况下(0.02 eV、0.1 eV、0.5 eV),通过计算铝物态方程得到负压强,这是电子表现出来的结合力以负压强的形式描述铝在高密度区域,尤其是凝聚态下的行为。计算得到的压强曲线与相关文献中 SESAME 数据库中铝的 3720 压强表格具有相似的变化规律[7]。然而,文献中的等温压强曲线中并没有标出具体温度值[7],所以计算结果只与相关文献中公布的两组 SESAME 数据库数据($T=2$ eV、5 eV)作了对比[44]。三项式全局物态方程计算的压强结果与 SESAME 数据库相关数据符合得比较好。在低温度、高密度区域,电子处于强简并状态,随着温度的升高和密度的降低逐渐接近理想等离子体区域。图 3-22 中虚线表示金属丝在金属丝电爆炸过程中消融形成冕层等离子体的轨迹示意图。

3.5.2 输运参数模型

等离子体输运参数包括电导率、热导率、温差电势率、霍尔系数和埃廷斯豪森系数等参数。在很多基础物理课题研究中,电导率和热导率是应用最广泛的等离子体输运参数[45]。金属丝在电爆炸过程中经历了凝聚态、稠密等离子体态和理想等离子体态等状态,其密度变化范围从真空密度到固态密度,温度变化范围从室温到几百电子伏特[46]。高能量密度物理实验的数值模拟研究一般要求电导率的误差在两倍以内,这就要求所建立的输运参数模型在如此宽温度、密度范围内具有比较高的精度。随着脉冲功率技术的进步,金属样品快速加热的实验方案得以实现[47]。研究者们开展了大量的实验测量金属在不同状态下的电导率,丰富的实验数据促进了电导率模型的发展,并为检验输运参数模型的准确度提供了基准[48-49]。

以电导率为主的输运参数模型研究一直是等离子体物理领域的研究热点,科研工作者致力于建立适用温度、密度范围宽,精确度高的输运参数模型[45,50-52]。Spitzer(斯皮策)首先基于平均电离度等参数建立了描述弱耦合等离子体电导率和热导率的模型。由于其数学形式简单,目前依然应用于等离子体物理领域[53]。然而,Spitzer 输运参数模型只适用于低密度、高温度的等离子体,当应用于高密度等离子体电导率计算时,其结果偏差可能达到两个数量级。因此,科研工作者非常重视建立能够准确计算强耦合等离子体电导率的模型[54]。第一性原理方法结合久保-格林伍德公式计算稠密等离子体电导率不需要依赖任何经验参数和实验数据[52],并且可以得到十分精确的结果。然而,这种方法需要辅助的计算工具来获得电子的配置,计算方法和物理概念都比较复杂。Lee(李)和 More(莫尔)建立了一种电子输运参数模型,可以计算很宽温度、密度范围内的等离子体电导率、热导率等参数[46]。Desjarlais(德斯贾莱斯)在 Lee-More(李-莫尔)模型的基础上作了进一步的修正，使得在金属-绝缘体过渡区域的精度有较大的提高[55]。在绝大部分输运参数模型中，电离平衡数据都是非常重要的参数[50,56-58]。因此，等离子体电离机制的研究格外重要。原子中的电离机制有热电离和压致电离两种。1921年，Saha(萨哈)首先推导出一组方程用于描述理想等离子体热电离机制[20]。由于 Saha 方程是基于理想等离子体自由能推导得出的，不能准确地反映稠密等离子体压致电离的贡献。虽然 TF 电离模型可以用于计算任何温度、密度范围内的等离子体平均电离度[59]，但是不能得到不同电离态离子的分布。自洽地计算等离子体中热电离和压致电离是等离子体电离平衡计算的核心问题。

化学势是贯穿于等离子体物理领域的热力学和统计力学研究的重要的物理量，不仅能反映简单体系中单粒子的热力学状态，而且能用于判断复杂系统中不同粒子之间的平衡问题。例如，用于研究物态方程相变区域相平衡问题[15]。在半导体物理、天体物理、输运参数和热力学状态研究等领域[46,60]，电子化学势是不可缺少的热力学量。在一般的物理问题研究中，多采用理想费米电子气体模型来计算电子化学势。虽然理想费米电子气体模型可应用于任意简并的电子气体，但是并没有考虑带电粒子之间的库仑相互作用等不可忽略的非理想特性。TF 模型考虑了带电粒子之间的库仑相互作用，但是模型本身依然存在一些近似和假设。因此，更为准确的方法是应用稠密等离子体物态方程来计算电子化学势。

由电子组成的理想费米电子气体体系中，假设电子没有内部结构，并且其运动只有平动和自旋两种方式。若不考虑相对论效应，从理想费米电子气体模型可以得到电子数密度 n_e 与理想电子化学势 μ_e^{id} 之间的关系[61]为

$$\frac{n_e \lambda_e^3}{2} = F_{1/2}\left(\frac{\mu_e^{id}}{k_b T}\right) \tag{3-94}$$

为了叙述简便，定义约化电子化学势 $\eta = \mu/k_b T$。

当体系内电子数密度为已知量时，式(3-94)就简化为费米积分式(3-61)与自变量电子化学势之间的函数关系[62]。为了简化数学表达式，令 $u = F_{1/2}(\eta)$。在考虑了计算误差 R_a 之后的约化电子化学势的表达式为

$$\eta = \eta_a (1 + R_a) \tag{3-95}$$

η_a 具有如下形式[62]：

$$\eta_a = \ln\left(\frac{u}{1+u}\right) + \Gamma(2.5)^{2/3} \frac{u}{(0.5901+u)^{1/3}} \tag{3-96}$$

式中：$\Gamma(x)$ 为伽玛函数。引入误差估计变量 $x = (u-u_0)/(u+u_0)$，其中 $u_0=$

$F_{1/2}(0)$。根据上述公式开展第二步计算：

$$\eta_b = \eta_a[1+W \cdot P(x)] \tag{3-97}$$

式中：W 为权重函数，其数值根据下式计算：

$$W = \frac{0.087847u}{\ln\left(\frac{1+u}{u}\right) + 0.44661u^2} \tag{3-98}$$

$P(x)$ 为切比雪夫多项式，表达式为

$$P(x) = 0.388U_0 - 0.124U_1 + 0.128U_2 + 0.00678U_3 - 0.00341U_4 - 0.00474U_5 \tag{3-99}$$

式中：$U_0 = 1$；$U_1 = 2x$；$U_2 = 4x^2 - 1$；$U_3 = 8x^3 - 4x$；$U_4 = 16x^4 - 12x^2 + 1$；$U_5 = 32x^5 - 32x^3 + 6x$。根据上述模型计算的约化电子化学势 $\eta = \eta_b(1+R_a)$。对于金属铝，当温度为 1 eV 时，约化电子化学势随着密度的变化规律如图 3-23 所示。

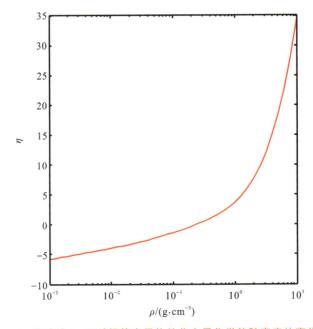

图 3-23 温度为 1 eV 时铝等离子体约化电子化学势随密度的变化规律

准确地计算强耦合等离子体中的电子化学势，需要在理想等离子体物态方程基础上加入带电粒子之间的库仑相互作用、由于高密度引起的排斥体积效应和中性原子与带电粒子之间的极化作用等不可忽略的非理想特性。在稠密等离子体物态方程模型中，采用雅可比-帕德近似公式描述带电粒子之间（电子-电子、电子-离子、离子-离子）的库仑相互作用；采用硬球模型计算由于等离子体密度比较高引起的排斥体积效应对物态方程的贡献；采用位力

(Virial)理论来估算中性原子与带电粒子之间(中性原子-电子、中性原子-离子)的极化作用。理想费米电子气体模型中并不包含上述非理想的特性,因此,在实际应用中不能准确地反映电子的实际状态。稠密等离子体物态方程模型不仅能够计算电子化学势,也能得到部分电离等离子体中不同电离态离子和中性原子等重粒子的化学势。

对于体积为 V、温度为 T 的稠密等离子体的总自由能为 F,电子的粒子数为 N_e。根据热力学关系,电子的化学势的计算公式为

$$\mu = \left(\frac{\partial F}{\partial N_e}\right)_{T,V} \tag{3-100}$$

由理想费米电子气体模型、TFK 模型以及稠密等离子体物态方程计算的铝等离子体的约化电子化学势在温度为 20000 K 时随密度的变化规律如图 3-24 所示。在等离子体物理领域中,一般采用耦合参数和简并参数来表征等离子体的非理想程度。离子-电子之间的耦合参数的定义为

$$\Gamma = \frac{\alpha_e e^2}{4\pi\varepsilon_0 k_b T r_0} \tag{3-101}$$

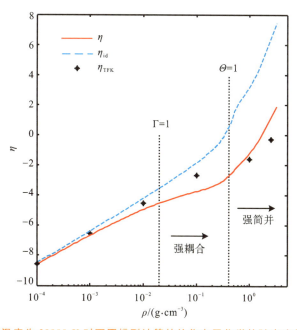

图 3-24　温度为 20000 K 时不同模型计算的约化电子化学势随密度的变化规律

简并参数为热动能与费米能之比,用于描述等离子体中自由态电子的非理想程度,其表达式为

$$\Theta = k_b T / E_F \tag{3-102}$$

式中：E_F 为费米能，其表达式为

$$E_F = \frac{h^2(3\pi^2 n_e)^{2/3}}{8\pi^2 m_e} \tag{3-103}$$

在图 3-24 中，温度在 20000 K 时对应的耦合参数 $\Gamma=1$ 和简并参数 $\Theta=1$ 的密度也标于图中。在弱耦合等离子体区域内（$\Gamma<1$），等离子体物态方程中非理想部分所占的比例较小，TFK 模型以及稠密等离子体模型计算的约化电子化学势与理想费米电子气体模型计算结果很接近。在强耦合区域（$\Gamma>1$），非理想特性开始显现出显著的作用，TFK 模型和稠密等离子体模型计算的约化电子化学势与理想费米电子气体模型的结果出现明显的差别。在强简并区域（$\Theta<1$），量子效应的贡献不可忽略，TFK 模型与稠密等离子体模型的结果比较接近，但是比理想费米电子气体模型结果要小很多。

等离子体在平衡态下的电离机制主要有热电离和压致电离[63-64]。热电离是由于电子温度引起的电离，而压致电离是由于电子密度梯度引起的电离。随着等离子体密度的增加，等离子体由理想等离子体区域进入强耦合等离子体区域，其电离机制也从热电离转变为压致电离，电离机制的转变被认为是稠密等离子体物理最基本的现象。电离平衡数据包括平均电离度和各电离态离子分布，这些数据是表征等离子体状态的基本参数。等离子体电离平衡数据也是等离子体输运参数模型中不可缺少的参数。磁流体力学计算中能量方程也需要等离子体电离平衡数据来计算电离能源项[6]。理想 Saha 方程广泛地用于弱耦合等离子体电离平衡计算。然而，当应用于强耦合等离子体时，理想 Saha 方程计算的误差过大，需要采用德拜理论修正或者压致电离修正。TF 电离模型虽然能够计算任意温度、密度下的平均电离度，但不能得到等离子体中各电离态离子分布。

计算等离子体电离平衡数据首先需要确定各电离态离子的电离能。在 TF 模型的理论框架内，原子序数为 Z 的原子球胞中电子分为自由态电子和束缚态电子。假设自由态电子数（平均电离度）为 α_e，束缚态的电子数为 $Z_b = Z - \alpha_e$。原子核外电子依次填充玻尔轨道，直到量子数为 n_p 的轨道。量子数为 n_p 的轨道之外的电子看作自由态电子。束缚态电子与量子数之间的关系[65]为

$$Z_b = Z - \alpha_e = \int_0^{n_p} 2n^2 \, dn = \frac{2n_p^3}{3} \tag{3-104}$$

电离能 E_k 是离子内处于最外层轨道电子进入量子连续态所需要的最小能量。根据玻尔理论近似，有

$$E_k = \left(\frac{\alpha_e}{n_p}\right)^2 E_H \tag{3-105}$$

式中：$E_H = 13.6 \text{ eV}$。将 n_p 的表达式代入式(3-105)，可以得到

$$E_k = \left(\frac{2}{3}\right)^{2/3} E_H \frac{\alpha_e^2}{Z_b^{2/3}} = E_H \left(\frac{2}{3}\right)^{2/3} Z^{4/3} \left(\frac{\alpha_e}{Z}\right)^2 / \left[1 - \left(\frac{\alpha_e}{Z}\right)\right]^{2/3} \quad (3-106)$$

以金属铝($Z=13$)为例，铝各电离态离子电离能如图3-25所示。

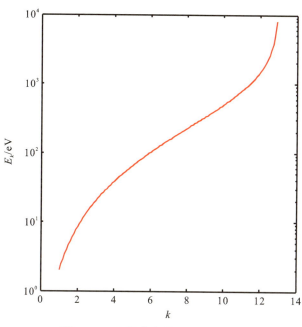

图3-25 不同电离态铝离子电离能

More 基于 TF 模型提出了一种能够计算任意温度、密度下任何物质的平均电离度的电离模型，称为 TF 电离模型[59]。TF 电离模型是一种半经验的方法，以其简单的数学形式、比较高的精度和适用温度、密度宽等优点，被广泛地用于计算等离子体的平均电离度。

对于原子序数为 Z、相对原子质量为 A 的物质，定义如下普适变量：$R_1 = \rho/(ZA)$，$T_c = T/Z^{4/3}$。在 TF 模型中自由态电子比例系数为

$$f(x) = \frac{x}{1 + x + \sqrt{1 + 2x}} \quad (3-107)$$

当 $T=0$ 时，上述函数自变量 $x = \alpha R_1^\beta$。当 $T>0$ 时，x 的表达式为 $x = \alpha Q^\beta$，其中 Q 的表达式为

$$Q = (R_1^C + A_0 R_1^{BC})^{1/C} \quad (3-108)$$

式中：$A_0 = 0.003323 T_c^{0.97} + 0.000092614 T_c^{3.1}$；$B = -\exp(-1.7630 + 1.43175 T_F + 0.315463 T_F^7)$；$C = -0.366667 T_F + 0.983333$；$T_F = T_c(1 + T_c)$。

根据上述模型，平均电离度的计算公式为

$$\alpha_{\text{etf}} = f(x) Z \tag{3-109}$$

在 TF 电离模型中忽略了细致的原子结构对电离过程的影响[55]。因此，TF 电离模型过高地估算了金属-绝缘体过渡区域内物质的平均电离度。Desjarlais 构造了一种权重函数将 TF 电离模型的结果与一阶压致电离修正的 Saha 方程的结果连接起来，极大地提高了计算平均电离度的精度。权重函数的公式为

$$f_e = \frac{1}{2}\left(\sqrt{K^2 + 4K} - K\right) \tag{3-110}$$

其中：K 的表达式为

$$K = \frac{2g_1}{g_0 n_0}\left(\frac{2\pi m_e k_b T}{h^2}\right)^{3/2} \exp\left[-\frac{E_1}{k_b T}\left(1 - \left(\frac{1.5 e^2}{E_1 r_0}\right)^{3/2}\right)\right] \tag{3-111}$$

修正之后的平均电离度是根据连接公式求解的，其结果为

$$\alpha_e = f_e^{2/\alpha_{\text{etf}}^2} \alpha_{\text{etf}} + (1 - f_e^{2/\alpha_{\text{etf}}^2}) f_e \tag{3-112}$$

1921 年 Saha 在天体物理光谱的研究中从理想等离子体自由能推导出了计算理想等离子体热电离的一组方程，后来被称为理想 Saha 方程[20]。由前文的论述知道，理想 Saha 方程只适用于理想等离子体电离平衡计算。为了提高计算的精度和拓宽 Saha 方程的应用范围，研究者们提出了多种针对理想 Saha 方程的修正方法。Griem 首先采用德拜理论对 Saha 方程进行了修正[66]。由于德拜理论只适用于 Γ<1 的温度、密度区域，因此，采用德拜理论修正的 Saha 方程也只能用于计算弱耦合等离子体的电离平衡。在 TF 电离模型修正的工作中，Desjarlais 对一阶 Saha 方程进行了压致电离修正，然而并没有给出其他阶 Saha 方程压致电离修正的公式。针对弱耦合和强耦合等离子体分别采用不同的修正理论，得到了德拜理论修正和压致电离修正相结合的 Saha 方程，其表达式为

$$\frac{n_e n_{k+1}}{n_k} = \frac{2 g_{k+1}}{g_k}\left(\frac{2\pi m_e k_b T}{h^2}\right)^{3/2} \exp\left(-\frac{E_{k+1} - \Delta E_{k+1}}{k_b T}\right) \tag{3-113}$$

式中：ΔE_k 为电离能下降。当 $\Delta E_k = 0$ 时，方程(3-113)即为理想 Saha 方程。采用德拜理论和压致电离修正相结合的方式，近似描述由于等离子体非理想特性造成的电离能下降。在耦合参数 Γ<1 的区域内，采用德拜理论计算电离能下降，而在耦合参数 Γ>1 的区域内，采用压致电离理论计算电离能下降[35]。因此，可以构造一种能够近似描述压致电离效果的半经验修正公式。此时，电离能下降的表达为

$$\Delta E_k = \begin{cases} \dfrac{(k+1)e^2}{4\pi\varepsilon_0 \lambda_D} & \Gamma < 1 \\ kE_k \left(\dfrac{3e^2}{8\pi\varepsilon_0 r_0 E_k}\right)^{3/2} & \Gamma \geqslant 1 \end{cases} \quad (3-114)$$

在部分电离等离子体模型中，等离子体由电子、中性原子和不同电离态离子组成。以金属铝为例，当铝等离子体处于电离平衡状态时，可用如下公式表示铝等离子体内的电离过程：

$$Al^{k+} \leftrightarrow Al^{(k+1)+} + e, \quad k = 0, 1, 2, \cdots \quad (3-115)$$

式中：$k=0$ 表示中性原子。若等离子体处于电离平衡状态，不同电离态离子、中性原子和电子也处于相平衡状态，由化学势表示的多粒子体系电离平衡状态对应的相平衡表达式[67]为

$$\mu_k = \mu_{k+1} + \mu_e + E_{k+1} \quad (3-116)$$

式中：μ_k 为电离度为 k 的离子的化学势。

自由能密度分为理想部分和相互作用部分。与之相对应，等离子体中粒子的化学势也可以分为理想部分和相互作用部分，即

$$\mu = \mu^{id} + \mu^{int} \quad (3-117)$$

等离子体中各粒子化学势的理想部分和相互作用部分可以通过自由能密度求解：

$$\mu_k^{id} = \frac{\partial f_{id}^k}{\partial n_k} \quad (3-118)$$

$$\mu_k^{int} = \frac{\partial f_{int}^k}{\partial n_k} \quad (3-119)$$

式中：f_{id}^k 为粒子自由能密度的理想部分；f_{int}^k 为粒子自由能密度的相互作用部分。将式(3-117)代入式(3-116)可以得到

$$\mu_k^{int} - \mu_{k+1}^{int} - \mu_e^{int} = \mu_{k+1}^{id} - \mu_k^{id} + \mu_e^{id} + E_{k+1} \quad (3-120)$$

将式(3-118)、式(3-119)代入式(3-120)，经过化简可以推导出非理想 Saha 方程为

$$\frac{n_k}{n_{k+1}} = \frac{g_k}{g_{k+1}} \exp\left(\frac{\mu_e^{id} + E_{k+1} - \Delta E}{k_b T}\right) \quad (3-121)$$

式中：ΔE 为电离能下降，此处的电离能下降是根据不同电离态离子和电子的化学势的相互作用部分计算的，其表达式为

$$\Delta E = \mu_k^{int} - \mu_{k+1}^{int} - \mu_e^{int} \quad (3-122)$$

在等离子体中，不同电离态离子和电子满足电中性，并且不同电离态离子数总和与原子核数相等。因此，非理想 Saha 方程迭代求解的过程中需要附加电荷守恒和质量守恒关系式为

$$n_e = \sum_k k n_k, \quad k = 1, 2, 3 \cdots \tag{3-123}$$

$$n_i = \sum_k n_k \tag{3-124}$$

式中：n_e 为电子密度；n_k 为发生 k 级电离的离子数密度；n_i 为总离子数密度。

根据上述非理想 Saha 方程计算了铝等离子体在 10000 K 时平均电离度随密度的变化规律，如图 3-26 所示。由 COMPTRA04 程序、修正的 TF 电离模型和理想 Saha 方程等电离模型计算的结果也列于图中作了对比。从图中可以看出，由非理想 Saha 方程、修正的 TF 电离模型和 COMPTRA04 程序计算的平均电离度在低密度区域（$<10^{-2}$ g/cm³）随着密度的增加逐渐降低，而在高密度区域平均电离度随着密度的增加逐渐增大。当密度达到亚固态密度区域（0.7～1 g/cm³）时，非理想 Saha 方程和 COMPTRA04 程序计算的平均电离度会出现突然增大的现象，这是由于随着密度的增加，电离机制由热电离转变为压致电离。非理想 Saha 方程计算的平均电离度随着密度增加到+3，而 COMPTRA04 程序计算的平均电离度最高为+2。修正的 TF 电离模型在亚固态密度区域，虽然随着密度的增加也逐渐增大，但是并没有体现出平均电离度突然增大的现象。理想 Saha 方程计算的平均电离度随着密度的增加逐渐降低，并不能反映出压致电离的现象。

非理想 Saha 方程、稠密等离子体物态方程、质量守恒方程和电荷守恒方程迭代求解的过程中，不仅可以得到平均电离度，还可以得到等离子体中电子、中性原子和各电离态离子的分布。由非理想 Saha 方程计算得到的 20000 K 时等离子体内电子、中性原子和各电离态离子分布如图 3-27 所示。图中 α_e 为平均电离度，即为自由电子所占比例，$\alpha_1 \sim \alpha_3$ 分别表示+1 价～+3 价铝离子所占比例，α_0 表示中性原子所占比例。20000 K 时的平均电离度也显示出与 10000 K 时的结果相似的规律。由于压致电离的影响，平均电离度在亚固态密度区域突然增加至+3。在热电离起主要作用的低密度区域，Al^{1+} 所占比例最大。在压致电离起主要作用的高密度区域，Al^{3+} 成为主导等离子体性质的离子种类。而在过渡区域内，Al^{2+} 所占比例最大。在此温度下，很宽密度范围内都存在比较高比例的中性原子，最高可到达约 15%。因此，正如前文所述，在研究稠密等离子体性质时，尤其是在温度比较低的情况下，需要考虑中性原子与带电粒子之间的极化作用。

金属丝电爆炸等高能量密度物理实验的数值模拟和实验数据分析都需要很宽温度、密度范围内的输运参数。Spitzer 公式广泛地应用于非简并、弱耦合（低密度、高温度）等离子体输运参数计算[53]。但是，应用于高密度等离子体时，Spitzer 公式的计算结果偏差比较大。Lee 和 More 提出了一种输运参数模

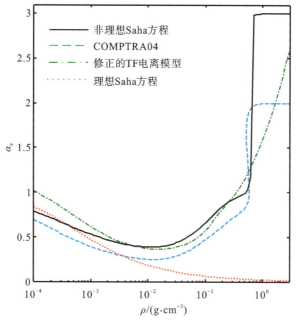

图 3-26 不同电离模型计算的 10000 K 时铝等离子体平均电离度随密度的变化规律

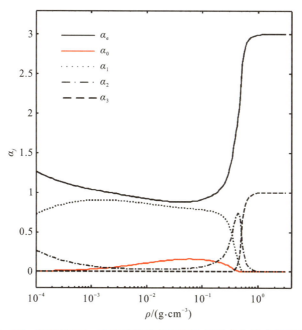

图 3-27 非理想 Saha 方程计算的在 20000 K 时各电离态离子分布

型，在高密度等离子体区域和理想等离子体区域的计算结果都比较精确[46]，然而过高地估算了金属-绝缘体区域内等离子体电导率。Lee-More 模型中采用 TF 电离模型计算平均电离度，而 TF 电离模型没有考虑原子结构对电离过程的影响。Desjarlais 采用一种半经验公式的方式修正了 TF 电离模型，并且改进了中性原子的碰撞截面，提高了 Lee-More 输运参数模型的精度。

等离子体按照温度、密度区域划分可以分为理想等离子体区域、较高密度等离子体区域、高密度等离子体区域、异常区域和凝聚态区域[46]。为了简化计算，将理想等离子体区域、较高密度等离子体区域和高密度等离子体区域归为等离子体区域。等离子体区域内的电子弛豫时间[46,68]：

$$\tau_p = \frac{3\sqrt{m_e}(k_b T)^{3/2}}{2\sqrt{2}\alpha_e^2 n_i e^4 \ln\Lambda}[1+\exp(-\eta)]F_{1/2}(\eta) \quad (3-125)$$

式中：$\ln\Lambda$ 为库仑对数。

金属凝聚态区域的电子弛豫时间由电子的平均自由程和热速度决定：

$$\tau_m = \frac{l}{v} \quad (3-126)$$

式中：l 为电子平均自由程；v 为电子热速度。电子平均自由程由式(3-127)确定：

$$l = \begin{cases} \dfrac{50 r_0 T_m}{T} & T < T_m \\ \dfrac{50 r_0 T_m}{\gamma T} & T \geqslant T_m \end{cases} \quad (3-127)$$

式中：T_m 为熔点；γ 为金属在固态和液态相变时电导率的跳变倍数。

在凝聚态和等离子体态之间存在过渡区域。在过渡区域的温度、密度范围内，电子平均自由程可能出现小于平均原子间距的情况，因此，过渡区域也被称为异常区域。在异常区域内电子弛豫时间一般设置最小值，当电子平均自由程小于平均原子半径时，电子弛豫时间根据平均原子半径 r_0 计算：

$$\tau_{\min} = \frac{r_0}{v} \quad (3-128)$$

在等离子体区域、异常区域和凝聚态区域计算的电子弛豫时间是不连续的，需要处理不同区域边界处的跳跃间断点。可以应用以下连接公式来获得任意温度、密度范围内连续的电子弛豫时间：

$$\tau^{-2} = \tau_p^{-2} + \tau_m^{-2} + \tau_{\min}^{-2} \quad (3-129)$$

在等离子体电子弛豫时间公式中库仑对数 $\ln\Lambda$ 是非常重要的参量，根据库仑散射截止上限 $b_{\max}$ 和下限 $b_{\min}$ 求得其表达式为

$$\ln\Lambda = \frac{1}{2}\ln\left(1+\frac{b_{\max}^2}{b_{\min}^2}\right) \qquad (3-130)$$

库仑散射截止上限一般选取德拜屏蔽长度 λ_{DH}。当考虑简并效应的影响时，德拜屏蔽长度计算公式[46]为

$$\frac{1}{\lambda_{DH}^2} = \frac{4\pi n_e e^2}{k_b (T^2+T_f^2)^{1/2}} + \frac{4\pi n_i (e\alpha_e)^2}{k_b T} \qquad (3-131)$$

式中：T_f 为费米温度。在耦合参数大于 1 的稠密等离子体区域内德拜理论是不适用的，德拜屏蔽长度 λ_{DH} 可能小于平均原子半径 r_0。因此，综上所述，库仑散射截止上限可选为

$$b_{\max} = \max(\lambda_{DH}, r_0) \qquad (3-132)$$

库仑散射截止下限一般选取电子之间的最小距离，经典理论中电子的最小距离为

$$b_{\min} = \frac{\alpha_e e^2}{m_e v^2} \qquad (3-133)$$

当电子处于高能状态下，电子之间的最小距离也受泡利不相容原理限制：

$$b_{\min} = \frac{h}{2m_e v} \qquad (3-134)$$

因此，库仑散射截止下限为

$$b_{\min} = \min\left(\frac{\alpha_e e^2}{m_e v^2}, \frac{h}{2m_e v}\right) \qquad (3-135)$$

在 Lee-More 电子输运参数模型中，电子与中性原子的碰撞截面选取了 $2e^{-15} \text{cm}^2$ 的固定值。由非理想 Saha 方程计算的等离子体各电离态离子分布可知，中性原子在稠密等离子体中占有比较大的比例。Desjarlais 等对中性原子碰撞截面提出了修正公式[55]，描述电子与中性原子碰撞截面的半经验公式为

$$S_{e0} = \frac{\pi^3 (\alpha_D/2r_c a_B)^2}{A_k^2 + 3B_k k_b r_c + 7.5C_k (k_b r_c)^2 - 3.4D_k (k_b r_c)^3 + 10.6668E_k (k_b r_c)^4} \qquad (3-136)$$

式中：A_k、B_k、C_k、D_k 的表达式如下所示。

$$\begin{Bmatrix} A_k \\ B_k \\ C_k \\ D_k \\ E_k \end{Bmatrix} = \begin{Bmatrix} 1+2\kappa r_c + 0.709(\kappa r_c)^2 + 0.4488(\kappa r_c)^3 \\ \exp(-18\kappa r_c) \\ \dfrac{1+22\kappa r_c - 11.3(\kappa r_c)^2 + 33(\kappa r_c)^4}{1+6\kappa r_c + 4.7(\kappa r_c)^2 + 2(\kappa r_c)^4} \\ \dfrac{1+28\kappa r_c + 13.8(\kappa r_c)^2 + 3.2(\kappa r_c)^3}{1+8\kappa r_c + 10(\kappa r_c)^2 + (\kappa r_c)^3} \\ 1+0.1\kappa r_c + 0.3665(\kappa r_c)^2 \end{Bmatrix} \qquad (3-137)$$

式中：$α_D$ 为极化率；$κ$ 为屏蔽长度；r_c 为截止半径；a_B 为玻尔半径。

在 LMD 电子输运参数模型的理论框架下，结合非理想 Saha 方程和稠密等离子体物态方程计算了铝等离子体的电导率和热导率等参数。金属丝电爆炸会产生非常强的磁场，金属等离子体处于非常强的磁场中形成磁化等离子体。等离子体输运参数模型必须考虑磁场对输运参数的影响[46]。磁化等离子体电导率 $σ$、热导率 $κ_t$ 的计算公式为

$$σ = \frac{n_e e^2 τ}{m_e} A^α(η, ω_e τ) \quad (3-138)$$

$$κ_t = \frac{n_e k_b^2 T τ}{m_e} A^β(η, ω_e τ) \quad (3-139)$$

式中：$ω_e$ 为电子回旋频率；$A^α$、$A^β$ 为约化电子化学势和磁场的函数。

根据上述模型计算了铝等离子体在 0.1 g/cm³、0.3 g/cm³ 的密度下电导率随温度变化的等密度曲线，如图 3-28 所示。金属丝电爆炸技术已经作为一种快速加热金属样品的实验方法用于测量不同状态下金属的电导率[56,69]，实验测量的电导率数据为检验输运参数模型的准确度提供了基准[57]。

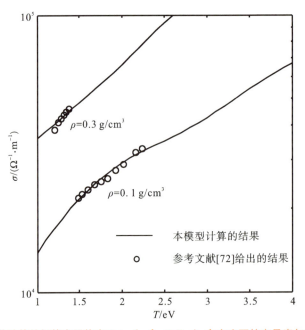

图 3-28　本节计算的铝等离子体在 0.1 g/cm³、0.3 g/cm³ 密度下的电导率与实验数据对比

非理想 Saha 方程与 Desjarlais 修正的 TF 电离模型相比，在金属-绝缘体过渡区域更为准确地描述了压致电离导致的等离子体平均电离度突然增大的现象。稠密等离子体计算的电子化学势也比理想费米电子气体模型的结果更

为准确，因此，采用非理想 Saha 方程替代原 LMD 模型中修正的 TF 电离模型，采用稠密等离子体物态方程得到的电子化学势替代由理想费米电子气体模型得到的结果，可以对 LMD 模型作进一步的改进。改进后的 LMD 模型在 0.1 g/cm³、0.7 g/cm³ 和 2 g/cm³ 密度下的电导率数据与原 LMD 模型计算的数据对比如图 3-29 所示，相应的实验数据也标于图中。0.1 g/cm³、0.7 g/cm³ 和 2 g/cm³ 分别对应热电离占主导的区域、热电离-压致电离过渡区域、压致电离占主导的区域的密度。在温度比较高的区域，两种模型计算结果基本是吻合的，在低温区域，本节计算的结果与实验数据符合得更好一些。

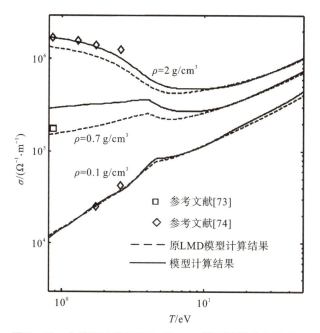

图 3-29　本模型计算结果与原 LMD 模型计算结果的对比

在输运参数模型中，不仅可以计算电导率，也可以得到等离子体的热导率数据。图 3-30 所示为铝等离子体在 0.1 g/cm³、2.5 g/cm³ 密度下的热导率随温度变化的等密度曲线。

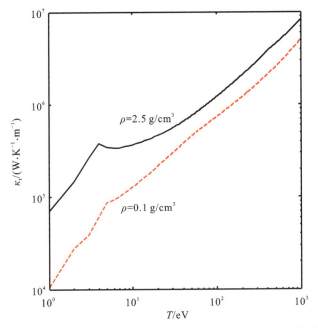

图3-30　铝等离子体热导率在0.1 g/cm³、2.5 g/cm³下随温度变化的等密度曲线

参考文献

[1] 袁峰,陈鹏飞,李波. 天体物理和空间物理中辐射磁流体动力学数值模拟研究现状与展望[J]. 科学通报,2018,63(4):371-384.

[2] 胡希伟. 等离子体理论基础[M]. 北京:北京大学出版社,2006.

[3] WU J, LI X, WANG K, et al. Transforming dielectric coated tungsten and platinum wires to gaseous state using negative nanosecond-pulsed-current in vacuum[J]. Physics of Plasmas,2014,21(11):112708.

[4] ROSENTHAL S E, DESJARLAIS M P, COCHRANE K R. Pulsed Power Plasma Science 2001(PPPS-2001)[C]. Las Vegas:IEEE,2001.

[5] TKACHENKO S I, GASILOV V A, OL'KHOVSKAYA O G. Numerical simulation of an electrical explosion of thin aluminum wires[J]. Mathematical Models and Computer Simulations,2011,23(3):575-586.

[6] CHITTENDEN J P, ALIAGA R R, LEBEDEV S V, et al. Two-dimensional magneto-hydrodynamic modeling of carbon fiber Z-pinch experiments[J]. Physics of Plasmas,1997,4(12):4309-4317.

[7] COCHRANE K R, KNUDSON M D, HAILL T A, et al. Aluminum equation of state validation and verification for the ALEGRA HEDP simulation code[R]. California: Sandia National Laboratories (SNL), Albuquerque, NM, and Livermore, 2006.

[8] 王坤, 史宗谦, 石元杰, 等. 基于 Thomas-Fermi-Kirzhnits 模型的物态方程研究[J]. 物理学报, 2015, 64(15): 422-427.

[9] PETERSON J H, HONNELL K G, GREEFF C, et al. AIP Conference Proceedings[C]. Delaware: AIP Publishing, 2012.

[10] BEILIS I I, BAKSHT R B, ORESHKIN V I, et al. Discharge phenomena associated with a preheated wire explosion in vacuum: Theory and comparison with experiment[J]. Physics of Plasmas, 2008, 15(1): 046403.

[11] SARKISOV G S, ROSENTHAL S E, COCHRANE K R, et al. Nanosecond electrical explosion of thin aluminum wires in a vacuum: Experimental and computational investigations[J]. Physical Review E, 2005, 71(4): 046404.

[12] SARKISOV G S, ROSENTHAL S E, STRUVE K W. Thermodynamical calculation of metal heating in nanosecond exploding wire and foil experiments[J]. Review of Scientific Instruments, 2007, 78(4): 043505.

[13] SCHNACK D D. Lectures in magnetohydrodynamics: with an appendix on extended MHD[M]. Berlin: Springer, 2009.

[14] 水鸿寿. 一维流体力学差分方法[M]. 北京: 国防工业出版社, 1998.

[15] TKACHENKO S I, KHISHCHENKO K V, VOROB'EV V S, et al. Metastable states of liquid metal under conditions of electric explosion[J]. High Temperature, 2001, 39(5): 674-687.

[16] TORO E F, VÁZQUEZ-CENDÓN M E. Flux splitting schemes for the Euler equations[J]. Computers & Fluids, 2012, 70: 1-12.

[17] 张涵信. 无波动, 无自由参数的耗散差分格式[J]. 空气动力学学报, 1988, 6(2): 143-165.

[18] 张涵信, 沈孟育. 计算流体力学: 差分方法的原理和应用[M]. 北京: 国防工业出版社, 2003.

[19] 汤文辉, 张若棋. 物态方程理论及计算概论[M]. 北京: 高等教育出版社, 2008.

[20] SAHA M N. On a physical theory of stellar spectra[J]. Proceedings of the Royal Society of London (Series A), 1921, 99(697): 135-153.

[21] 王彩霞, 田杨萌, 姜明, 等. 一种计算氩等离子物态方程的简单模型[J]. 物理学报, 2006, 55(11): 5784-5789.

[22] 于继东, 李平, 王文强, 等. 金属铝固液气完全物态方程研究[J]. 物理学报, 2014, 63(11): 116401.

[23] THOMAS L H. Mathematical proceedings of the cambridge philosophical society[C]. Cambridge: Cambridge University Press, 2008.

[24] FERMI E. Eine statistische methode zur bestimmung einiger eigenschaften des atoms und ihre anwendung auf die theorie des periodischen systems der elemente[J]. Zeitschrift für Physik, 1928, 48(1-2): 73-79.

[25] 姬广富, 张艳丽, 崔红玲, 等. 从头算方法研究面心立方铝在高温高压下的热力学物态方程[J]. 物理学报, 2009, 58(6): 4103-4108.

[26] 孟川民, 姬广富, 黄海军. 固氩高压物态方程和弹性性质的密度泛函理论计算[J]. 高压物理学报, 2005, 19(4): 353-356.

[27] APFELBAUM E M. Calculation of electronic transport coefficients of Ag and Au plasma[J]. Physical Review E, 2011, 84(6): 066403.

[28] KUPERSHTOKH A L, MEDVEDEV D A, KARPOV D I. On equations of state in a lattice Boltzmann method[J]. Computers & Mathematics with Applications, 2009, 58(5): 965-974.

[29] DIRAC P A M. Mathematical proceedings of the Cambridge philosophical society[C]. Cambridge: Cambridge University Press, 2008.

[30] KIRZNITS D A. Quantum corrections to the Thomas-Fermi equation[J]. Soviet Phys Jetp, 1957, 5(1): 64-71.

[31] CHITTENDEN J P, LEBEDEV S V, RUIZ-CAMACHO J, et al. Plasma formation in metallic wire Z pinches[J]. Physical Review E, 2000, 61(4): 4370-4380.

[32] WEI W, WU J, LI X, et al. Study of nanosecond laser-produced plasmas in atmosphere by spatially resolved optical emission spectroscopy[J]. Journal of Applied Physics, 2013, 114(11): 113304.

[33] SPRUCH L. Pedagogic notes on Thomas-Fermi theory (and on some improvements): atoms, stars, and the stability of bulk matter[J]. Reviews of Modern Physics, 1991, 63(1): 151-209.

[34] LATTER R. Temperature behavior of the Thomas-Fermi statistical model for atoms[J]. Physical Review, 1955, 99(6): 1854-1870.

[35] SHI Z, WANG K, LI Y, et al. The calculation of electron chemical po-

tential and ion charge state and their influence on plasma conductivity in electrical explosion of metal wire[J]. Physics of Plasmas, 2014, 21(3): 032702.

[36] THOROLFSSON A, RÖGNVALDSSON Ö E, YNGVASON J, et al. Thomas-Fermi calculations of atoms and matter in magnetic neutron stars. II. Finite temperature effects[J]. The Astrophysical Journal, 1998, 502(2): 847-857.

[37] KIRZHNITS D A, LOZOVIK Y E, SHPATAKOVSKAYA G V. Statistical model of matter[J]. Soviet Physics Uspekhi, 1975, 18(9): 649-672.

[38] MCCARTHY S L. The Kirzhnits corrections to the Thomas-Fermi equation of state[R]. Livermore: Lawrence Radiation Lab., 1965.

[39] SHENG L, WANG L P, WU J, et al. Two dynamics modes in planar wire array Z pinch implosion[J]. Chinese Physics B, 2011, 20(5): 055202.

[40] KHISHCHENKO K V. The equation of state for magnesium at high pressures[J]. Technical Physics Letters, 2004, 30(10): 829-831.

[41] SHEMYAKIN O P, LEVASHOV P R, KHISHCHENKO K V. Equation of state of Al based on the Thomas-Fermi model[J]. Contributions to Plasma Physics, 2012, 52(1): 37-40.

[42] NELLIS W J, MORIARTY J A, MITCHELL A C, et al. Metals physics at ultrahigh pressure: aluminum, copper, and lead as prototypes[J]. Physical Review Letters, 1988, 60(14): 1414-1417.

[43] AKAHAMA Y, NISHIMURA M, KINOSHITA K, et al. Evidence of a fcc-hcp transition in aluminum at multimegabar pressure[J]. Physical Review Letters, 2006, 96(4): 045505.

[44] ELIEZER S, GHATAK A, HORA H. Fundamentals of equations of state[M]. Singapore: World Scientific, 2002.

[45] APFELBAUM E M. The calculation of thermophysical properties of nickel plasma[J]. Physics of Plasmas, 2015, 22(9): 092703.

[46] LEE Y T, MORE R M. An electron conductivity model for dense plasmas[J]. Physics of Fluids, 1984, 27(5): 1273-1286.

[47] GATHERS G R. Dynamic methods for investigating thermophysical properties of matter at very high temperatures and pressures[J]. Reports on Progress in Physics, 1986, 49(4): 341-396.

[48] CLÉROUIN J, NOIRET P, BLOTTIAU P, et al. A database for equa-

tions of state and resistivities measurements in the warm dense matter regime[J]. Physics of Plasmas, 2012, 19(8): 082702.

[49] DESILVA A W, KATSOUROS J D. Electrical conductivity of dense copper and aluminum plasmas[J]. Physical Review E, 1998, 57(5): 5945-5951.

[50] KUHLBRODT S, HOLST B, REDMER R. Comptra04-a program package to calculate composition and transport coefficients in dense plasmas[J]. Contributions to Plasma Physics, 2005, 45(2): 73-88.

[51] ESSER A, REDMER R, RÖPKE G. Interpolation formula for the electrical conductivity of nonideal plasmas[J]. Contributions to Plasma Physics, 2003, 43(1): 33-38.

[52] DESJARLAIS M P, KRESS J D, COLLINS L A. Electrical conductivity for warm, dense aluminum plasmas and liquids[J]. Physical Review E, 2002, 66(2): 025401.

[53] SPITZER L, HÄRM R. Transport phenomena in a completely lonized gas[J]. Physical Review, 1953, 89(5): 977-981.

[54] RINKER G A. Electrical conductivity of a strongly coupled plasma[J]. Physical Review B, 1985, 31(7): 4207-4219.

[55] DESJARLAIS M P. Practical improvements to the Lee-More conductivity near the metal-insulator transition[J]. Contributions to Plasma Physics, 2001, 41(2-3): 267-270.

[56] REDMER R. Electrical conductivity of dense metal plasmas[J]. Physical Review E, 1999, 59(1): 1073-1081.

[57] STEPHENS J, DICKENS J, NEUBER A. Semiempirical wide-range conductivity model with exploding wire verification[J]. Physical Review E, 2014, 89(5): 053102.

[58] 付志坚, 陈其峰, 陈向荣. 部分电离金属钛和银等离子体输运性质的计算[J]. 物理学报, 2011, 6(5): 055202.

[59] SALZMANN D. Atomic physics in hot plasmas[M]. New York: Oxford University Press, 1998.

[60] 李盈霖, 王坤, 胡桂清, 等. 超强磁场下的电子气体的化学势[J]. 西华师范大学学报(自然科学版), 2011, 32(3): 208-211.

[61] 徐锡申, 张万箱. 实用物态方程理论导引[M]. 北京: 科学出版社, 1986.

[62] CHANG T Y, IZABELLE A. Full range analytic approximations for Fermi energy and Fermi-Dirac integral $F_{-1/2}$ in terms of $F_{1/2}$[J]. Journal of Applied Physics, 1989, 65(5): 2162-2164.

[63] CHIU G, NG A. Pressure ionization in dense plasmas[J]. Physical Review E, 1999, 59(1): 1024-1032.

[64] EBELING W, RICHERT W. Pressure ionization of atoms in plasmas[J]. Beiträge aus der Plasmaphysik, 1985, 25(5): 431-436.

[65] MORE R M. Electronic energy-levels in dense plasmas[J]. Journal of Quantitative Spectroscopy and Radiative Transfer, 1982, 27(3): 345-357.

[66] GRIEM H R. High-density corrections in plasma spectroscopy[J]. Physical Review, 1962, 128(3): 997-1003.

[67] KUHLBRODT S, REDMER R. Transport coefficients for dense metal plasmas[J]. Physical Review E, 2000, 62(5): 7191-7200.

[68] 郭永辉, 段耀勇, 邱爱慈. 磁化等离子体输运参数的数值解[J]. 核聚变与等离子体物理, 2006, 26(2): 128-134.

[69] CLÉROUIN J, STARRETT C, FAUSSURIER G, et al. Pressure and electrical resistivity measurements on hot expanded nickel: comparisons with quantum molecular dynamics simulations and average atom approaches[J]. Physical Review E, 2010, 82(4): 046402.

[70] NELLIS W, MORIARTY J, MITCHELL A, et al. Metals physics at ultrahigh pressure: Aluminum, copper, and lead as prototypes[J]. Physical Review Letters, 1988, 60(14): 1414-1417.

[71] AKAHAMA Y, NISHIMURA M, KINOSHITA K, et al. Evidence of a fcc-hcp transition in aluminum at multimegabar pressure[J]. Physical Review Letters, 2006, 96(4): 045505.

[72] CLÉROUIN J, NOIRET P, BLOTTIAU P, et al. A database for equations of state and resistivities measurements in the warm dense matter regime[J]. Physics of Plasmas, 2012, 19(8): 082702.

[73] DESILVA A W, KATSOUROS J D. Electrical conductivity of dense copper and aluminum plasmas[J]. Physical Review E, 1998, 57(5): 5945-5951.

[74] DESJARLAIS M P, KRESS J D, COLLINS L A. Electrical conductivity for warm, dense aluminum plasmas and liquids.[J]. Physical Review E, 2002, 66(2): 025401.

第 4 章

真空中的丝爆及其应用

4.1 真空中丝爆特点及应用概述

真空中的丝爆研究多以 Z 箍缩为背景，其中电爆炸为后续箍缩过程提供初始等离子体。第 1 章中已经介绍，人们最初采用的 Z 箍缩负载是氘氚气体，希望通过 Z 箍缩实现其热核反应，但由于磁流体不稳定性的存在，箍缩等离子体远远达不到热核反应所需的温度、密度和约束时间条件。金属丝阵负载的出现是 Z 箍缩研究中具有里程碑意义的重要突破，X 射线辐射功率和能量的大幅度提高使人们重新看到了 Z 箍缩实现惯性约束聚变的希望，由此带动了大型 Z 箍缩驱动源建设以及世界范围内对脉冲功率源技术和负载技术的研究。因此可以说，丝阵负载对于整个脉冲功率技术的发展具有深远影响。

真空环境下金属丝表层极易形成低密度蒸气层，这为发展放电通道提供了很好的条件，因此如第 2 章中所介绍的，真空中各种材料的金属丝都会发生沿面击穿，形成的晕层等离子体迅速升温、膨胀并分走丝芯中的电流，最终爆炸产物呈现外层高温、低密度晕层包裹内层低温、高密度丝芯的二元结构，即所谓芯-晕结构。低密度气体层的形成是真空中丝爆能量沉积的"自然屏障"，人们围绕如何突破这一自然屏障以增加注入金属丝中的能量开展了大量工作。

由于芯-晕结构的存在，丝阵 Z 箍缩内爆早期会出现质量消融现象，即载流的晕层等离子体在全局磁场的磁压作用下向轴心运动，形成分立的等离子体流，而不载流的丝芯只是以缓慢的速度膨胀；当丝芯周围的等离子体密度降低时，晕层电阻升高，部分电流又转移到丝芯中，汽化、电离产生新的晕层，从而维持这一消融过程；消融等离子体流在丝阵轴线处聚集形成先驱等离子体柱，部分电流通过此等离子体柱并使其发展出显著的扭曲不稳定性；尚在丝阵内部空间中的消融流则成为后续内爆过程不稳定性发展的种子。当消融的质量达到丝阵初始质量的一半左右时，丝阵才开始整体内爆过程，由于消融阶段使丝阵整体质量分布不均，内爆阶段磁瑞利-泰勒不稳定性显著发展；内爆滞止后部分丝阵质量无法到达轴心附近，成为拖尾质量，部分电流流过拖尾质量，成为拖尾电流。不稳定性的发展降低了内爆的总动能，缩短了滞止后箍缩等离子体的约束时间，而其根源则是初始电爆炸阶段形成的芯-晕结构。为此人们尝试了各种方法，希望实现对芯-晕结构的抑制，从而调控内爆动力学行为，以期提升最终的 X 射线辐射功率和能量。近二十年来沿着这一思路国内外开展了大量的工作。

除了实现 Z 箍缩辐射转换之外，丝爆等离子体也是实验室天体物理中重要的等离子体源。实验室天体物理即在实验室模拟空间等离子体参数，并借助精密等离子体诊断技术研究其演化特性的研究方向。实验室天体物理是近年来兴起的新的基础研究前沿领域，以伦敦帝国理工学院为代表，在其运行的 MAGPIE 装置上进行了大量极具特色的物理实验和诊断，包括利用外爆丝阵研究磁重联现象，利用锥形丝阵制造等离子体射流，利用丝阵 X 射线辐照金属丝爆炸产物研究辐射电离等。

此外，由于没有介质的阻挡，真空中丝爆的光学诊断更加灵活，因此可以利用丝爆形成需要的高温金属蒸气或等离子体，并配合适当的等离子体诊断手段以开展基础研究。这方面比较有特色的应用是 Sarkisov（萨尔基索夫）等提出的利用马赫曾德尔干涉拍摄金属丝爆炸产物以测量金属原子的动态极化率，其关键是设法将金属丝转化为完全汽化甚至弱电离状态。而前述的突破能量沉积"自然屏障"的研究恰好为极化率测量提供了必要手段。总体而言，对真空中金属丝电爆炸的研究使人们可以利用丝爆获得参数范围更大的金属蒸气和等离子体，这对于基础研究而言是有益的。

真空中丝爆的军事、工业或商业应用少见报道，从真空丝爆的特点上可以理解，一方面真空环境的获得和维持对于技术应用而言是相对复杂和高成本的；同时实际应用往往要求电爆炸具备重频运行的能力，而真空丝爆一般采用直径数十微米的金属丝，本身是非常脆弱的，组成丝阵后就更加难以安装，每次电爆炸后卸载真空、重装负载、再次抽真空是非常繁琐的；最后真空环境不利于电能的注入，这意味着电爆炸的各种效应都较弱，也是不利于技术应用的。因此本节主要围绕真空丝爆作为 Z 箍缩和 X 箍缩等离子体源以及利用丝爆测量金属极化率介绍真空丝爆的应用。

4.2 测量金属原子动态极化率

原子的静态极化率和动态极化率是计算获得多种原子特性参量的必要参数，如感应偶极矩、振子强度、能阶偏移（斯塔克效应）、范德瓦耳斯常量，以及其他与原子系统和外加电场相互作用有关的参量。而在金属丝电爆炸/丝阵 Z 箍缩领域，金属原子动态极化率是利用激光干涉法反演爆炸产物粒子密度分布的必要参数。近年来研究人员通过金属丝电爆炸实验测量了铝、钨、铂、金、铜、镁等金属材料在激光探针常用波长下的动态极化率。

4.2.1 偏移量积分法

针对柱状电爆炸产物建立图 4-1 所示的坐标系，金属丝轴向为 z，激光投影方向为 x，则图像面平行于 yOz 平面。

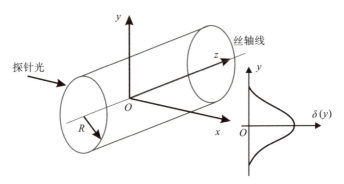

图 4-1 激光对爆炸产物投影成像坐标系

记爆炸产物中性原子数密度为 n_a，自由电子数密度为 n_e，经典电子半径为 r_e，金属原子在探针光波长下的极化率为 α，则真空环境中干涉条纹偏移量 δ 表达式为

$$\delta(y,z) = -\frac{r_e}{2\pi}\lambda \int n_e(x,y,z)\mathrm{d}x + \frac{2\pi\alpha}{\lambda}\int n_a(x,y,z)\mathrm{d}x \quad (4-1)$$

等式右侧包含电子与中性原子两部分，当电子对条纹偏移的贡献可以忽略时，可得到条纹偏移量与中性原子数密度的简单关系：

$$\delta(y,z) = \frac{2\pi\alpha}{\lambda}\int n_a(x,y,z)\mathrm{d}x \quad (4-2)$$

此时条纹偏移量与中性原子面密度成正比。进一步将上式两侧同时对 y 积分，得到：

$$\int_{-R}^{R} \delta(y,z)\mathrm{d}y = \frac{2\pi\alpha}{\lambda}\int_{-R}^{R}\int_{-R}^{R} n_a(x,y,z)\mathrm{d}x\mathrm{d}y = \frac{2\pi\alpha}{\lambda} n_1(z) \qquad (4-3)$$

式中：$n_1(z)$ 表示轴向位置 z 处的中性原子线密度。若进一步假设 n_1 与初始金属丝中的金属原子线密度 n_{10} 相等，则可直接写出极化率的计算式：

$$\alpha = \frac{\lambda}{2\pi\, n_{10}}\int_{-R}^{R}\delta(y,z)\mathrm{d}y \qquad (4-4)$$

上式中的条纹位移量在图像平面上的二维分布可直接由干涉图像获得，进一步选取爆炸产物图像上的适当位置 z_0，使得 $n_1 \sim n_{10}$ 的假设尽可能成立，即可得到金属原子在相应波长下的动态极化率。不难发现，上述推导过程中的关键是爆炸产物中存在完全汽化①的区域。当金属丝能量沉积不足时，爆炸产物中包含大量液滴，就无法获知式(4-3)中的中性原子线密度。

若金属丝沉积能量很高，爆炸产物可能出现部分电离，此时电子与中性原子对条纹偏移的贡献相当，无法通过单一波长干涉获得二者的密度，可以采用双波长干涉的方法对二者进行解耦。爆炸产物对不同波长激光的折射率不同，两束激光会形成两种不同的偏移量分布 δ_1 和 δ_2：

$$\begin{cases} \delta_1(y,z) = -\dfrac{r_e}{2\pi}\lambda_1\int n_e(x,y,z)\mathrm{d}x + \dfrac{2\pi\alpha_1}{\lambda_1}\int n_a(x,y,z)\mathrm{d}x \\ \delta_2(y,z) = -\dfrac{r_e}{2\pi}\lambda_2\int n_e(x,y,z)\mathrm{d}x + \dfrac{2\pi\alpha_2}{\lambda_2}\int n_a(x,y,z)\mathrm{d}x \end{cases} \qquad (4-5)$$

仍采用相同的处理方式，对式(4-5)两边关于 y 积分得到：

$$\begin{cases} \int_{-R}^{R}\delta_1(y,z)\mathrm{d}y = -\dfrac{r_e}{2\pi}\lambda_1\, n_{le}(z) + \dfrac{2\pi\alpha_1}{\lambda_1}\, n_{la}(z) \\ \int_{-R}^{R}\delta_2(y,z)\mathrm{d}y = -\dfrac{r_e}{2\pi}\lambda_2\, n_{le}(z) + \dfrac{2\pi\alpha_2}{\lambda_1}\, n_{la}(z) \end{cases} \qquad (4-6)$$

式中：n_{le} 和 n_{la} 分别表示电子和中性原子的线密度。观察上式可以发现，未知量有 α_1、α_2、n_{le} 和 n_{la} 四个。在局部热平衡假设下，中性原子和电子同时大量存在时，爆炸产物中大部分离子应处于一级电离状态（即离子为＋1 价），因此电子线密度与中性原子线密度之和应近似等于冷丝中的原子线密度：

$$n_{le} + n_{la} = n_{10} \qquad (4-7)$$

然而要使方程组闭合还需要增加一个方程，而在动态极化率未知的情况下，

---

① 完全汽化是指金属都以中性原子的形式存在。实际的爆炸产物中总是存在临界直径以下的团簇，由少量金属原子碰撞结合形成，这些团簇不停地生成又蒸发，处于动态平衡之中，团簇对于干涉条纹偏移的贡献尚不明确；另一方面，相爆炸过程也会形成大量金属液滴，虽然相爆结束后电能可以继续注入爆炸产物，但这些液滴是否能够完全转化为气态尚不明确。因此这里完全汽化的说法是不准确的。

每增加一个波长就额外引入一个未知量,总是无法使方程组闭合。因此对爆炸产物中部分电离区域使用偏移量积分法时,需要事先知道作为补充的激光波长所对应的动态极化率。

事实上,使真空中丝爆产物达到部分电离状态是困难的,因此实际中一般不会出现需要同时考虑电子和中性原子对条纹偏移量贡献的情况。即使通过添加镀层和提高电流上升率等手段达到了部分区域电离的状态,由于能量沉积的轴向不均匀性,从部分电离区域出发,沿金属丝方向,注入能量必然降低,预期可以"找到"沉积能量略低的完全汽化区域。观察式(4-1)可知,电子对条纹偏移量的贡献是负的,中性原子的贡献是正的,因此从部分电离区域向完全汽化区域过渡时,条纹偏移量增大;同时从完全汽化区域向部分汽化区域过渡时,由于中性原子数密度降低,条纹偏移量减小。可见条纹偏移量在完全汽化区域出现极大值,通过绘制条纹偏移量沿丝方向的变化曲线即可定位完全汽化区域。

综上所述,原理方面,偏移量积分法需要满足两点假设:①至少有一段金属丝在电爆炸中达到了完全汽化状态;②完全汽化的一段金属丝仅沿径向膨胀,因此其线质量等于金属丝的初始线质量。实验技术方面,需要尽可能提高丝爆过程的能量沉积,同时条纹偏移量应取自尽可能早期的干涉图像,以减小爆炸产物冷凝带来的误差。

表 4-1 汇总了文献中采用偏移量积分法获得的常用金属材料在 532 nm 和 1064 nm 波长下的动态极化率。

表 4-1 常用金属材料在 532 nm 和 1064 nm 波长下的动态极化率

材料	极化率计算值±25%/Å³		极化率测量值/Å³		说明
	532 nm	1064 nm	532 nm	1064 nm	
铝	10.8	8.3	10.8 ±10% [1]	8.7 ±10% [1] 8.6 ±25% [6]	
铜	9.3	6.6	11.3 ±10% [1] 10.2 ±10% [2]	7.9 ±25% [6] 6.5 ±10% [2]	
银	11.9	8.9	13.4 ±10% [1]	8.4 ±25% [6]	
金	8.1	7.3	8.3 ±10% [1] 8.3 ±10% [2]	7.0 ±10% [2]	
镁	15.2	11.8	13.9 ±10% [1]	12.6 ±10% [1]	

续表

材料	极化率计算值±25%/Å³		极化率测量值/Å³		说明
	532 nm	1064 nm	532 nm	1064 nm	
钨	—	—	15 ±1.3 [4] 16 ±1 [5]	11.0 ±25% [6]	镀膜钨丝
钛			20.5 ±2 [3]	10.6 ±1 [3]	

4.2.2 示例1：钨动态极化率测量

钨是典型的难熔金属，需要采用提高电流上升率并添加绝缘镀层的方式使钨丝充分汽化。图4-2展示了直径12.5 μm、长度1 cm裸钨丝和镀膜钨丝（导体直径12.5 μm，聚酰亚胺镀层，镀膜后直径分别为14～18 μm和17～21 μm）电爆炸的电流和阻性电压波形，二者驱动源参数相同，两种镀膜钨丝电爆炸的电流、阻性电压波形几乎相同，因此只展示了薄镀层的情况。第2章中已经介绍，镀层的引入可以有效推迟沿面击穿发生的时间，从而增大丝芯的能量沉积，图中展示的裸钨丝电阻减半时刻的沉积能量为6.1 eV/atom，小于钨的原子化焓，而镀膜钨丝沉积能量约为20 eV/atom，超过钨原子化焓的两倍。

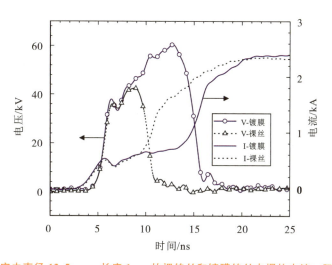

图4-2 真空中直径12.5 μm、长度1 cm的裸钨丝和镀膜钨丝电爆炸电流、阻性电压波形

图4-3展示了裸丝和两种镀膜钨丝电爆炸产物的激光阴影与干涉图像，

成像时刻大致相同。可以明显看到，探针激光无法有效穿透裸丝的爆炸产物，表明其中含有大量金属液滴；对于两种镀膜钨丝，干涉条纹连续且清晰，表明爆炸产物达到较高汽化率。观察图4-3(e)中的阴影照片，可以看到明显的层状结构，这很可能是焦耳加热过程中的电热不稳定性导致的。图4-3(f)中膨胀最显著的一段爆炸产物干涉条纹偏移不明显，表明该区域电子和中性原子对条纹偏移的贡献相互抵消，即爆炸产物处于部分电离状态。

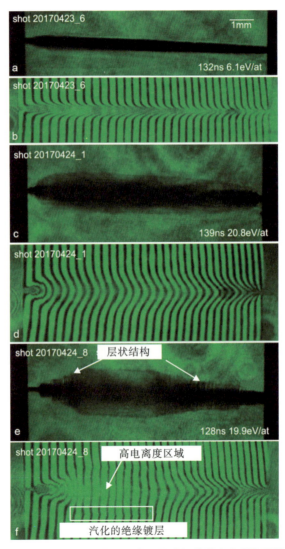

图4-3 裸丝和两种镀膜钨丝电爆炸产物的激光阴影和干涉图像

图4-4给出了根据两种镀膜钨丝干涉图像重建得到的"视在"动态极化率

沿轴向的分布，前一节中已经分析，上述视在极化率在完全汽化的区域取到最大值，且等于原子的动态极化率，而在部分电离区域和部分汽化区域都较小。从图中可以看出，两种镀膜丝膨胀速率最高的区域都发生了部分电离，由部分电离区域向两侧的阴阳极方向移动时都出现了极化率的局部极大值，但阳极一侧的极化率极大值明显低于阴极一侧。造成这种现象的原因可能是电热不稳定性引起的轴向密度不均，即图 4-3 中的层状结构，其中深色的层代表高密度区域，其厚度显著低于浅色的低密度层，因此在干涉图像中深色层表现为干涉条纹的"扰动"，可能由于条纹图像分辨率不足或条纹人工描画过程中的平滑而丢失。厚镀层钨丝爆炸产物分层现象较薄镀层钨丝更为显著，因此其重建得到的动态极化率也相对较低。除此之外还需要考虑镀层汽化对极化率测量结果可能造成的影响，对比图 4-3(d) 和 (f)，镀层显著汽化的现象仅发生在厚镀层钨丝能量沉积量最高的区域，而动态极化率取得极大值的位置（完全汽化区域）沉积能量不足以达到镀层显著汽化条件，因此镀层汽化对动态极化率测量结果的影响是有限的。基于上述讨论，取薄镀层钨丝动态极化率曲线的最大值 16 Å^3 作为钨原子在 532 nm 下的动态极化率测量值。

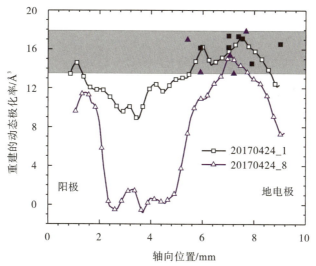

图 4-4　根据两种镀膜钨丝干涉图像重建的动态极化率沿轴向的分布情况，图中实心标号代表多次实验中获得的最大极化率数据

对于难熔金属材料，通常需要采用表面绝缘镀层的方式才能使部分区域完全汽化甚至部分电离；然而从以上结果不难发现，为了减小动态极化率测量的误差，不应追求过高的爆炸产物沉积能量，以避免电热不稳定性引起的分层对测量结果的影响。因此在保证爆炸丝出现部分电离区域的前提下，应

尽可能采用薄绝缘镀层，且丝爆的沉积能量应尽可能低。

4.2.3 示例2：420~680 nm下铝金属原子极化率测量

采用可调谐激光器产生不同波长的激光，基于前述偏移量积分法测量铝金属原子在420~680 nm波段的极化率。与4.2.2小节的极化率测量的实验方法略有不同，本小节搭建了两路激光干涉，分别是532 nm激光干涉测量原子线密度分布，再采用可调谐激光干涉反推不同波长的极化率，这种极化率测量方法是一种相对极化率的测量，基于已知的532 nm极化率推算得到，不要求金属丝完全汽化。

在一个发次的实验中，获得相同时刻的两个干涉实验结果，如图4-5(a)所示，已知铝原子在532 nm波长下的动态极化率，根据干涉条纹偏移量可以直接处理得到该时刻二维的原子面密度分布，将原子气柱进行径向积分，得到了该金属丝沿轴向长度的线密度分布，如图4-5(d)所示。然后对433 nm的结果进行分析，也就是将433 nm干涉条纹偏移量径向积分，根据线密度和条纹偏移量积分值，推算动态极化率。由于实验误差，动态极化率

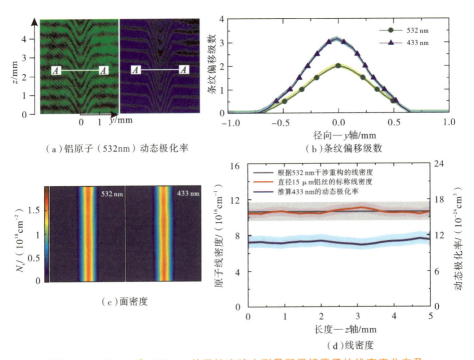

图4-5 532 nm和433 nm的干涉实验中测量所得铝原子的线密度分布及433 nm的动态极化率

曲线有一定的波动,误差主要来自条纹图像的条纹偏移的绘制,通常约为 ±5%,该实验需处理两个干涉图像,误差累积下总误差为±10%。最终取动态极化率曲线的平均值,确定为 433 nm 波长下的铝原子动态极化率。

可调谐(OPO)激光器是指在一定范围内可以连续改变激光输出波长的激光器,将 355 nm 的泵浦激光射入一个无源非线性光学晶体,泵浦激光 v_p 与晶体相互作用产生两束波长较长的光束,分别称作信号光 v_s 和弦频光 v_i,光束转换满足能量守恒,因此 $v_p = v_s + v_i$。只有当晶体内的偏振波以与自由传播的电磁波相同的速度传播时,能量才能从泵浦激光转移到信号光中。这种"相位匹配"条件是通过满足动量方程来实现的,对于直线传播的光束,动量方程可以表示为 $n_p/\lambda_p = n_s/\lambda_s + n_i/\lambda_i$,$n_x$ 为材料在相关波长下的折射率。OPO 晶体是非线性双折射材料,折射率取决于光的偏振方向及其相对于非线性晶体光轴的方向,因此可以通过改变晶体温度、施加电场、改变晶体光轴与光束的角度等方法来改变折射率。OPO 激光器通过调整角度来实现较宽光谱范围的连续调谐。可调谐范围由泵浦激光波长和 OPO 晶体模块共同决定,本节采用的是 355 nm 的高斯泵浦激光,信号光的光谱调谐范围是 420~680 nm,弦频光的光谱调谐范围是 740~1200 nm,标称调谐步进波长是 1 nm。

根据上述 OPO 激光器所产生的 420~680 nm 波段激光,对铝金属的原子动态极化率开展测量实验,在该波段区间选择了 19 种不同波长,其极化率测量的误差为±10%,实验结果为图 4-6 所示的散点。为了解释图中的实验

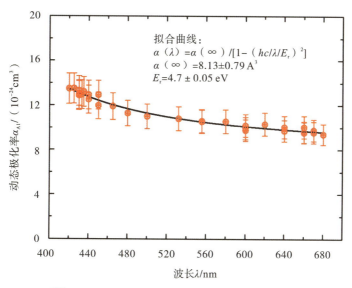

图 4-6 420~680 nm 波段的铝原子动态极化率

数据，利用几何近似公式对其进行拟合，该公式由一阶扰动修正的哈特里-福克解耦近似推导而来

$$\alpha(\lambda) = \frac{\alpha(\infty)}{1 - \left(\frac{hc}{\lambda E_r}\right)^2} \quad (4-8)$$

式中：$\alpha(\infty)$ 为静态极化率，即金属原子在无电磁场环境下的极化率；E_r 为第一偶极性电子跃迁能；h 为普朗克常数；c 为光速。对实验结果的散点进行拟合得到静态极化率 $\alpha(\infty) = 8.13 \pm 0.79$ Å^3、$E_r = 4.7 \pm 0.05$ eV，该静态极化率结果与量子力学计算值一致。

4.3 X箍缩

4.3.1 X箍缩概述

X箍缩（X-pinch）是从丝阵Z箍缩演变而来的一种产生脉冲X射线的负载构型，它是Zakharov（扎哈罗夫）等在1982年为了研究等离子体热斑（hot spots）而提出的。热斑是一种辐射强度远远超过背景的局域等离子体，又被称为亮斑（bright spots）、微箍缩（micro-pinch）等。它在真空电火花、等离子体焦点、电爆炸丝中十分常见，是高能量密度物理极为感兴趣的研究对象之一。在各种Z箍缩负载中，如喷气、柱形丝阵、平面丝阵[18]等也都能观察到热斑，并且热斑辐射承担着Z箍缩辐射的一部分份额。这些热斑的基本参数为：尺寸 $10 \sim 100$ μm，持续时间约 $1 \sim 10$ ns，电子温度约 1 keV，电子密度 $10^{19} \sim 10^{22}$ cm^{-3}。

X箍缩负载是由交叉相交于一点成"X"形的两根或多根金属细丝组成，安装于快脉冲大电流装置①的阴阳极之间。在金属丝腿部，电流不足以引起等离子体箍缩。而在交叉点处，电流汇聚并产生很强的磁场，引起该区域等离子体快速演化形成类似于Z箍缩的结构，称为微Z箍缩（micro-Z-pinch）。微Z箍缩在等离子体不稳定性和辐射坍塌（radiative collapse）等的共同作用下，形成一个或数个极小尺寸的热斑并产生强烈X射线辐射，如图4-7所示。Z箍缩中的热斑位置是随机出现的，而X箍缩的热斑相对集中在交叉点区域约 2 mm 的范围内，位置是基本确定的，因此这种负载构型非常适合用于热斑的研究。在康奈尔大学XP装置（450 kA，50 ns）上，X箍缩热

---

① 一般认为获得高品质X箍缩点源要求装置电流上升率大于 1 kA/ns。

斑的参数为：直径 $1.2\pm0.5~\mu m$、辐射脉宽约 10 ps，电子温度约 1 keV(Ti、Mo)、离子密度约 $10^{22}~cm^{-3}$。

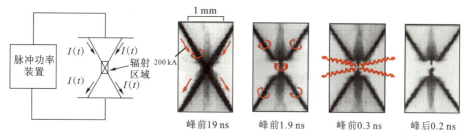

图 4-7　X 箍缩 X 射线源示意图

新型 X 箍缩负载是随着兆安电流 X 箍缩实验的开展而提出的。随着驱动电流的提高，负载质量和复杂度也相应增加。多丝数会形成复杂的交叉点结构，导致较大的热斑尺寸和多个热斑辐射；而大直径的丝会导致质量在交叉点位置处的堆积而不能产生有效的箍缩。因此美国康奈尔大学和桑迪亚实验室的研究人员提出了几种新的 X 箍缩负载构型，如图 4-8 所示，包括固体 X 箍缩负载、混合 X 箍缩负载和箔 X 箍缩负载。在 5 MA 的 SATURN 装置上，一般采用固体负载作为 X 箍缩构型，材质为钨、钨铜合金或铜镍合金，线质量为 12～24 mg/cm。混合型 X 箍缩介于丝阵 X 箍缩和固体 X 箍缩负载构型之间，锥形电极之间穿过一根金属丝，其适配驱动源电流范围较广。箔 X 箍缩负载是指在金属箔上进行刻蚀，在箔平面上绘制出"X"形结构，与双丝 X 箍缩相似，但是刻蚀可以精细控制交叉区域的流线形态，从而优化调控 X 箍缩的内爆辐射特性。

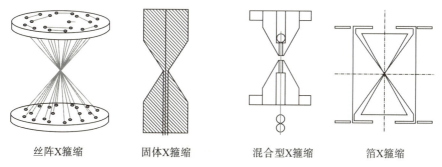

图 4-8　4 种 X 箍缩负载构型示意图

热斑能达到的极限等离子体参数，是高能量密度物理中的一个极为感兴趣的问题。Chittenden(奇滕登)等的数值模拟结果表明：100 kA 钼 X 箍缩的热斑尺寸可以达到亚微米的量级，该估计值与实验结果基本相符。若数值模拟的定标关系扩展到更高电流水平：1 MA 的电流下焦斑尺寸为 30 nm，等离子体密度为 1290 倍固体密度；如果将焦斑尺寸的下限设定为 1 μm，钼 X 箍缩负载在 1 MA 电流下辐射功率为 80 GW，密度为 10 倍固体密度，在 10 MA 电流下辐射功率为 3.4 TW，密度为 250 倍固体密度。上述数值模拟结果表明：更大电流水平下的 X 箍缩可能产生更大辐射功率及更高密度的热斑，这些预估引起了实验研究人员的极大兴趣，推动了兆安电流 X 箍缩实验研究的开展。

X 箍缩另一个备受关注的结构是射流等离子体，射流等离子体是从 X 箍缩负载交叉点位置向两电极运动的高度准直的超声速等离子体流（supersonic plasma jets）。射流普遍存在于天体物理环境中，例如超大质量黑洞产生银河系尺度的射流、恒星形成时产生的射流。在实验室中，可以用锥形丝阵、径向丝阵和 X 箍缩等构造与天体物理环境相似的等离子体射流现象，以补充并促进传统天体物理学研究。

X 箍缩从提出至今已经有 50 多年的历史，国际上先后有数十家研究院所和高校开展了 X 箍缩实验研究。早期的 X 箍缩实验主要应用低、中原子序数元素材料（铝、钛），关心其 keV 能段的 K 层辐射产额，焦斑尺寸为数十微米。此后，康奈尔大学在 XP 装置（450 kA、50 ns）上对 X 箍缩及其点投影照相应用开展了非常细致的研究，报道了一系列的实验结果，极大地推动了 X 箍缩的研究进展。1995 年，Kalantar（卡兰塔尔）等首次报道了 X 箍缩点投影照相的实验；Pikuz（皮库兹）等首次报道了 X 箍缩单色点投影照相实验。1997 年，Shelkovenko（舍尔科文科）等首次将钼、钯等中、高原子序数元素金属丝引入 X 箍缩中，得到了小于 5 μm 的焦斑尺寸和亚纳秒的辐射宽度，并得到了高质量的点投影照相图像；利用两个 X 箍缩互相点投影照相，则得到了极高分辨率的 X 箍缩演化图像。2001 年，Sinars（西纳尔斯）等应用时间分辨小于 10 ps 的 X 射线条纹相机分析了热斑的辐射特性。2002 年，Shelkovenko 等用该条纹相机分析了热斑辐射的能谱特性。

X 箍缩实验研究主要集中在峰值电流为 250~500 kA，上升前沿为 45~200 ns 的装置上，如表 4-2 所示。在这类电流水平的装置上，研究人员对 X 箍缩的热斑辐射及其能谱、射流和负载优化等开展了大量的研究。实验结果表明，在电流峰值为百千安，电流前沿大于 1 kA/ns 的脉冲功率装置上，中、高原子序数元素 X 箍缩负载在很宽的参数范围（电流前沿、金属丝材料等）内都能实现小焦斑、窄脉冲的性质。

表 4-2 开展 X 箍缩实验的百千安级脉冲功率装置

研究机构	装置名称	装置参数	主要结果	时间
列别杰夫物理研究所(俄罗斯)	Don	150 kA、30 ns	首次 X 箍缩实验,数十微米的亮斑尺寸	1982 年
康奈尔大学(美国)	LION	280~470 kA、80 ns	多峰,X 射线源尺寸约为几十微米	1993 年
列别杰夫物理研究所(俄罗斯)	BIN	270 kA、300 kV、100 ns、3 kJ	等离子体密度大于 10^{22} cm^{-3}、电子温度大于 1 keV、约 10 μm	1994 年
康奈尔大学(美国)	XP	450 kA、250 kV、50 ns、20 kJ	得到第一幅背光照相图像,空间分辨率约 10 μm	1999 年
智利天主教大学(智利)	GEPOPU	180 kA、120 ns、4 kJ	细致研究了等离子体射流	2000 年
智利天主教大学(智利)	Llampudken	400 kA、250 ns	铝丝、约 10 μm 源尺寸、X 射线脉宽 2 ns、多焦斑	2002 年
巴黎综合理工学院(法国)	PIAF	200 kA、200 ns、40 kV	约 10 μm 源尺寸、X 射线脉宽小于 2 ns	2005 年
大电流所(俄罗斯)	SPAS	250 kA、50 kV、200 ns、1 kJ	X 射线源尺寸 5~10 μm,X 射线脉宽约 2 ns	2007 年

除了典型的峰值电流 100 kA,前沿大于 1 kA/ns 的装置外,在其他一些参数水平的装置上也开展了 X 箍缩实验研究,如表 4-3 所示。

表 4-3 开展 X 箍缩实验的小电流及微秒前沿装置

研究机构	装置参数	主要结果	时间
帝国理工大学(英国)	40 kA、30 ns	脉宽<10 ns,焦斑<10 μm	2003 年
加州大学圣地亚哥分校(美国)	80 kA、50 ns	焦斑≤2 μm,脉冲约 10 ns	2006 年
帝国理工大学(英国)	320 kA、30 kV、1.2 μs、4 kJ	单个或多次软 X 射线发射	2000 年

在低于百千安的装置上，英国帝国理工大学测试了 40 kA、40 ns 装置的 X 箍缩负载，其 X 箍缩负载为 $2\times5~\mu m$ W 或 $2\times15~\mu m$ Al，负载线质量约 $10~\mu g/cm$；大于 0.8 keV X 射线辐射能量约为 60 mJ，X 射线脉宽约为 10 ns，焦斑尺寸约为 $2~\mu m$。在 60~80 kA 范围内 X 射线产额随着电流的增加而线性增加，脉宽则随着电流的增加而减小。美国加州大学圣地亚哥分校在 80 kA、50 ns 装置上开展了 X 箍缩实验并对 ICF 聚变靶丸作点投影照相。由于这类装置的体积较小，非常适合实验室的点投影照相研究。英国帝国理工大学在 30 kV、4 kJ 电容器组上开展了微秒量级下的 X 箍缩实验研究，电流上升时间约 $1.2~\mu s$，电流峰值为 320 kA。实验中观察到单个或多个 X 射线辐射，单个 X 射线脉宽为数十纳秒，辐射持续时间约为 100 ns。同种负载的辐射时刻抖动为数百纳秒。

随着 X 箍缩实验研究的深入和脉冲功率装置的发展，X 箍缩实验已开始延伸至兆安电流水平的装置上，如表 4-4 所示。由上面的介绍可知，兆安电流 X 箍缩实验研究一个目的是探索热斑等离子体可以达到的极限参数；另一个目的是获得更高亮度的脉冲 X 射线点源，以期能在超大规模装置（如 Z 装置）上，用于 Z 箍缩等离子体早期过程及 Z 箍缩驱动的 ICF 靶丸的诊断。

表 4-4 开展 MA 电流 X 箍缩实验的装置

研究机构	装置名称	装置参数	时间
海军实验室（美国）	Gamble-II	1.0 MA、100 ns	1990 年
内华达大学（美国）	ZEBRA	1.2 MA、100 ns、1.5~2.0 MV、200 kJ	2000 年
康奈尔大学（美国）	COBRA	1.0 MA、95~200 ns、0.6 MV、100 kJ	2004 年
库尔恰托夫研究所（俄罗斯）	S-300	1.3~2.3 MA、100 ns	2008 年
桑迪亚实验室（美国）	SATURN	6.0 MA、60 ns	2008 年

4.3.2　X 箍缩动力学唯象模型

X 箍缩的构型决定了其磁场分布进而引起其演化；X 箍缩的核心是热斑等离子体，它是由不稳定性提供初始扰动，通过辐射坍塌机制产生的；热斑等离子体参数可以由特征线辐射谱进行估计。在开展兆安电流 X 箍缩实验研究前,需先认识 X 箍缩的演化过程及其热斑辐射的能谱特征。

与 Z 箍缩相比,X 箍缩负载沿轴向是不均匀的;X 箍缩热斑演化的时间尺度快,空间尺度小,内爆过程不显著,认识起来更加困难。细致描述 X 箍缩演化过程需要利用大型三维辐射磁流体数值计算代码来实现,但是目前国内还不具备这种计算能力。本节利用物理模型对 X 箍缩负载的初始电磁参数、负载演化过程进行唯象分析,综合 20 世纪 80 年代对微焦点装置热斑分析的物理模型,对 X 箍缩热斑的辐射坍塌阈值电流、辐射损失和欧姆加热平衡时的热斑半径等重要参数进行估计。

首先,脉冲电流对金属丝的加热为体加热,脉冲电流在金属导体中的传播将趋向集中于导体表层,趋肤深度 $\delta = \sqrt{2/\omega\mu\sigma}$,实际上体加热不能一直持续,而是形成纳秒脉冲电爆炸丝中常见的"芯-晕"等离子体结构。随着电流增加,金属丝持续加热,电阻值增大,电压进一步增加。由于受热,金属丝表面吸附的气体被释放,表面部分丝汽化,这些气体在脉冲电压作用下被击穿电离,形成晕等离子体,并产生软 X 射线辐射。当电流从丝芯转移至晕等离子体处时,电流分布在晕等离子体的很大区域内,磁压降低,丝芯开始膨胀。丝芯的膨胀速率由电流在晕等离子体形成前的能量沉积决定,并与丝材料的物态方程和电流上升速率有关。在快前沿电流下,汽化时电阻率低的材料(如铝、锌),对应的丝芯电压低,金属丝表面气体击穿的时刻晚,金属丝可获得的体加热时间长,丝上的能量沉积也越多,晕等离子体形成后丝芯的膨胀速率也就越大。晕等离子体形成后,丝芯的进一步加热是由晕等离子体的辐射和热传导实现的。

然后,芯-晕结构形成后,晕等离子体在磁场(见图 4-9)洛仑兹力作用下,沿垂直于丝的方向朝轴线运动。在交叉点附近,来自于各金属丝的晕等离子体流在轴线处相互碰撞,由于负载的对称性,其径向速度被相互抵消,形成一个高度准直的沿轴线运动的等离子体射流,运动速度 v_{jet} 约为 $1\sim 10$ cm/μs,这部分区域称为射流汇聚区。射流等离子体通过辐射冷却,温度较小,是一个高马赫数、低发散角的结构。在远离交叉点的区域,金属丝腿部附近磁场以单根丝的局部磁场为主,对射流等离子体的贡献较弱。当射流等离子体进入这个区域后,由于没有晕等离子体动能的馈入,等离子体在热压作用下以离子声速度 c_s 膨胀(射流发散区),如图 4-9(a)所示。对于 4-7.5 μm W X 箍缩,从金属丝腿部起至 40% 的丝长度上对射流影响很小。射流运动速度 v_{jet} 与声速度 c_s 的比值给出马赫数约为 6,电子温度 T_e 为 8 eV,平均电离度 Z_{eff} 为 5。

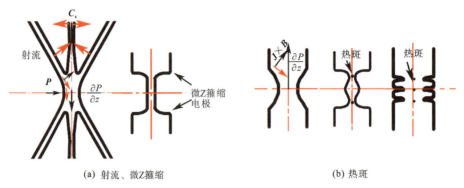

(a) 射流、微Z箍缩　　　　　　(b) 热斑

图 4-9　射流、微 Z 箍缩及热斑形成

接着，在交叉点处，洛仑兹力方向指向轴线。随着大部分质量被输运而远离交叉点区域，交叉点处的等离子体在洛仑兹力作用下被压缩，形成微 Z 箍缩结构。微 Z 箍缩长为 $200\sim300~\mu m$，直径约 $100~\mu m$，两电极直径为 $300~\mu m$。微 Z 箍缩形成后，在等离子体不稳定性和辐射坍塌的作用下形成热斑。由图 4-9(b)分析可知，微 Z 箍缩电极附近的轴向扩散 $\partial P/\partial z$ 和洛仑兹力 $J_r B_\theta$ 最强，其质量随着射流快速输运，磁压首先压缩这部分区域，形成直径较小的颈部并通过辐射坍塌产生热斑。

最后，辐射坍塌并形成热斑，当微 Z 箍缩及其初始扰动形成后，若磁压大于热压，等离子体被压缩；若同时满足等离子体辐射冷却超过其获得的能量，热压减小，压缩能持续进行下去，这一过程称为辐射坍塌。初始扰动区域的等离子体将在辐射坍塌的作用下形成热斑。热斑半径不能无限坍塌下去，必然受到一些物理过程的限制。一个重要的因素是等离子体的不透明度。当等离子体密度较大时，内部辐射的光子部分被等离子体吸收而不能辐射出去，等离子体辐射损失降低，当减小至与其获得的能量相当时，辐射坍塌终止。

4.3.3　X 箍缩点投影照相

除了极为感兴趣的等离子体结构外，X 箍缩还是一种高亮度、窄脉冲(约 1 ns)、小焦斑($\leqslant 10~\mu m$)的 X 射线辐射源。X 箍缩 X 射线辐射主要来自交叉点处微米尺寸的热斑，热斑尺寸远小于被拍摄物体，可近似为点源。热斑的空间位置基本确定(交叉点处约 ± 2 mm)，辐射时刻可重复(辐射时刻抖动约 ± 5 ns)且经验可调。被拍摄物体放置于 X 箍缩负载与记录胶片之间，点源辐射将被拍摄物体投影至胶片上，这种照相方式称为点投影照相或 X 箍缩背光照相，非常适合于对高密度、快演化的物理过程进行 X 射线照相，具有极高的空间分辨和时间分辨本领。

X箍缩点投影照相的一个重要应用是诊断丝阵Z箍缩负载的早期行为。丝阵Z箍缩负载在脉冲电流下的演化可以唯象地分为四个阶段：①金属丝电爆炸阶段：对应着电流预脉冲和主脉冲起始，丝阵中的每根金属丝电爆炸形成高温低密度晕等离子体围绕低温高密度丝芯的"芯-晕结构"。②融合和消融阶段：对应着电流脉冲的上升沿，持续时间占丝阵演化全过程的50%～80%，随着芯-晕结构的快速膨胀，使得丝与丝之间间距减小，甚至融合，同时丝芯不断消融进入晕等离子体区域。此时，由于全局磁场起主导作用，晕等离子体被洛伦兹力剥离，并预填充至丝阵负载的内部，形成先导等离子体。③内爆阶段：电流壳层在洛伦兹力作用下加速，并将预填充的等离子体扫向轴线，开始出现较弱的软X射线辐射。④滞止和热化阶段：内爆等离子体在轴线处碰撞滞止热化产生强烈的X射线辐射。

丝阵Z箍缩负载的早期过程主要包括金属丝电爆炸阶段以及丝-芯等离子体融合消融阶段。从上述金属丝阵快Z箍缩的演化过程来看，金属丝阵Z箍缩的早期过程起源于金属丝电爆炸形成的丝-芯结构等离子体；在融合和消融阶段，丝-芯等离子体在磁场的作用下进一步发展，整个过程与负载和电流参数密切相关。由于这一早期过程在整个Z箍缩过程中占据了大部分时间，而且其演化为内爆提供了初始条件，因此必然对内爆辐射产生显著影响。研究结果表明，限制丝阵Z箍缩负载辐射的一个重要因素是磁瑞利-泰勒不稳定性，而磁瑞利-泰勒不稳定性的种子起源于丝阵初期的融蚀过程。

软X射线分幅相机、可见光条纹相机等利用等离子体的自辐射，可以记录等离子体演化的过程，但不能确切反映密度分布信息。利用激光探针的干涉方法可以测量等离子体电子密度，但能探测的电子密度存在上限值，否则激光束将被大量散射而无法穿过等离子体。激光在等离子体中传播的截止频率为

$$\omega_{\rm pl} = \sqrt{\frac{e^2 n_{\rm e}}{\varepsilon_0 m_{\rm e}}} \qquad (4-9)$$

式中：e为电子基本电荷；$n_{\rm e}$为电子密度；ε_0为真空介电常数；$m_{\rm e}$为电子质量。波长为532 nm的激光，电子密度上限为4.0×10^{21} cm^{-3}；266 nm的激光，电子密度上限为1.6×10^{22} cm^{-3}。

截止频率限制了激光探针只适用于晕层电子密度的测量，而不能得到气液态丝芯的形态、质量分布等信息。X射线的穿透能力比激光强，基于X箍缩高亮度纳秒脉宽、微米热斑的X箍缩点投影照相为丝阵早期过程的诊断提供了一种有效的工具。从点投影照相的图像上可以观察到丝芯形态、芯-晕等

离子体结构、消融过程中轴向准周期性的调制以及调制的交向关联性等现象。如果在照相系统中增加一个阶梯楔形滤片，依据阶梯楔形滤片的质量厚度与投影像光学灰度的关系，可以定量地得到负载质量面密度分布。利用多个X箍缩源拍摄丝芯不同时刻的图像，还能得到芯-晕等离子体膨胀速率、质量消融速率等信息。

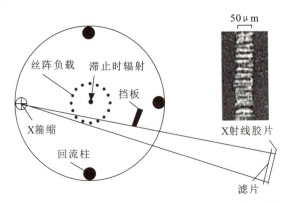

图 4-10　MAGPIE 装置上使用的安装于回流柱位置的 X 箍缩点投影照相图示

需要指出的是，另一类用于丝阵 Z 箍缩等离子体诊断的高亮度 X 射线点源是激光 X 射线源。目前美国桑迪亚实验正运行这样一台大型的激光器 Z-Beamlet，用于 Z 装置上 Z 箍缩和 Z 箍缩驱动聚变靶丸的实验诊断。Z-Beamlet 激光器原是美国劳伦斯-利弗莫尔国家实验室国家点火工程的原型激光器(1995—1998 年)。它在 20 ns 内，能产生 4 束 527 nm、0.3~1.5 ns、约 2 TW 的激光，通过透镜($f=2$ m)将激光束聚焦成直径约为 150 μm 的焦斑，轰击金属靶[8~20 μm，Sc($Z=21$)-Zn($Z=30$)，Ge($Z=32$)]，产生 X 射线辐射。X 射线穿透被照物体，通过球面弯晶选择类 He-α 线($1s^2-1s2p$)在胶片上单色成像，He-α 线产额为 100 mJ 量级。

虽然 Z-Beamlet 在 Z 装置上取得了成功的应用，但是 Z-Beamlet 激光器从激光能到单能 X 射线的能量转换效率仅为 10^{-3}，电能到 X 射线能的转换效率只有约 10^{-7}，且装置规模庞大、造价高、技术复杂，目前只有美国国家实验室才有。

X 箍缩具备 X 射线点投影照相的能力，但是目前百千电流 X 箍缩 X 射线的亮度和稳定性与 Z-Beamlet X 射线源相比还存在差距。为了提高亮度，需要提高驱动电流，因此开展兆安电流下的 X 箍缩实验研究也具有强烈的应用需求。

4.3.4　X箍缩电流定标关系

为了方便负载设计及点投影照相应用,需要建立驱动源参数、X箍缩负载参数与负载辐射特性的关系。然而,一方面,X箍缩演化过程十分复杂,目前未建立定量描述上述关系的理论模型,另一方面每台脉冲功率装置都具有相对固定的参数,无法实现对驱动源参数的扫描。因此,这里以实验数据为出发点,依据"强光一号"装置和FLTD模块的实验结果,结合国际上的实验报道进行分析。实验结果是驱动器及负载各参数(如电流峰值、前沿,负载丝材料、丝数,线质量,构型)的综合反映,仅对特征量的变化敏感。定标关系中,所选取的装置的特征量为峰值电流 I_{max},X箍缩负载的特征量为线质量 M_l,热斑的特征量为辐射产额 Y 及焦斑直径 d。

X箍缩是一种适用性很强的负载,驱动器参数范围很大。对于相近参数的装置,X箍缩实验的目的也不同,如Gamble-Ⅱ装置上(1 MA、100 ns)主要开展铝丝X箍缩K层辐射的研究,ZEBRA装置上(1 MA、100 ns)主要采用小质量负载开展产生高能X射线辐射(10~100 keV)的研究。表4-5给出了所选取的目前开展X箍缩点投影照相研究的主要装置及典型结果,每台装置的实验结果都选自优化的X箍缩负载构型,能较稳定地在电流峰附近产生单个脉冲X射线辐射,负载丝材料以钨丝为主,电流范围为0.04~6 MA。

表4-5　不同电流水平装置的优化负载线质量及辐射性能

装置名称	电流/MA	负载构型	线质量/(mg·cm^{-1})	>0.1keV/J,约2 μm聚酯薄膜	2.5~5 keV/mJ,约12.5 μm Ti	10%~90%上升时间/ns
Table-top[48]	0.04	2~5 μm W	0.008			30
FLTD	0.075	2~8 μm W	0.019	1.5	3.9	72
PPG-Ⅱ[78]	0.065	2~8 μm W	0.019			30
SPAS[47]	0.24	4~20 μm W	0.24		20	
XP	0.4	4~25 μm W	0.38[58]			40
XP[47]		4~20 μm W	0.24		80	40

续表

装置名称	电流/MA	负载构型	线质量/(mg·cm^{-1})	>0.1keV/J, 约2 μm 聚酯薄膜	2.5～5 keV/mJ, 约12.5μm Ti	10%～90%上升时间/ns
COBRA[56]	1.0	(1NiCr-6Mo-12W) 25 μm	1.7			
COBRA[23]	1.0	32～25 μm W	3.2	188	>2200	60
强光一号	1.0	32～25 μm W	3.2	200	3000	60
S-300[53]	1.9	16～100 μm Mo	13			
SATURN	6.0	32～53 μm W	13.6			40
SATURN[58]	6.0	固体型		1.65×10^5	1.50×10^5～3.6×10^5	40

Z 箍缩中常用无量纲参数描述其内爆过程：

$$\Pi = \frac{\mu_0}{4\pi} \frac{I_{max}^2 \tau^2}{M_l r_0^2} \quad (4-10)$$

式中：I_{max} 为负载峰值电流；τ 为电流上升时间；M_l 为负载线质量；r_0 为丝阵初始半径。

对于 X 箍缩负载，微 Z 箍缩的压缩以磁压为主，可借用式(4-10)进行分析，其中 r_0 为交叉点区域初始半径。当负载电流较小时，负载质量小、丝数少，各金属丝能轻松地交叉在一起，若认为 r_0 为定值，则负载线质量与驱动器参数满足：

$$M_l \sim (I_{max}\tau)^2 \quad (4-11)$$

负载电流大时，负载质量大、丝数多，交叉点处半径 r_0 由负载金属质量填实，可认为 $M_l \propto \pi r_0^2 \rho$，得：

$$\Pi \propto \frac{I_{max}^2 \tau^2 \rho}{M_l^2} \quad (4-12)$$

对于同种材料(ρ)，满足：

$$M_l \sim I_{max}\tau \quad (4-13)$$

可知，当负载电流较小时，负载线质量 M_l 和驱动器特征参数 $I_{max}\tau$ 近似满足平方关系；当负载电流较大时，近似满足线性关系。

然而X箍缩负载演化比上述分析复杂得多，其中一个重要特征是X箍缩等离子体的轴线射流。在第2章提到，X箍缩存在很强的轴线射流，交叉点处大部分的质量会随着射流传输出去，热斑辐射时刻前剩余质量约为初始质量的20%～30%，且不同装置不同负载差异很大，不易定量测量。

不同电流水平下优化负载的线质量(M_l)与驱动器峰值电流I_{max}的关系如图4-11所示，定标数据取自表4-5的第二列和第四列。从图中可以看出当负载电流小于1 MA时，$M_l \sim I_{max}^{1.8}$。6 MA SATURN装置的电流前沿快，负载线质量低于上述定标关系。若考虑SATURN装置的结果，则$M_l \sim I_{max}^{1.3}$。电流的幂指数介于1～2。

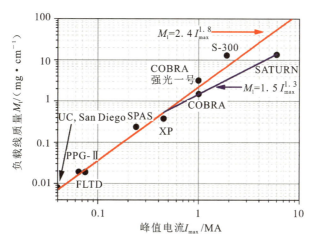

图4-11 峰值电流与负载线质量的定标关系

热斑辐射功率和辐射产额是表征X箍缩等离子体辐射能力的参数，由于各个装置上脉冲X射线测量系统的时间分辨能力有差异，探测器测量得到热斑的辐射脉宽为0.5～2 ns，而具有皮秒分辨能力的条纹相机可测量得到的脉宽约为100 ps。探测系统的时间响应将影响测量得到的峰值功率，所以我们用辐射功率的时间积分量——辐射产额进行分析。

X箍缩低能光子辐射(>0.1 keV)主要来自于交叉点区域、射流等离子体和各丝处；千电子伏特X射线辐射主要源自于交叉点处的热斑区域。X箍缩大于0.1 keV和2.5～5 keV能段的辐射产额与驱动器峰值电流的关系如图4-12所示。大于0.1 keV光子使用的X射线滤片为2 μm或2.5 μm聚酯薄膜，2.5～5 keV光子使用的滤片为10 μm或12.5 μm Ti。由于记录2.5～5 keV能段光子的探测器为PCD或Si-pin探测器，它们对不同能量光子的响应较平坦，故可比性较强。从图中可以看出，在0.08～6 MA的电流范围内，热斑辐射产额随着驱动器峰值电流的增加而增加，成幂函数关系，幂指数为 2.7，介于欧姆加热的平方关系和磁压内爆的四次方关系。X 箍缩等离子体大于 0.1 keV 光子的辐射产额比 2.5~5 keV 高 2~4 个量级，但它们 $Y \sim I_{max}$ 关系的电流幂指数相近。

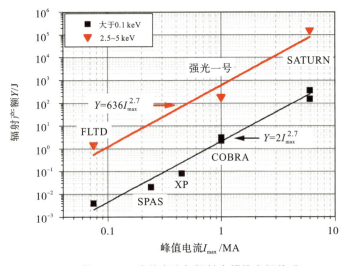

图 4-12　峰值电流与辐射产额的定标关系

电流-最小焦斑尺寸的关系如图 4-13 所示，其中 SATURN 装置的焦斑大小取自 10 μm Cu 滤片狭缝阵列的实验结果，其余数据取自 2.5~5 keV Ti 滤片。

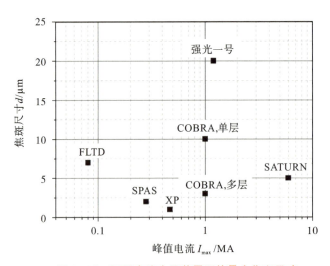

图 4-13　不同电流水平装置下的最小焦斑尺寸

4.3.5　利用预脉冲电流提高混合型 X 箍缩辐射特性

当 X 箍缩作为 X 射线辐射源用于诊断时，需要形成单个高亮的小尺寸的点源，在慢脉冲源上实现这一点需要对 X 箍缩进行优化调控。基于"秦-1"装置，研究预脉冲对混合型 X 箍缩（HXP）的辐射特性的调控和优化。混合型 X 箍缩负载构型相对于丝阵型 X 箍缩构型，交叉点稳定，负载的制作装载简单且一致性高。但是该构型中的锥状电极即使使用耐烧蚀的 75% 钨含量的钨铜合金材料，在进行一个发次的实验后也会被烧蚀变形，无法重复使用，因此无法作为重频负载构型。锥状电极的锥角对负载区域的电磁分布具有影响，但是对辐射几乎没有影响，一般采用 45°或 30°。锥状电极间隙，也即中间金属丝的长度对于热斑个数的影响较大，当金属丝较长时，在箍缩过程会形成多个颈状结构，从而演化出多个热斑；当金属丝过短时，若热斑、二极管形成于电极等离子体闭合之后会导致无法产生辐射，一般将金属丝长度设置为 0.5～2 mm。此外 X 箍缩实验通常采用高原子序数元素材料作为金属丝材料，比如钼、钨，这类材料在热斑辐射时可以发射高亮的 X 射线。

HXP 在"秦-1"主脉冲源直接作用下通常会形成多热斑辐射，实验中观测到 4 个 X 射线辐射峰对应了 4 个电压峰，电压峰值达 70 kV，此外也从 X 射线胶片上观测到了 4 个热斑的针孔成像，在背光阴影图上也观测到了 4 次可见光的强辐射。热斑尺寸小于 10 μm，多个热斑的间距最大约 150 μm，热点附近的二极管尺寸为 62 μm× 112 μm。

预脉冲调控后的 HXP 可以产生单个 10 μm 大小的强热斑辐射，预脉冲作用下负载沉积能量波形如图 4-14(a)所示，HXP 的条件一致，虽然 PCD 波形上有两个显著的辐射峰，但是第二个辐射峰的辐射强度很弱，在针孔相机上只观测到一个热斑，因此判断第二个辐射来自二极管辐射。调控的主预脉冲延时为 610 ns，预脉冲对钼丝的沉积能量约为 3.4 eV/atom，远低于汽化焓，预脉冲电压峰值为 10 kV，在 250 ns 后振荡并衰减到零。根据背光阴影条纹图像确定钼丝芯在预脉冲作用下的膨胀速度为 0.72 km/s，预计钼丝芯几乎完全处于液滴状态，此时钼丝芯周围存在着低密晕等离子体，这一点可以从图 4-14(b)内爆电流壳层轨迹间接佐证，也可以从图 4-14(c)阴影直接佐证。

预脉冲作用下钼丝形成芯-晕结构，丝芯处于液滴状态且膨胀速度小，周围的晕等离子体以较大的速度膨胀弥漫在丝芯外部。主脉冲驱动下，虽然丝芯的电阻率高于低密晕等离子，但是晕等离子体分布面积远大于丝芯，因此电流主要依据电感分配流经晕等离子体，形成雪耙内爆，电流壳层从较大的半径快速向内运动直到碰撞到丝芯。几乎所有预脉冲调控实验的这个碰撞时刻都是约 100 ns，在该时刻附近，电流壳层轨迹会有一个异常的拐点，如图 4-14(b)的灰框所示，表明电流从晕等离子体切换到丝芯。碰撞后，丝芯才开始被电流显著加热驱动，进行箍缩形成热斑。因此预脉冲对 HXP 的本质作用效果是使电流在 100 ns 后才开始流过丝芯，间接陡化了驱动电流，从而实现了单点源 X 射线辐射。

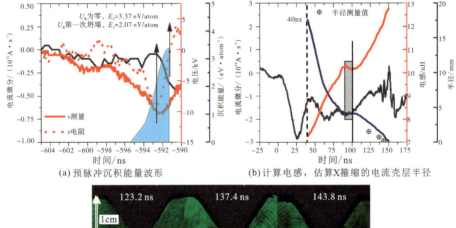

(a) 预脉冲沉积能量波形　　　　(b) 计算电感，估算X箍缩的电流壳层半径

(c) 激光阴影的分幅图像

图 4-14　预脉冲调控的 HXP

进行不同线质量的预脉冲调控 HXP 实验，实验发现金属丝线质量越大，电流对金属丝的加热时间越长，膨胀后的箍缩时间也越久，从而辐射时刻也越靠后，如图 4-15 所示。除了采用针孔成像对热斑数量和尺寸进行测量，还进行了点投影成像，对不同之间材质的金属丝进行点投影照相，以评价其 X 射线点源质量，该点源可以对直径 30 μm 的金属丝清晰可见，说明可以进行微小生物的照相，研究生物学成像。

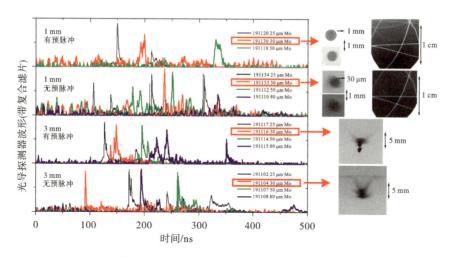

图 4-15　预脉冲调控不同线质量的 HXP 的辐射波形及其 X 射线成像

4.4　丝阵 Z 箍缩

4.4.1　丝阵 Z 箍缩概述

金属丝阵 Z 箍缩（wire array Z-pinch）作为一种高效的实验室软 X 射线辐射源，在抗辐射加固、聚变能源、前沿科学等方面受到了广泛关注[4,7]。1997 年，美国桑迪亚国家实验室基于 Z 装置驱动器，使用钨丝阵负载，获得了 280 TW、1.8 MJ 的软 X 射线辐射，创造了实验室 X 射线源辐射功率的突破[8,10]。Z 箍缩为脉冲电流驱动下的柱形等离子体，在轴向电流产生的电磁力的作用下向轴线内聚的现象[11-12]。内爆等离子最终在轴线处相互碰撞达到滞止，发生动能的转换，并产生 X 射线辐射[13,15]。常见的 Z 箍缩负载构型包括丝阵、套筒、喷气等。

在国防领域，对战略武器强脉冲辐射效应的实验室模拟有着迫切的需求。利用丝阵 Z 箍缩高效的 X 射线辐射特性，基于不同材质与形式的 Z 箍缩负载（铝、铜、铁、钛丝阵，氩喷气等），可实现对测试大型目标所关注的辐射光子能量范围进行分段模拟。因此，铝丝阵 Z 箍缩的相关研究具有重要的科学意义和工程价值。

丝阵 Z 箍缩的动力学过程会受到等离子体不稳定性的严重影响，限制了辐射转换效率的进一步提高。因此，内爆不稳定性的抑制手段以及辐射波形的调控方法一直是 Z 箍缩研究中的关注重点。丝阵 Z 箍缩的内爆动力学行为、辐射波形与丝阵负载的构型密切关联,见报道的相关研究有:不同丝阵参数(直径、高度、丝间距等),改进丝阵结构(双层嵌套丝阵、二级丝阵、扭曲丝阵等)下的 Z 箍缩动力学过程及辐射特性[16-17]。

对于经典的柱形丝阵,辐射前的内爆早期行为主要包括负载的初始化阶段和不均匀消融阶段,如图 4 - 16 所示[18]。在脉冲电流起始时刻,金属丝仍为固态,电流由金属丝承担,在该阶段金属丝将被加热并发生相变,最终形成芯-晕结构的特征形态。晕层等离子体将在全局磁场的作用下不断向轴线加速运动,在此过程中,位于金属丝初始位置的丝芯不断发生电离并形成新的消融等离子体流[19],该阶段会在轴线位置形成等离子体滞止区域,被称为先导柱结构。当消融过程进行到一定程度时,则会发生驱动电流由丝芯区域向内部等离子体的转移,从而发生快速内爆[20];沿径向内爆的等离子体在轴线处相互碰撞并滞止,同时伴随着动能向内能的转换,最终产生 X 射线辐射[21]。

(a) 180 ns　　　　　(b) 210 ns　　　　　(c) 240 ns

图 4 - 16　柱形铝丝阵 Z 箍缩动力学过程中不同时刻的激光探针图像[18]

双层嵌套丝阵(nested wire array)是对柱形丝阵的一种改进构型[22-23],在该构型中,由于电感分流的影响,外层丝阵先于内层丝阵内爆[24,26]。两层丝阵相互作用的过程对内爆等离子体起到了一定的稳化作用,外层丝阵所发展的不稳定性在该过程中被"重置"[27,29]。同时,双层嵌套丝阵也能起到陡化辐射脉冲前沿的作用[30-31]。平面型丝阵(planar wire array)则由于其高效的 X 射线辐射特性,在 Z 箍缩领域也得到了较多的研究[32,35]。由于该构型为非柱对称结构,丝阵中每根金属丝上分得的电流由其电感决定[36,38]。外侧丝将分得较大电流,因此其消融率要高于内部的金属丝。当最外侧丝消融完毕则将发生电流向其临近丝的转移,这种现象被称为平面丝阵的级联消融现象[39]。平面型丝阵中异常能量耦合机制也较柱形丝阵更为显著,即最终辐射总能量大幅超过实验中内爆等离子体动能的现象[40]。

综上所述，一方面，国际上对丝阵 Z 箍缩的内爆动力学行为及辐射特性开展了大量的研究，但是由于研究对象的复杂性，目前其中一些重要过程的物理机制还有待进一步的深入研究，如金属丝电爆炸的相变过程、多丝电爆炸的产物状态、相邻丝间相互作用的物理过程等。另一方面，不同电流、负载参数下丝阵 Z 箍缩的研究大多立足于由芯-晕结构发展而来的内爆动力学过程。但是对芯-晕结构调控、抑制方法的研究刚刚开始，对不形成丝芯情况下丝阵 Z 箍缩的研究仍为空白。近年来，以聚变能源为代表的重大应用前景已成为推动世界各国 Z 箍缩技术发展的巨大动力。因此，及时开展对丝阵 Z 箍缩具有决定性影响的电爆炸阶段产物状态调控方法、汽化状态对内爆物理过程影响机理的研究显得尤为迫切。

4.4.2 丝阵的不均匀消融过程

20 世纪 80 至 90 年代的关于丝阵 Z 箍缩内爆动力学研究中，认为相互分立的金属丝在被脉冲电流加热后首先会各自膨胀并与相邻丝发生融合，使得丝阵负载整体转化为壳层结构，该壳层结构将在电磁力的驱动下发生内爆[41]。在 1996 年，Sanford(桑福德)等细致研究了金属丝阵尺寸参数与最终辐射功率的关系，发现随着金属丝间隙的减小，最终辐射功率也有所变化；而当负载金属丝间隙约为 1.4 mm 时，滞止时刻所探测到的 X 射线辐射信号得到了显著提升；该报道同样推测较小丝间隙的丝阵负载在脉冲电流下将相互融合形成壳层，该过程有助于提高内爆均匀性[42]。

为了进一步探究改善内爆等离子体均匀性、提高辐射效率的方法，人们对丝阵 Z 箍缩的早期演化过程展开了细致研究。21 世纪初，随着更高时空分辨的拍照技术在 Z 箍缩等离子体诊断中的应用，Lebedev(列别杰夫)等发现早期丝阵负载并非从一开始就向轴线运动，而是丝芯在其初始位置几乎保持静止，并且出现等离子体流不断从丝芯剥离并向轴线位置运动的现象，该过程被称为丝阵的不均匀消融阶段[43]；基于上述实验结果提出了丝阵 Z 箍缩在内爆早期是由芯-晕结构的不均匀消融所主导的(约占 80% 内爆时间)[18]。

丝阵负载中的金属丝在脉冲电流初始阶段将被加热并发生相变形成芯-晕结构。环绕低电导率丝芯结构的高电导率晕层等离子体将分得大部分驱动电流，载流的晕层等离子体在全局磁场的作用下将向负载轴线处加速运动，而静止的丝芯结构则由于外层受到电流的持续加热而不断电离出新的等离子体，从而形成了持续的消融流结构[44-45]。消融等离子体流将率先到达轴线处，并形成先导柱结构[20]。同时，丝阵消融往往表现出严重的轴向不均匀特征，实验图像中可观察到消融流沿轴向呈一定波长的准周期性分布[18]。研究认为，消融结构波长与金属丝的材料属性密切相关，可能由欧姆加热阶段的电热不稳定性发展而来[31,46]，如图 4-17 所示。

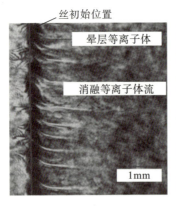
（a）铝丝阵153 ns

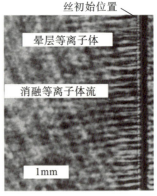
（b）钨丝阵220 ns

图 4-17 不同材质丝阵内爆早期消融流的形态照片

消融结构的不均匀性必然带来金属丝不同位置处的质量消融率不同，当一根丝上某个位置处的质量率先剥离完毕时，则会在相应的位置出现丝芯间隙。当间隙出现在丝芯上时，则会发生主要驱动电流由丝芯向内爆等离子体的转换。上述过程会为后续的主体内爆带来严重的轴向不均匀性扰动，并将在加速度较高（消融过程结束后，驱动电流也上升至较高水平）的内爆等离子体中发展为较大的不稳定性。同时，残余在金属丝初始位置未消融完毕的丝芯则无法参与内爆，形成拖尾质量。可见，不均匀消融阶段所带来的影响贯穿了丝阵 Z 箍缩从初始化到内爆滞止的始终，因此消融过程是丝阵 Z 箍缩的一个重要特征阶段[48-49]。

基于丝阵消融过程的实验研究，Lebedev 等提出了一个唯象模型用以描述丝芯质量在消融过程中的变化率，称之为"火箭模型"，模型示意图如图 4-18 所示[18]。

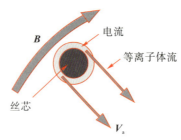

图 4-18 静态丝芯的晕层等离子体在全局磁场作用下消融的"火箭模型"示意图[18]

模型中假设载流的晕层等离子体厚度可以忽略且呈环形围绕丝芯分布。根据实验结果,全局磁场作用下晕层等离子体将被剥离,并以近似线性速度V_a向轴线运动,若丝阵半径为R,线质量为m,则质量消融率可表示为

$$m' = -\frac{\mu_0 I^2}{4\pi R V_a} \quad (4-14)$$

通过式(4-14)可进一步计算获得不同时刻丝芯上的质量消融率以及消融总质量。研究发现,丝阵Z箍缩中的丝芯消融率不但与丝阵参数(直径、丝数)有关,同时也与金属丝材料的物性参数相关联[21]。可见,丝阵的消融直接决定了内爆过程的质量分布,对于丝阵内爆动力学与能量转换有着重要影响。

4.4.3 丝阵Z箍缩动力学唯象模型

在丝阵Z箍缩的负载设计与实验研究中,唯象模型(零维薄壳模型、雪耙模型)作为有效的内爆轨迹和滞止时刻预测手段得到广泛的应用[5,50]。也有研究利用唯象模型对丝阵Z箍缩中的能量转换机制作了深入分析[51-52]。此外,由于唯象模型的简洁性,还可将其等效为电路参数耦合在驱动源的电路模型中,以此来研究驱动源电路与丝阵负载的匹配关系[53,55]。

4.4.3.1 零维薄壳模型

零维薄壳模型忽略了内爆等离子体的轴向和角向的不均匀性,将磁压驱动下的柱形等离子体内爆等效为空间中单个质点的运动方程。模型中假设内爆质量均匀分布在厚度可忽略的柱面上,磁感应强度为B,真空磁导率为μ_0,则柱面上的磁压$B^2/2\mu_0$等于作用在壳体上的力F_{shell}与其表面积S_{shell}的比值,有

$$\frac{-B^2}{2\mu_0} = \frac{F_{\text{shell}}}{S_{\text{shell}}} \quad (4-15)$$

将柱壳等效为质点,柱壳的总质量为M,根据牛顿第二定律,柱壳上所受的力F_{shell}与其加速度(半径r的二阶导)的关系可表示为

$$F_{\text{shell}} = M \frac{d^2 r}{dt^2} \quad (4-16)$$

若负载高度为l,而柱对称壳体的表面积S_{shell}可表示为

$$S_{\text{shell}} = 2\pi r l \quad (4-17)$$

柱面上所受的磁压与其承载的总电流有关。角向磁场与电流的关系可表示为

$$B = \frac{\mu_0 I}{2\pi r} \quad (4-18)$$

将上述表达式(4-16)、式(4-17)、式(4-18)代入式(4-15)，有运动方程：

$$m\frac{\mathrm{d}^2 r}{\mathrm{d}t^2} = -\frac{\mu_0 I^2}{4\pi r} \quad (4-19)$$

式中：m 为负载的线质量。式(4-19)为零维假设下的柱面在轴向电流驱动下内爆过程的等效运动方程。

4.4.3.2 雪耙模型

基于对不均匀消融现象的研究，可知 Z 箍缩等离子体的内部并非真空，而是存在一定的密度分布 $\rho(r)$。雪耙模型同样忽略了等离子体的角向和轴向不均匀性，认为内爆柱面在其运动的路径上存在特定的密度分布 $\rho(r)$[56]，柱面在向轴线运动的过程中与相应位置 r 处的质量发生完全非弹性碰撞，相互作用过程中动量守恒，柱面上的质量 M 不断积累[57]。根据动量定理，施加在柱面上的力 F_{shell} 为

$$F_{\mathrm{shell}} = \frac{\mathrm{d}\left(M \cdot \dfrac{\mathrm{d}r}{\mathrm{d}t}\right)}{\mathrm{d}t} = \frac{\mathrm{d}M}{\mathrm{d}t} \cdot \frac{\mathrm{d}r}{\mathrm{d}t} + M \cdot \frac{\mathrm{d}^2 r}{\mathrm{d}t^2} \quad (4-20)$$

因内爆中壳层向内运动，其运动速度 $\mathrm{d}r/\mathrm{d}t$ 为负，因此可将式中质量元 $\mathrm{d}M$ 分解为如下形式：

$$\frac{\mathrm{d}M}{\mathrm{d}t} = -\frac{1}{\mathrm{d}t}\left[2\pi r \rho(r)\mathrm{d}r\right] l \quad (4-21)$$

将式(4-19)、式(4-20)和式(4-21)代入式(4-14)后，雪耙假设下的运动方程为

$$\begin{cases} m\dfrac{\mathrm{d}^2 r}{\mathrm{d}t^2} - 2\pi r \rho(r)\left(\dfrac{\mathrm{d}r}{\mathrm{d}t}\right)^2 = -\dfrac{\mu_0 I^2}{4\pi r} \\ \dfrac{\mathrm{d}m}{\mathrm{d}t} = -2\pi r \rho(r)\dfrac{\mathrm{d}r}{\mathrm{d}t} \end{cases} \quad (4-22)$$

式中：m 为内爆柱面在 t 时刻的线质量，上式可用以描述雪耙假设下的内爆柱面的轴向运动过程。由上述雪耙内爆的过程可知，在该假设下的内爆等离子体不断发生动量转换。若考虑在特定驱动电流下，通过设计 $\rho(r)$ 的分布（通常为向轴线处递增），则有可能实现磁压加速与动量转换减速的平衡，从而使得内爆等离子体的整体加速度趋于 0。内爆等离子体的不稳定性发展速度与其加速度相关联，因此通过设计 $\rho(r)$ 分布也会抑制内爆不稳定性的发展。同时，雪耙内爆边界的冲击波作用也对不稳定性发展有着优化效果[58]。上述密度分布对内爆的影响被称为"雪耙致稳"效应[59,61]。

4.4.4 利用预脉冲电流提高丝阵 Z 箍缩内爆品质的研究

丝阵 Z 箍缩的不均匀消融是由芯-晕结构发展而来的过程，因此对金属丝的芯-晕结构进行调控，有可能对丝阵 Z 箍缩的消融过程产生抑制效果，从而改善内爆的均匀性。由金属丝早期演化行为可知，在快前沿脉冲电流的作用下，若丝中沉积能量超过原子化焓，则有可能不形成丝芯结构。因此，在驱动电流到来之前引入预脉冲电流对丝阵进行预加热的调控手段自然被提出。需注意，预脉冲电流调控区别于 Z 箍缩装置的固有预脉冲现象，后者为驱动电流快速上升之前存在的持续性低幅值电流，驱动源的固有预脉冲对于丝阵内爆过程有着不利影响，因其前沿较慢促进了金属丝芯-晕结构的提前形成。本章后续内容中提到的"预脉冲"均指驱动电流起始之前额外引入的快前沿电流脉冲。

1998 年，帝国理工大学的 Lorenz(洛伦茨)等利用独立的 Marx 发生器，为碳纤维金属丝 Z 箍缩引入了预脉冲(10 kA、180 ns)调控，研究发现预脉冲的主要影响包括：延迟了 X 射线的发出的时间；X 射线的产额增加了 10～20 倍；电子温度提高了约 2 倍[62]。2008 年，Calamy(卡拉米)等基于 Sphinx 装置(6 MA，法国)，利用外置 LC 回路为负载区引入了长脉宽(10 kA、50 μs)预脉冲电流，对铝丝阵负载进行预加热[63]，研究发现预脉冲作用下的内爆均匀性得到了提升，辐射波形也得到了改善。李沫等在"强光Ⅰ号"装置(1.3 MA、100 ns)上，通过预脉冲开关、闪络开关等手段，为负载区引入了预脉冲电流；研究了预脉冲(70 kA、100 ns)对平面型钨丝阵内爆动力学过程和最终 X 射线辐射特性的影响[64]；与 Calamy 的结论类似，"强光Ⅰ号"上的实验结果中同样表现出轴向不均匀性被抑制的现象，最终 X 射线辐射脉冲的半高宽获得进一步的缩短，辐射功率也由 320 GW 提高到 500 GW。

Lebedev 等于 2011 年提出了二级丝阵(two-stage wire array)的特殊负载构型来为内爆丝阵引入快前沿预脉冲电流[65]。二级丝阵构型包括上方的负载丝阵与下方的反向丝阵，如图 4-19 所示。其中负载丝阵正常内爆，反向丝阵则在电流的驱动下外爆。该构型利用了电感分流机制，使下方的外爆丝阵发挥了快速电流开关的作用。

在 MAGPIE 装置(1.4 MA、240 ns)上开展的相关实验研究表明，利用二级丝阵构型可在主脉冲电流起始前约 100 ns 引入一个 5 kA/50 ns 的预脉冲电流[66]。快前沿预脉冲电流可将铝丝阵负载完全汽化，汽化的铝丝在之后约 100 ns 的预、主脉冲电流间隔内自由膨胀，实现负载质量的再分布。内爆早期的干涉诊断结果表明，汽化丝阵负载的平均电离度为 4[65]。汽化负载在主脉冲作用下向轴线箍缩内爆，最终未观察到消融现象与先导等离子体柱，滞

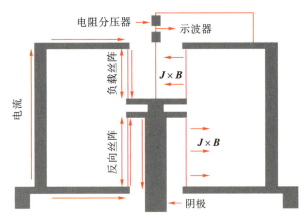

图 4-19　二级丝阵负载构型示意图[65]

止时刻也不存在拖尾质量,如图 4-20 所示。

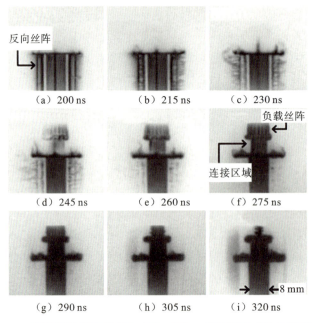

图 4-20　二级丝阵负载 Z 箍缩在 200~320 ns 时间范围内的自发光图像[66]

上述研究表明,在丝阵 Z 箍缩中,引入恰当的预脉冲电流有利于内爆均匀性和辐射功率的提高。然而在上述研究中,预脉冲电流的参数均依赖于外置电路或特殊负载构型,难以实现对预脉冲的电流上升率以及延时的控制。此外,特殊负载构型引入预脉冲的方法为负载区带来了额外的电感,同时也会对负载区的磁场、电流和电压诊断带来一定干扰。

4.4.5　Z箍缩在惯性约束聚变领域的应用

4.4.5.1　动态黑腔惯性约束聚变

20世纪90年代中期，Z箍缩在负载设计方面取得了突破性进展，随着大数目丝阵负载的采用，有效地减小了Z箍缩过程中的不稳定性，使得X射线辐射功率有了显著的提高。特别是多层嵌套式丝阵负载的出现，极大地提高了X射线的辐射功率。1999年在桑迪亚实验室Z装置（100 ns、20 MA）上，采用双层丝阵负载（外层直径为7 μm 的240根钨丝构成直径为2 cm的丝阵列，内层用120根相同的钨丝构成直径为1 cm 的丝阵列），获得了总能量2 MJ，辐射功率290 TW的软X辐射，能量耦合率超过了15%，这一里程碑式的实验结果重新点燃了研究者对Z箍缩用于ICF的希望，使得Z箍缩迅速成为研究前沿和热点。

由于Z箍缩具有高能量耦合效率、低成本的优点，利用Z箍缩间接驱动ICF的研究工作重新受到美国ICF计划的重视，基于丝阵负载的动力学黑腔(dynamic hohlrum)及双端黑腔(double-ended hohlraum)的概念性设计（见图4-21）相继出现并在实验上获得了满意的结果[7]。其中动力学黑腔的温度接近230 eV，驱动 D_2 靶丸时吸收最多35 kJ的X射线，热核聚变中子产额最高可达到 3×10^{11}。双端黑腔实验中黑腔温度达到70 eV，靶丸的最终压缩比达到14~21。与此同时，基于重复频率运行的Z箍缩驱动靶室技术并最终应用于惯性约束聚变发电(Inertial Fusion Energy, IFE)的概念也被提了出来。ICF在全面禁核试形势下对核武器物理模拟的重要性，以及IFE开发聚变能源的巨大吸引力逐渐成为牵引Z箍缩研究的两大重要应用背景。正因如此，建造驱动电流为60~100 MA，电功率达拍瓦量级的脉冲功率装置用于开展Z箍缩研究的计划也被美国、俄罗斯等国家相继提出。

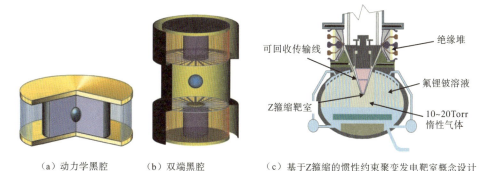

(a) 动力学黑腔　　(b) 双端黑腔　　(c) 基于Z箍缩的惯性约束聚变发电靶室概念设计

图4-21　动力学黑腔及双端黑腔的概念设计

4.4.5.2 磁化套筒惯性约束聚变

近年来,Z 箍缩聚变研究的重心从间接驱动转移到了直接驱动上,一个相对较新的 Z 箍缩聚变概念——磁化套筒惯性约束聚变(Magnetized Liner Inertial Fusion,MagLIF)应运而生。美国桑迪亚实验室进行了许多关于 MagLIF 的研究[67,72],为本书的工作提供了许多动机。实验证明,同等电流水平下,MagLIF 比传统的动态黑腔聚变产额要高很多,并且其设计理念影响了下一代激光惯性约束聚变系统的设计。

MagLIF 系统设计如下:一个圆柱固体金属,一般选择使用 Be,其厚度为几百微米,半径为几毫米。在套筒中心填充了氘(DD)气体或氘-氚(DT)气体的混合物。MagLIF 主要过程可以分为三个阶段,图 4-22 展示了其概念示意图。

(a) 阶段1:预磁化　(b) 阶段2:预热　(c) 阶段3:内爆压缩

图 4-22　MagLIF 概念示意图

1. 阶段 1:预磁化(pre-magnetization)

首先施加上升时间足够长(毫秒级)的轴向磁场,以使其扩散至均匀分布。在轴向磁场的作用下,带电粒子作拉莫尔回旋运动而非自由扩散。一方面约束了 α 粒子,放宽了达到点火密度条件。另一方面减小了沿着 R 方向的热导率,从而减小了热损耗。桑迪亚实验室一直以来使用亥姆霍兹线圈产生轴向磁场,产生了约 10 T 的轴向磁场。但是为了产生这么大的轴向磁场,严重的加大了负载回路的电感,使得 Z 装置的输出电流只有约 20 MA 而非额定的 26 MA。采用新的结构使得轴向磁场不影响回路电感是目前桑迪亚实验室研究 MagLIF 的一个重要方向[73]。

2. 阶段2：激光预热(laser pre-heating)

预磁化后，使用一束千焦级的激光从轴向加热内部的 DD 和 DT 聚变燃料，使其到达约 250 eV 的等离子体状态。不同于球形压缩激光惯性约束聚变，MagLIF 套筒属于柱形二维压缩，因此内爆压缩比无法达到很高值，只有 10 左右。预热后的聚变燃料在同等压缩比的条件下能够达到更高的温度，降低了点火的门槛。目前激光预热还存在的主要问题是激光能量与等离子体耦合效率过低的问题。桑迪亚实验室发现由于能斯特方程的作用，单纯提高激光能量无法提高等离子体温度，必须同时提高轴向磁场和激光能量才行[68,74,76]。

3. 阶段3：内爆压缩

预热之后，给套筒加载 Z 装置的大电流，使其发生内爆压缩。压缩过程中不断加热聚变燃料，使其达到一个很高的温度和密度。同时压缩轴向磁场，在压缩比为 10 的条件下能够将轴向磁场增大至原来的 100 倍。最终期望实现聚变点火。2014 年，Gomez(戈麦斯)等在 Z 装置上进行了激光预热磁化套筒实验[77]，单发次中子产额达 10^{12}。

图 4-23 展示了 MagLIF 实验的 X 射线背光照相图片。MagLIF 在内爆压缩阶段，最主要的问题有两个。一是套筒内部金属等离子体的行为。当电流逐渐扩散到套筒内部时，会烧蚀套筒向内产生 Be 等离子体。Be 等离子体会污染中心的聚变燃料，使得聚变产额降低。因此，在实验中要保证尽量少甚至没有电流位于套筒内部，这也是 MagLIF 选择厚度非常大的套筒进行实验的原因[72,78]。在压缩套筒的过程中，内部保持了稳定，没有产生等离子体。另一个主要问题是磁瑞利-泰勒不稳定性[79,80]。磁瑞利-泰勒不稳定性广泛存在于各类 Z 箍缩构型(丝阵、气体、套筒等)中[81,83]。它的原理类似于纯流体力学的瑞利-泰勒不稳定性[84]，当轻流体加速重流体或压力梯度指向与密度梯度相反的方向时，在流体边界就会出现这种不稳定性。当 Z 箍缩内爆

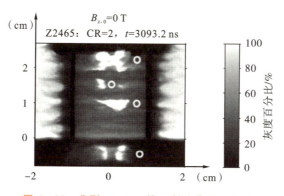

图 4-23 典型 MagLIF 的 X 射线背光照相图

时，磁场(零质量流体)加速推动等离子体(重质量流体)，边界就产生了不稳定性。内爆时的外边界产生了非常严重的不稳定性，它使得内爆不均匀，严重减小了压缩比，降低了聚变燃料滞止时的温度密度，导致聚变产额减小。

4.5 实验室天体物理

研究人员利用脉冲功率装置上展开的金属丝和金属箔的放电等离子体实验，可以在毫米-厘米量级空间创造高能量密度物理条件，从而在实验室中模拟天体物理环境中的物理条件及某些物理过程，进而推动了实验室天体物理的发展。下面介绍几个典型的模拟天体物理实验类型。

4.5.1 辐射不透明度测量

由于韧致辐射、辐射复合和谱线发射等原子过程及其逆过程的存在，等离子体会吸收和发射光子，在其中形成辐射场。等离子体与辐射场往往相伴存在，互相影响。辐射输运指的是辐射(电磁波)在介质(等离子体)中传播受吸收、发射和散射影响的过程。典型辐射输运方程如下所示(不考虑散射时)：

$$\frac{1}{c}\frac{\partial I}{\partial t} + \hat{\Omega} \cdot \nabla I + \rho \kappa I = \eta \tag{4-23}$$

式中：$I(r,\hat{\Omega},\nu,t)$ 为辐射强度，它是空间位置、方位角、频率(辐射电磁波的波长)和时间的函数；η 为辐射发射系数；κ 为辐射不透明度，它们与等离子体的温度、密度和辐射电磁波的频率有关。

辐射不透明度表征了辐射电磁波的强度经过等离子体被吸收的比例，它是研究惯性约束聚变和实验室天体物理研究(如恒星内部演化)的重要部分。例如，使用精细化光球光谱分析太阳时，会得到C、N和O元素的含量比实际观测少30%~50%的结论。如果太阳内部实际的平均辐射不透明度比计算值高15%时，这种差异就可以解释，因为不透明度的增加意味着元素丰度的增加。2015年，桑迪亚实验室的Bailey(贝利)等在 Nature 上发表了在Z装置上利用Z箍缩动态黑腔实验开展Fe元素辐射不透明度测量的最新数据[85]。实验设计如图4-24所示，在Z箍缩动态黑腔负载的轴向位置放置了由塑料包裹着非常薄的(<1 μm)Fe等样品。他们巧妙地利用了Z装置上的丝阵Z箍缩动态黑腔实验的辐射特征，利用冲击波传播阶段空间分布较为均匀的黑腔辐射源加热Fe等元素样品，利用冲击波聚心产生的小尺度高温软X射线连续辐射作为背光源，实现了在一定范围内对等离子温度密度进行准确调控和高分辨辐射吸收谱测量。通过在Fe样品中添加Mg作为示踪元素，测量得到实

验中 Fe 电子温度为 $(1.9\sim2.3)\times10^6$ K，电子数密度为 $(0.7\sim4.0)\times10^{22}\,\text{cm}^{-3}$，这已经非常接近太阳等离子体中辐射/对流区的参数[14]。最终获得了 Fe 等元素在该状态下的辐射不透明度定量数据。典型的辐射不透明度测量原理及实验结果如图 4-25 所示。结果表明，Fe 的不透明度比最完备理论计算值高出了 30%~400%，部分解释了太阳元素丰度与观测值与理论值之间的差异，尽管 Fe 在太阳中只贡献了约 1/4 的辐射不透明度。

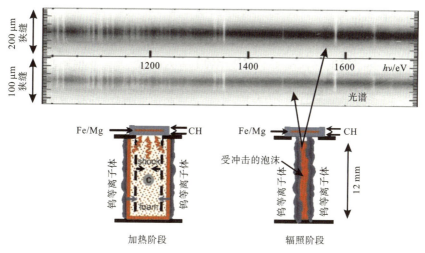

图 4-24　Z 箍缩动态黑腔辐射不透明度实验设计图

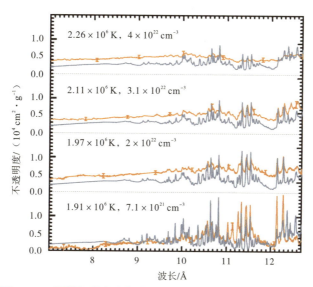

图 4-25　不同温度密度条件下 Fe 辐射不透明度能谱分布结果
（红线为实验结果，蓝线为计算结果）

4.5.2 等离子体射流

使用脉冲放电产生的等离子体，可以产生各种磁流体动力学结构，包括天体物理喷流、天体物理爆炸波、磁重联（magnetic reconnection）和磁化辐射主导的等离子体射流（magnetized radiative dominated flows）等。这类实验的等离子体尺度从毫米到 10 cm 不等，远小于宇宙中的天体物理过程的尺寸，需要与真实的天体物理过程满足一定的标度变换关系。由于实验的等离子体尺寸小，因此可以使用各种诊断技术，研究天体物理中最精细的结构，其模型及其参数具有较高的重复性。

4.5.2.1 径向箔

天体射流（jets）是银河系和宇宙中最常见的天文现象，它具有高准直和高马赫数的特点。射流的产生机制以及其伴随的高能 X 射线发射过程一直是天体物理学家的研究热点。径向箔能够用于研究速度约 100 km/s 的年轻恒星射流（YSO jets）[86]，它的构型和原理如图 4-26 所示。中心阴极柱与上方一层很薄的（<10 μm）金属箔相连，随后金属箔与环绕在周围的圆柱形阳极相连。脉冲功率大电流通过金属箔时，加热烧蚀金属箔产生等离子体。圆形金属箔上的电流方向为径向（r 方向），其空间磁场为角向（θ 方向），因此，在洛伦兹力的作用下，等离子体会沿着轴向（z 方向）运动，产生等离子体射流。在径向箔构型中，洛伦兹力与半径的平方成反比，远离中心阴极的金属箔区域产生的等离子体射流较少，以致于等离子体射流在靠近阴极附近的轴向位置高度准直。

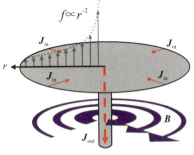

(a) 构型　　　　　　　　　　　　　(b) 原理

图 4-26　径向箔的构型和产生等离子体射流的原理

图 4-27 展示了径向箔的发展过程。一开始，靠近阴极区域的金属箔（致

密等离子体)在洛伦兹力的作用下整体上升,随后在顶端产生等离子体射流,射流的电子密度约为 10^{18} cm^{-3}。在这个阶段,绝大多数电流通过致密等离子体区域,它此时受到轴向向上和径向向外的洛伦兹力,产生了"磁泡"结构。磁泡不断向外扩大,最后由于等离子体不稳定性的影响,磁泡破裂。我国中物院流体研究所的研究人员在 10 MA 装置上进行了一系列径向箔实验,发现径向箔在磁泡破裂时会因为电子的韧致辐射产生大量的 X 射线,磁场能量转换为 X 射线能量,其中软 X 射线的能量约为几十千焦,而硬 X 射线的能量约为 200 J。这一研究部分解释了天体物理中年轻恒星射流(YSO jets)的高温 X 射线现象。

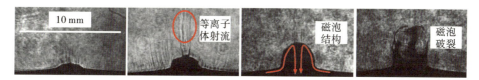

图 4-27　径向箔实验的激光阴影图像结果,展示了磁泡现象的产生和发展[87]

4.5.2.2　反向丝阵

当 Z 箍缩的负载(丝阵、套筒、气体等)位于外圆柱侧,而回流柱阴极位于中心,即与 Z 箍缩构型刚好相反时,产生的洛伦兹力驱动放电等离子体沿 r 方向向外运动。图 4-28 展示了这种构型。不同于一般的受热膨胀的外爆等离子体,这种等离子体流的磁雷诺数＞1,即磁冻结效应大于磁扩散效应,磁场会随着等离子体一起向外运动。

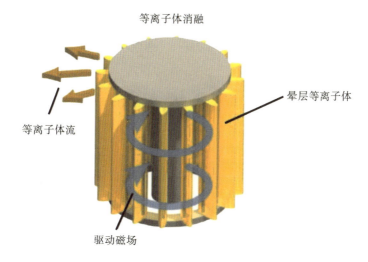

图 4-28　反向丝阵产生的等离子体流

这种以磁冻结为主的等离子体流能够模拟宇宙中存在的许多现象，典型的如磁重联过程。磁重联是一种通过局部电流重分布改变磁场整体拓扑结构的现象。当两个磁通管（等离子体）碰撞时，碰撞的区域如果它的磁场是相反的，叠加在一起磁场会迅速减小到 0。此时，大量的电磁能会转换为内能和辐射能。研究该类过程对理解宇宙中的恒星耀斑、吸积盘等过程有重要的意义。英国帝国理工大学的 Lebedev 等利用两个外爆反向丝阵等离子体相碰撞，模拟了磁重联过程（见图 4-29）。他们通过激光干涉和法拉第旋光的方法测量磁重联过程中电子密度和磁场的分布。

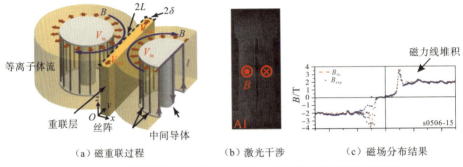

图 4-29　反向丝阵模拟的磁重联过程、激光干涉和磁场分布结果

4.6　低阻抗杆箍缩二极管

杆箍缩二极管（Rod-Pinch Diode，RPD）属于强流电子束二极管的一种，是用于硬 X 射线（光子能量＞10 keV）闪光照相[①]的经典负载构型之一，其结构如图 4-30 所示。二极管由环状阴极与一端磨尖的阳极杆组成，阴极发射电子轰击阳极杆进而通过韧致辐射产生 X 射线光子，阳极杆一般使用钨、钽等高原子序数的金属制成。

RPD 利用电流自磁场使电子束聚焦于杆状阳极尖端，具有结构简单、焦斑位置稳定且尺寸小（约 1 mm）等优势，被认为是综合性能良好的闪光照相负载。美国海军实验室在 1978 年基于 SOL 和 GAMBLE I 装置的实验结果首次报道了

---

① 硬 X 射线闪光照相是获取高密、高速目标的密度、速度、结构、形态等特征的有效手段，在材料、爆轰、武器及高能量密度物理等领域有重要应用。例如在电磁炮中间弹道研究方面，光子能量数十千电子伏特量级的闪光照相可透过包裹发射体的稠密等离子体、烟尘等干扰，对弹拖、电枢与发射体的分离过程进行诊断，并获取发射体姿态、形变等关键数据，为高超声速弹丸设计提供实验指标，对提升电磁炮打击精度具有重要意义。

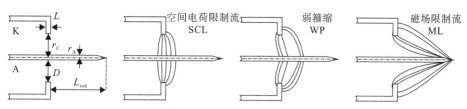

图 4-30　真空间隙杆箍缩二极管的结构及主要物理过程示意图

RPD 的箍缩电子流以及径向离子流现象[88]。此后，研究人员在 GAMBLE I&II、Cygnus、MIG、"剑光"等脉冲功率装置上针对 RPD 开展了大量工作，并出现了以瑞典 Scandiflash AB 公司为代表的中、低压成套装备供应商。

经典真空间隙 RPD 阻抗较高（数十欧姆），限制了其束流强度和功率密度的提高，不利于点源亮度提升及驱动源小型化。真空间隙 RPD 一般由感应电压叠加器等高阻抗驱动源驱动，典型工作电流为数十千安至百千安；采用低阻抗大电流驱动源时（如 Marx 发生器加水线脉冲源），通常需要并联若干不出光的假负载以降低负载阻抗，从而减小末端反射对驱动源本体的冲击，但这并不能提高驱动源到有效负载的能量传输效率[89]；商用闪光照相源通常也采用真空间隙 RPD 构型，但其工作电流小，二极管的电流受空间电荷限制，不发生自箍缩，因此点源尺寸大、亮度低，且一般轴向（沿着阳极杆方向）辐射强度分布为中空的环形。

X 射线闪光照相是一种点投影成像，因此从图像质量的角度，希望提高光源亮度以增大图像信噪比，减小光源尺寸以增加分辨率，同时光子能量应适当，光子能量过低时没有足够的光子穿透客体到达成像元件，而光子能量过高时成像设备的响应变差，且散射效应显著，造成图像对比度下降。从电路的角度，为了提高光源亮度或光子数，应增大二极管电流；而由于韧致辐射产生的光子能量取决于电子动能或加速电子的电压，因此通过提高二极管电压来增大电流的方式是不适当的。由此可见，减小二极管阻抗是在一定电压等级或光子能量下提高束流强度和光源亮度的最佳途径。采用等离子体预填充的方式可有效降低 RPD 阻抗，从而提高束流强度并实现与低阻抗、高功率密度驱动源的匹配能量传输。

目前实现等离子体预充的主要方式包括等离子体枪、金属箔短接及金属丝短接。等离子体枪一般由独立脉冲源驱动[90-91]，通过短距离绝缘沿面闪络产生等离子体并扩散到二极管间隙形成初始短路状态（阻抗<1 Ω）。等离子体枪与主脉冲需满足一定的时序配合关系，即主脉冲施加时刻预充等离子体扩散至阳极锥尖附近，这对等离子体枪驱动源与主脉冲源的同步提出了一定要求；虽然等离子体枪可多次使用，但阳极锥尖仍会被大电流烧毁，因此每次拍照后仍需打开真空腔更换负载。采用金属箔短接二极管阴阳极，在主脉冲驱动下发生电爆炸也可实现预充等离子体，且不需要额外的等离子体枪和同

步系统[92]；但金属箔成本高、装配复杂，且抽真空过程中容易因阳极针尖位移而与之脱离形成真空间隙，影响阻抗调控效果，同时，为获得较低的等离子体密度需要采用超出目前工艺水平的极薄金属箔。为此，2018年Sorokin（索罗金）等提出利用金属丝短接RPD阴阳极[93]，较好地解决了负载质量匹配以及装配问题，且MIG装置上的实验结果表明金属丝短接所形成的三维构型并不影响最终电子束流打靶的均匀性。

如前所述，目前RPD负载构型主要有两种，即真空间隙RPD与等离子体预填充RPD。虽然两种负载均可产生高亮度硬X射线焦斑，但其工作的物理过程有显著差异。

如图4-30所示，真空间隙RPD的物理过程可以分为四个阶段[94]：空间电荷限制流(Space-Charge Limited，SCL)阶段、弱箍缩(Weakly Pinched，WP)阶段、磁场限制流(Magnetically Limited，ML)阶段以及阻抗崩溃。RPD真空间隙初始为高阻抗状态(仅可流过微小的位移电流，由阴阳极结构电容决定)，高压脉冲加载后真空间隙电压升高使阴极表面发生场致发射，电子在电场作用下进入阳极，形成电流，这一阶段载流子由阴极场致发射提供，电流大小受载流子数量限制，因此称为空间电荷限制流阶段。随着电压继续升高，电子电流密度相应升高，同时阳极表面的吸附气体及低沸点碳氢杂质在电子轰击作用下析出并电离产生正离子，正离子也可作为载流子向阴极运动，这进一步加快了间隙电流的增大，从电路上则表现为间隙阻抗降低。RPD间隙电流升高到一定程度，其产生的磁场将首先对电子的运动轨迹产生影响(与离子相比电子质量低、速度高，所受洛伦兹力更大)，使电子流向阳极方向偏转，称为弱箍缩阶段。随着电流进一步增大，电子在磁场中的回旋半径逐渐减小，当电流增大到一临界值，电子回旋半径与阴阳极间隙距离相等，此时电子流与阳极表面相切掠入射，这是一种磁绝缘的临界状态。掠入射电子流在阳极表面入射点附近形成等离子体层，后续电子进入这一区域后发生电场漂移，漂移速度方向 $E \times B$ 指向阳极杆尖端，这使得电子可以穿越这一等离子体区域，并在电场力作用下轰击更远处的阳极表面，形成新的等离子体层。此后电子轰击位置沿阳极杆向下游迅速移动，并最终在阳极杆尖端形成高电流密度电子流，产生韧致辐射X射线焦斑，这一过程起始于电流自磁场对电子电流的"切断"作用，因此称为磁场限制流阶段。阳极表面等离子体密度随电流增大，当其运动到阴极后即导致阴阳极短路，二极管阻抗崩溃，用于加速电子的高压消失，二极管停止出光。

图4-31为预填充等离子体杆箍缩二极管(Plasma-Filled Rod-Pinch Diode，PFRPD)结构主要物理过程[95]。放电前使用等离子体枪向二极管真空

区域注入低密度等离子体，使二极管初始工作状态等效于一个低阻抗短路感性负载；预充等离子体在电流自磁压作用下向阳极杆尖端运动，等离子体壳层到达阳极杆尖端并由于惯性与之脱离①，形成高阻抗的微二极管；此时等离子体壳层作为阴极发射电子轰击阳极杆尖，产生韧致辐射焦斑；阳极杆尖在电流加热作用下产生的高密度等离子体与等离子体壳层接触导致微二极管闭合，出光停止。

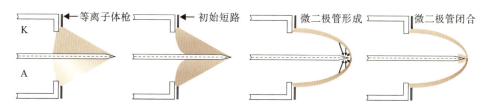

图4-31 预充等离子体的杆箍缩二极管结构及主要物理过程示意图

采用金属箔或金属丝短接 RPD 的阴阳极也是一种实现预充等离子体的方式，此时初始等离子体由箔或丝的电爆炸提供。俄罗斯大电流研究所较早开展了金属箔及金属丝短接 RPD 研究，Sorokin 在实验中发现，在 MIG 装置上采用金属箔短接时，RPD 阻抗过低，磁场能耗散的持续时长在 40 ns 左右，使得杆尖在这一段相对较长的时间内反复多次出光（微二极管多次产生与闭合）[96]。这种单个 RPD 负载多次出光的现象为多分幅闪光照相提供了一个技术思路，但由于目前无法调控出光脉冲数及时序，尚不具备应用价值。为获得单脉冲强 X 射线辐射，需要适当增加 RPD 阻抗，这就要求使用更薄的金属箔降低填充的等离子体密度。但由于薄金属箔制备困难，且脆弱不易装配，Sorokin 进一步提出了金属丝短接的 RPD 构型，并通过实验证实这种三维构型并不会显著改变 RPD 的出光效果，且能够有效消除多次出光现象；在 MIG 装置（1.3 MV、80 ns、0.65 Ω）上采用金属丝短接 RPD 构型成功产生了高剂量[1.5 rad@1 m(LiF)②]、小尺寸（0.7 mm）、短脉宽（约 10 ns）、近球形的 X 射线点源[97]。

西安交通大学开展了直线变压器驱动源③（LTD）驱动的金属丝短接 RPD

---

① 这里的"脱离"仅为假想中的出光机理，预充等离子体 RPD 形成微二极管的物理过程目前尚无直接实验依据。
② 距离辐射源 1 m 处使用 LiF 剂量片测得的剂量为 1.5 rad。
③ LTD 是一种高能量密度驱动源，被视为下一代大型脉冲功率驱动源的可行技术路线之一，其直接通过初级电容放电产生快脉冲而不经过脉冲压缩，因此能量传输效率高，善于在低阻抗负载上产生大电流。

研究[98-99]。图 4-32 展示了一种典型的负载结构，由两根 30 μm 直径铝丝短接阴阳极，由四级 LTD 驱动，在 LTD 单级±50 kV 充电电压下，获得了直径约为 0.45 mm、脉冲半宽约为 30 ns、平均光子能量约为 60 keV、辐射剂量为 0.6 rad@1 m(LiF)的近球形硬 X 射线点源。图 4-33 为轴向与径向拍摄的针孔图像，采用 5 mm 厚度铝板作为滤片，从两个方向观察时焦斑均为近圆形，灰度半宽分别为轴向 0.65 mm、径向 0.61 mm。考虑到针孔直径 0.4 mm 与焦斑尺寸可比拟，需要对图像进行复原处理，复原后焦斑半宽约 0.45 mm。

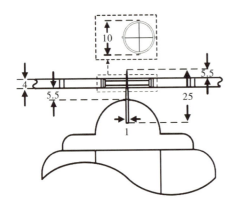 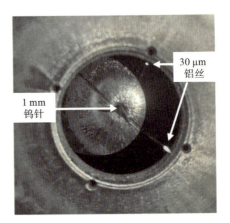

（a）负载结构示意图　　　　　　　（b）负载实物图

图 4-32　金属丝短接的低阻抗 RPD 负载构型（单位：mm）

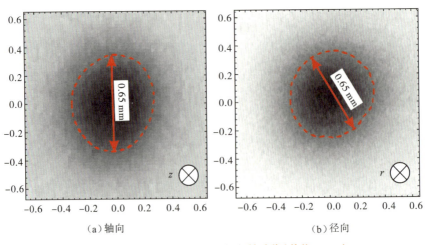

（a）轴向　　　　　　　　　　（b）径向

图 4-33　X 射线焦斑轴向与径向针孔像（单位：mm）

参考文献

[1] SARKISOV G S, BEIGMAN I L, SHEVELKO V P, et al. Interferometric measurements of dynamic polarizabilities for metal atoms using electrically exploding wires in vacuum[J]. Physical Review A, 2006, 73 (4): 042501.

[2] SARKISOV G S, ROSENTHAL S E, STRUVE K W. Dynamic polarizability of tungsten atoms reconstructed from fast electrical explosion of fine wires in vacuum[J]. Physical Review A, 2016, 94 (4): 042509.

[3] ROMANOVA V, IVANENKOV G, MINGALEEV A, et al. On the phase state of thin silver wire cores during a fast electric explosion[J]. Physics of Plasmas, 2018, 25 (11): 112704.

[4] CUNEO M E, VESEY R A, BENNETT G R, et al. TOPICAL REVIEW: Progress in symmetric ICF capsule implosions and wire-array z-pinch source physics for double-pinch-driven hohlraums[J]. Plasma Physics & Controlled Fusion, 2005, 48 (2): R1.

[5] LEBEDEV S V, ALIAGA-ROSSEL R, BLAND S N, et al. The dynamics of wire array Z-pinch implosions[J]. Physics of Plasmas, 1999, 6 (5): 2016-2022.

[6] GIBBS W W. Triple-threat method sparks hope for fusion[J]. Nature News, 2014, 505 (7481): 9.

[7] 杨海亮, 邱爱慈, 陈伟, 等. Z箍缩等离子体X射线产生及应用分析[J]. 科学通报, 2020, 65 (11): 10-16.

[8] MATZEN M K. Z pinches as intense x-ray sources for high-energy density physics applications[J]. Physics of Plasmas, 1997, 4 (5): 1519-1527.

[9] DEENEY C, NASH T, SPIELMAN R, et al. Power enhancement by increasing the initial array radius and wire number of tungsten Z pinches[J]. Physical Review E, 1997, 56 (5): 5945.

[10] SPIELMAN R, DEENEY C, CHANDLER G, et al. Tungsten wire-array Z-pinch experiments at 200 TW and 2 MJ[J]. Physics of Plasmas, 1998, 5 (5): 2105-2111.

[11] DENG J, XIE W, FENG S, et al. From concept to reality—a review to the primary test stand and its preliminary application in high energy den-

sity physics[J]. Matter & Radiation at Extremes, 2016, 1 (1): 48 - 58.

[12] HAINES M G. A review of the dense Z-pinch[J]. Plasma Physics & Controlled Fusion, 2011, 53 (9): 093001.

[13] WILLIAMSON K M, KANTSYREV V L, ESAULOV A A, et al. Implosion dynamics in double planar wire array Z pinches[J]. Physics of Plasmas, 2010, 17 (11): 4883.

[14] 肖德龙, 戴自换, 孙顺凯, 等. Z箍缩动态黑腔驱动靶丸内爆动力学[J]. 物理学报, 2018, 67(2): 195 - 203.

[15] JONES M, AMPLEFORD D, CUNEO M, et al. X-ray power and yield measurements at the refurbished Z machine[J]. Review of Scientific Instruments, 2014, 85 (8): 083501.

[16] HOYT C L, KNAPP P F, PIKUZ S A, et al. Enhanced keV peak power and yield using twisted pair "cables" in a z-pinch[J]. Applied Physics Letters, 2012, 100 (24): 244106.

[17] HALL G, CHITTENDEN J, BLAND S, et al. Modifying wire-array Z-pinch ablation structure using coiled arrays[J]. Physical review letters, 2008, 100 (6): 065003.

[18] LEBEDEV S V, BEG F N, BLAND S N, et al. Effect of discrete wires on the implosion dynamics of wire array Z pinches[J]. Physics of Plasmas, 2001, 8 (8): 3734 - 3747.

[19] DING N, ZHANG Y, XIAO D, et al. Theoretical and numerical research of wire array Z-pinch and dynamic hohlraum in the IAPCM[J]. Matter & Radiation at Extremes, 2016, 1 (3): 135 - 152.

[20] BOTT S, LEBEDEV S, AMPLEFORD D, et al. Dynamics of cylindrically converging precursor plasma flow in wire-array Z-pinch experiments[J]. Physical Review E, 2006, 74 (4): 046403.

[21] LEBEDEV S, AMPLEFORD D, BLAND S, et al. Physics of wire array Z-pinch implosions: experiments at Imperial College[J]. Plasma physics and controlled fusion, 2005, 47 (5A): A91.

[22] DEENEY C, DOUGLAS M, SPIELMAN R, et al. Enhancement of X-ray power from a Z pinch using nested-wire arrays[J]. Physical Review Letters, 1998, 81 (22): 4883.

[23] DING N, ZHANG Y, XIAO D, et al. Theoretical and numerical research of wire array Z-pinch and dynamic hohlraum at IAPCM[J]. Mat-

ter and Radiation at Extremes, 2016, 1 (3): 135 - 152.

[24] DING N, ZHANG Y, LIU Q, et al. Effects of various inductances on the dynamic models of the Z-pinch implosion of nested wire arrays[J]. Acta Phys. Sin, 2009, 58: 1083.

[25] ALEKSANDROV V, BRANITSKI A, GASILOV V, et al. Study of interaction between plasma flows and the magnetic field at the implosion of nested wire arrays[J]. Plasma Physics and Controlled Fusion, 2019, 61 (3): 035009.

[26] 杨震华, 刘全, 丁宁, 等. Z箍缩内爆等离子体双层丝阵负载设计的物理分析[J]. 强激光与粒子束, 2005 (10): 95 - 100.

[27] CHITTENDEN J, LEBEDEV S, BLAND S, et al. One-, two-, and three-dimensional modeling of the different phases of wire array Z-pinch evolution[J]. Physics of Plasmas, 2001, 8 (5): 2305 - 2314.

[28] MITROFANOV K, ALEKSANDROV V, GRABOVSKI E, et al. Study of implosion of combined nested arrays[J]. Plasma Physics Reports, 2017, 43 (12): 1147 - 1171.

[29] MITROFANOV K, ALEKSANDROV V, GRITSUK A, et al. Study of plasma flow modes in imploding nested arrays[J]. Plasma Physics Reports, 2018, 44 (2): 203 - 235.

[30] BLAND S, LEBEDEV S, CHITTENDEN J, et al. Nested wire array Z-pinch experiments operating in the current transfer mode[J]. Physics of Plasmas, 2003, 10 (4): 1100 - 1112.

[31] LEBEDEV S, ALIAGA-ROSSEL R, BLAND S, et al. Two different modes of nested wire array Z-pinch implosions[J]. Physical review letters, 2000, 84 (8): 1708.

[32] KANTSYREV V L, RUDAKOV L I, SAFRONOVA A S, et al. Planar wire array as powerful radiation source[J]. IEEE transactions on plasma science, 2006, 34 (5): 2295 - 2302.

[33] 盛亮, 李阳, 袁媛, 等. 表面绝缘铝平面丝阵Z箍缩实验研究[J]. 物理学报, 2014 (5): 299 - 306.

[34] SAFRONOVA A S, KANTSYREV V L, WELLER M E, et al. Double and single planar wire arrays on University-Scale low-impedance LTD generator [J]. IEEE Transactions on Plasma Science, 2016, 44 (4): 432 - 440.

[35] KANTSYREV V L, SAFRONOVA A S, SHLYAPTSEVA V V, et al.

Studies of implosion and radiative properties of tungsten planar wire arrays on michigan's linear transformer driver pulsed-power generator[J]. IEEE Transactions on Plasma Science, 2018, 46 (11): 3778 – 3788.

[36] KANTSYREV V L, SAFRONOVA A S, FEDIN D A, et al. Radiation properties and implosion dynamics of planar and cylindrical wire arrays, asymmetric and symmetric, uniform and combined X-pinches on the UNR 1 – MA Zebra generator[J]. IEEE transactions on plasma science, 2006, 34 (2): 194 – 212.

[37] KANTSYREV V, RUDAKOV L, SAFRONOVA A, et al. Double planar wire array as a compact plasma radiation source[J]. Physics of Plasmas, 2008, 15 (3): 030704.

[38] WILLIAMSON K, KANTSYREV V, ESAULOV A, et al. Implosion dynamics in double planar wire array Z pinches[J]. Physics of Plasmas, 2010, 17 (11): 112705.

[39] ESAULOV A, VELIKOVICH A, KANTSYREV V, et al. Wire dynamics model of the implosion of nested and planar wire arrays[J]. Physics of plasmas, 2006, 13 (12): 120701.

[40] KANTSYREV V, RUDAKOV L, SAFRONOVA A, et al. Radiation yield and dynamics of planar wire array plasma[C]. AIP Conference Proceedings, 2006: 65 – 68.

[41] CUNEO M, SINARS D, WAISMAN E, et al. Compact single and nested tungsten-wire-array dynamics at 14 – 19 MA and applications to inertial confinement fusion[J]. Physics of Plasmas, 2006, 13(5): 056318.

[42] SANFORD T W, ALLSHOUSE G O, MARDER B M, et al. Improved symmetry greatly increases X-ray power from wire-array Z-pinches[J]. Physical Review Letters, 1996, 77 (25): 5063.

[43] LEBEDEV S V, BEG F N, BLAND S N, et al. Effect of core-corona plasma structure on seeding of instabilities in wire array Z pinches[J]. Physical Review Letters, 2000, 85 (1): 98.

[44] CUNEO M, WAISMAN E, LEBEDEV S, et al. Characteristics and scaling of tungsten-wire-array z-pinch implosion dynamics at 20 MA[J]. Physical Review E, 2005, 71 (4): 046406.

[45] HARVEY-THOMPSON A, LEBEDEV S, PATANKAR S, et al. Optical Thomson scattering measurements of plasma parameters in the ab-

lation stage of wire array Z pinches[J]. Physical Review Letters, 2012, 108 (14): 145002.

[46] BLAND S, LEBEDEV S, CHITTENDEN J, et al. Effect of radial-electric-field polarity on wire-array Z-pinch dynamics[J]. Physical Review Letters, 2005, 95 (13): 135001.

[47] HARVEY-THOMPSON A. An Experimental investigation of inverse wire array Z-pinches[D]. Imperial College London (United Kingdom), England, Department of Physics, 2010.

[48] LEMKE R W, SINARS D B, WAISMAN E M, et al. Effects of mass ablation on the scaling of X-ray power with current in wire-array Z pinches[J]. Physical Review Letters, 2009, 102 (2): 025005.

[49] HAMMER J, RYUTOV D. Linear stability of an accelerated, current carrying wire array[J]. Physics of Plasmas, 1999, 6 (8): 3302-3315.

[50] BLAND S, LEBEDEV S, CHITTENDEN J, et al. Implosion and stagnation of wire array Z pinches[J]. Physics of Plasmas, 2007, 14 (5): 056315.

[51] VELIKOVICH A, DAVIS J, THORNHILL J, et al. Model of enhanced energy deposition in a Z-pinch plasma[J]. Physics of Plasmas, 2000, 7 (8): 3265-3277.

[52] RUDAKOV L, VELIKOVICH A, DAVIS J, et al. Buoyant magnetic flux tubes enhance radiation in Z pinches[J]. Physical Review Letters, 2000, 84 (15): 3326.

[53] MAO C, SUN F, XUE C, et al. Full-circuit simulation of next generation China Z-pinch driver CZ30[J]. IEEE Transactions on Plasma Science, 2019, 47 (6): 2910-2915.

[54] WANG L, SUN F, QIU A C, et al. Investigating the influence of the wire-arrays' electrical parameters on the load current of the Z-pinch drivers[J]. AIP Advances, 2020, 10 (6): 065024.

[55] 薛创, 丁宁, 张扬, 等. 聚龙一号电磁脉冲形成与传输过程的全电路模拟[J]. 强激光与粒子束, 2016, 28(1): 110-113.

[56] 杨震华, 刘全, 丁宁. 喷气Z箍缩内爆等离子体的雪铲模型[J]. 强激光与粒子束, 2004 (4): 469-473.

[57] MIYAMOTO T. Analysis of high-density Z-pinches by a snowplow energy equation[J]. Nuclear Fusion, 1984, 24 (3): 337.

[58] DE GROOT J, TOOR A, GOLBERG S, et al. Growth of the Rayleigh-Taylor instability in an imploding Z-pinch[J]. Physics of Plasmas, 1997, 4 (3): 737 - 747.

[59] ROUSSKIKH A, ZHIGALIN A, ORESHKIN V, et al. Measuring the compression velocity of a Z pinch in an axial magnetic field[J]. Physics of Plasmas, 2017, 24 (6): 063519.

[60] VELIKOVICH A L, COCHRAN F, DAVIS J. Suppression of Rayleigh-Taylor instability in Z-pinch loads with tailored density profiles[J]. Physical Review Letters, 1996, 77 (5): 853 - 856.

[61] ROUSSKIKH A, ZHIGALIN A, ORESHKIN V I, et al. Study of the stability of Z-pinch implosions with different initial density profiles[J]. Physics of Plasmas, 2014, 21 (5): 052701.

[62] LORENZ A, BEG F, RUIZ-CAMACHO J, et al. Influence of a prepulse current on a fiber Z pinch[J]. Physical Review Letters, 1998, 81 (2): 361 - 364.

[63] CALAMY H, LASSALLE F, LOYEN A, et al. Use of microsecond current prepulse for dramatic improvements of wire array Z-pinch implosion[J]. Physics of Plasmas, 2008, 15 (1): 012701.

[64] LI M, SHENG L, WANG L P, et al. The effects of insulating coatings and current prepulse on tungsten planar wire array Z-pinches[J]. Physics of Plasmas, 2015, 22 (12): 083501.

[65] HARVEY-THOMPSON A J, LEBEDEV S V, BURDIAK G, et al. Suppression of the ablation phase in wire array Z pinches using a tailored current prepulse[J]. Physical Review Letters, 2011, 106 (20): 205002.

[66] BURDIAK G, LEBEDEV S, HARVEY-THOMPSON A, et al. Characterisation of the current switch mechanism in two-stage wire array Z-pinches[J]. Physics of Plasmas, 2015, 22(11): 112710.

[67] SLUTZ S A, HERRMANN M C, VESEY R A, et al. Pulsed-power-driven cylindrical liner implosions of laser preheated fuel magnetized with an axial field[J]. Physics of Plasmas, 2010, 17 (5): 056303.

[68] SINARS D B, SLUTZ S A, HERRMANN M C, et al. Measurements of magneto-Rayleigh-Taylor instability growth during the implosion of initially solid metal liners[J]. Physics of Plasmas, 2011, 18 (5): 185001.

[69] GOMEZ M R, SWEENEY M A, AMPLEFORD D J, et al. Inertial

confinement fusion - experimental physics: Z-pinch and magnetized liner inertial fusion[M]. Reference Module in Earth Systems and Environmental Sciences, 2021.

[70] GOMEZ M R, SLUTZ S A, JENNINGS C A, et al. Performance scaling in magnetized liner inertial fusion experiments[J]. Physical Review Letters, 2020, 125: 155002.

[71] AWE T, PETERSON K, YU E, et al. Experimental demonstration of the stabilizing effect of dielectric coatings on magnetically accelerated imploding metallic liners [J]. Physics Review Letters, 2016, 116 (6): 065001.

[72] SCHMIT P F, KNAPP P F, HANSEN S B, et al. Understanding fuel magnetization and mix using secondary nuclear reactions in magneto-inertial fusion[J]. Physical Review Letters, 2014, 113 (15): 155004.

[73] KNAPP P F, SCHMIT P F, HANSEN S B, et al. Effects of magnetization on fusion product trapping and secondary neutron spectra[J]. Physics of Plasmas, 2015, 22 (5): 056312.

[74] APPELBE B, VELIKOVICH A L, SHERLOCK M, et al. Magnetic field transport in propagating thermonuclear burn[J]. Physics of Plasmas, 2021, 28 (3): 032705.

[75] VELIKOVICH A L, GIULIANI J L, ZALESAK S T. Nernst thermomagnetic waves in magnetized high energy density plasmas[J]. Physics of Plasmas, 2019, 26 (11): 112702.

[76] 赵海龙, 王刚华, 肖波, 等. 磁化套筒惯性聚变中轴向磁场演化特征与Nernst效应影响[J]. 物理学报, 2021, 70 (13): 135201.

[77] GOMEZ R M. Experimental demonstration of fusion-relevant conditions in magnetized liner inertial fusion[J]. Physical Review Letters, 2014, 113(15): 155003.

[78] HARVEY-THOMPSON A J, WEIS M, HARDING E C, et al. Diagnosing and mitigating laser preheat induced mix in MagLIF[J]. Physics of Plasmas, 2018, 25 (11): 112705.

[79] PETERSON K J, SINARS D B, YU E P, et al. Electrothermal instability growth in magnetically driven pulsed power liners[J]. Physics of Plasmas, 2012, 19 (9): 056303.

[80] MCBRIDE R D, SLUTZ S A, JENNINGS C A, et al. Penetrating radi-

ography of imploding and stagnating beryllium liners on the z accelerator [J]. Physical Review Letters, 2012, 109 (13): 135004.

[81] CHITTENDEN J P, LEBEDEV S V, BLAND S N, et al. One-, two-, and three-dimensional modeling of the different phases of wire array Z-pinch evolution[J]. Physics of Plasmas, 2001, 8 (5): 2305 – 2314.

[82] MITROFANOV K N, ALEKSANDROV V V, GRABOVSKI E V, et al. Study of implosion of combined nested arrays[J]. Plasma Physics Reports, 2017, 43 (12): 1147 – 1171.

[83] AARON R M. Nonlinear Rayleigh-Taylor instabilities in fast Z pinches [J]. Physics of Plasmas, 2009, 16(3): 032702.

[84] LORD R. Investigation of the character of the equilibrium of an incompressible heavy fluid of variable density[J]. Proceedings of the London Mathematical Society, 1882, s1 – 14(1): 170 – 177.

[85] BAILEY J E, NAGAYAMA T, LOISEL G P, et al. A higher-than-predicted measurement of iron opacity at solar interior temperatures[J]. Nature, 2015, 517(7532): 56 – 59.

[86] 黄显宾, 徐强, 王昆仑, 等. 基于箍缩装置的高能量密度物理实验研究进展[J]. 强激光与粒子束, 2021, 33 (1): 012002.

[87] GOURDAIN P A, BLESENER I C, GREENLY J B, et al. Initial experiments using radial foils on the Cornell Beam Research Accelerator pulsed power generator[J]. Physics of Plasmas, 2010, 17(1): 012706.

[88] MAHAFFEY R A, GOLDEN J, GOLDSTEIN S A, et al. Intense electron-beam pinch formation and propagation in rod pinch diodes[J]. Applied Physics Letters, 1978, 33(9): 795 – 797.

[89] COOPERSTEIN G, BOLLER J R, COMMISSO R J, et al. Theoretical modeling and experimental characterization of a rod-pinch diode[J]. Physics of Plasmas, 2001, 8(10): 4618 – 4636.

[90] WEBER B V, COMMISSO R J, COOPERSTEIN G, et al. Ultra-high electron beam power and energy densities using a plasma-filled rod-pinch diode[J]. Physics of Plasmas, 2004, 11(5): 2916 – 2927.

[91] WEBER B V, ALLEN R J, COMMISSO R J, et al. Radiographic properties of plasma-filled rod-pinch diodes[J]. IEEE transactions on plasma science, 2008, 36(2): 443 – 456.

[92] SOROKIN S A. Hard X-ray source based on low-impedance rod pinch

diode[J]. Technical Physics, 2016, 61(9): 1337-1342.

[93] SOROKIN S A. Formation of sub-millimeter-size powerful x-ray sources in low-impedance rod-pinch diodes[J]. Russian Physics Journal, 2018, 60(9): 1-8.

[94] COOPERSTEIN G, BOLLER J R, COMMISSO R J, et al. Theoretical modeling and experimental characterization of a rod-pinch diode[J]. Physics of Plasmas, 2001, 8(10): 4618-4636.

[95] WEBER B V, COMMISSO R J, COOPERSTEIN G, et al. Ultra-high electron beam power and energy densities using a plasma-filled rod-pinch diode[J]. Physics of Plasmas, 2004, 11(5): 2916-2927.

[96] SOROKIN S A. Formation of a pinched electron beam and an Intense X-ray source in radial foil rod-pinch diodes [J]. Physics of Plasmas, 2016, 23(4): 043110.

[97] SOROKIN S A. Flash X-ray radiography source based on plasma-filled rod pinch diode[J]. Technical Physics Letters, 2010, 36(4): 379-381.

[98] SHI H T, ZHANG C, ZHANG P Z, et al. Sub-millimeter hard X-ray source based on wire-shorted low-impedance rod pinch diode [J]. IEEE transactions on Plasma science, 2023, 51(4): 1142-1149.

[99] ZHANG P Z, SHI H T, WANG Y Z, et al. X-ray spectrum estimation of a low-impedance rod pinch diode via transmission-absorption measurement and Monte-Carlo simulation. Journal of Applied Physics, 2023, 133(24): 243301.

第 5 章

气氛中的丝爆及其应用

5.1 气氛中丝爆特点及应用概述

一些研究者在低气压环境中进行丝爆实验以研究气压对沉积能量、爆炸产物状态等电爆炸特性的影响。研究发现对于非难熔金属，其压强从大气压向真空过渡，丝爆的沉积能量、阻性电压峰值、膨胀速率均呈现先下降后上升的趋势，与间隙击穿的帕邢定律类似；这是由于金属丝表面的沿面击穿导致丝核能量沉积的终止，因此环境气体的耐压强度直接影响丝爆的沉积能量以及相应的爆炸产物状态等特性。难熔金属在低气压下的丝爆过程未见报道。由于低气压环境对于实际应用而言很少，本章中我们不再详细讨论低气压的情况，而是集中讨论常压和高气压环境下的电爆炸应用。

前文已经介绍，常压环境对于非难熔金属而言属于高密度介质，此时金属丝沿面击穿可以得到有效抑制，击穿模式通常为内部击穿，沉积能量较高，金属丝可以实现较大程度的汽化。相应地，依赖于沉积能量的丝爆产物温度、压力、膨胀速度等也更高，丝爆的辐射、冲击波等效应也更显著。从电路的角度，高密度介质中的丝爆过程平均阻抗更高，有利于减小回路杂散电阻的能量损耗，因此可以更高效地利用脉冲源储存的电能，从而更"强烈"地作用于介质，这对于应用来说是有利的。除此之外，使用非惰性气体作为丝爆介质时，温度高达数千甚至上万摄氏度的爆炸产物可以与环境气体发生化学反应，这无疑赋予了气氛中丝爆应用更多的可能。

本章讨论的气氛中丝爆的典型应用包括纳米颗粒制备和含能材料的引燃。电爆炸的重要特征是金属材料从凝聚态转化为金属蒸气、小液滴以及等离子体等分散态，能量注入较充分时，小液滴的尺寸可减小至微米以下，此时爆炸产物冷却后可形成纳米颗粒。金属丝电爆炸是一种典型的制备纳米颗粒的"一步法"，基于气氛中丝爆较高的能量注入速率和可重复性，目前已经开发出具备连续送丝机构的纳米颗粒生产装置，典型的铝纳米颗粒产量可以达到 400 g/h。对于电爆炸法制备纳米颗粒，我们关注的问题包括：爆炸产物的冷却过程，纳米颗粒的产生、生长、凝聚过程，以及可能的化学反应对产物成分、结构的影响等。研究人员在典型的金属丝负载基础上探索了更加丰富的驱动参数和负载构型，例如，使用两根或多根不同材质的金属丝缠绕进行电爆炸，可以获得二元或多元合金纳米颗粒；利用金属丝在含碳气体中（如甲烷）或靠近石墨棒发生电爆炸可以获得碳包覆的金属纳米颗粒等。

一方面，含能材料的引燃即桥丝雷管是目前金属丝电爆炸最为成熟的应用，也是历史上支撑丝爆成为"真正的"科学研究课题的关键应用。桥丝在含能材料中的电爆炸并不是严格意义上的气氛中丝爆，因为金属丝表面与固体颗粒接触，其丝爆过程更加复杂。事实上，虽然桥丝雷管已经是十分成熟的应用，人们对桥丝点燃含能材料的机理仍然存在争议，一个典型的问题是丝爆的各种效应中哪种效应主导了点火过程？或者含能材料在桥丝驱动下以何种机理发生爆轰？

另一方面，雷管是一种危险的火工品，原因在于其中包含高感度的起爆药，可能在撞击、摩擦或静电等作用下发生爆轰。因此对于从事火工品相关研究、生产、运输和使用的人们来说，取消高感度起爆药是非常具有吸引力的。但对于丝爆引燃来说，含能材料感度的降低必然要求丝爆输出的能量增加，即驱动源体积必须增大。有些应用场合下，这种妥协是可以接受的，因此一些研究者尝试使用高储能的丝爆直接点燃 TNT、RDX 等猛炸药，甚至感度更低的高氯酸铵、硝酸铵、硝基甲烷等。

5.2 纳米颗粒制备

5.2.1 纳米颗粒概述

纳米材料指的是在三维之中至少有一维在 100 nm 以下的超细材料，其尺寸约化学键大一个数量级，介于原子、分子和宏观体系。由于其组成单元尺度小，比表面积大，原子和分子之间的相互作用不可忽略。在纳米向宏观体系演变的过程中，其结构上存在序度变化，状态上也有非平衡性，从而在声、光、热、电、磁等方面衍生出了许多宏观材料所不具有的特殊性质，如表面效应、尺寸效应、体积效应、量子尺寸效应、量子隧道效应等。纳米材料可按照维数分成3类：0维，指三维全部处于纳米尺度，如纳米颗粒、原子簇等；1维，指三维中两维处于纳米尺度，如纳米丝、纳米棒、纳米管等；2维，指三维中仅有一维处于纳米尺度，如超薄膜、多层膜、超晶格等。

纳米材料的特殊性质决定了其广阔的应用前景[1-3]。在军事和航空航天领域，金属纳米粉对高频至光波频率范围内的电磁波具有优良的衰减性能，可用于制造隐形飞机、舰船和坦克等。在含能材料改性方面，具有高能量密度及活性的金属纳米粉可提高炸药做功能力；对传统推进剂进行纳米掺杂改性可显著改善其燃烧特性，包括提高燃烧速率、降低压力指数、抑制燃烧产物结块等，对进一步提高火箭和导弹性能十分有利。在电子领域，利用氧化铁纳米粉制造的高性能磁性材料可以达到很高的矫顽力和剩磁比。用Co、Fe、Ni等磁性金属纳米粉末制备的磁性液体，可应用于旋转密封、阻尼器件、磁性液体印刷、磁性药物、磁性液体刹车等。在化工领域，催化剂纳米粉体可显著提高催化效果。目前纳米金属粉末作为高效催化剂已有了成功应用，纳米Pt粉、WC(碳化钨粉)是高效的加氢催化剂，纳米Fe、Ni与Fe_2O_3混合轻烧结体可以代替贵金属作为汽车尾气净化的催化剂，超细Ag粉可以作为乙烯氧化的催化剂，纳米Fe、Co、Ni颗粒可作为制备碳纳米管的催化剂。在医学和生物领域，金属纳米粒子已被用于研究肿瘤药物及其致癌物质的作用机理，还可用于研究细胞分离、细胞内部染色技术。在粉末冶金领域，使用纳米粉体进行烧结时致密化的速度快，可降低烧结温度，有利于控制晶粒的生长和降低制作成本；用超微细碳化物、氮化物、氧化物等制成的陶瓷材料呈现良好的塑性和韧性，有望从根本上解决陶瓷的脆性问题。纳米颗粒对液体工质具有改性作用，例如纳米颗粒溶液可表现出远高于溶剂的热导率，利用纳米颗粒掺杂可获得高性能润滑油、钻机冷却液等。

5.2.2 丝爆炸法制备纳米颗粒

制备纳米颗粒常用的方法有固相法、液相法和气相法，金属丝电爆炸法利用气态/等离子体态爆炸产物冷凝形成纳米颗粒，可归类为气相法，其具有高纯度、无污染、高产量、低能耗等优点。此外，爆炸产物温度极高，可以与周围介质发生充分化学反应，因此电爆炸法也可用于制备金属氧化物、氮化物纳米粉。

电爆炸过程中，金属丝由凝聚态分散为金属液滴、蒸气及等离子体的混合体系，产物在膨胀过程中通过辐射、做功、热传导以及与冷介质混合等方式消耗内能，并与介质发生可能的化学反应；随着产物温度不断降低，体系进入过饱和状态，气态原子通过成核、冷凝等过程重新形成凝聚态液滴，最终冷却形成纳米或微米尺度颗粒。丝爆法制备的纳米颗粒常常呈现"双峰"形式的粒径分布，粒径较小的峰位于数十至百纳米范围，对应于通过上述成核、冷凝过程形成的纳米颗粒；粒径较大的峰位于数微米至数十微米范围，一般认为由爆炸产物中的微米级液滴冷却形成。参考第2章中的描述，微米级颗粒会随着沉积能量的提高而减少，但也有研究者利用欠热电爆炸制备纳米、微米混合粉体，并报道了其在粉末冶金、含能材料改性等方面的应用。

为了预测和调控电爆炸纳米颗粒的参数，需要关注的关键因素包括初始爆炸产物状态、冷却过程以及其与介质的混合。爆炸产物初始状态取决于电能注入与金属材料原子化焓的关系，提高过热系数可获得更高的初始温度、压力以及气态金属密度，有利于减少微米级大颗粒。冷却过程是决定纳米颗粒成核及生长的关键，爆炸产物主要的冷却机制包括辐射损失、推动介质做功以及与冷介质混合。辐射冷却在产物温度达到 8000 K 及以上时较为显著，对于微秒级电爆炸，一般仅在初始数微秒内起作用。推动介质做功类似于绝热膨胀，可将爆炸产物内能转化为机械能，其能流密度取决于产物压力和膨胀速率，对于典型微秒级电爆炸过程（如丝直径约 0.1 mm，放电周期约 10 μs，系统储能约 1 kJ），膨胀做功冷却一般在百微秒时间尺度内起作用。初始爆炸产物密度较高，因此与周围冷介质的混合在产物显著膨胀后才从边界逐渐向中心发展，对于上述微秒级电爆炸过程，一般在约 10 μs 后才会对产物降温有显著贡献。液体中丝爆产物的冷却机制同样包括辐射冷却与膨胀做功，但气态爆炸产物与液体的混合目前少见报道[①]。

在以上几种冷却机制的共同作用下，爆炸产物温度下降速率可达到 10^8 K/s 量级，当温度下降至金属沸点附近时，成核（nucleation）过程开始[②]，气态产物中开始出现大量小液滴，金属原子与小液滴碰撞时有可能融入其中，使液滴长大，这一过程称为冷凝（condensation），小液滴之间相互碰撞时也有可能

---

① 利用高速摄像观察水中铜丝电爆炸，发现爆炸产物形成的气泡膨胀至最大直径后收缩，并在气泡中心附近溃灭，此后气泡脉动过程结束，爆炸产物完全转化为弥散于水中的金属颗粒，随着时间的推移缓慢扩散。

② 由于金属原子（单体）密度较高，成核起始的温度可显著高于金属的常压沸点。欠饱和状态下，金属蒸气中存在大量团簇，其由单体碰撞结合产生，但由于体积小、表面能高，团簇产生后趋于"蒸发"，体系处于动态平衡状态；随着饱和度的升高，单体碰撞频率升高，上述平衡向团簇尺寸增大的方向移动；进入过饱和状态后，体系中会出现足够大的团簇，这种团簇即液化凝核，单体与其碰撞后趋于融入其中，形成不断生长的液滴。凝结核直径称为临界直径，其生成速率（单位时间单位体积凝结核生成数）称为成核速率。关于纳米颗粒形成机理读者可参阅参考文献[5]。

相互融合，这一过程称为凝聚（coagulation）。颗粒尺寸随着上述过程逐渐增大，同时爆炸产物中的金属原子被逐渐清除。成核与冷凝对应于金属由气态向液态的相变，这一过程伴随着潜热的释放，数值模拟[4]结果表明这种放热会使降温速率减小一到两个数量级，从而延长纳米颗粒生长的时间，对于制备小尺寸颗粒是不利的。对于上述典型微秒级电爆炸过程，虽然电爆炸完成的时间小于 10 μs，但其产物冷却至熔点所需时间为毫秒量级。

近年来，随着高熵合金相关研究的兴起，将电爆炸法用于制备合金或合金氧化物等复杂成分纳米颗粒受到关注。高熵合金是一类利用多元素混合熵效应克服元素间不混溶性的新型合金材料。从吉布斯自由能变的角度，对于一般的多元素混合过程，由于混合焓为正，混合过程吉布斯自由能变 $\Delta G = \Delta H - T\Delta S > 0$，因此混合过程无法自发进行；然而研究者发现，对于某些元素组合，如 Fe、Cr、Mn、Ni、Co，当它们以等原子数混合时可以形成稳定的单相 FCC 晶格结构[6]，这是由于等量混合时混合熵为正且最大，可以使得混合过程的吉布斯自由能变小于零。混合熵效应是高熵合金存在的基础之一，而对于纳米尺度材料，研究者提出了尺度致稳效应：弯曲的纳米颗粒表面原子与周围原子相互作用能较小，有利于表面混合，而这种表面混合结构会向纳米颗粒内部延伸一定距离，从而抑制多元素间的相分离，因此纳米颗粒相较于宏观材料更容易形成多组分均匀混合的高熵合金[7]。此外，纳米颗粒生成过程更易实现非平衡快速冷却，各种组分在高温状态下实现均匀混合，而快速冷却使其来不及发生相分离，从而形成玻璃态或高熵合金态。丝爆产物恰恰具备上述快速冷却的特点，有利于保持颗粒内部多元素均匀混合状态。

5.2.3 数值模拟方法

气氛中金属丝电爆炸制备纳米颗粒涉及热力学、磁流体力学和分子动力学过程在内的丰富且特性迥异的物理过程，通过数值模拟可以得到密度分布、温度分布、饱和度比和颗粒粒径等重要参数，对深入理解气体中金属丝电爆炸制备纳米颗粒的过程是至关重要的。

纳米颗粒生长过程的模型主要包括成核、表面生长（包括冷凝和蒸发）和凝聚过程，基于纳米颗粒的生长过程提出了离散模型和成核-耦合模型，分析了纳米颗粒的形成过程[8-10]。离散模型的优点是可以计算出纳米颗粒的粒径分布，同时也考虑了冷凝过程，缺点是计算的时间较长。成核-耦合模型只能计算出纳米颗粒的平均粒径，其优点是计算速度快，根据不同的成核-耦合模型，可以考虑颗粒的带电量或者金属颗粒的氧化等化学反应。

5.2.3.1 离散模型

随着原子蒸气团簇温度的不断降低,迅速达到不稳定的过饱和状态,这也是纳米颗粒生长过程的起始标志。纳米颗粒的生长过程主要包括均相成核、表面生长和凝聚作用。随着温度的降低,原子蒸气团簇将首先通过均相成核作用由气态转换为液态核,这也是纳米颗粒生长过程初始阶段的形态;接着所形成的液态核将和系统中的自由原子蒸气团簇之间发生相互作用,即表面生长过程;最后纳米颗粒将通过相互之间的碰撞凝聚作用形成更大尺寸的最终固态产物。颗粒生长过程模型中认为各项纳米颗粒生长作用的结束时刻对应着颗粒转变为固态颗粒的温度,即认为固态颗粒不再发生上述的生长作用。以上三种生长作用共同决定了纳米颗粒的生长历程和最终的粒径分布规律,其对金属纳米颗粒数密度变化率的影响表示为

$$\frac{dN_k}{dt} = \frac{dN_k}{dt}\big|_{coag} + \frac{dN_k}{dt}\big|_{nucl} + \frac{dN_k}{dt}\big|_{surf} \quad (5-1)$$

式中:N_k 为节点 k 处的粒子数浓度。

在纳米颗粒生长过程模型的数值计算中,所有关注范围内纳米颗粒的体积均以一定的规则离散排列,即每一个节点代表了一种纳米颗粒的尺寸大小,如图 5-1 所示。其中,第一个节点所代表的体积为所形成原子蒸气团簇的体积,每两个节点之间按照一定体积比进行排列,这样在保证各体积节点具有代表性的前提下,在所关注的直径范围内具有较为合理的节点数目,在一定程度上简化了计算。对于均相成核过程,所形成的纳米颗粒将按照其体积大小被置于相邻的右侧更大体积的节点上;对于表面生长过程,其蒸发或沉积作用将使得 k 节点上的颗粒减小至 $k-1$ 节点或增大至 $k+1$ 节点;对于碰撞凝聚过程中所形成的体积落于相邻节点之间的纳米颗粒,按照质量守恒定律的约束被分裂在此相邻的两节点之上。

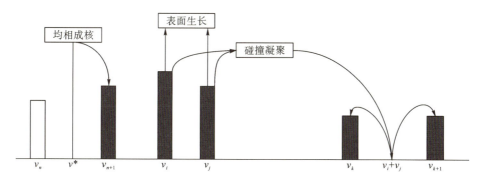

图 5-1 纳米颗粒生长过程模型的数值计算示意图

随着温度的持续降低，原子蒸气团簇迅速达到一种不稳定的过饱和态。在这种状态下，蒸气团簇的实际压强会逐渐超过对应温度下的饱和蒸气压。这两种压强差异的出现导致原子蒸气团簇从气态析出成为液态核，即纳米颗粒的初始形态，此时纳米颗粒生长过程的第一阶段即均相成核过程开始，并使得原子蒸气团簇从过饱和状态逐渐稳定下来。上述原子蒸气团簇的实际压强 p_v 和对应温度下的饱和蒸气压 p_s 的比值定义为饱和度比 S，表示如下：

$$S = \frac{p_v}{p_s} \tag{5-2}$$

式中：原子蒸气团簇的实际压强可以通过理想气体物态方程得到，对应温度下的饱和蒸气压则通过克劳修斯-克拉佩龙方程得到：

$$p_s = p_0 \exp[H_v(T-T_b)/(R_g T T_b)] \tag{5-3}$$

式中：p_0 为氛围气体压强；T_b 为氛围气体压强下所形成液态核的沸点；R_g 为气体常数。如前所述可知，当 $S>1$ 时均相成核过程开始。

均相成核过程作为纳米颗粒生长过程的第一阶段，主要的特征量有两个：临界直径和成核速率。前者决定了初始状态时纳米颗粒的大小，并影响最终的纳米颗粒的尺寸分布；后者则是均相成核过程在时间尺度上的重要特征。物质中的单体由于随机布朗运动而发生碰撞，形成了小团簇，一旦这些小团簇达到临界尺寸，便形成了气液混合物中稳定存在的核，颗粒的临界直径 d^* 可以通过下式计算得到：

$$d^* = \frac{4\sigma v_1}{k_B T \ln S} \tag{5-4}$$

对于成核速率 J_d（单位为 m^{-3}/s），采用 Girshick（吉尔西克）等提出的动态成核理论[9]表示为

$$J_d = v_1 \left(\frac{2\sigma}{\pi m_1}\right)^{1/2} n_s^2 S \exp\left[\Theta - \frac{4\Theta^3}{27(\ln S)^2}\right] \tag{5-5}$$

式中：n_s 为饱和态下单体数密度；m_1 为单个原子的质量；$\Theta = \sigma s_1/(k_B T)$，为无量纲的表面能量，$s_1$ 为单个原子的表面积。由上式可以得到均相成核过程对 k 节点上纳米颗粒数密度变化速率的影响：

$$\left.\frac{dN_k}{dt}\right|_{nucl} = J_d \zeta_k \tag{5-6}$$

式中：ζ_k 为相应节点的尺寸分裂算子。分裂算子的作用是保证所形成的各尺寸的金属纳米颗粒严格位于各个节点所代表的体积之上并满足体积守恒，表示为

$$\zeta_k = \begin{cases} \dfrac{v^*}{v_k} & v_{k-1} \leqslant v^* \leqslant v_k \\ \dfrac{v^*}{v_k} & v^* \leqslant v_1 \end{cases} \quad (5-7)$$

式中：v^* 为临界体积；v_k 为节点 k 代表的纳米颗粒体积。在均相成核过程中，随着液态核的过饱和析出，系统中原有的原子蒸气团簇数目将被消耗，这种消耗同时也会影响原子蒸气团簇的实际压强，从而影响饱和度比，并最终影响整个均相成核析出过程。因此，需要知道形成各尺寸的液态核对于原子蒸气团簇数密度的影响。在某一确定的饱和度比之下，形成一个直径为 d^* 的液态核所需要消耗的原子蒸气团簇的数目 g^* 表示为

$$g^* = \left(\frac{2\Theta}{3\ln S}\right)^3 \quad (5-8)$$

由上式可以得到均相成核过程对于原子蒸气团簇数目 N_1 变化速率的影响：

$$\left.\frac{\mathrm{d}N_1}{\mathrm{d}t}\right|_{\text{nucl}} = -J_\text{d} \cdot g^* \quad (5-9)$$

当金属纳米颗粒通过均相成核作用初步形成液态核之后，自由原子蒸气团簇将会继续与形成的液态核发生作用，从而影响纳米颗粒的生长过程。原子蒸气团簇根据自身压强状态的不同，会沉积在形成的液态核表面或者从液态核表面蒸发变为自由态的原子蒸气团簇。考虑以上两种作用，即可得到表面生长过程对于纳米颗粒尺寸变化的影响，其对 k 节点上纳米颗粒数密度的变化速率的影响[10]为

$$\left.\frac{\mathrm{d}N_k}{\mathrm{d}t}\right|_{\text{surf}} = \begin{cases} \dfrac{v_1\beta_{1,k-1}}{v_k - v_{k-1}} N_{k-1}(N_1 - n_\text{s}^{k-1}) & N_1 > n_\text{s}^{k-1} \\[6pt] \dfrac{v_1\beta_{1,k+1}}{v_{k+1} - v_k} N_{k+1}(n_\text{s}^{k+1} - N_1) & N_1 < n_\text{s}^{k+1} \\[6pt] \dfrac{v_1\beta_{1,k}}{v_{k+1} - v_k} N_k(n_\text{s}^k - N_1) & N_1 > n_\text{s}^k \\[6pt] \dfrac{v_1\beta_{1,k}}{v_k - v_{k-1}} N_k(N_1 - n_\text{s}^k) & N_1 < n_\text{s}^k \end{cases} \quad (5-10)$$

式中：$\beta_{1,k}$ 为原子蒸气团簇与体积为 v_k 的纳米颗粒之间的碰撞频率函数；$n_\text{s}^k = n_\text{s}\exp(2\sigma v_1/r_k k_\text{B} T)$，表示半径为 r_k 的纳米颗粒所对应的饱和蒸气数密度。表面生长过程的驱动力是自由态的原子蒸气团簇的压强与相应尺寸的金属纳米颗粒所对应的饱和蒸气压之间的大小关系：如果前者大于后者，自由态的原子蒸气团簇将会沉积在形成的纳米颗粒之上；反之，纳米金属颗粒表面的原子金属团簇将会蒸发变为自由状态，由此纳米颗粒的尺寸得以改变。

和均相成核过程类似，表面生长作用也会对自由态的原子蒸气团簇的数密度产生影响，通过沉积和蒸发过程使得原子蒸气团簇在自由态和被束缚态之间发生频繁的转换。在整个纳米颗粒生长阶段均相成核过程和表面生长过程对原子蒸气团簇数密度变化速率的影响表示为

$$\frac{\mathrm{d}N_1}{\mathrm{d}t} = \frac{\mathrm{d}N_1}{\mathrm{d}t}\bigg|_{\mathrm{nucl}} + \frac{\mathrm{d}N_1}{\mathrm{d}t}\bigg|_{\mathrm{surf}} = -J_\mathrm{d} \cdot g^* + [N_1]_{\mathrm{evap}} - [N_1]_{\mathrm{cond}}$$

(5-11)

式中：右侧的第二项和第三项分别代表从纳米颗粒表面蒸发的原子蒸气团簇对其自由态数密度的正贡献，以及沉积在颗粒表面的原子蒸气团簇对其自由态数密度的负贡献。

除了与原子蒸气团簇相关的均相成核和表面生长过程之外，初步形成的金属纳米颗粒之间还会发生由于布朗运动所造成的大量的碰撞效应，这些碰撞过程使得纳米颗粒的尺寸继续增大并保持球状的颗粒型态，并最终凝聚形成较稳定的固态纳米颗粒。在碰撞凝聚过程中，关键的参量为碰撞频率函数，它决定了碰撞过程与温度和参与碰撞的颗粒体积等参量之间的关系。碰撞频率函数的形式决定于纳米颗粒的平均自由程与其特征尺寸之间的比值（克努森数），在气氛中金属丝电爆炸形成纳米颗粒的实际情况中，颗粒的大小远小于其平均自由程，即克努森数较大，因此模型中采用自由分子形式的碰撞频率函数 $\beta_{i,j}$ 来表征凝聚作用，表示为

$$\beta_{i,j} = \left(\frac{3}{4\pi}\right)^{1/6} \left(\frac{6k_\mathrm{B}T}{\rho_\mathrm{p}}\right)^{1/2} \left(\frac{1}{v_i} + \frac{1}{v_j}\right)^{1/2} (v_i^{1/3} + v_j^{1/3})^2 \quad (5-12)$$

式中：ρ_p 为纳米颗粒质量密度；v_i、v_j 分别为参与凝聚过程的两个位于节点 i 和 j 上的纳米颗粒体积。结合式(5-12)中的碰撞频率函数和斯莫卢霍夫斯基方程，可以得到碰撞凝聚作用所导致的对 k 节点上纳米颗粒数密度变化速率的影响：

$$\frac{\mathrm{d}N_k}{\mathrm{d}t}\bigg|_{\mathrm{coag}} = \frac{1}{2}\sum_{i=2,j=2}^{n} \chi_{ijk}\beta_{i,j}N_iN_j - N_k\sum_{i=2}^{n} \beta_{i,k}N_i \quad (5-13)$$

式中：χ_{ijk} 为凝聚作用尺寸分裂算子。右侧第一项表示体积为 v_i 和 v_j 的纳米颗粒碰撞凝聚成体积为 v_k 的纳米颗粒；第二项表示体积为 v_k 的颗粒与其他纳米颗粒碰撞所导致的 k 节点上纳米颗粒数密度的减少。如果 v_i 和 v_j 凝聚形成的纳米颗粒体积落在了相邻的节点中间，在质量守恒定律的约束下，新粒子将被分裂在相邻的两个节点上，因此分裂算子 χ_{ijk} 可表示为

$$\chi_{ijk} = \begin{cases} \dfrac{v_{k+1} - (v_i + v_j)}{v_{k+1} - v_k} & v_k \leqslant v_i + v_j \leqslant v_{k+1} \\ \dfrac{(v_i + v_j) - v_{k-1}}{v_k - v_{k-1}} & v_{k-1} \leqslant v_i + v_j \leqslant v_k \end{cases} \quad (5-14)$$

结合以上所描述的均相成核、表面生长和碰撞凝聚过程，便可计算得到纳米颗粒形成过程中的关键物理参数。

5.2.3.2　成核-耦合模型

根据纳米颗粒形成的矩模型，纳米颗粒的生长过程主要包括三个阶段：成核、表面生长和凝聚三个阶段。前文已经对成核过程进行了详细的描述，在成核过程结束后，颗粒的总数、直径和表面积可以表示为

$$\begin{cases} \dfrac{dN}{dt} = J_d \\ \dfrac{dM}{dt} = 2J_d R^* \\ \dfrac{dA}{dt} = J k_c^{2/3} s_1 \end{cases} \quad (5-15)$$

式中：N、A 和 M 分别为颗粒的总数、总的表面积和总的直径。$k_c = 4\pi/(3v_1)$ 为临界直径的颗粒内部所含有的单体数量，首先形成的小团簇起到了凝结和冷凝过程种子的作用，在纳米颗粒生长的初始阶段成核过程占据主导地位。大量团簇形成后，凝聚和冷凝便是主要的生长方式。凝聚过程是由两个一次颗粒碰撞引起的。对于凝聚过程的处理和成核模型类似，确定好凝聚速率后，根据以下的规则计算颗粒的粒径：将颗粒的数量减少1；增加颗粒的体积；重新计算颗粒的表面积。当金属蒸气处于过饱和状态($S>1$)，并且存在液态颗粒的时候，冷凝过程便会发生。根据 Friedlander(弗里德兰德)等的研究，冷凝金属蒸气的净含量为

$$\dfrac{\partial n}{\partial t} = (S-1)\dfrac{bA}{2v_1} \quad (5-16)$$

式中：A 为颗粒的总表面积；b 为单体的速度，可由下式计算得到：

$$b = 2n_s v_1 \sqrt{k_B T/(2\pi m)} \quad (5-17)$$

冷凝过程可以视为成核的竞争过程，一旦饱和度 $S>1$，通过从气相中获取分子来实现的过饱和将会因为成核和冷凝两个过程的机制而减少。成核对颗粒的数量有很大的影响，但是冷凝过程不会影响颗粒的数量，仅影响已存在的颗粒的表面积和直径，在冷凝阶段有

$$\dfrac{dM}{dt} = (S-1)bN \quad (5-18)$$

$$\dfrac{dA}{dt} = 2\pi b(S-1)M \quad (5-19)$$

结合上文所述的纳米颗粒的形成过程，可以得到电爆炸过程中纳米颗粒总数、总直径、总表面积和剩余气态金属原子总数分别为

$$\begin{cases} \dfrac{dN}{dt} = J_d \\ \dfrac{dM}{dt} = 2J_d R^* + (S-1)bN \\ \dfrac{dA}{dt} = J_d k_c^{2/3} s_1 + 2\pi b(S-1)M \\ \dfrac{dN_g}{dt} = -J_d k_c - (S-1)\dfrac{bA}{2v_1} \end{cases} \quad (5-20)$$

式(5-20)中所示的矩模型描述的是在固定体积空间内纳米颗粒的生长过程，因此方程中的变量是指被计算物理量的体积密度。在丝爆过程中，金属丝的体积随时间变化，设金属丝膨胀过程中的体积为 V，代入式(5-20)中可得式(5-21)。

$$\begin{cases} \dfrac{dN}{dt} = J_d V \\ \dfrac{dM}{dt} = 2J_d V R^* + (S-1)bN \\ \dfrac{dA}{dt} = J_d V k_c^{2/3} s_1 + 2\pi b(S-1)M \\ \dfrac{dN_g}{dt} = -J_d V k_c - (S-1)\dfrac{bA}{2v_1} \end{cases} \quad (5-21)$$

在成核过程中，由于金属丝爆炸区域的原子核浓度非常高，因此小颗粒之间的凝聚过程是不能忽略的。从成核过程到凝聚过程的转变是一个连续过程，在限定的条件下，这种转变的动力学过程可以用一个方程来描述，方程的成立需满足以下假设：以速率 R（单位时间单位体积内的气体分子数）通过化学反应形成一种单一的可凝聚的物质；颗粒（包括分子团簇）与颗粒之间的碰撞频率由动力学理论的硬球模型给出；所有颗粒之间的碰撞都是有效的，并且形成的新颗粒保持球形（液滴模型）；蒸发速率以成核理论计算。

基于这些假设，尺寸为 k 的团簇的平衡方程如下：

$$\dfrac{\partial n_k}{\partial t} = \dfrac{1}{2}\sum_{i+j=k}\beta(i,j)n_i n_j - \sum_k \beta(i,k)n_i n_k - \alpha_k n_k + \alpha_{k+1} n_{k+1} \quad (5-22)$$

式中：n_k 为含有 k 个单体分子团簇的数密度；$\beta(i,j)$ 为体积是 v_i 和 v_j 的颗粒的碰撞频率函数；α_k 为汽化速率。方程右边的第一项和第二项分别表示碰撞和凝聚过程中粒径为 k 的颗粒的形成和损失，第三和第四项分别代表蒸发的形成和损失。从刚性弹性球的气体动力学理论可以得到颗粒的碰撞频率函数为

$$\beta(i,k) = \left(\dfrac{3}{4\pi}\right)^{1/6}\left(\dfrac{6k_B T}{\rho}\right)^{1/2}\left(\dfrac{1}{v_i}+\dfrac{1}{v_k}\right)^{1/2}(v_i^{1/3}+v_k^{1/3})^2 \quad (5-23)$$

在实际工程应用中，一般只关注纳米颗粒的平均粒径，而不需要知道其粒径分布，因此可以假设所有的颗粒均为球形，而且所有颗粒有相同的粒径 M/N，同时假设两个液态的颗粒相互碰撞并融合成一个较大粒径的颗粒，导致 N、M 和 A 都减小。对于两个具有相同直径 M/N 的球形颗粒，可得

$$\beta = 4\left(\frac{6k_BT}{\rho}\right)^{1/2}\left(\frac{M}{N}\right)^{1/2} \quad (5-24)$$

因此丝爆过程中的碰撞频率(单位时间内的碰撞次数)可写为 $\beta V(N/V)^2/2$；碰撞后形成的新颗粒直径为 $\sqrt[3]{2}M/N$。基于此可以预测凝聚过程对颗粒总数、总直径和总表面积的影响：

$$\begin{cases} \left(\dfrac{dN}{dt}\right)_c = -4.9\left(\dfrac{k_BT}{\rho}\right)^{1/2}\dfrac{M^{1/2}N^{3/2}}{V} \\ \left(\dfrac{dM}{dt}\right)_c = -3.7\left(\dfrac{k_BT}{\rho}\right)^{1/2}\dfrac{M^{3/2}N^{1/2}}{V} \\ \left(\dfrac{dA}{dt}\right)_c = -6.4\left(\dfrac{k_BT}{\rho}\right)^{1/2}\dfrac{M^{5/2}N^{-1/2}}{V} \end{cases} \quad (5-25)$$

由上式便可得到纳米颗粒生长过程中成核、凝聚和冷凝过程的模型方程，如下式所示：

$$\begin{cases} \dfrac{dN}{dt} = J_dV + \left(\dfrac{dN}{dt}\right)_c \\ \dfrac{dM}{dt} = 2J_dVR^* + (S-1)bN + \left(\dfrac{dM}{dt}\right)_c \\ \dfrac{dA}{dt} = J_dVk_c^{2/3}s_1 + 2\pi b(S-1)M + \left(\dfrac{dA}{dt}\right)_c \\ \dfrac{dN_g}{dt} = -J_dVk_c - (S-1)\dfrac{bA}{2v_1} \end{cases} \quad (5-26)$$

5.2.4 丝爆的重复频率运行

用于电爆炸的金属丝一般较细，在长度增加时容易发生弯折，因此需要设计夹丝和相应的校直装置，对金属丝进行拉直操作。另外，需要设计送丝装置将拉直后的金属丝以一定速度平稳地送入爆炸腔体的高低压极板之间。目前几乎所有的重频丝爆装置都可以通过图5-2所示的装置原理图进行描述，送丝方向有水平或竖直两种。一般而言，水平送丝需要两端夹持或者电爆炸丝长度较短，以防金属丝受重力影响发生弯曲，影响电爆炸过程。

目前已经投入运行的装置的主要区别在于校直/送丝装置使用的原理。例如，有的装置是使用载丝轮将金属丝送至压丝杆处[11]，压丝杆在自身扭簧回

复力的作用下将金属丝夹紧，之后，金属丝再次被送至电极之间发生爆炸。上述过程重复进行，从而实现丝电爆设备的连续工作。载丝轮转动过程中，传动机构使其上下往复运动，使金属丝在载丝轮上的爆炸位置不断改变，从而将爆炸产生的高温和冲击分散于载丝轮上，减缓爆炸对整个机构的损害。有的装置是使用主从动轮进行夹丝并牵引金属丝向电极输送，橡胶轮的弹性可避免金属丝被夹扁。另外，可使用曲度可调的准直器使金属丝准直。金属丝在运送过程中不断绕自身轴线转动，其校直效果由曲度和转动角速度决定。有的装置使用了衔铁进行夹丝，使用电磁铁进行拉丝动作，并使用剪刀剪丝，使金属丝落入高低压极板之间发生电爆炸。当电磁铁未通电即电磁体的衔铁未吸合时，将金属丝穿过夹丝孔，通电后衔铁吸合将金属丝夹紧。

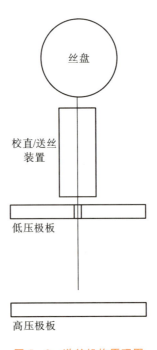

图 5-2　送丝机构原理图

图 5-3 所示为文献[12]中给出的一种重频丝爆制备纳米颗粒装置，其主要包括电爆炸驱动源、负载及送丝机构、纳米颗粒循环收集系统等。工作循环起始，充电机 1 将储能电容 2 充电至所需高压，送丝机构 4 将准直后金属丝 15 送入反应腔 3，金属丝就位信号由位置传感器 21 发出，并控制触发器 16 产生触发脉冲，储能电容通过开关 14 对负载放电；电爆炸形成的纳米颗粒在风扇 9 形成的气流作用下进入循环收集系统，较大的颗粒由于惯性先进

入初筛漏斗5,并落入相应料斗8,较小的颗粒进一步到达旋风分离器6及相应料斗,粒径更小的颗粒进入过滤桶7,由内部的微孔滤网吸附并通过振动进入相应料斗。根据文献[12]中的描述,上述系统使用的金属丝直径为0.3~0.8 mm,长度为30~250 mm,重复工作频率最高1 Hz,充电电压最高40 kV,储能电容2~4 μF,在5 kW的平均功率下,金属纳米颗粒产量为50~100 g/h,金属氧化物颗粒产量为100~200 g/h。

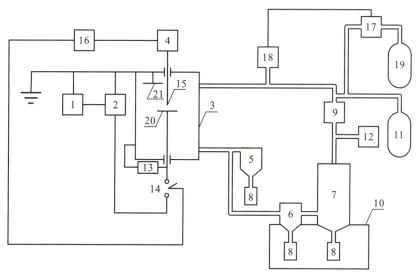

1—充电机;2—储能电容;3—反应腔;4—送丝机构;5—初筛漏斗;6—旋风分离器;7—过滤桶;8—料斗;9—风扇;10—密封仓;11、19—气瓶;12—真空泵;13—电压传感器;14—开关;15—金属丝;16—触发器;17—流量控制阀;18—氧气传感器;20—高压电极;21—金属丝位置传感器。

图 5-3 重频丝爆装置原理图

5.2.5 实验参数对纳米粉体特性的影响

在批量制备纳米颗粒时,不仅要考虑纳米颗粒的形态结构和粒径分布,同时也需要考虑纳米颗粒的产量,这就需要同时考虑充电电压和金属丝参数对电爆炸过程的影响。本小节以铝纳米颗粒的制备为例,给出一些实验参数对纳米颗粒特性的影响情况。

5.2.5.1 铝丝长度对纳米颗粒粒径的影响

为了研究铝丝长度对电爆炸特性和纳米颗粒特性的影响,我们研究了不同长度下铝丝放电特性,实验中将初始充电电压设置为20 kV,储能电容为2.6 μF,对应的初始储能为520 J,金属丝直径为0.35 mm,氩气气压为100 kPa。长度选取为7 cm、12 cm和15 cm。不同长度铝丝放电电流波形、电压波形、阻性电压和沉积能量波形如图 5-4 所示。

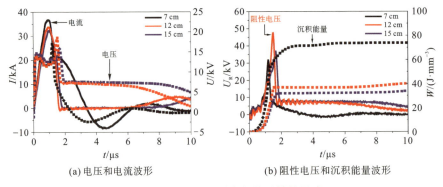

(a) 电压和电流波形　　　　　　(b) 阻性电压和沉积能量波形

图 5-4　铝丝长度对电爆炸特性的影响

由图 5-4(a)可知,在电爆炸初始阶段,由于铝丝的电阻和电感变化不大,不同长度铝丝的电流上升速率差别不大,为 32~38 A/ns。随着能量的快速沉积,铝丝温度急剧升高,汽化之后铝丝的电阻会显著增大,此时不同长度下铝丝的放电特性显现出明显差别。随着铝丝长度的增加,电流幅值减小,电流达到峰值的时间也延迟。而且随着铝丝长度的增加,铝丝的放电模式由直接击穿变为电流暂停模式。当脉冲大电流流过铝丝时,铝丝会在瞬间经历固态、液态、气态、等离子体态,金属丝在汽化形成蒸气后,在电场作用下定向运动,相互碰撞电离,形成雪崩效应,然后发生击穿。当铝丝长度增加时,铝丝汽化所需能量增加,电容器中存储的能量大部分用来加热铝丝,使得剩余能量不足以击穿铝丝,出现电流暂停放电模式。在电流暂停阶段,电流几乎为 0,电压保持在一个相对恒定的值。铝丝继续膨胀,导致金属蒸气密度降低和电子平均自由程增加。在一定时间后,在蒸气柱内部发生了电弧放电,并开始了第二次能量沉积过程,称为重击穿(重燃),电流暂停时间也随着铝丝长度的增加而增加。铝丝电压和阻性电压幅值都是随着长度的增加先增加后减小。在铝丝长度比较小时,最大电压与铝丝长度成正相关主要是因为铝丝电爆炸后电阻随着长度的增加而增加;最大电压与铝丝长度成负相关主要是因为随着长度的增加,铝丝汽化所需要的能量增加,电容中剩余的能量不足引起的。由图 5-4(b)可以看出,随着长度的增加,铝丝的沉积能量速率和单位体积的沉积能量均减小。

在铝丝长度对电爆炸特性影响研究的基础上,研究了铝丝长度对所形成的纳米颗粒的形态结构及粒径分布特性的影响。如图 5-5(a)为所收集产物的典型 SEM 图片。由 SEM 图像可以看出纳米颗粒基本上为球形且表面光滑，轮廓清晰，大部分颗粒粒径在 100 nm 以内。通过对 SEM 图片中纳米颗粒的粒径进行统计分析，得到 7 cm、12 cm 和 15 cm 长度下纳米颗粒的粒径分布如图 5-5(b)所示。这里以 20 nm 作为区间长度，分别计数 SEM 图片中粒径处于[0, 20 nm]、[20 nm, 40 nm]、…、[220 nm, 240 nm]区间内的纳米颗粒数并绘制直方图，进一步以对数正态分布拟合获得图 5-5(b)中的粒径分布曲线。长度 7 cm 时平均粒径为 73.1 nm，粒径主要分布范围为 30~127 nm；长度 12 cm 时平均粒径为 89.5 nm，粒径主要分布范围为 34~155 nm；长度 15 cm 时平均粒径为 93.1 nm，粒径主要分布范围为 56~132 nm。随着铝丝长度的增加，所形成的纳米颗粒的平均粒径增大，粒径大于 100 nm 的颗粒数量也在增多，这是由于长度增加后，单位体积铝丝的沉积能量减小引起的。

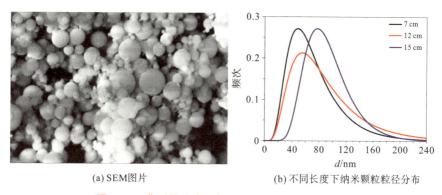

(a) SEM 图片　　　　　　(b) 不同长度下纳米颗粒粒径分布

图 5-5　典型的纳米颗粒 SEM 图片及其粒径分布

5.2.5.2　铝丝直径对纳米颗粒粒径的影响

铝丝直径的增加会使铝丝电阻减小，同时使得铝丝汽化所需能量增加，而且会对沉积能量的径向分布产生影响，从而影响铝丝的放电特性。铝丝直径的变化也影响放电模式，因此研究铝丝直径对电爆炸特性和纳米颗粒粒径的影响有着非常重要的意义。

实验中将初始充电电压设置为 20 kV，储能电容为 2.6 μF，对应的初始储能为 520 J，氩气气压为 100 kPa，金属丝长度为 9 cm，直径分别为 0.25 mm、0.35 mm 和 0.4 mm。不同直径下铝丝放电电流波形、电压波形、阻性电压和沉积能量波形如图 5-6 所示。

对于整个放电回路来说，铝丝初始电阻很小，所以在初始阶段铝丝电阻的变化对电爆炸过程的影响非常小，因此不同直径的铝丝在电爆炸的初始阶段电流上升速率基本上相同。脉冲大电流加热铝丝使其温度急剧升高，同时

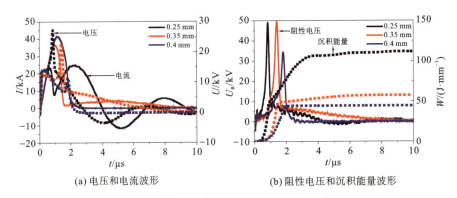

(a) 电压和电流波形　　　　　(b) 阻性电压和沉积能量波形

图 5-6　铝丝直径对电爆炸特性的影响

电阻也急剧增大,铝丝直径越小,电阻越大,其电流幅值越小。在直径 0.25 mm、0.35 mm 和 0.4 mm 的条件下,随着铝丝直径的增大,铝丝的电压和阻性电压均呈现减小的趋势。随着铝丝直径的增加,其汽化所需要的能量增加,铝丝电爆炸初始阶段的电流上升率基本上一致,这就使单位质量的铝丝沉积能量速率降低,导致汽化时间滞后。

由电压电流波形可以看出,在铝丝长度为 9 cm,直径分别为 0.25 mm、0.35 mm 和 0.4 mm 时,铝丝电爆炸模式呈现为直接击穿、电流暂停和匹配三种放电模式。在铝丝直径为 0.25 mm 时,铝丝的汽化率较低,高温低密度的金属蒸气在汽化不久便会在金属丝表面发生放电;当铝丝直径增加到 0.35 mm 时,储能电容中储存的能量大部分用来加热和汽化铝丝,导致能量不足以击穿金属丝,电流暂停模式出现;当铝丝直径增加到 0.4 mm 时,出现匹配放电模式。在这种情况下,电压和电流在第一个脉冲内几乎同时归零,几乎所有储存的能量都用来汽化金属丝,因此不会发生等离子放电。

不同直径下产物粒径分布如图 5-7 所示,由图中曲线可以看出纳米粒径均符合对数正态分布,而且随着铝丝直径的增加纳米颗粒的粒径呈现增大的趋势,粒径大于 100 nm 的颗粒数量也在增多。0.25 mm 直径下铝丝电爆炸制造的纳米颗粒粒径主要分布范围为 27～93 nm,而且大部分都在 100 nm 以下,这主要是因为 0.25 mm 直径的铝丝质量比较小,电爆炸过程中单位体积内的沉积能量更高,这使得高温金属蒸气在膨胀阶段膨胀的体积更大,临界成核的晶核浓度更低,因而制备的铝纳米颗粒更加均匀。直径 0.35 mm 的粒径主要分布范围为 24～148 nm。直径 0.4 mm 的粒径主要分布范围为 56～154 nm。随着铝丝直径的增加,单位体积的铝丝沉积能量减小,导致生成产物中粒径较大颗粒的占比提高。

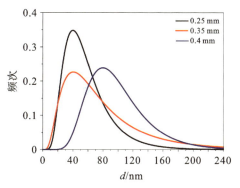

图 5-7　不同直径下纳米颗粒粒径分布

5.2.5.3　充电电压对纳米颗粒粒径的影响

铝丝电爆炸的放电回路可以简化为一个 RLC 电路，因此储能电容的初始充电电压对 RLC 放电回路的电压和电流起着决定性的作用。铝丝电爆炸过程其实是一个能量沉积的过程，是铝丝在欧姆加热的作用下熔化、汽化和形成等离子体的过程，因此充电电压对铝丝电爆炸过程有着非常重要的影响。

为了研究充电电压对电爆炸特性和纳米颗粒特性的影响，进行了不同充电电压下铝丝的放电特性实验。实验中储能电容为 2.6 μF，金属丝长度为 8 cm，氩气气压为 100 kPa，直径为 0.4 mm，充电电压分别为 20 kV、25 kV 和 30 kV，对应的初始储能分别为 520 J、812.5 J 和 1170 J。不同充电电压下铝丝放电电流波形、电压波形、阻性电压和沉积能量波形如图 5-8 所示。

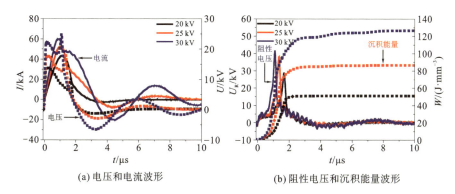

(a) 电压和电流波形　　　　(b) 阻性电压和沉积能量波形

图 5-8　充电电压对电爆炸特性的影响

随着充电电压的增加，负载电压、电流和阻性电压的峰值都显著增加，而且达到峰值的时刻都显著提前。在电爆炸实验中铝丝的沉积能量全部来自电流焦耳热，电流上升速率的提升意味着能量沉积速率的增大，而这会使得电爆炸各阶段发展加快，铝丝发生相变的时间缩短。提高充电电压也可以增加单位体积的沉积能量。

不同充电电压下铝丝电爆炸制造的纳米颗粒的粒径分布如图 5-9 所示，由图中曲线可以看出纳米颗粒粒径均符合对数正态分布，随着充电电压的增加粒径呈现减小的趋势，粒径大于 100 nm 的颗粒数量也在减少。充电电压 20 kV 时粒径主要分布范围为 34.77～141.8 nm；充电电压 25 kV 时粒径主要分布范围为 18.38～128.46 nm；充电电压 30 kV 时粒径主要分布范围为 15.83～108.53 nm。增加充电电压后，由于初始储能提高，沉积到铝丝中能量也随之增多，粒径分布范围越来越集中，粒径大于 100 nm 的颗粒也减少，平均粒径也相应变小。这是由于电压提高后，相变更快，会产生更剧烈的膨胀过程，金属蒸气可以得到更均匀的冷凝。但需要指出的是，提高充电电压并不能无限提高过热系数，且对改善纳米颗粒品质的效果有限，而且会增加能耗。

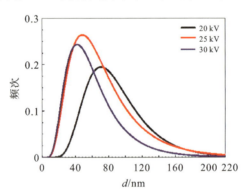

图 5-9 不同充电电压下纳米颗粒粒径分布

5.2.5.4 氩气气压对纳米颗粒粒径的影响

为了研究氩气气压对电爆炸特性和纳米颗粒特性的影响，研究了不同气压下铝丝的放电特性，实验中储能电容为 2.6 μF，充电电压为 20 kV，金属丝长度为 10 cm，直径为 0.35 mm，氩气气压分别为 100 kPa、200 kPa 和 300 kPa，对应的初始储能均为 520 J。不同氩气气压下铝丝放电电流波形、电压波形、阻性电压和沉积能量波形如图 5-10 所示。

由电流波形可以看出，不同气压下电流的上升速率和下降速率基本上保持一致。随着气压的增加，电流暂停的时间更长，这是因为气压增加时，对铝丝膨胀过程的抑制作用更强，使得金属丝的膨胀速率减慢，从而使重击穿的时间延迟。由电压波形可以看出，电压幅值随着气压的增加先增加，但是

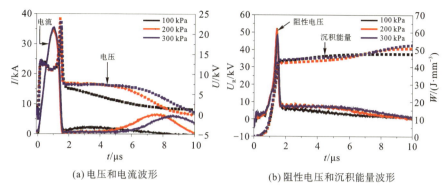

(a) 电压和电流波形　　(b) 阻性电压和沉积能量波形

图 5-10　氩气气压对电爆炸特性的影响

在 300 kPa 时却有着减小的趋势，阻性电压下这个趋势更明显，主要与氩气对铝丝膨胀过程的抑制作用有关。随着氩气气压的增加，其对铝丝膨胀过程的抑制作用增强，这也使得金属蒸气导电通道的导电面积增长减缓，电极间的电阻峰值增加，电压峰值也随之增加；同时气压增大，电子的平均自由行程减小，电极间的击穿电压随之升高。但是当压强继续增加时，氩气对金属蒸气的冷却作用大幅度增强，也会影响击穿电压的幅值。铝丝气液混合态的电阻率随温度的变化情况与凝聚态类似，即随温度的减小呈现出减小的趋势。因此，气液混合态的电阻率随着气压增加而减小，这将在一定程度上减小气压增大对导电通道形成的抑制作用，从而使得电压的幅值有所降低。由沉积能量波形可以看出，不同气压下沉积能量速率基本上保持不变，而且沉积能量也变化不大，100 kPa 及以上的气压对沉积能量的影响已经趋于饱和。

不同氩气气压下铝丝电爆炸制造的纳米颗粒的粒径分布如图 5-11 所示。由图中曲线可以看出纳米粒径均符合对数正态分布，随着气压的增加纳米颗

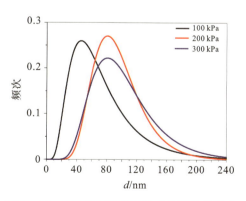

图 5-11　不同氩气气压下纳米颗粒粒径分布

粒的粒径呈现增大的趋势,粒径大于 100 nm 的颗粒数量也在增多。100 kPa 气压下铝丝电爆炸制造的纳米粉体粒径主要分布范围为 29～129 nm,200 kPa 气压下铝丝电爆炸制造的纳米粉体粒径主要分布范围为 57～138 nm,300 kPa 气压下铝丝电爆炸制造的纳米粉体粒径主要分布范围为 56～156 nm。

5.2.5.5 沉积能量对纳米颗粒粒径的影响

金属丝电爆炸过程中的沉积能量对制备纳米颗粒有着重要的作用。前文中我们引入了过热系数 k,以铝丝击穿前的单位质量沉积能量来分析沉积能量对纳米颗粒特性的影响。在此基础上,我们引入铝丝击穿后的过热系数 k_1,如式(5-27)所示,来分别讨论铝丝击穿前和击穿后的能量对纳米颗粒特性的影响,其中 W_w 为电爆炸整个过程中的能量。

$$k_1 = \frac{W_w - W}{W_s} \quad (5-27)$$

图 5-12 为过热系数 k 和纳米颗粒粒径的关系曲线。图中的黑点为每次实验中过热系数和纳米颗粒粒径的对应关系,红色实线为拟合得到的过热系数 k 和纳米颗粒粒径的关系曲线。纳米颗粒的平均粒径随着过热系数 k 的增加而减小,但是从图 5-12 中可以看到,同一过热系数 k 对应不同的纳米颗粒粒径,且纳米颗粒粒径并没有呈现出随过热系数 k 增加而减小的趋势,造成此现象的原因可能是等离子体阶段的过热系数 k_1 不同。一般情况下,当实验参数固定后,只改变其中的某一个参数进行电爆炸实验时,可以认为纳米颗粒的平均粒径随着过热系数 k 的增加而减小,等离子体阶段的过热系数 k_1 对粒径的影响可以忽略。但是当几种实验参数一起变化时,就必须考虑等离子体阶段的过热系数 k_1 对纳米颗粒粒径的影响。过热系数 k 和 k_1 与纳米颗粒粒径的关系曲线如图 5-13 所示,在考虑过热系数 k_1 的基础上,纳米颗粒径随着过热系数的增加而减小的趋势较为明显。这可能是由于在较大的 k_1 条

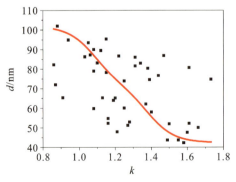

图 5-12 过热系数 k 和纳米颗粒粒径的关系曲线

件下，金属蒸气膨胀的速率更快，此时临界晶核的浓度较低，因此制备的纳米颗粒更加均匀，而且平均粒径也比较小。对比图5-13(a)和(b)可以看出，随着等离子体阶段能量的增加，纳米颗粒粒径随着过热系数的增加而减小的趋势没有发生明显的变化，可能是发生了气体击穿，只有部分电流流过金属丝，也有辐射损耗的可能。不同过热系数对应着相应的实验参数和纳米颗粒粒径，对于要求的平均粒径，根据拟合曲线选择合适的实验参数即可。

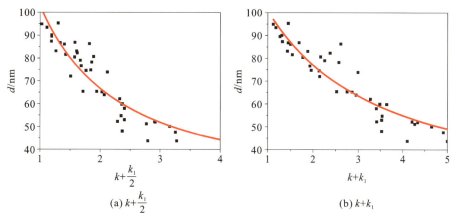

图5-13　过热系数与纳米颗粒粒径的关系曲线

5.3　引燃含能材料

5.3.1　含能材料概述

含能材料(energetic material)是指能独立进行化学反应并在短时间内迅速释放大量能量的化合物单质或混合物，其化学结构中往往含有爆炸性基团或是强氧化剂，是军用炸药、发射药和火箭推进剂配方的重要组成部分。最早的含能材料是一千多年前在我国诞生的黑火药。随着化学工业的不断发展，逐渐诞生出硝基炸药如三硝基甲苯(TNT)、硝酸酯炸药如硝化甘油(NG)、硝胺炸药如黑索金(RDX)和奥克托今(HMX)、高密度高氮含量化合物如三硝基氮杂环丁烷(TNAZ)、六硝基六氮杂异伍兹烷(HNIW/CL-20)等多种含能材料。含能材料的出现标志着人类对能量的掌控得到了跨越式的进步，为人类工业发展与文明进步作出了重要贡献。现代含能材料将朝着更高可靠性、更高安全性和更高能量密度的方向进一步发展。

感度是含能材料研究的关键性问题，其意味着化合物单质或混合物在受到外界因素作用下发生分解或氧化还原化学反应的难易程度。一般来说，含能材料感度越低，其安全性越高。但这也带来了另一个关键性的问题，即如何安全可靠地起爆低感度含能材料。1865 年，诺贝尔发现可以使用雷酸汞起爆非常稳定的由硅藻土吸附的硝化甘油，随后他将雷酸汞装在小型铜管中，最初的雷管就此诞生。随后雷管逐渐发展出非电气式雷管与电气式雷管两大类别，而桥丝起爆（Exploding Bridge-Wire，EBW）雷管（detonator），即 EBW 雷管是电气式雷管中最具有代表性的品类之一。20 世纪 40 年代，Alvarez（阿尔瓦雷斯）和 Johnston（约翰斯顿）发明了 EBW 雷管，成功解决了原子弹初级猛炸药的同步起爆问题。EBW 雷管利用的正是金属丝电爆炸产生的高温金属蒸气、等离子体、强辐射、冲击波等效应引燃含能材料。低沸点、低汽化能量和高丝爆电阻的金属往往作为 EBW 雷管的桥丝材料，这意味着较低的沉积能量可以将金属加热至等离子体状态，从而驱动含能材料起爆。按照起爆效率进行排序，黄金被认为是最好的金属材料，其次是银、铜、铝、铂、钨，最后是铁。EBW 雷管上施加的发火能量较低（<10 J），因此其往往采用双层结构设计，即丝爆驱动高感度始发药爆轰后，再进一步起爆较为钝感的次级含能材料。

近年来，研究者提出利用金属丝电爆炸直接驱动低感度含能材料产生可控强冲击波的技术思路。这种技术基于一种新型含能负载结构，即在金属丝外包裹含能材料，利用丝爆驱动含能材料爆燃（或爆轰）并耦合丝爆冲击波提升负载单次所能产生的冲击波能量，突破了工作环境对电储能体积的限制，达到井下大范围激励储层的效果。得益于更高的丝爆储能（> 500 J），所用含能材料可替代为低感度含能材料，避免了高感度炸药的安全隐患。并且钨、钼和钽等难熔金属制造的丝对低感度含能材料具有更好的驱动性能，这可能是由于其爆炸产物具有更高的温度与更强的辐射。此外，含能材料介质中的丝爆往往以击穿模式发展。在这种模式下，爆炸丝所具备的高温、强辐射以及等离子体放电通道中充足的剩余能量，都有利于含能材料中电流通路的发展以及爆轰波的产生和维持。目前，丝爆直接驱动低感度含能材料产生可控强冲击波技术已在页岩储层改造中得到应用，并在一些要求高安全性和可控性的致裂场景中具有广阔应用前景，如隧道掘进、钢筋混凝土切割、桥梁基座局部定向致裂等。本节主要针对该负载情况下的丝爆特性、起爆机理、效率优化等方面展开介绍。

5.3.2　丝爆驱动含能材料特性

常见的丝爆驱动含能材料复合负载结构如图 5-14 所示。金属丝、含能材料、外壳呈同轴圆柱分布，两边设置端盖使负载保持密封。常用的含能材料可分为粉末状含能材料（如强氧化物与铝粉的混合物）[13-20]、液体状含能材料（如硝基甲烷或高浓度双氧水溶液）[21-25]、泥浆状含能材料（如硝基甲烷与金属粉末的混合物）[26]和凝胶状含能材料（如气相二氧化硅、硝基甲烷与金属粉末的混合物）。

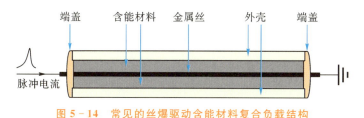

图 5-14　常见的丝爆驱动含能材料复合负载结构

含能材料介质中金属丝电爆炸的物理过程将受到化合物单质或混合物特性的影响，其等效电路图如图 5-15 所示。回路可分为脉冲电源部分和负载部分。L_{s1} 和 R_{s1} 分别代表电容高压极和负载之间的电感和电阻。L_{s2} 和 R_{s2} 分别代表负载与电容地电极之间的电感和电阻。与典型的丝爆放电回路相比，其不同之处在于负载部分由金属丝和含能材料并联表示。金属丝由电阻 R_w 和电感 L_w 串联组成，其值由注入能量后金属丝的电导率和膨胀半径决定。含能材料表示为串联的时变电阻 R_{EM} 和电感 L_{EM}，其值与其自身特性（成分、颗粒尺寸）和金属丝所处状态有关。设置并联电路的原因是含能材料中经常混合大比例的铝粉，因此爆炸丝周围不再被认为是绝缘介质，相关试验中的放电特性也表明二者间发生了明显的相互作用，下文将对此相互作用展开详细介绍。

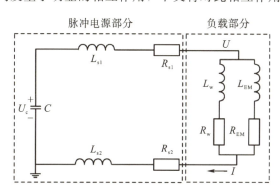

图 5-15　丝爆驱动含能材料等效电路图

为说明不同含能材料对丝爆放电特性的影响，将水、液体含能材料（硝基甲烷，总质量为 1.6 g）、粉末状含能材料（70% 高氯酸铵和 30% 铝粉，总质量为 1.1 g)和泥浆状含能材料(26.5% 硝基甲烷、54.2% 铝粉、18% 氧化铜粉末和 1.3% 醋酸纤维素，总质量为 2.8 g)等介质中丝爆的典型放电波形示于图 5-16 中。所有实验采用相同的金属丝参数(钨丝，长度 5 cm，直径 0.2 mm)、脉冲电源参数(6 μF 电容，1200 J 储能)和含能材料体积(1.4 cm³，填充在 5 cm 长和 6 mm 内径的硅胶管中)。

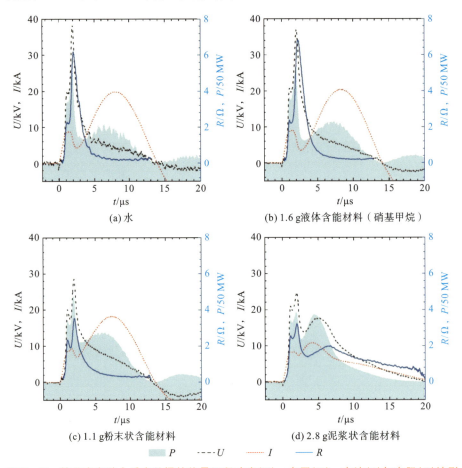

图 5-16 钨丝在多种介质中丝爆的能量沉积功率(P)、电压(U)、电流(I)与电阻(R)波形

图 5-16(a)和(b)分别对应于水中和硝基甲烷中的钨丝电爆炸。可以看到二者呈现出非常相似的放电波形，这表明纯硝基甲烷可以和水一样被视为绝缘介质。电流和电压曲线之间的细微差别可能是由二者密度和黏度不同造成的。图 5-16(c)和(d)分别对应于在粉末状含能材料和泥浆状含能材料中的钨丝电爆炸。与水中和硝基甲烷中相比，放电波形中峰值电压和电阻显著降低。鉴于电容上存储的电能(1200 J)远高于钨丝完全汽化所需的能量

(119.6 J),因此可以推断含能材料中存在并联电流通路使得金属丝汽化或相爆炸期间的峰值焦耳热功率降低。然而,由于含能材料的存在,功率曲线的第二个峰值更高;特别是如图 5-16(d)所示的泥浆状含能材料,约 5 μs 处的峰值沉积功率达到近 200 MW,并且丝爆电击穿后负载等效电阻增加;这种不寻常的行为可归因于含能材料的高压爆轰产物压缩了爆炸丝的等离子体放电通道。含能材料中的铝粉对其放电特性有显著影响,进一步的实验表明,峰值电压和电阻随着铝粉比例的增加而降低;如果添加过多的铝粉,对应于汽化的电压峰值甚至会消失。

图 5-17 为距离负载 15 cm 处测量的各种介质中丝爆的压力曲线,与图 5-16 所示放电波形分别对应。脉冲密度(ρ_I)和能量密度(ρ_E)分别由如下公式计算[27]:

$$\rho_I(t) = \int_{-\infty}^{t} P(\tau) d\tau$$

$$\rho_E(t) = \frac{1}{\rho_0 c_0} \int_{-\infty}^{t} P^2(\tau) d\tau$$

式中:水的密度和声速分别为 $\rho_0 = 1 \times 10^3$ kg/m³ 和 $c_0 = 1500$ m/s。金属丝电爆炸产生冲击波的机理可以用活塞模型来解释,即爆炸丝在膨胀时像活塞一样推动周围介质。活塞前方的介质被压缩形成压缩波,当活塞速度超过局部声速或低压波阵面被后方高压追上时,可形成具有陡峭前沿的冲击波阵面。对纯丝爆过程来说,峰值压力主要由最大膨胀速度决定,活塞与波前脱离后,进一步向爆炸丝注入能量,导致向外传播的冲击波脉宽增大,衰减变慢。硝基甲烷与水中的丝爆对比如图 5-17(a)和(b)所示,水中丝爆形成的冲击波脉冲宽度(6.4 μs)和峰值压力(13.5 MPa)略小于硝基甲烷中丝爆形成的冲击波脉冲宽度(7.1 μs)和峰值压力(15.5 MPa),这可能是由硝基甲烷燃烧导致的[16]。显然,图 5-17(b)表明丝爆直接点燃硝基甲烷的能量释放效率很低,因为纯硝基甲烷是相当均质的介质,其具有极低的爆炸感度,在这种条件下很难点燃。

如图 5-17(c)所示,完全起爆的含能材料会产生更大的脉冲宽度(Full Width at Half Maxima, FWHM),约为 15 μs。测量的压力波形上可以看到由含能材料燃烧产生的"长尾",这导致冲击波能量密度和冲量密度大大增加。然而,与图 5-17(a)中的水中丝爆相比,冲击波峰值压力要低得多,并且具有更缓的上升沿。这是由于粉末状含能材料具有更好的可压缩性,从而使得冲击波在其内部传播过程中不断衰减。此外还可以推断,丝爆驱动的粉末状含能材料中并没有发生爆轰,因为爆轰波速度远高于声速,能够叠加丝爆冲

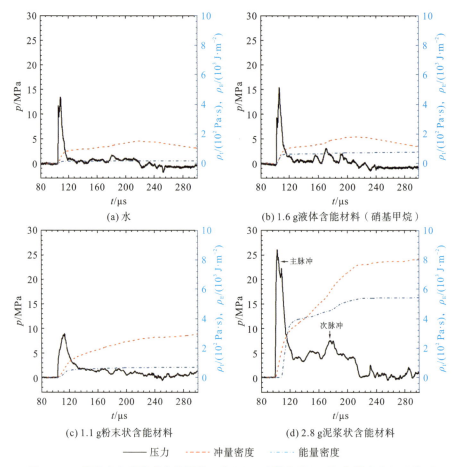

(a) 水 (b) 1.6 g 液体含能材料（硝基甲烷）

(c) 1.1 g 粉末状含能材料 (d) 2.8 g 泥浆状含能材料

—— 压力　---- 冲量密度　-·-·- 能量密度

图 5-17　钨丝在多种介质中丝爆的压力(p)、冲量密度(ρ_I)与能量密度(ρ_E)波形

击波产生更高的峰值压力。通过优化含能材料配方、能量密度以及金属丝和放电回路参数等，可进一步改善粉末状含能材料负载的冲击波性能。

如图 5-17(d)所示，泥浆状含能材料的冲击波在所有测试的含能材料中具有最高的峰值压力、冲量密度和能量密度[26]。压力波形具有两个明显的脉冲：高窄主脉冲和低宽次脉冲。前者由硝基甲烷爆轰耦合丝爆产生，后者由爆轰波阵面之后的含能材料长周期燃烧产生，类似于非理想的含铝炸药爆炸行为[28]。对于油气开采来说，泥浆状含能材料还能使负载外壳承受更高的静水压力和冲击波压力，是目前储层改造的一种很有前景的选择。

5.3.3　丝爆驱动含能材料光学诊断结果

以泥浆状含能材料为例，我们给出了复合负载爆炸的光学诊断结果。图

5-18 为不同电容器储能(675 J 和 1200 J)情况下复合负载发生爆炸时的形态。如图 5-18(a)中二维激光阴影图像所示，675 J 储能下可以看到两重冲击波，即金属丝熔化产生的液化冲击波(the liquefaction SW)和相爆产生的汽化冲击波(the evaporation SW)；随着时间推移，液化冲击波被汽化冲击波赶上。这种行为类似于钨丝在水中电爆炸所得到的实验结果。在 1200 J 储能情况下，激光阴影图像中只能观察到一个冲击波前沿，液化冲击波在硅胶管附近已经与更强的汽化冲击波合并。

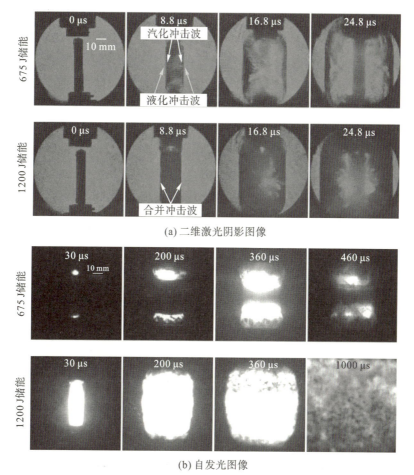

图 5-18 复合负载爆炸后不同时刻的二维激光阴影图像和自发光图像
(电容器储能为 675 J 和 1200 J)

高速摄像机用于在更长的时间尺度上观察负载爆炸的自发光情况，如图 5-18(b)所示。在 675 J 储能情况下，爆炸产物在 30 μs 时以约 100 m/s 的速度膨胀，并且只能在负载两端看到自发光。然后爆燃波以约 70 m/s 的速度沿轴向传播到负载中心,并在约 360 μs 时停止;之后,自发光逐渐消失并在约 600 μs 后完全消失。在 1200 J 储能情况下,30 μs 时剧烈的化学反应将负载变成了膨胀速度为 180 m/s 的明亮光柱。根据图 5-17(d)中的冲击波波形,这个时间对应于主冲击波的结束。因此,可以推断主要反应物质是硝基甲烷。根据自发光图像,燃烧过程持续了约 4 ms。此外,在每次储能为 1200 J 的实验中都可以得到非常相似的冲击波波形,幅值变化在 8% 以内,证明当电容器储能足够时,含能材料负载产生的冲击波是可重复的。

图 5-19 为非同心负载的背光条纹图像,以及电学诊断波形和冲击波波形;脉冲激光标记用于同步波形和背光条纹图像。非同心负载爆炸时,金属丝放置在含能材料与管壁的交界面处。金属丝的液化和汽化冲击波立即进入水中。因此,它们与随后产生的含能材料爆轰冲击波的合并发生在更远的距离上,从而能够更准确地分辨冲击波结构。将 Müller-Platte 水听器放置在距离负载 3~5 cm 处以获得冲击波压力曲线,一个典型的结果如图 5-19(c)所示。可以很容易地从波形中识别出两个峰值,分别对应于汽化冲击波(第一个峰值)和含能材料爆轰冲击波(第二个峰值)。压力曲线中的每个峰值对应于条纹图像上的某个点 (t_x, r_x),其中 r_x 为探头的径向位置,t_x 为峰值时间。在实验中,很难直接精确测量 r_x,因此第一个峰值的径向位置通过识别条纹图像的冲击波前沿得到;第二个峰值与第一个峰值的径向位置相同,但根据压力波形设置了一定的时间间隔。通过上述方式,测量的压力峰值被标记在条纹

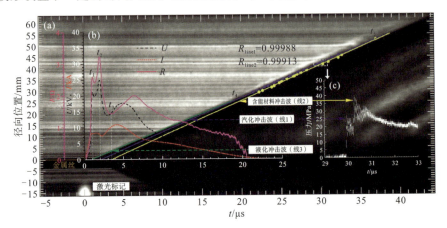

(a) 3 mm 直径的非同心负载在 1200 J 储能下爆炸的背光条纹图像、(b) 放电波形和 (c) Müller 水听器在距离负载 3~5 cm 测量的典型冲击波压力波形。测量的峰值压力(17 次实验)在条纹图像中标记为点 (t_x, r_x) 并进行线性拟合以获得汽化冲击波(线 1)和 EM 爆轰冲击波(线 2)的轨迹。线 3 代表液化冲击波,直接从条纹图像中识别

图 5-19 负载爆炸关键事件时间序列概要

图像上并进行线性拟合以获得汽化冲击波和含能材料爆轰冲击波的轨迹（图 5-19 中的直线 1 和直线 2）。需要注意的是，这里的拟合只是为了估计，真实的冲击波轨迹是斜率（或波速）递减的曲线。液化冲击波（直线 3）是直接从条纹图像中获得的，因为与汽化冲击波合并的位置（约 2.5 cm）离负载太近，压力探头无法进行安全测量。

基于线性拟合的冲击波轨迹，液化和汽化冲击波分别在熔点（t_1 约为 1 μs）和击穿点（t_2 约为 2 μs）附近开始，这与之前的实验结果一致。含能材料冲击波在 t_3（约 3.5 μs）产生，这个时刻在击穿点后约 1.5 μs，负载的等效电阻在 t_3 后表现为异常增加，表明硝基甲烷爆轰产生的高压产物压缩了稳定的放电通道，导致电阻增加。根据图 5-19(c)，含能材料冲击波的峰值压力高于汽化冲击波，两个冲击波的合并发生在距负载约 5 cm 处。

5.3.4 典型驱动机理

金属丝电爆炸是一个伴随着强冲击波（在介质中）、强辐射、高温金属蒸气/等离子体等的复杂物理过程，所有这些因素都可能导致或协助含能材料起爆。显然，为了提升丝爆的点火性能，如选择合适的金属丝种类和优化电路参数等，均有必要知道哪种丝爆效应在含能材料的起爆中起到主导作用。然而，目前来说确切的驱动机理仍不清楚，主要原因包括：①难以将丝爆产生的各种能量解耦，因此难以独立研究某种形式能量的作用；②受制于实验诊断方法，含能材料中丝爆产生的温度、辐射、冲击波等数据较为缺乏。

目前对丝爆驱动含能材料机理的了解主要来自于桥丝起爆雷管和电热化学（Electro Thermal Chemical，ETC）炮的相关研究，其工作原理也基于放电等离子体点燃含能材料，但负载结构和放电参数与本节重点介绍的复合负载有较大差异。在 EBW 雷管中，金属丝放置在由敏感起爆药制成的低密度始发药表面。丝爆首先点燃始发药并产生爆轰波，该爆轰波传播到高密度次级炸药中并使其起爆。在基于丝爆的电热化学炮中，爆炸产物（通常从毛细管中喷出）和辐射与高密高能推进剂相互作用并使其起爆。

本质上，含能材料的燃烧行为，如爆燃或爆轰，都是由化学反应速率决定的；因此，驱动机理主要包括前期含能材料中的能量沉积和后续化学反应的激活。含能材料点火后，根据反应放热和热损失所占比重，其燃烧可以持续、加速或熄灭。例如，在爆燃转爆轰过程中，由于额外反应放热能量超过热损失，亚音速爆燃波随着燃烧反应加速而发展为超音速爆轰波。在本节的其余部分，将更详细地讨论含能材料在丝爆驱动下起爆的几个重要因素。

5.3.4.1 冲击波的作用

爆炸丝快速膨胀过程中会在周围介质中产生冲击波。冲击波的压缩作用可以提高含能材料的压力和温度，并激活后续化学反应。1892 年，Berthelot（贝特洛）首次提出了冲击波点燃异质含能材料的冲击起爆机制，含能材料中的小气腔等缺陷会由于冲击波压缩而达到非常高的温度[29]。这些局部反应区域被称为"热点"，逐渐发展合并为单个冲击波前沿并支撑爆轰的稳态发展[30]。

但到目前为止，关于丝爆产生的冲击波在点燃含能材料中的作用还没有明确的结论，因为在极短的时间尺度和极小空间尺度上探测热点是一个很大的挑战。Lee(李)等[31]使用 X 射线对经丝爆作用后的惰性材料进行断层扫描，发现了明显的半球形裂纹，证明有冲击波穿过惰性材料。Smilowitz(斯迈洛维茨)等[32]使用 X 射线闪光照相观察了 EBW 雷管的起爆过程，清楚地记录到丝爆冲击波在 PETN 中呈球形向外扩展，但没有爆燃波和热点形成。基于观察，他们提出含能材料温度升高和爆轰核的形成是 EBW 雷管起爆的根本原因，并将其概括为直接热起爆机制。丝爆产生的冲击波可能不是含能材料起爆的直接原因，但它还有另一个重要作用，即所谓的压实机制。由于强约束有利于提高燃烧速率，并使含能材料在较低温度下起爆，因此，冲击波压缩对其他含能材料驱动因素有增益效果，如热传导、辐射等。

EBW 雷管和复合负载中使用的金属丝和放电回路参数有很大不同。对于 EBW 雷管，最常见的商用金属丝尺寸为直径 0.038 mm、长度 1 mm，建议电路储能约为 6 J，对应的能量沉积密度约为 2.7×10^5 J/g[33]。对于复合负载，典型金属丝尺寸为直径 0.2 mm、长度 5 cm，建议电路储能约为 1000 J，对应的能量沉积密度约为 6.4×10^5 J/g。尽管负载和电路参数存在显著差异，但上述两种情况下的丝爆具有相似的能量沉积密度，表明汽化阶段之后的爆炸产物参数相似。常见的 EBW 雷管在水中爆炸产生的冲击波峰值压力范围为 0.3~1.5 GPa[34-37]，与水中丝爆产生的冲击波峰值压力相当[21]，但因为金属丝质量更小，EBW 雷管产生的冲击波脉冲宽度(100 ns)要小得多(前者为 10 μs)。目前，我们对冲击波在低感度含能材料复合负载中的影响知之甚少，只有一些破坏实验表明，以高氯酸铵和铝粉为代表的含能混合物不能被峰值压力为数百兆帕和数十微秒脉宽的冲击波点燃，这确保了井下装置中其他暴露在爆炸产生冲击下的复合负载安全性。我们相信高分辨率 X 射线闪光照相是一种有潜力的诊断含能材料中冲击波的方法，可以更好地帮助了解复合负载中丝爆的物理过程[32,34-35,38]。

5.3.4.2 辐射的作用

丝爆在等离子通道形成后会发出强辐射，这也有助于含能材料的起爆。除了总辐射能量外，波长、脉冲宽度、含能材料的粒径和密度也会影响光起爆过程[39]。早在1981年，Capellos(卡佩洛斯)[40]就提出紫外光子可以在硝胺和类似的硝化炸药中产生光化学效应，从而引发含能材料的放热反应，甚至发展为不受控制的剧烈爆轰。1989年，Paisley(佩斯利)[41]研究了PETN、HMX和HNS三种常见含能材料的直接光起爆特性，发现在266～1060 nm范围内，波长越短，起爆所需的激光能量越低。Feagin(费金)等[42]利用紫外光谱技术检测五种炸药的光吸收特性，发现吸收峰集中的波段为200～300 nm。产生光化学效应的根本原因在于硝化炸药及其分解产物中的$X-NO_2$键极易被高能光子裂解。这个过程发生在很短的时间内(皮秒量级)，释放的能量和自由基会导致不受控制的化学反应。西安交通大学刘巧珏[43]基于量子化学计算研究了RDX的光学点火，提出丝爆辐射可以引起化学键断裂和电子跃迁，使得放热反应更容易发生。辐射的另一个重要作用是传热。许多关于电热化学炮的实验和数值研究都证实了辐射对表面层的瞬时加热能够使推进剂点火[44-48]。Porwitzky(波尔维茨基)等[49-50]建立了等离子体效应下的推进剂烧蚀模型，发现等离子体辐射和推进剂的光学特性对点火和燃烧都极为重要。

5.3.4.3 其他能量沉积方式

Taylor(泰勒)[51]在对电热化学炮研究的基础上提出了金属气相沉积推进剂点火假说。通过测量沉积在推进剂表面的辐射能量，Taylor认为在实验等离子体点火测试的时间范围内引发自持燃烧是不够的。金属气相沉积会导致从爆炸丝到推进剂的快速热传递。由于极高的浓度，推进剂中的成核发生在很短的时间内(如几百纳秒)，并且温度远高于常压下的金属沸点。成核和随后的冷凝过程释放的热能导致了与爆炸丝接触的含能材料快速加热[4]。

对大储能金属丝电爆炸驱动高铝粉掺杂比例含能材料来说，内部击穿通道形成的"正反馈机制"对起爆至关重要。基于ICCD直接拍摄含能材料内部击穿通道的实验设置如图5-20所示。由于含能材料为非透明介质，从负载外无法直接拍摄内部的放电过程，因此将负载对半剖开实现对剖面进行直接拍摄。剖面型含能材料负载的正视图与侧视图如图5-20(a)和(b)所示，首先将金属丝(长度5 cm、直径0.2 mm)夹持在上下电极间，并尽可能保持拉直绷紧状态。负载外壳(长度5 cm、内径6 mm、外径10 mm)由硅胶制成，使用刀片垂直剖开，在其中填充凝胶状含能材料，并使用刮刀抹平表面，即可得到剖面型含能材料负载。随后将剖面型含能材料负载安装至电极间，使金属丝浅浅埋入凝胶状含能材料中,并将剖面正对 ICCD 进行拍摄。最后将负载整体沉入水环境中,需要注意的是,由于硝基甲烷与水几乎不相溶,可长时间直接浸泡在水环境中仍能正常起爆,因此剖面无需进行任何处理即可与水直接接触。并且由于水的击穿强度很高,这种处理方式使得水-含能材料界面在起爆过程中保持绝缘,不影响负载本身的电爆炸过程。ICCD 在 0 时刻拍摄得到的剖面型含能材料负载如图 5-20(c)所示,可清晰地看到金属丝、凝胶状含能材料和硅胶外壳,并且长时间浸泡(>5 min)在水环境中仍保持不变。

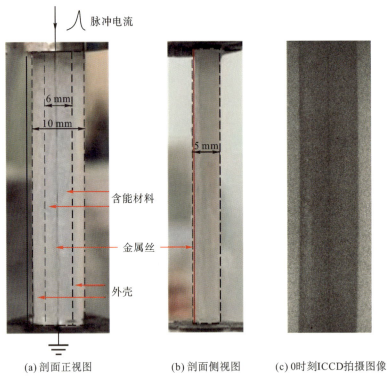

图 5-20 剖面型含能材料负载 ICCD 拍摄实验设置

图 5-21 为填充硝基甲烷体积分数 100%的凝胶状含能材料爆炸自发光时序图。图 5-21(a)为钨丝在凝胶状含能材料中的放电波形。对比图 5-16(b)可以看到二者呈现出非常相似的放电波形,证明钨丝在凝胶状含能材料中的电爆炸过程与液体状硝基甲烷中的放电过程几乎一致。其自发光时序图表明,纯硝基甲烷凝胶状含能材料中钨丝电爆炸过程可分为以下六个阶段:固态加热、液化、液态加热、汽化、击穿、等离子体放电。放电起始后脉冲电流开始在金属丝中沉积能量,引起金属丝温度升高、电阻增大;电阻的增大进一步推高了电能沉积的功率,造成更加迅速的温升,同时金属丝两端电压

也迅速上升；金属丝经历固态、液态到气态的转化，并在材料临界点附近发生相爆炸，转化为金属蒸气和液滴的混合物，此时金属丝几乎处于绝缘状态，电流下降，间隙电压达到最大值；电源储能充足时可在爆炸产物中或产物与介质的交界面发生电击穿，此时金属丝等效电阻开始下降，电压下降且回路电流下降的速率降低，爆炸产物温度可进一步升高并进入等离子体状态；随着爆炸产物电阻的进一步降低，回路电流转而上升；最终电爆炸进入电流振荡衰减的电弧放电过程。

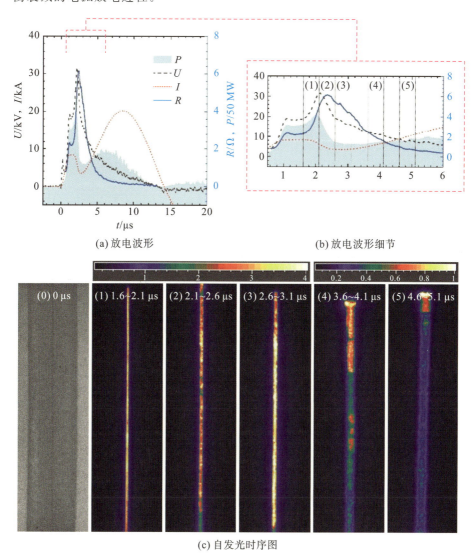

图 5-21 ICCD 拍摄的填充硝基甲烷体积分数 100% 的凝胶状含能材料爆炸自发光时序图

图 5-22 为填充硝基甲烷体积分数 63.9% 的凝胶状含能材料爆炸自发光时序图。在 1.6~2.1 μs 时刻，金属丝表面出现不连续自发光，这与纯硝基甲烷中丝爆均匀的连续自发光不同。由于高比例铝粉掺杂畸变金属丝附近电场，局部强电场使得部分硝基甲烷温度快速上升并发生剧烈化学反应产生自发光。在强辐射、强电场与高温等效应的作用下，硝基甲烷反应区域逐步扩大，在 2.1~2.6 μs 时刻表现为不连续的斑点状发光区域随机分布在金属丝表面。此时金属丝沿面由若干个硝基甲烷反应区与未反应区组成串联电路，

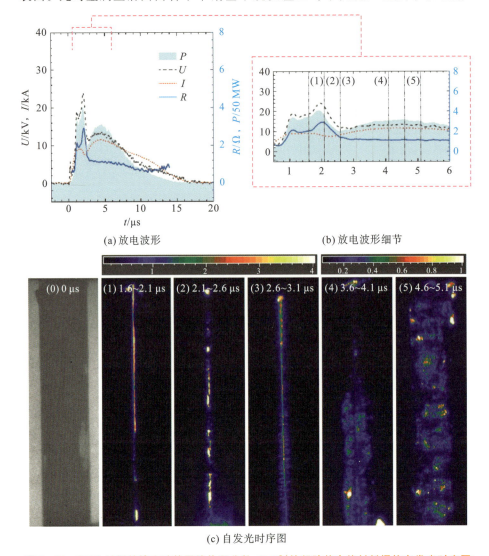

(a) 放电波形　　(b) 放电波形细节

(c) 自发光时序图

图 5-22　ICCD 拍摄的填充硝基甲烷体积分数 63.9% 的凝胶状含能材料爆炸自发光时序图

并与爆炸丝形成并联回路。硝基甲烷的反应使其电阻快速下降，这导致施加在硝基甲烷未反应区的电压上升，为反应区的发展提供了有利条件。在2.6~3.1 μs 时刻，金属丝表面已经形成了贯通正负电极的硝基甲烷反应区，并在电路中表现为低电阻的并联放电通路。此时硝基甲烷反应区的能量沉积速率大幅度上升，电能可直接沉积到放电通路内的硝基甲烷中，在爆炸丝表面可观测到均匀的絮状自发光。快速能量注入使得硝基甲烷发生爆轰，爆轰波快速向外传播(3.6~4.1 μs)，速度超过 3000 m/s。随后"正反馈"机制开始发挥作用，即爆轰产物通过增加负载电阻来增强焦耳加热，反过来，较高的电能沉积稳定并加强了爆轰[26]。

5.3.5 起爆效率优化

尽管大储能丝爆直接驱动低感度含能材料提升了负载使用的安全性，但是也对放电回路提出了更高的要求。尤其是对大容量脉冲电容器储存电能的需求，其存在体积大、质量重的问题，不仅降低了装置的便携性，更会受制于复杂、狭小的工作环境(井下、矿洞、隧道等)，限制了复合负载的进一步发展与应用。因此，如何提升金属丝电爆炸的驱动效率也是科研工作者们面临的另一个关键问题，这意味着能携带更小容量的脉冲电容器，最大程度实现装置小型化。除了优化金属丝参数和放电回路参数外，改变金属形态也是提升丝爆驱动效率的重要途径。

分裂丝是金属丝形态改变的一种方式，在总金属质量以及能量沉积密度不变的情况下将金属丝转变为多根直径更小的丝，可显著提升金属丝与含能材料的接触面积，扩大金属丝对含能材料的驱动范围。但是分裂丝也带来了负载的装配问题，因为难熔金属丝往往具有很强的韧性，在装配过程中分裂丝容易出现缠绕、打结、断裂等问题，大大提升了负载的制造成本。因此，可以采用一种内回流式负载结构，其结构如图 5-23 所示，包含同轴电缆、金属丝、硅胶管、堵头和含能材料几部分。金属丝以一半顺时针、另一半逆时针的交叉缠绕方式与绝缘层相连，形成了网状或编织状的金属丝阵结构。脉冲电流经铜芯传导至丝阵，再通过同轴电缆接地线回流至脉冲电容器地电极形成回路。内回流式负载结构为金属丝阵提供了稳定的支撑物，是多丝电爆炸驱动含能材料的理想负载结构。此外，由于采用内置型回流柱结构，复合冲击波向外传播时不会受到外回流柱的阻挡，减少了冲击波的传播损耗。

为说明多丝结构对起爆效率的提升作用，基于内回流式负载结构对 4 根直径 0.1 mm 的钨丝阵与 0.2 mm 单根钨丝在泥浆状含能材料中丝爆产生的冲击波进行对比，如图 5-24 所示。储能 675 J 时 4 mm×0.1 mm 钨丝阵电

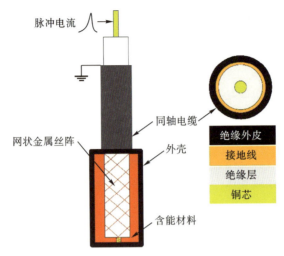

图 5-23 内回流式负载结构示意图

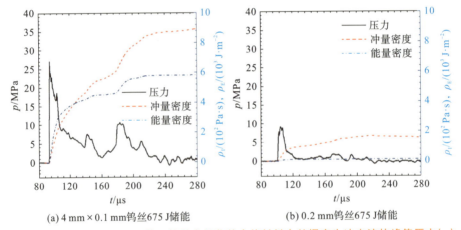

(a) 4 mm×0.1 mm 钨丝 675 J 储能

(b) 0.2 mm 钨丝 675 J 储能

图 5-24 675 J 储能下不同情况钨丝在泥浆状含能材料中丝爆产生冲击波的峰值压力(p)、冲量密度(ρ_I)与能量密度(ρ_E)波形

爆炸产生的冲击波的峰值压力为 22.87 MPa，冲量密度为 890.13 Pa·s，能量密度为 5833.67 J/m²。与图 5-17(d)中 1200 J 储能丝爆驱动下的泥浆状含能材料的冲击波数据（峰值压力 26.34 MPa，冲量密度 789.53 Pa·s，能量密度 5535.61 J/m²）对比可知，此时硝基甲烷已发生爆轰。而储能 675 J 时 0.2 mm 单根钨丝电爆炸产生的冲击波与图 5-17(a)水中 1200 J 储能丝爆产生的冲击波区别不大，这证明该储能下金属丝无法驱动含能材料起爆。上述实验结果表明，4 分裂的钨金属丝阵可将系统储能从 1200 J 降至 675 J，即泥浆状含能材料起爆所需储能下降了 43.75%，大大降低了脉冲电容器储存电能的

需求。

金属丝的分裂次数越多,金属丝与含能材料的接触面积越大,对含能材料的驱动范围也越大。但在实际工程中,这意味着单个负载的制造成本越高,而极细的金属丝也不利于负载的运输、储存与使用。因此,金属箔自然成为更理想的金属丝替代物,其可视为大量极细金属丝的并联。为说明金属箔的驱动效果,基于典型复合负载结构对 3.14 mm×0.01 mm 直径钽箔与 0.2 mm 直径钽丝在泥浆状含能材料中丝爆产生的冲击波进行对比,如图 5-25 所示。选用钽箔的原因是钨丝无法制成箔状物,而钽与钨一样为难熔金属,爆炸产物具有高温度与强辐射。实验结果表明,钽箔在 768 J 储能下能驱动含能材料发生爆轰,产生的冲击波性能比 1200 J 储能钨丝更强。因此金属箔相比于多丝丝阵,可能是更理想的金属丝结构发展方向。

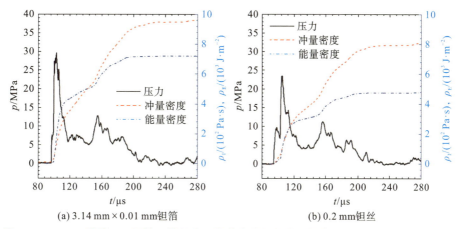

(a) 3.14 mm×0.01 mm钽箔　　　　(b) 0.2 mm钽丝

图 5-25　768 J 储能下不同情况钨丝在泥浆状含能材料中丝爆产生冲击波的峰值压力(p)、冲量密度(ρ_I)与能量密度(ρ_E)波形

5.3.6　半导体桥火工品

除了金属材料桥丝,以重掺杂硅为桥体的半导体桥(Semi-Conductor Bridge,SCB)火工品近年来发展迅猛。1968 年,美国 Hollander(霍兰德)[52] 发明了半导体桥。随后其发展一度陷入停滞,直到 1987 年美国桑迪亚国家实验室[53]极大地改善了 SCB 的点火性能,从而引起相关行业的广泛关注,并被称为"电火工品的一次革命"。SCB 的体积是传统 EBW 雷管的 1/30,试验测定其电爆炸的临界能量在 3~5 mJ,相比于 EBW 雷管极大降低了对脉冲电源储能的要求。SCB 的作用时间(<20 μs)也远小于 EBW 雷管(1~3 ms),这使其具有更高的点火同步性。随着微电子集成技术的进一步发展,SCB 雷管被

赋予逻辑控制功能，同时又进一步提升了抗射频、电磁和静电的能力，使其可用于复杂环境下含能材料点火作业。综上所述，相比于传统火工品，SCB的优势包括发火能量低、响应速度快、使用安全性高、抗干扰能力强，并且随着半导体产业的发展其制造工艺展现出高一致性，进一步提升了其工作可靠性。

半导体桥具有不同于一般金属桥丝电火工品的点火特性，这是由桥体本身特性决定的，包括材料、结构与工艺等均会直接影响其发火性能。最早期的SCB由重掺杂多晶硅作为桥体，其结构如图5-26所示。典型的早期SCB尺寸长100 μm、宽380 μm、厚2 μm，下层为蓝宝石或硅基片，上层覆盖铝板。铝板确定了SCB的"H"形区域与桥的长度，并确保接触电阻远小于1 Ω。重掺杂保证了SCB中较高的多数载流子浓度，使其具有较高的电导率。1990年，Benson(本森)[54]将钨沉积于SCB表面，发明了钨/硅半导体复合桥，这进一步提升了其点火性能。随后研究人员针对金属半导体复合桥开展大量研究，发现钛相比于钨对SCB点火性能的提升更为显著，因为其受热时可以与空气中的O_2与N_2等发生放热反应，有利于含能材料的能量沉积。2000年，Martinez(马丁内兹)等[55]在单层金属半导体复合桥的基础上进一步发明了多层金属半导体复合桥，通过多组金属层和金属氧化物层交替重叠优化其放电特性，进而提升发火性能。2004年，Roland等(罗兰)[56]将铝、锆等金属与氧化铜、三氧化二铁等氧化物通过循环溅射的方式沉积在SCB表面形成反应性复合膜，利用其自身反应放出大量热量提升点火能力。这些新型制备工艺，包括化学气相沉积、物理气相沉积、溶胶凝胶化学、磁控溅射技术等，均大大提升了半导体桥的性能与可靠性，降低了对驱动源储能的要求，为半导体桥技术的发展注入了新的活力。

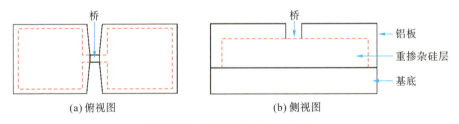

图5-26　早期半导体桥结构图

半导体桥在脉冲电流的焦耳加热作用下，同样会经历从固态、液态、气态到等离子体态的转变过程，但由于其桥体材料为重掺杂硅，因此放电特性上与金属丝电爆炸存在区别。如图5-27为典型的SCB电爆炸放电波形，其电压曲线包含两个峰值。第一个电压峰形成原因为 SCB 热晶格振动导致的电阻上升，第二个电压峰则是由于晶体汽化导致的电阻上升。而两峰之间是由于电桥在熔点以上温度升高时发生固-液相变，四个价电子自由参与电流导通导致电阻下降。Benson 等[57]基于光学诊断方法，发现 SCB 在焦耳加热过程中，电流首先聚集在桥体边沿上，致使边沿晶体硅发生汽化。随后汽化从桥体边沿向中心传播，最终在表面形成硅等离子体层。Benson 等认为这些硅等离子体会直接沉积在含能材料表面并凝固，在这个过程中含能材料温度迅速上升并最终发生爆炸。目前，半导体桥并未用于直接驱动低感度含能材料起爆，我们相信这是一项极具潜力的技术，可进一步提升含能材料的起爆效率，促进相关工程应用的发展。

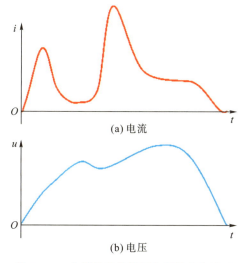

图 5-27 典型的半导体桥电爆炸放电波形

参考文献

[1] 张全勤，张继文. 纳米技术新进展[M]. 北京：国防工业出版社，2005：128-205.

[2] HARUTA M. Size-and support-dependency in the catalysis of gold[J]. Catalysis Today, 1997, 36(1): 153-166.

[3] MAIERFLAIG F, RINCK J, STEPHAN M, et al. Multicolor silicon light-emitting diodes (SiLEDs)[J]. Nano Letters, 2013, 13(2): 475-480.

[4] SHI H, WU J, LI W, et al. Understanding the nanoparticle formation

during electrical wire explosion using a modified moment model[J]. Plasma Sources Science & Technology, 2019, 28(8): 085010.

[5] SHELDON K F. Smoke, dust and haze, fundamentals of aerosol dynamics[M]. 2nd Edition. New York: Oxford University Press, 2000.

[6] CANTER B, CHANG I T, KNIGHT P, et al. Microstructure development in equiatomic multicomponent alloys[J]. Material Science and Engineering A, 2004(375-377): 213-218.

[7] FENG J C, CHEN D, PETER V P, et al. Unconventional alloys confined in nanoparticles: building blocks for new matter[J]. Matter, 2020, 3(5): 1646-1663.

[8] WILLIS D A. Non-equilibrium phase change in metal induced by nanosecond pulsed laser irradiation[J]. Journal of Heat Transfer, 2002, 124(2): 293-298.

[9] GIRSHICK S L, CHIU C P. Kinetic nucleation theory: a new expression for the rate of homogeneous nucleation from an ideal supersaturated vapor[J]. The Journal of Chemical Physics, 1990, 93(2): 1273-1277.

[10] SHIGETA M, WATANABE T. Growth mechanism of silicon-based functional nanoparticles fabricated by inductively coupled thermal plasmas[J]. Journal of Physics D: Applied Physics, 2007, 40(40): 2407.

[11] 王永. 自动连续丝电爆法制备纳米金属粉的装置及工艺研究[D]. 兰州: 兰州理工大学, 2014.

[12] KOTOV Y A. The electrical explosion of wire: a method for the synthesis of weakly aggregated nanopowders[J]. Nanotechnologies in Russia, 2009, 4(7-8): 415-424.

[13] ZHOU H, HAN R, LIU Q, et al. Generation of electrohydraulic shock waves by plasma-ignited energetic materials: Ⅰ. fundamental mechanisms and processes[J]. IEEE Transactions on Plasma Science, 2015, 43(12): 3999-4008.

[14] ZHOU H, HAN R, LIU Q, et al. Generation of electrohydraulic shock waves by plasma-ignited energetic materials: Ⅱ. influence of wire configuration and stored energy[J]. IEEE Transactions on Plasma Science, 2015, 43(12): 3999-4008.

[15] ZHOU H, ZHANG Y, LI H, et al. Generation of electrohydraulic shock waves by plasma-ignited energetic materials: Ⅲ. shock wave

characteristics with three discharge loads[J]. IEEE Transactions on Plasma Science, 2015, 43(12): 4017-4023.

[16] LIU Q, DING W, HAN R, et al. Fracturing effect of electrohydraulic shock waves generated by plasma-ignited energetic materials explosion [J]. IEEE Transactions on Plasma Science, 2017, 45(3): 423-431.

[17] HAN R, WU J, ZHOU H, et al. Parameter regulation of underwater shock waves based on exploding-wire-ignited energetic materials[J]. Journal of Applied Physics, 2019, 125(15): 153302.

[18] LIU Q, ZHANG Y, QIU A, et al. Experimental study on shock wave characteristics of ammonium nitrate ignited by wire explosion[J]. IEEE Transactions on Plasma Science, 2018, 46(7): 2591-2598.

[19] YU H, XIE X, ZHENG Q, A novel method of processing sheet metals: electric-pulse triggered energetic materials forming[J]. Journal of Materials Processing Technology, 2021, 295: 117192.

[20] KIMURA S, HATA H, HIROE T, et al. Analysis of explosion combustion phenomenon with ammonium nitrate[J]. Materials Science Forum, 2007, 566: 213-218.

[21] UENISHI K, YAMACHI H, YAMAGAMI K, et al. Dynamic fragmentation of concrete using electric discharge impulses[J]. Construction and Building Materials, 2014, 67(Pt B) 170-179.

[22] FUKUDA T, DAS ADHIKARY S, FUJIKAKE K, et al. Feasibility study on application of controlled electrical discharge impulse crushing system to lifesaving operations in earthquake disasters[J]. Practice Periodical on Structural Design and Construction, 2019, 24(1): 04018032.

[23] TANAKA S, BATAEV I, INAO D, et al. Initiation of nitromethane deflagration promoted by the oxidation reaction of vaporized metal wire[J]. Applications in Energy and Combustion Science, 2020, 1-4: 100005.

[24] EFIMOV S, GILBURD L, FEDOTOV-GEFEN A, et al. Aluminum micro-particles combustion ignited by underwater electrical wire explosion[J]. Shock Waves, 2012, 22(3): 207-214.

[25] ROSOSHEK A, EFIMOV S, MALER D, et al. Shockwave generation by electrical explosion of cylindrical wire arrays in hydrogen peroxide/water solutions[J]. Applied Physics Letters, 2020, 116(24): 243702.

[26] SHI H, HU Y, LI T, et al. Detonation of a nitromethane-based ener-

getic mixture driven by electrical wire explosion[J]. Journal of Physics D: Applied Physics, 2021, 55(5): 05LT01.

[27] COLE R H. Underwater explosions[M]. New York: Dover Publications, 1965.

[28] GOGULYA M F, MAKHOV M N, DOLGOBORODOV A Y, et al. Mechanical sensitivity and detonation parameters of aluminized explosives[J]. Combustion, Explosion and Shock Waves, 2004, 40(4): 445-457.

[29] BERTHELOT M. Explosives and their power[M]. London: J. Murray, 1892.

[30] FORBES J W. Shock wave compression of condensed matter: a primer[M]. New York: Springer, 2012.

[31] LEE E, DRAKE R. Relationship between exploding bridgewire and spark initiation of low density PETN[C]. AIP Conference Proceedings, 2017, 1793(1): 040012.

[32] SMILOWITZ L, REMELIUS D, SUVOROVA N, et al. Finding the "lost-time" in detonator function[J]. Applied Physics Letters, 2019, 114(10): 104102.

[33] RAE P J, DICKSON P M. A review of the mechanism by which exploding bridge-wire detonators function[J]. Proceedings of the Royal Society A-Mathematical Physical and Engineering Sciences, 2019, 475(2227): 20190120.

[34] FRANK A M. Mechanisms of EBW HE initiation[C]. Shock Compression of Condensed Matter-1991, 1992: 683-686.

[35] LEE E A, DRAKE R C, RICHARDSON J. A view on the functioning mechanism of EBW detonators-part 2: bridgewire output[C]. Journal of Physics: Conference Series, 2014, 500: 052024.

[36] FRANK A M, GATHERS G R. Shock pressure determination in detonator wires[C]. Presented at the American Physical Society Topical Conference on Shock Compression of Condensed Matter, 1989: 14-17.

[37] WILKINS P R, FRANK A M, LEE R S, et al. Dynamic shock front measurements and electrical modeling of the exploding gold bridge wire in a detonator[C]. Europyro Saint Malo, 2003.

[38] MURPHY J M. Optical diagnostic techniques for measuring flows produced by micro-detonators[D]. Illinois: University of Illinois at Urba-

na-Champaign, 2005.

[39] RENLUND A M, STANTON P L, TROTT W M. Laser initiation of secondary explosives[C]. Proceedings of 9th Symposium (International) on Detonation, 1991.

[40] CAPELLOS C. Fast molecular processes and suggested research directions for energetic materials[C]. Proceedings of the NATO Advanced Study Institute, 1981.

[41] PAISLEY D L. Prompt detonation of secondary explosives by laser: LA-UR-89-601[R]. New Mexico: Los Alamos National Lab, 1989.

[42] FEAGIN T A, RAE P J. Optical absorption in polycrystalline PETN, RDX, HMX, CL-20 and HNS and its possible effect on exploding bridgewire detonator function[J]. Journal of Energetic Materials, 2020, 38(4): 395-405.

[43] 刘巧珺. 金属丝微秒电爆炸驱动含能材料的基本过程及特性研究[D]. 西安: 西安交通大学, 2018.

[44] ZOLER D, SHAFIR N, FORTE D, et al. Study of plasma jet capabilities to produce uniform ignition of propellants, ballistic gain, and significant decrease of the "temperature gradient"[J]. IEEE Transactions on Magnetics, 2006, 43(1): 322-328.

[45] WINFREY A L, ABD AL-HALIM M A, MITTAL S, et al. Study of high-enthalpy electrothermal energetic plasma source concept[J]. IEEE Transactions on Plasma Science, 2015, 43(7): 2195-2200.

[46] JIN Y, LI B. Energy skin effect of propellant particles in electrothermal-chemical launcher[J]. IEEE Transactions on Plasma Science, 2013, 41(5): 1112-1116.

[47] JIN Y, LI B. Calculation of plasma radiation in electrothermal-chemical launcher[J]. Plasma Science & Technology, 2014, 16(2): 50.

[48] KAPPEN K, BAUDER U H. Calculation of plasma radiation transport for description of propellant ignition and simulation of interior ballistics in ETC guns[J]. IEEE Transactions on Magnetics, 2001, 37(1): 169-172.

[49] PORWITZKY A J, KEIDAR M, BOYD I D. Modeling of the plasma-propellant interaction[J]. IEEE Transactions on Magnetics, 2006, 43(1): 313-317.

[50] PORWITZKY A J, KEIDAR M, BOYD I D. Numerical parametric study of the capillary plasma source for electrothermal chemical guns [C]. 14th Symposium on Electromagnetic Launch Technology, 2008.

[51] TAYLOR M J. Ignition of propellant by metallic vapour deposition for an ETC gun system[J]. Propellants Explosives Pyrotechnics, 2001, 26 (3): 137 – 143.

[52] HOLLANDER L E. Semiconductor explosive igniter: USP3366055[P]. 1968 – 01 – 30.

[53] BRICKES R W, GRUBELICH M C, HARRIS S M, et al. An overview of semiconductor bridge, SCB, application at Sandia labortories: AIAA – 952549[R]. 1995.

[54] BENSON D A, BICKES R W, BLEWER R S. Tungsten bridge for the low enerey igtition of explosive and energetic materials: US4976200 [P]. 1990 – 12 – 11.

[55] MARTINEZ B, MONTOYA J A. Semicon Ductor Bridge device and method of making the same: US 6133146[P]. 2000 – 10 – 17.

[56] ROLAND M F, WINFRIED B, ULRICH K. Bridge igniter: US 6810815B2[P]. 2004 – 11 – 02.

[57] BENSON D A, LARSEN M E, RENLUND A M, et al. Semiconductor bridge: a plasma generator for the ignition of explosives[J]. Journal of Applied Physics, 1987, 62(5): 1622 – 1632.

第 6 章

水中丝爆及其应用

6.1 水中丝爆及其应用概述

水是液体中丝爆最常见的介质。从 20 世纪 50 至 60 年代开始，水中丝爆与真空、气体环境等各类介质中的研究一同开展起来。经过数十年的研究，人们对水中金属丝电爆炸基本物理过程、放电特性与冲击波特性、各类应用方法等都有了较为深入的认识。水对脉冲高压而言是良好的绝缘介质，对于微秒级放电而言，去离子水的间隙击穿场强一般可超过 300 kV/cm；且金属丝膨胀时会造成表面水介质压缩，因此在水中丝爆过程中沿面击穿可使其得到良好抑制，有利于电流持续流过金属丝内部。此外水具有远高于气体的密度和远小于气体的可压缩性，可显著约束金属丝的膨胀，从而延缓由于放电通道截面积增大导致的电阻下降，有利于电功率的维持。水中丝爆沉积能量通常远高于常压气体和真空环境，且爆炸产物通常呈现良好的轴向均匀性[1-4]。

水中金属丝电爆炸的应用与上述特点是密切相关的，主要包括以下几个方面。

1. 水中冲击波源

电爆炸过程中金属丝体积快速膨胀(半径膨胀速率约为 1~5 km/s)，在水中产生强冲击波，在机械加工、医疗、国防、基础研究、地质勘探、油气助采等领域均有应用。基于水中丝爆的冲击波源具有一些其他冲击波源不具备的特征与优点：与水下化学炸药爆炸方法相比，金属丝电爆炸方法具有更高的安全性，且易于控制，可以以重复频率运行；与水间隙击穿放电产生冲击波的方式相比，金属丝电爆炸方法具有更高的能量转化效率、更好的稳定性和重复性。

2. 金属温密物态方程与输运参数测量

温密物质(warm dense matter)是一种介于凝聚态、气体、理想等离子体的物质状态，也被称为非理想等离子体或强耦合等离子体，其中库仑作用与电子简并都不能忽略，经典的等离子体与凝聚态理论无法进行描述，因此需要对其物态方程、输运参数等进行研究。在电爆炸过程中，金属丝可达到温密物质的热力学参数范围，因此可以作为一种产生温密物质的方法，以此对温密物质的物态方程和输运参数进行测量和研究。与气体环境中金属丝电爆炸相比，水中金属丝电爆炸在水的约束作用下可产生更均匀的温密状态等离子体，有利于提高测量结果的精度[5]。

3. 纳米材料制备

同气体环境中电爆炸类似，利用电爆炸过程中金属丝迅速汽化、快速冷却的特性，可生产各种纳米材料。由于水中金属丝电爆炸的沉积能量更高，实验研究表明水中金属丝电爆炸产生的金属纳米颗粒具有更小更集中的粒径分布[6]。以石墨棒替代金属丝进行电爆炸时，水介质可以抑制沿面击穿，在石墨棒中沉积足够的能量可使其汽化而后形成石墨烯等碳纳米材料。此外，一些研究在水中添加溶剂，在电爆炸的过程中金属与溶剂反应生成纳米化合物。

本节后文对水中金属丝电爆炸在水中冲击波源、物态方程及输运参数研究、纳米材料制备方面的应用依次进行更详细的介绍。水中冲击波源是一类重要的应用，数十年来水中金属丝电爆炸的研究主要是以冲击波源为应用背景展开的。近年来，水中金属丝电爆炸作为一种可控强冲击波源在非常规油气资源开采方面展现出应用潜力，科研与工程技术人员围绕这一具体应用场景开展了大量工作。为了让读者对水中金属丝电爆炸的冲击波效应有更深刻的了解和掌握。6.2节首先介绍水中金属丝产生冲击波的物理过程，接着介绍金属丝电爆炸过程及其冲击波效应的数值模拟方法，其次介绍水中金属丝电爆炸的冲击波特性，最后介绍水中金属丝电爆炸作为冲击波源在油气资源开发、金属成形、产生极端状态的水等方面的应用。6.3节对金属物态方程和输运参数测量方面的应用进行介绍。6.4节对纳米材料制备方面的应用进行介绍，简单综述研究人员改变金属丝材质与水溶液成分制备的多种多样的纳米材料。

6.2 水中冲击波源

6.2.1 水中丝爆产生冲击波的物理过程

在对水中金属丝电爆炸的物理过程进行讨论之前，先对水中金属丝电爆炸的实验系统和等效电路模型进行介绍。典型的水中金属丝电爆炸实验系统如图6-1(a)所示，脉冲电流源由储能电容器和三电极气体开关构成，金属丝被固定在一个同轴结构上以降低回路电感，从而提高金属丝上的沉积能量。水中金属丝电爆炸等效电路图如图6-1(b)所示，爆炸金属丝由时变电阻 $R_w(t)$ 和时变电感 $L_w(t)$ 串联组成。电极间由水介质造成的电阻 R_{water} 和电容 C_{water} 可以在不加金属丝时通过电桥测量，在使用普通自来水或电阻率更高的去离子水时，一般不需要考虑水介质静态电阻和电容造成的分流。高压探头放置在距离金属丝较远的位置，其测量结果 u_m 如下：

$$u_m \approx R_w i + L_c \frac{di}{dt} + \frac{d(L_w i)}{dt}$$

$$\approx R_w i + (L_c + L_{w0})\frac{di}{dt} \quad (6-1)$$

式中：L_c 为用于固定金属丝的同轴装置的电感，可通过短路试验测得；$d(L_w i)/dt$ 为金属丝两端的感性电压，在假设金属丝电感不因金属丝膨胀而降低时，可近似为 $L_{w0}(di/dt)$，对阻性电压 $R_w i$ 计算结果影响很小，其中 L_{w0} 为金属丝的初始电感。

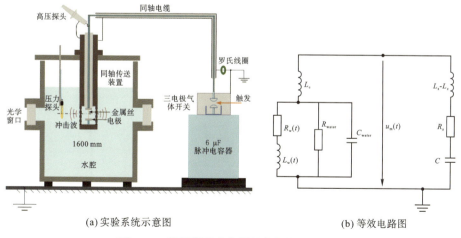

(a) 实验系统示意图   (b) 等效电路图

图6-1 典型的水中金属丝电爆炸实验平台

图 6-2 给出了铜丝水中电爆炸全过程的高速摄影图像,通过观察图像可以对爆炸金属丝与水介质的相互作用形成更清晰的认识。初始阶段,爆炸金属丝在图像中呈现为曝光过度的白色区域,这对应等离子体放电阶段产生的强烈弧光;相爆炸以及等离子体放电阶段,金属丝迅速膨胀推动水介质产生具有陡峭前沿的冲击波,10 μs 时刻可以在电极边缘清晰地看到被丝爆自发光照亮的柱面冲击波波前。随着冲击波传播并超出电极范围,柱面波两端开始

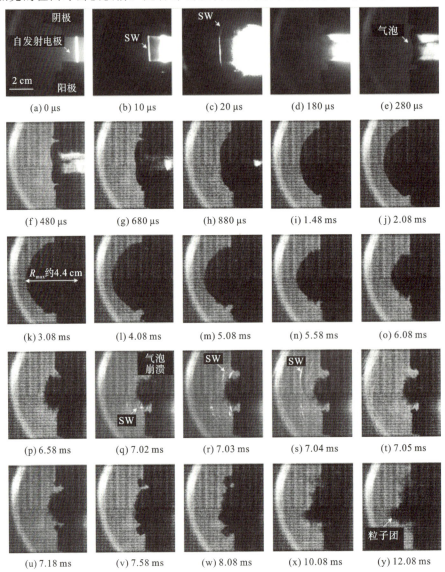

图 6-2 水中铜丝电爆炸产物背光高速摄影图像

弯曲并向球面波转化。爆炸产物以气泡的形式相对缓慢地膨胀，并在此过程中逐渐冷却，表现为自发光强度由外到内的降低，约 1 ms 后爆炸产物自发光在图像中不再可见。爆炸产物继续膨胀并形成球形气泡，气泡达到最大直径后开始收缩，收缩的气泡边缘出现"毛刺"状结构，这是冷却的爆炸产物在水中弥散形成的固态金属颗粒。气泡收缩至电极范围内后发生崩溃，此时推动气泡收缩的水流在崩溃点附近相互碰撞，并辐射出峰值压力较小的冲击波。此后，气泡脉动过程结束，爆炸产物完全转化为弥散于水中的金属颗粒，随着时间的推移缓慢扩散。

6.2.1.1 液化与前期汽化产生的弱冲击波

根据机械波形成机理，金属丝的任何体积膨胀过程都将在水中形成对应的压力波，当膨胀速度足够快时可以形成具有陡峭波前的冲击波[①]。目前的研究认为，金属丝在熔化、汽化、击穿/电离、等离子放电阶段都将发生体积膨胀。

金属丝熔化过程中只有微弱的体积膨胀（半径膨胀速度约 $1\sim 3$ m/s）[7]。汽化从金属丝表面开始，并逐渐向内发展，在剧烈的体汽化——相爆发生前，汽化导致的金属丝体积膨胀并不剧烈。液化和前期汽化过程仅能产生峰值压力很低的弱激波。以色列理工学院 Rososhek（罗索舍克）等[8]对水中金属丝电爆炸拍摄了高时空分辨率的条纹阴影图像，明确观察到金属丝在熔化过程中产生的弱激波，如图 6-3 所示。图中在 $750\sim 850$ ns 的间隔内，可以看到两个几乎以恒定速度传播的弱激波[②]，分别对应于金属丝的液化波和一个径向传播的汽化波。清华大学李柳霞等[9]降低电源原始储能，使沉积能量不足以将金属丝完全汽化，使用压电式 PCB138A11 传感器测量到金属丝液化和前期汽化过程产生的弱激波；在 10 cm 测点处，弱激波峰值压力约为 0.35 MPa，大约为相爆产生的主冲击波的 10%。

---

① 爆炸产物膨胀速度低于水中声速时产生无间断面的压缩波，由于水中声速随水密度增大而升高，压缩波中的高压区域声速更大，将在传播过程中逐渐追上低压力的波前，最终演化为具有陡峭波前的冲击波。

② 冲击波波前在阴影图像中呈现为黑色带状，这是由于波前附近水密度梯度大，激光发生显著偏折，到达成像透镜平面时超出了透镜收范围，因此在图像中表现为黑色，参考图 6-4。爆炸产物在阴影图像中也呈现黑色，是其对激光的吸收和反射造成的。

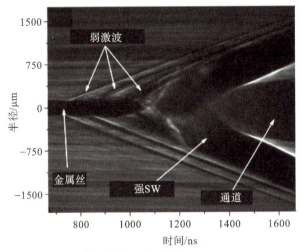

图 6-3 文献[8]给出的铜丝水中电爆炸条纹阴影图像
(可观察到液化和前期汽化产生的压力波)

6.2.1.2 相爆与主冲击波

前期汽化过程带来的金属丝体积膨胀有限,直至相爆发生时,金属丝体积才迅速增大(半径膨胀速度约 1~5 km/s)[7],伴随水介质被急剧压缩和强冲击波的形成。相爆是指汽化过程中金属丝体积突然急剧增大的阶段。在早期的理论研究中,研究人员提出汽化波理论,认为汽化首先发生于表层金属丝,之后逐渐向内发展直至整个金属丝,最终完成汽化。这种汽化波理论取得一定成功,但是无法对汽化过程中体积膨胀速度的快速增大进行解释。因此,俄罗斯人民友谊大学的 Martynyuk(马丁纽克)[10]在 1977 年提出相爆(phase explosion)理论,认为在液态金属丝的温度被加热到接近临界温度时,处于亚稳态的流体将以爆炸的形式迅速转变为小液滴和气体组成的混合相(droplet-vapor mixture)。

俄罗斯科学院高能量密度研究所 Tkachenko(特卡琴科)等提出相爆发生机制的新认识:相爆发生前,金属丝外层已经汽化,内层仍处于液态,由于磁压力对于液态内核压缩的作用,外层金属蒸气中与液态内核接触处压力大于饱和蒸气压而处于过饱和状态,外层金属蒸气由于达到旋节线(即旋节线机制,Spinodal Mechanism of Explosion,SME)或者内部出现凝结核(即结核机制,Nucleus Mechanism of Explosion,NME),外层金属蒸气液化导致压力迅速降低,内外层压力平衡被破坏,液态金属内核发生相爆。相爆的发生非常迅速,持续时间约为 1~10 ns[11-13]。因此,对于微秒级水中金属丝电爆炸,金属由液态向气态的相变既是靠导体表面的汽化,也是体汽化(相爆)的结果。汽化过程最早发生于外层金属丝,并以较慢的速度向内扩展;外层气态金属电导很小,电流持续对内层液态金属丝加热,之后内层液态金属发生剧烈的体汽化(相爆),在极短的时间内从凝聚态分散为一种由气态和小液滴组成的混合态。

图 6-4 展示了匹配放电模式下激光背光阴影图像,对应的放电波形在图 6-5 中展示。相爆大约发生在 4.01~4.52 μs,相爆的发生使金属丝体积快速膨胀,形成相爆冲击波。前期,相爆冲击波波前距离金属丝比较近,将金属丝完全遮挡,无法通过阴影图像观察金属丝直径和形态的变化。随着相爆冲击波不断向外传播,对金属丝的遮挡消失,通过阴影图像可以观察到金属丝的直径和形态。此时金属丝经过相爆后体积已经发生了巨大变化,也被称为爆炸产物。通过图 6-4 还可以观察到具有更快传播速度的相爆冲击波对前期产生的弱激波的追赶、淹没过程。

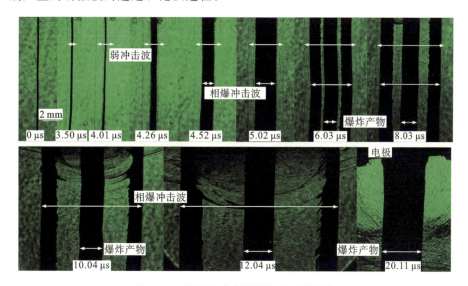

图 6-4　铜丝水中电爆炸条纹阴影图像

由图 6-5 可知,在击穿/电离阶段(电压脉冲的下降沿),电能注入功率仍然比较高,此阶段对相爆冲击波的强度应有贡献。同理,在直接击穿放电模式中,等离子体放电阶段的能量注入也对相爆冲击波有贡献。为了明确相爆、击穿/电离、等离子体放电对冲击波的贡献,周海滨等使用了"能量中断法"进行实验研究[14],即在某一时刻使流过金属丝的电流旁路停止向金属丝中注入能量。实现能量中断需要对负载区进行特殊设计,两种可以实现能量中断的负载区结构如图 6-6 所示。在高压电极与回流地电极间设置一个间距

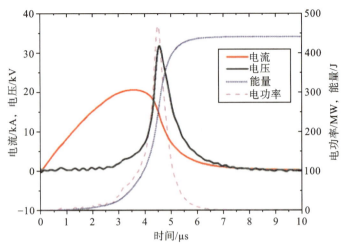

图 6-5　与图 6-4 对应的水中丝爆的放电波形

很小的水间隙，在电压上升到一定峰值压力时可以使水间隙击穿，从而实现电流的旁路，这种方法可以实现在金属丝两端电压上升沿的旁路。也可以将金属丝穿过一个开有小孔的短路片，短路片与回流地电极相连，当金属丝膨胀到一定直径时，金属丝与短路片相连（或金属丝与小孔之间的水间隙被击穿），实现电流旁路。通过调整水间隙的宽度和小孔的直径，可以调控旁路发生时刻。研究人员利用这种方法，对不同放电模式下水中金属丝电爆炸进行研究。总体而言，相爆和电离过程中金属丝直径显著膨胀，两阶段中能量持续注入，爆炸产物的膨胀呈现连续性，击穿/电离阶段注入的能量对相爆冲击波的峰值压力有较大贡献。如果等离子体放电阶段开始时刻距离相爆发生时刻较远，则等离子体放电阶段能量注入主要提高冲击波的能量和冲量，对冲击波峰值压力影响较小。

相爆发生后，金属丝电阻迅速增大，随着电能注入功率的提高，金属丝温度也迅速提高，与金属丝相邻的水可能被加热生成水等离子体。水等离子体是否具有足够大电导从而从金属丝分流，对电能沉积位置、相爆冲击波形成过程和相爆冲击波特性有重要影响。针对这一问题，俄罗斯大电流电子研究所的 Oreshkin 等（奥列什金）[15] 和以色列理工学院 Grinenko（格里年科）等[16]开展了细致的光谱研究，结果表明铜丝周围不存在厚度为 20 mm 以上的、具有分流效应的水等离子体生成；仅在放电电流相当高（峰值达兆安级）时，才需要考虑水等离子的分流。因此，在放电电流峰值为百千安级及以下的水中丝爆中，水等离子体的厚度有限，也没有大电流通过导致能量沉积和体积膨胀，可以近似认为膨胀的金属丝直接推动水介质形成冲击波。

(a) 基于水间隙的旁路开关　　　　(b) 基于短路片的旁路开关

图 6-6　两种实现能量中断的负载区结构[13]

6.2.1.3 重燃冲击波

重燃冲击波产生于电流暂停放电模式中重燃之后爆炸产物的加速膨胀，由于重燃过程的复杂性，重燃冲击波的形态和产生机制也更为复杂。图 6-7 给出了电流暂停放电模式下水中铜丝电爆炸的条纹阴影图像。实验中使用了长为 5 cm、直径为 0.08 mm 的金属丝，储能电容器电容值为 6 μF。在 10 kV 充电电压下，在重燃发生之后约 1.8 μs，观察到爆炸产物辐射出间隔约为 1 μs 的多层压力波。当充电电压提高至 11 kV，多层结构间隔减小，部分条纹融合。随着充电电压的继续提高，多层结构的融合愈发明显，但是仍能明确观察到第一层条纹；直到充电电压升高至 15 kV 时，多层条纹完全消失，取而代之的是一个整体的黑色区域。

图 6-8 给出了使用具有良好高频响应的 Müller-platte 探头在距离金属丝 10 cm 处测量到的冲击波波形图。金属丝直径、长度等实验参数与图 6-8 保持一致。当充电电压为 10 kV 时，金属丝重燃后产生了 5~6 个独立的低峰值压力的弱冲击波，相邻冲击波到达探头的时间间隔约为 1 μs，与条纹阴影图像观察到的结果一致。当充电电压提高至 11 kV，重燃后弱冲击波出现的间隔减小，且较为明显地叠加在一个周期更长的压力脉冲上。这个周期更长的压力脉冲是重燃后能量注入使爆炸产物压力整体上升的结果，加剧了阴影成像过程中激光光线的偏折，使条纹阴影图像中多层结构逐渐融合。随着充电电压的进一步提高，弱冲击波出现的间隔进一步减小，长周期压力脉冲的幅值进一步提高。最终当充电电压提高至 15 kV 时，在重燃后无法观察到多个弱冲击波，只产生一个前沿陡峭的、峰值压力与相爆冲击波相当的冲击波。

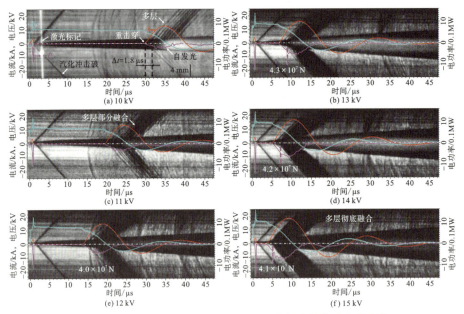

图 6-7 电流暂停放电模式下水中铜丝电爆炸的条纹阴影图像
（重燃后产生多层结构及其随充电电压提高的融合）

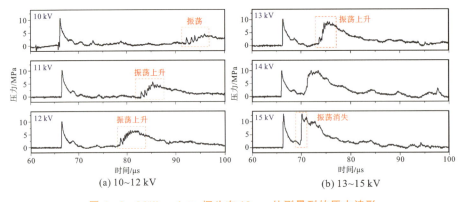

图 6-8 Müller-platte 探头在 10 cm 处测量到的压力波形

多层弱冲击波的出现意味着爆炸产物对水介质的推动是周期性的。爆炸产物边界上压力的周期性振荡来自于能量沉积在空间分布的不均匀，即重燃发生后能量集中沉积于爆炸产物的一部分中。图 6-9 给出了流体模型计算出的重燃后能量集中沉积在金属丝中心时金属丝内部压力分布、水中密度分布及纹影图像[17]。爆炸产物与水介质界面上压力出现明显振荡；与之对应，水介质密度分布也出现大幅振荡，纹影图像中出现明暗相间的结构。重燃电弧

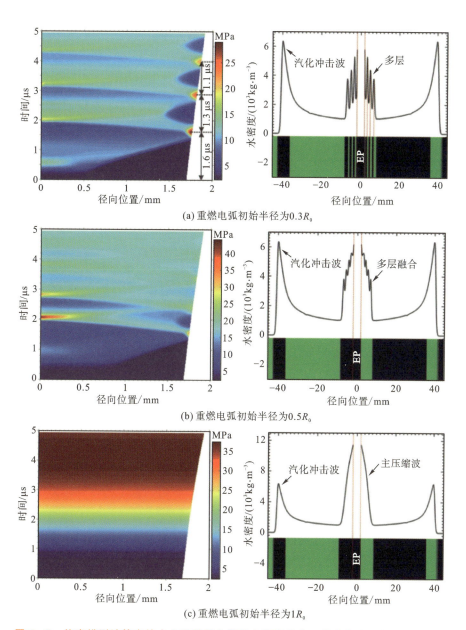

图6-9 仿真模型计算出的中心重燃后金属丝内压力分布、水中密度分布及纹影图像

局部加热产生的压缩波在重燃后 1.6 μs 到达边界，与图 6-8 中测量结果 1.8 μs 比较接近；边界上第一与第二个、第二与第三个压力峰之间的时间间隔分别约为 1.3 μs、1.1 μs，与通过图 6-8 估计的结果 1.1 μs、0.9 μs 比较接近。上述仿真结果证明了中心重燃对爆炸产物的局部加热是多层压力波产生的原因。

随着充电电压的升高，重燃通道扩展更快，重燃电弧对爆炸产物的加热更接近整体加热，爆炸产物边界上压力虽然仍存在振荡，但是整体上升的趋势更明显，在阴影和纹影图像中表现为多层结构逐渐融合消失。对于使用高熔点的钨、钼、钛制成的金属丝的水中电爆炸，重燃后未观察到多层压力波的形成。使用具有良好高频响应的 Müller-platte 探头对重燃压力波进行测量，发现其并无高频成分，只有单个压力波生成，说明此时重燃应该发生于爆炸产物整体或表面区域[18]。

综合以上研究结果，重燃冲击波（压力波）的形成机制应该包括以下三种，如图 6-10 所示。

(1) 对于铜丝等低熔点金属丝，重燃时发生中心击穿。当充电电压比较低时，电流暂停时间长，重燃发生时爆炸产物的直径已经膨胀到比较大，重燃发生后电源中剩余储能不多，能量沉积功率不高，重燃电弧半径占整个爆炸产物半径比例小，且放电通道扩展很慢，爆炸产物内部局部加热效应更明显，边界上压力振荡更严重，这种情况下重燃冲击波表现出明显的多层结构。多层结构可以看作是一系列先后出现的压缩波，在向外传播过程中，各个压缩波的波头可能变得更陡峭，但是不同压缩波传播速度基本一致，这种多层结构不会消失。

(2) 当充电电压较高时，电流暂停时间短，重燃发生时爆炸产物直径仍比较小，重燃时电源内剩余储能大，重燃后电能沉积功率大，这种情况下由于重燃初始通道大或者通道扩展快，更接近整体加热，虽然边界上压力也有振荡，但是整体而言边界压力在逐渐上升，阴影图像中多层结构被边界压力的整体上升淹没。这种情况下可以近似认为重燃产生了单个压缩波，在向外传播的过程中，波后的扰动逐渐向波前追赶，可以形成具有陡峭波前的冲击波，原来叠加在压缩波上升沿上的小幅振荡也被淹没了。

(3) 对于钨丝等高熔点金属丝，重燃可能导致爆炸产物表面区域或整体击穿，重燃电弧对整个爆炸产物进行加热，整个爆炸产物的压力先增大后减小，在水中产生单个压缩波。如果压缩波的峰值压力足够高，在向外传播的过程中将形成具有陡峭波前的冲击波。

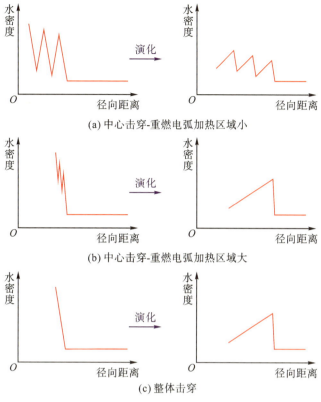

图 6-10 重燃冲击波(压力波)形成机制示意图

6.2.2 数值模拟方法

对于水中金属丝电爆炸过程，数学模型描述的核心是金属丝状态随着脉冲电流注入的变化，以及水介质在膨胀的金属丝的推动下的流体行为。以比作用量模型[19]、布勒采夫解析模型[20]、无量纲相似参数模型[21]为代表的经验模型，重点关注了金属丝电阻随着能量注入的变化，可以快速计算出放电电流、电压波形，但是由于模型比较简单，对水中金属丝电爆炸过程作了过多简化，导致计算结果的精度较低。另一类仿真模型基于磁流体动力学(Magnetohydrodynamic，MHD)建立，耦合了金属在宽范围内的物态方程数据和电导率数据，且可以考虑水介质的流体运动过程，仿真结果具有较高精度。俄罗斯大电流电子研究所[15]、以色列理工学院[22]、韩国首尔国立大学[23]等机构的研究人员已经建立了针对水中金属丝电爆炸的一维单温 MHD 模型。在一些研究中，有学者使用了通用磁流体模拟程序如 JULIA[24] 和

ALEGRA[25]对水中金属丝电爆炸进行模拟。

在圆柱坐标系下,一维单温磁流体模型的控制方程为

$$\frac{d\rho}{dt} + \frac{\rho}{r}\frac{\partial(ru)}{\partial r} = 0 \tag{6-2}$$

$$\rho\frac{du}{dt} = -\frac{\partial p}{\partial r} - j_z B_\varphi \tag{6-3}$$

$$\rho\frac{d\varepsilon}{dt} = -\frac{p}{r}\frac{\partial(ru)}{\partial r} + \frac{j_z^2}{\sigma} + \frac{1}{r}\frac{\partial}{\partial r}r\left(\kappa\frac{\partial T}{\partial r} - W_R\right) \tag{6-4}$$

$$\frac{\partial B_\varphi}{\partial t} = \frac{\partial E_z}{\partial r}, \qquad j_z = \frac{1}{\mu_0 r}\frac{\partial(rB_\varphi)}{\partial r}, \qquad j_z = \sigma E_z \tag{6-5}$$

$$\begin{cases} p = p(\rho, T) \\ \varepsilon = \varepsilon(\rho, T) \\ \sigma = \sigma(\rho, T) \\ \kappa = \kappa(\rho, T) \end{cases} \tag{6-6}$$

式中:ρ、u、T、p、ε分别为金属丝密度、径向速度、温度、压力和内能;W_R为辐射通量;B_φ为磁场强度的方位分量;E_z和j_z分别为轴向电场强度和轴向电流密度;κ和σ分别为热导率和电导率;μ_0为真空磁导率。方程(6-2)~(6-4)为流体力学中质量、动量、能量守恒方程;方程(6-5)为麦克斯韦方程组;方程(6-6)为闭合方程组需要的物态方程和输运参数。

对于微秒级水中金属丝电爆炸,综合理论分析、实验结果、仿真结果可以判断在电爆炸发生的大部分时间内金属丝状态参数(密度、温度、压力等)在径向均匀分布。具体而言,可将放电过程中电流的集肤深度和金属丝半径作比较说明电流分布的均匀性,集肤深度计算公式为$d_s = (\pi f \delta \mu)^{-0.5}$,其中$f = 1/[2\pi(LC)^{0.5}]$为放电电流的特征频率,$L$和$C$分别为放电回路电感和电容器电容,$\sigma$和$\mu$分别为金属的电导率和磁导率;对于文献[26]的微秒级铜丝电爆炸,放电电流的特征频率约为53 kHz,磁导率以真空中磁导率计算,电导率以室温下金属电导率计算,集肤深度为0.29 mm,显著大于研究中使用的金属丝的半径(0.05~0.15 mm)。考虑到随着温度升高金属丝电导率的下降,集肤深度将继续增大,集肤深度大于金属丝半径的条件也是满足的。在实验研究方面,由于水对膨胀金属丝的约束,金属丝密度较大而难以通过常规的激光背光阴影成像法对密度分布进行研究,以色列理工学院[27]和英国帝国理工学院[28]的研究人员分别对水中金属丝电爆炸进行X光背光照相,观测了稠密金属丝的密度分布,但是未发现其在径向存在明显不均匀。在仿真研究方面,韩国首尔国立大学[23]和以色列理工学院[29]科研人员建立的一维磁流体模型的计算结果也表明在水中金属丝电爆炸过程的大部分时间里,爆炸

金属丝具有良好的径向均匀性。

微秒级金属丝电爆炸过程中爆炸金属丝具有良好的径向均匀性，采用一维模型将造成计算资源的浪费，采用零维模型对爆炸金属丝进行描述，可以显著降低计算耗时、提高计算效率。下面介绍一种针对微秒级水中金属丝电爆炸建立的零维磁流体耦合模型[26]。模型由电路子模型、金属丝膨胀子模型、水运动子模型组成，其中金属丝膨胀子模型采用零维模型，使一次电爆炸过程的仿真耗时缩短至数分钟。

6.2.2.1 控制方程

1. 电路子模型

可将放电回路简化为一个二阶电路，如图 6 - 11 所示，其控制方程如下：

$$[L_s + L_w(t)]C\frac{d^2 u_C}{dt^2} + \left[R_s + R_c + R_w(t) + \frac{dL_w(t)}{dt}\right]C\frac{du_C}{dt} + u_C = 0 \tag{6-7}$$

式中：L_s、R_s 分别为回路中除负载以外的电感、电阻；$L_w(t)$、$R_w(t)$、R_c 分别为金属丝电感、金属丝电阻、金属丝与电极接触电阻；u_C 为电容器两端电压。放电电流 $i = C(du_C/dt)$，金属丝电感的计算公式为

$$L_w(t) = \frac{\mu_0 l}{2\pi}\left\{\ln\left[\frac{2l}{a(t)}\right] - \frac{3}{4}\right\} \tag{6-8}$$

式中：$a(t)$ 为金属丝时变半径。该子模型的初值条件为 $u_C|_{t=0} = U_0$，$du_C/dt|_{t=0} = 0$。

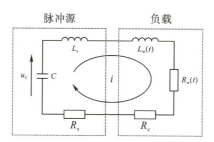

图 6 - 11 水中金属丝电爆炸等效电路图

2. 金属丝膨胀子模型

在零维金属丝膨胀子模型中，金属丝半径为 $a(t)$，则其半径膨胀速度为

$$u_a(t) = \frac{da}{dt} \tag{6-9}$$

此时金属丝的质量守恒方程为

$$\frac{d\rho}{dt} + 2\rho \frac{u_a}{a} = 0 \tag{6-10}$$

式中：ρ 为密度。另有能量守恒方程为

$$\left(\frac{\partial \varepsilon}{\partial T}\right)_\rho \frac{dT}{dt} = \left[\frac{p}{\rho^2} - \left(\frac{\partial \varepsilon}{\partial \rho}\right)_T\right]\frac{d\rho}{dt} + \frac{1}{\rho}[\sigma E_z^2 - Q_R] \tag{6-11}$$

式(6-10)~式(6-12)组成了描述金属丝膨胀过程中半径、密度、温度变化的常微分方程组。在电爆炸前期，磁压力对金属丝膨胀有显著影响，金属丝表面作用于水介质的压力定义为热压力与磁压力之差：

$$p_a = p(\rho, T) - \frac{B^2}{2\mu_0} \tag{6-12}$$

在金属丝状态参数均匀分布的假设下，金属丝电阻由下式计算：

$$R_w(t) = \frac{l}{\sigma(t) \cdot 2\pi a^2(t)} \tag{6-13}$$

Q_R 是单位体积辐射损失功率，使用下式近似计算：

$$Q_R = \begin{cases} 2\alpha_R \sigma_S T^4 / a & l_p \leqslant 0.5a \\ \alpha_R \sigma_S T^4 / l_p & l_p > 0.5a \end{cases} \tag{6-14}$$

式中：σ_S 为斯特藩-玻尔兹曼常数；l_p 为辐射吸收长度；α_R 为有效发射系数，可以通过实验测量的辐射强度曲线对其取值进行修正，在微秒级、数十千安级的水中电爆炸时[26]，α_R 可以取 0.02。对于低电离度的单原子气体，吸收长度可以由下式近似计算：

$$l_p = 2.3 \times 10^{11} \frac{T^2}{n_a Z_{cn}^2} \left(\frac{k_B T}{E_i}\right) \exp\left(\frac{E_i}{k_B T}\right) \tag{6-15}$$

式中：n_a 为原子数密度；Z_{cn} 为离子电荷数；k_B 为玻尔兹曼常数；E_i 为第一电离能。

3. 水运动子模型

该子模型的参考文献[30]中描述水在活塞推动下运动的流体模型建立。在欧拉描述下，一维圆柱坐标系中，对于可压缩理想流体（即黏度为零）的运动，质量守恒方程和动量守恒方程如下：

$$\begin{cases} \dfrac{\partial \rho}{\partial t} + u \dfrac{\partial \rho}{\partial r} + \rho \dfrac{\partial u}{\partial r} + \dfrac{1}{r}\rho u = 0 \\ \dfrac{\partial u}{\partial t} + u \dfrac{\partial u}{\partial r} + \dfrac{1}{\rho} \dfrac{\partial p}{\partial r} = 0 \end{cases} \tag{6-16}$$

水的物态方程采用传统的 Tait(泰特)物态方程：

$$p = A\left[\left(\frac{\rho}{\rho_{w0}}\right)^{\gamma_w} - 1\right] + p_0 \tag{6-17}$$

则水中当地声速为

$$c = \sqrt{\left(\frac{\mathrm{d}p}{\mathrm{d}\rho}\right)_s} = \sqrt{\frac{A\gamma_\mathrm{w}}{\rho_\mathrm{w0}}\left(\frac{\rho}{\rho_\mathrm{w0}}\right)^{\gamma_\mathrm{w}-1}} \quad (6-18)$$

式中：A 为一个与熵有关的比例系数，在 $p < 8\times 10^9$ Pa 时可看作是一个常数，其数值为 3×10^8 Pa；$\gamma_\mathrm{w} = 7.15$，为水的绝热常数；$\rho_\mathrm{w0} = 1000 \text{ kg/m}^3$，为未扰动水的密度；$p_0 = 1.01\times 10^5$ Pa，为标准大气压。

对方程(6-16)进行归一化处理，取 $c_0 = (A\gamma_\mathrm{w}/\rho_\mathrm{w0})^{0.5}$ 为特征速度，和一个人为选取的特征长度 D_0，则 $Z \equiv c/c_0$ 为无量纲声速，$\tau \equiv c_0 t/D_0$ 为无量纲时间，$U \equiv u/c_0$ 为无量纲流速，$R \equiv r/D_0$ 为无量纲径向坐标。那么，式(6-16)可以化为

$$\begin{cases} \dfrac{\partial Z}{\partial \tau} + U\dfrac{\partial Z}{\partial R} + \dfrac{\gamma_\mathrm{w}-1}{2}Z\dfrac{\partial U}{\partial R} + \dfrac{\gamma_\mathrm{w}-1}{2}Z\dfrac{U}{R} = \mu_\mathrm{av}\dfrac{\partial^2 Z}{\partial R^2} \\ \dfrac{\partial U}{\partial \tau} + U\dfrac{\partial U}{\partial R} + \dfrac{2}{\gamma_\mathrm{w}-1}Z\dfrac{\partial Z}{\partial R} = 0 \end{cases} \quad (6-19)$$

为了控制冲击波前沿处的非线性特性，提高求解的稳定性，在式(6-19)第一式中等号右边添加的人工黏性项[31]。μ_av 为人工黏性系数，其值过大将带来明显误差，过小时不仅求解速度大大降低，还会使求解结果中波前附近出现明显的振荡。其值需要设置在某一合理的区间内，这个区间与空间网格划分密度有关。

接着进行坐标变换，使求解域的左边界固定在膨胀的金属丝(可以看作一个推动水运动的活塞)与水的边界上。定义一个新的坐标系，$\eta = R - a(\tau)$，那么式(6-19)在新坐标系下：

$$\begin{cases} \dfrac{\partial Z}{\partial \tau} = \mu_\mathrm{av}\dfrac{\partial^2 Z}{\partial \eta^2} + U_\mathrm{a}\dfrac{\partial Z}{\partial \eta} - U\dfrac{\partial Z}{\partial \eta} - \dfrac{\gamma_\mathrm{w}-1}{2}Z\dfrac{\partial U}{\partial \eta} - \dfrac{\gamma_\mathrm{w}-1}{2}Z\dfrac{U}{\eta+a} \\ \dfrac{\partial U}{\partial \tau} = U_\mathrm{a}\dfrac{\partial U}{\partial \eta} - U\dfrac{\partial U}{\partial \eta} - \dfrac{2}{\gamma_\mathrm{w}-1}Z\dfrac{\partial Z}{\partial \eta} \end{cases}$$

$$(6-20)$$

式中：$U_\mathrm{a}(\tau) \equiv \mathrm{d}a(\tau)/\mathrm{d}\tau$。式(6-20)即为描述水介质运动的流体子模型的控制方程。子模型的初值条件为 $Z(0,\eta) = 1$，$U(0,\eta) = 0$；左边界条件为 $Z(\tau,0) = Z_\mathrm{a}$；右边界条件为 $Z(\tau,\eta_\mathrm{end}) = 1$，$U(\tau,\eta_\mathrm{end}) = 0$。式中 Z_a 为左边界上归一化声速，由描述金属丝膨胀子模型计算出的金属丝边界压力 p_a 换算而来，η_end 为求解域的右边界。

由于水的状态参数冲击波波前位置梯度很大，为了保证求解精度，求解时应该采用足够密的网格。可是根据研究需要，通常要计算至冲击波波前传播至数厘米远为止，这样网格数目将很庞大，导致求解耗时过长。为此采用一种自适应网格划分技术，在计算中实时跟踪波前位置($\partial Z/\partial \eta$ 取得最大值

处),并在波前位置采用加密网格,而在其他位置采用一般密度网格。该方法既保证了冲击波波前附近具有较高的网格密度,又不会因水域求解域的逐渐扩大导致网格总数的持续增长,在控制计算耗时的同时提高了水中冲击波求解精度,又有效提高了计算效率。

6.2.2.2 数值求解方法

三个子模型间的耦合关系如图 6-12 所示。金属丝膨胀子模型作为主模型,负责时间步的推进。电路子模型负责求解电路方程,输入金属丝膨胀子模型计算出的金属丝电阻 $R_w(t)$、电感 $L_w(t)$、时间步长 Δt 以及前两个计算时刻的电容器两端电压 $u_{Cls}(t)$、$u_{Cls2}(t)$,由电路子模型返回当前时刻的放电电流 $i(t)$ 和电容器两端电压 $u_C(t)$。

水运动子模型与金属丝膨胀子模型在金属丝与水交界面位置耦合,描述了水对于金属丝膨胀的抑制作用,同时金属丝的膨胀在水中产生向外传播的波动。金属丝膨胀子模型将当前时刻金属丝边界上的压力 $p_a(t)$、边界位置 $a(t)$、时间步长 Δt 以及水运动子模型上一时间步的计算结果 $U_{ls}(r)$、$Z_{ls}(r)$ 输入水运动子模型,计算出当前时间步的边界膨胀速度 $u_a(t)$ 和归一化速度、声速的计算结果 $U(r)$、$Z(r)$。

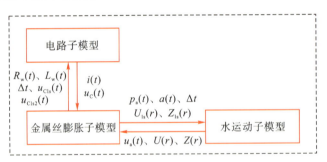

图 6-12 一维磁流体耦合模型中三个子模型间耦合关系

总体而言,电路子模型在输入金属丝电阻后返回放电电流,确定金属丝电能沉积功率,水运动子模型在输入边界压力后返回边界膨胀速度,为金属丝膨胀子模型提供边界速度条件。所有变量在一个时间步内更新一次,实现了"实时耦合"。

6.2.2.3 物态方程和电导率数据

在金属丝膨胀子模型中,还需要使用金属的物态方程和电导率数据来使方程闭合。水中金属丝电爆炸过程中,金属丝经历固态、液态、气态到等离子体态,跨越很宽的热力学参数范围,密度从 10^{-1} kg/m³ 至 10^4 kg/m³,温

度从 10^2 K 至 10^5 K，难以通过一种理论在上述热力学范围内给出准确的热力学参数估计。一般使用半经验方法计算数值模拟中所需要的物态方程数据[23,32]和电导率数据[23,33]。

EOS 将热力学变量 T、ρ、p、ε 联系起来，内能和压力可以表示为

$$\begin{cases} \varepsilon(\rho,T) = \varepsilon_i(\rho,T) + \varepsilon_e(\rho,T) + \varepsilon_c(\rho) \\ p(\rho,T) = p_i(\rho,T) + p_e(\rho,T) + p_c(\rho) \end{cases} \quad (6-21)$$

式中：下标"i""e""c"分别代表了离子贡献项、电子贡献项和零温结合修正项。

其中，离子贡献项描述了与离子或者原子核运动相关的内能与温度：

$$\varepsilon_i(\rho,T) = \begin{cases} 3\dfrac{k_B T}{m_i} & T < T_m(\rho) \\ \dfrac{3}{2}\dfrac{k_B T}{m_i}\left\{1 + \left[\dfrac{T_m(\rho)}{T}\right]^{1/3}\right\} & T \geqslant T_m(\rho) \end{cases} \quad (6-22)$$

$$p_i(\rho,T) = \begin{cases} 3\gamma_s \dfrac{\rho k_B T}{m_i} & T < T_m(\rho) \\ \dfrac{\rho k_B T}{m_i}\left\{1 + \gamma_f\left[\dfrac{T_m(\rho)}{T}\right]^{1/3}\right\} & T \geqslant T_m(\rho) \end{cases} \quad (6-23)$$

式中：m_i 为离子质量；$T_m(\rho)$ 为密度相关的熔化温度；γ_s 和 γ_f 为固态和液态的格林艾森变量，且 $\gamma_f = (3/2)\,\partial \ln T_m(\rho)/\partial \ln \rho$，$1 + \gamma_f = 3\gamma_s$，$T_m(\rho)$ 由一种经实验数据修正后的 Cowan(考恩)模型计算得出。

在传统的 QEOS 方法中，电子贡献项采用托马斯-费米方程计算，但是这种处理方法在低温区域(<2 eV)很不准确。因此，此处使用一种在低温区域具有更高计算精度的半经验计算方法：

$$\varepsilon_e(\rho,T) = \frac{9r_e^2}{4\beta(\rho)}\ln\cosh\left[\frac{2\beta(\rho)T}{3r_e}\right] \quad (6-24)$$

$$p_e(\rho,T) = \frac{\rho r_e^2}{g_e \beta(\rho)}\ln\cosh\left[g_e \frac{\beta(\rho)T}{r_e}\right] \quad (6-25)$$

式中：

$$r_e = \frac{0.85 X^{0.95}}{1 + 0.85 X^{0.59}}\frac{Z_{an} k_B}{m_i} \quad (6-26)$$

$$X = \frac{1}{Z_{an}^{4/3}}\frac{T}{1.16 \times 10^4} \quad (6-27)$$

式中：Z_{an}、g_e、$\beta(\rho)$ 分别为原子序数、电子格林艾森系数和电子比热系数。$\beta(\rho) = \beta_0 (\rho/\rho_0)^{-g_e}$，对于铜，它们的值分别取 $Z_{an}=29$、$g_e=0.5$、$\beta_0=0.01086$。

最后，结合修正项计算方法如下：

$$\varepsilon_c(\rho) = \frac{E_{coh}}{m-n}\left[n\left(\frac{\rho}{\rho_0}\right)^m - m\left(\frac{\rho}{\rho_0}\right)^n\right] + E_{coh} \qquad (6-28)$$

$$p_c(\rho) = \rho_0 E_{coh} \frac{mn}{m-n}\left[\left(\frac{\rho}{\rho_0}\right)^{m+1} - \left(\frac{\rho}{\rho_0}\right)^{n+1}\right] \qquad (6-29)$$

式中：E_{coh} 为铜的结合能，取 5.29×10^6 J/kg；伦纳德-琼斯指数 m 和 n 分别取 2.3857 和 0.6727。

基于这种方法计算的物态方程，并不能准确地描述气液混合态的物质性质，需要根据吉布斯自由能最小法对气液混合态进行修正，对低于临界温度的给定温度，要求气液平衡态的平衡压力 $p_{eq}(T)$。气液混合态内的数据按如下方法进行修正[34]：

$$\varepsilon(\rho, T) = \varepsilon_l + (\varepsilon_v - \varepsilon_l)\frac{1/\rho - 1/\rho_l}{1/\rho_v - 1/\rho_l} \qquad (6-30)$$

$$p(\rho, T) = p_{eq}(T) \qquad (6-31)$$

式中：下标"v""l"分别代表气态和液态。在等温和非体积功为零的条件下，系统由 p_1V_1 改变到 p_2V_2，吉布斯自由能的变化量 $\Delta G = \int_{p_1}^{p_2}V\mathrm{d}p$，式中 V 为比体积，之后通过作图法可以找到 p_{eq} 及 ρ_v、ρ_l。

由上文计算出的铜的物态方程数据如图 6-13 所示。当温度低于约 2400 K 时，无法继续根据吉布斯自由能最小方法得到 p_{eq}，此时原始计算结果中包含很多负压力值，实际上爆炸金属丝在仿真时间范围内不会落入这个负压力区域，为了方便展示，在图 6-13(a)中将压力最小值设置为 10^5 Pa。对于内能，可以假设 ρ_v 无穷小，根据公式(6-31)得 $\varepsilon(\rho, T) = \varepsilon_l$。

电导率数据 $\sigma(\rho, T)$ 也是闭合仿真模型控制方程所必须的，并且同物态方程数据一样，是决定仿真模型精确度的关键。由于理论研究水平的限制，目前同样没有一种理论可以计算金属在电爆炸过程经历的宽热力学参数范围内的电导率，研究人员多使用其他近似模型，如半经验(semi-empirical)模型进行计算。美国得克萨斯理工大学研究人员利用一种半经验模型计算出铜电导率数据[33]，已经被使用在水中金属丝电爆炸的仿真中，获得了较好的仿真结果[23]。得克萨斯理工大学研究人员已经将该数据公开在其实验室网站，方便领域内研究人员使用。原始数据库中包含的最低温度为 1000 K，并以 1000 K 的间隔递增，可根据文献[23]中方法增加 270~1400 K 范围内的几个温度点上的数据，使之更准确地反映金属电导率在熔点 1350 K 附近的突变。图 6-14 给出了基于文献[33]建立的铜的电导率数据。

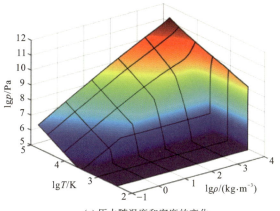

(a) 压力随温度和密度的变化

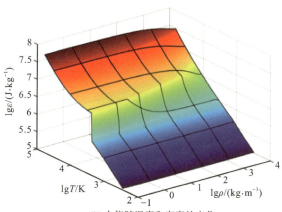

(b) 内能随温度和密度的变化

图 6‑13　铜的物态方程数据

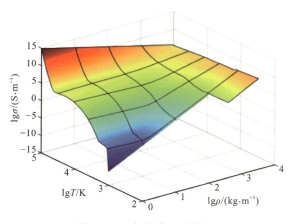

图 6‑14　铜的电导率数据

6.2.2.4 典型计算结果

利用零维磁流体耦合模型可以计算出金属丝温度、密度、压力等参数的演化过程，水中压力的一维径向分布及其演化过程，以及放电电流、金属丝两端电压等放电波形。下面首先将零维磁流体耦合模型计算出的放电波形及冲击波轨迹与实验结果比较，以证明仿真模型计算结果的精度，再借助仿真模型对冲击波产生与其早期演化、能量转换过程进行描述。仿真与实验中关键参数的设置为电容器电容 6 μF、充电电压 13 kV、回路电感 1.45 μH，使用的铜丝长度为 4 cm，直径为 0.1～0.3 mm。

1. 放电电流电压波形

图 6-15 给出了仿真计算与实验测量得到的放电电流波形与金属丝两端阻性电压波形。整体而言，在三种金属丝直径下仿真结果与实验结果符合得相当好，证明了仿真模型具有较高的计算精度。流体模型耦合宽范围金属物态方程与输运参数数据的仿真方法可以比较准确地对金属丝电爆炸宏观过程进行描述。前文建立的铜的物态方程和电导率数据，在实验涉及的热力学参数范围内具有较高的准确性。

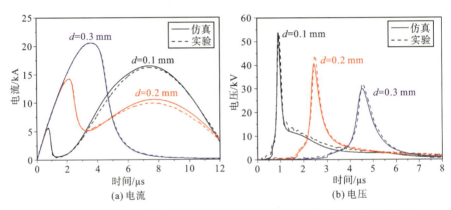

(a) 电流　　　　　　　　　　　(b) 电压

图 6-15　零维磁流体耦合模型计算的放电波形与实验测量结果的比较

2. 金属丝膨胀轨迹与冲击波前沿轨迹

图 6-16 给出了仿真计算出的金属丝半径的膨胀轨迹和冲击波波前的传播轨迹，以及通过拍摄阴影图像获得的不同时刻的金属丝半径与冲击波波前位置。总体而言，零维磁流体耦合模型计算出的金属丝半径与冲击波波前位置稍大于实验测量结果。这说明计算出的金属丝压力偏高，计算出的冲击波峰值压力也偏高。由实验获得的不同时刻冲击波波前位置可以估算冲击波波前传播速度，根据冲击波波前传播速度与冲击波峰值压力的关系[35]，可以估

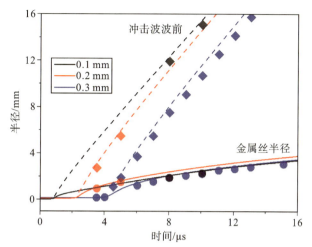

图 6-16 零维磁流体耦合模型计算的金属丝半径和冲击波波前传播轨迹与阴影图像结果的比较

计出对于使用直径为 0.1 mm 和 0.2 mm 的金属丝的实验，计算出的冲击波峰值压力较实验结果偏大约 10%；对于使用直径为 0.3 mm 的金属丝的实验，计算出的冲击波幅值较实验结果偏大约 35%。不同实验中误差大小的不同可能与上文建立的物态方程与电导率数据在不同区域的误差大小不同有关。造成计算出的金属丝半径和冲击波波前传播距离偏大的原因可能是 $p(\rho, T)$ 偏大或者 $\varepsilon(\rho, T)$ 偏小。

3. 水中冲击波（压力波）波形

冲击波产生和早期传播过程中水中压力波形，无法通过布置压力传感器测量得到，因为传感器距离金属丝过近时电磁干扰将淹没冲击波信号，同时传感器将被损坏，而阴影成像等方法只能获得冲击波前沿运动轨迹，无法得到冲击波压力波形，仿真计算是获得这一阶段水中压力波形的唯一方法。图 6-17 给出了直径为 0.3 mm 的金属丝电爆炸过程中，放电开始后 4.1~6.5 μs 水中径向压力分布曲线。在放电开始后 4.5 μs 前，金属丝内部压力逐渐上升，水中压力随着径向距离增大而单调下降，无间断面形成；金属丝内部压力开始下降后，水中最大压力出现位置脱离金属丝边界向外传播，大约在 4.9 μs 时，由于后部水流不断向前追赶，水中形成比较明显的间断面；其后水中最大压力出现位置继续向前运动，直至约 5.7 μs 时最大压力出现在波前位置，形成了典型的冲击波压力波形。

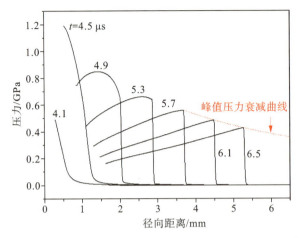

图 6‑17 零维磁流体耦合模型计算出的放电早期不同时刻水中密度分布

4. 能量转换过程

金属丝在膨胀过程中对水做的机械功为

$$E_{\mathrm{mec}}(t) = \int_0^t 2\pi l \cdot a(t) \cdot p(t) \cdot u_a(t) \, \mathrm{d}t \qquad (6-32)$$

该值同时也是金属丝在膨胀过程做的体积功。冲击波/压缩水流中的机械能包括势能和动能，分别为

$$E_{\mathrm{pot}}(t) = 2\pi l A \int_{a(t)}^{r_s(t)} \left\{ \left(\frac{1}{\gamma_w} - 1\right) \left[\rho_n^{\gamma_w}(r,t) - \rho_n(r,t)\right] + 1 - \rho_n(r,t) \right\} r \mathrm{d}r \qquad (6-33)$$

$$E_k(t) = \pi l \int_{a(t)}^{r_s(t)} \rho(r,t) u^2(r,t) r \mathrm{d}r \qquad (6-34)$$

式中：r_s 为一个大于冲击波波前位置的径向距离；$\rho_n = \rho/\rho_{w0}$ 为归一化的水的密度。

电路向金属丝注入的总沉积能量 E_{ele} 由能量沉积功率 $P_{\mathrm{ele}} = i^2 R_w$ 的时间积分求得。电能注入金属丝后，首先提高金属丝内能，当金属丝被加热到沸点之后，金属丝内压力显著提高，向外膨胀做功，金属丝内能转化为水中机械能；当金属丝具有较高的辐射功率同时具有较大的表面积时，有显著的辐射能量损失，金属丝内能转化为光能。总沉积能量 E_{ele} 减去金属丝对外做的机械功 E_{mec}，剩余能量为留在金属丝中的内能加辐射损失的能量。金属丝对水做的机械功 E_{mec} 减去冲击波中包含的机械能（$E_{\mathrm{pot}} + E_k$），为冲击波在传播过程中耗散的能量，这部分能量转化为水中的内能[35]。

对于直径为 0.3 mm 的金属丝，其电爆炸过程的能量流向图如图 6‑18(a)所示。放电处于匹配放电模式,金属丝过热程度低,直至放电开始后30 μs,辐射损失能量占总沉积能量的比例仍不到0.1%,几乎可以忽略辐射损失的影响。在放电开始后30 μs时,总沉积能量中的58.7%用于对外做机械功,但是由于冲击波波阵面上压力间断地出现,冲击波在传播过程中存在能量耗散过程,金属丝做机械功传递到水中的能量中有28.4%在冲击波传播过程中被耗散,最终总沉积能量中的42.0%转化为冲击波中的机械能。

直径为0.1 mm的金属丝在电爆炸过程中的能量流向图如图6-18(b)所示。此时放电处于直接击穿放电模式,金属丝过热程度高,辐射造成的能量损失不可忽略。在放电开始后30 μs时,总沉积能量中有15.9%以辐射形式损失,56.8%用于对外做机械功。0.1 mm金属丝产生的冲击波峰值压力较低,冲击波传播过程中能量耗散比较少,只占金属丝做机械功传递到水中能量的8.0%,最终总沉积能量中的52.2%转化为冲击波中的机械能。

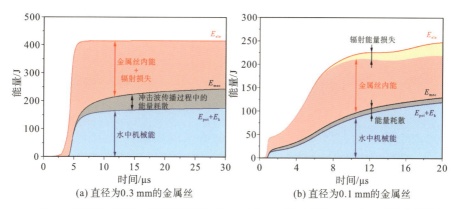

图6-18 零维磁流体耦合模型计算的直径为0.3 mm的金属丝电爆炸过程的能量流向

由零维磁流体耦合模型计算出的能量转换效率为40%~50%,明显大于通过实验方法测得的15%~24%的能量转换效率[36-37]。如此显著的差异可能是由多种原因造成的。首先,通过实验方法与仿真方法计算能量转换效率时,放电参数具有较大差异。实验测量所针对的放电具有明显更短的放电周期和更高的峰值功率,金属丝具有更高的过热系数,辐射导致的能量损失应该更大,造成实验获得的能量转换效率更低。其次,通过实验方法测量冲击波中能量的误差可能比较大。文献[36]利用激光背光阴影成像获得冲击波前沿的轨迹,再通过流体模型计算得到冲击波压力波形,进而求得冲击波中机械能和能量转换效率,但是精确的冲击波压力波形需要以十分精确的冲击波前沿轨迹为输入,而通过阴影法难以获得足够精度的冲击波轨迹。前文提到零维磁流体耦合模型中使用的金属物态方程不准确,但是这对能量转换效率的影响较小，在仿真计算中对 $p(\rho, T)$ 乘以一个小于 1 的系数，金属丝在前几微秒能量转换效率有所降低，但是由于不存在其他能量转换机制，存储在金属丝中的能量随后还是会逐渐传递到水中，在放电开始后 30 μs 时的能量转换效率差别很小。关于水中金属丝电爆炸的能量转换效率的研究还需要进一步开展。

6.2.2.5 基于 AUTODYN 的二维数值模拟

对于储层致裂，液电成形等工程应用，更加关注的是冲击波与各种结构或目标之间的相互作用。上述一维数值模型能快速计算出较为准确的电流电压波形、金属丝膨胀轨迹等，但无法给出空间中冲击波强度的分布，也就无法仿真冲击波与结构的相互作用。因此需要建立二维或三维的数值模型来描述水中金属丝电爆炸过程。

基于 AUTODYN 有限元仿真软件建立了水中丝爆的二维轴对称模型，仿真模型如图 6-19 所示，包括电极、金属丝、水域。铜丝采用 ALE 求解器建模，水域采用欧拉求解器建模，两部分需设置流固耦合，其中欧拉网格给 ALE 网格施加一个压力场，作为 ALE 网格的边界条件；而 ALE 网格给欧拉网格施加流动边界。ALE 求解器的效果等同于在每个计算周期重新划分网格，并允许用户通过子程序控制重新划分的方法，可避免网格畸变导致仿真时间步过小甚至仿真提前终止。

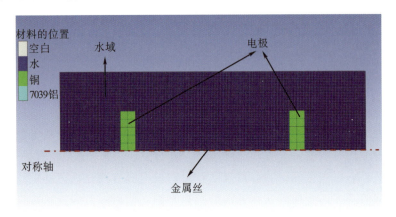

图 6-19 仿真模型

在铜丝膨胀的初始阶段，铜丝两端始终被电极限制，因此将铜丝的左右边界固定，防止产生网格畸变，同时提高计算速度。电极被包含在仿真模型中，因为它会影响冲击波的演化。不考虑铜丝与电极的相互作用后，电极仅起到限制冲击波发展的作用,电极固定在仿真域中,速度始终为 0。电路的能量注入通过用户子程序(user-subroutine)实现。水域的边界条件设置为流出边界条件,忽略水的深度引起的压强变化,将水域压强初始化为大气压。通过 AUTODYN 提供的用户子程序功能将铜的物态方程和电导率数据导入模型中,并将电路模型与流体动力学模型耦合。

图 6-20 展示了四组不同参数下仿真计算的电压电流波形和实验结果的对比,包括匹配放电模式(a)(b)和直接击穿模式(c)(d)。四种放电参数下,通过实验方法和仿真方法获得的放电波形具有良好的一致性,表明了仿真模型的合理性和物性参数数据在一定范围内的准确性。以图 6-20(a)为例,该图为典型的匹配放电模式,电流和电压几乎同时归零,无衰减振荡放电(等离子体放电)阶段,一般认为,匹配放电模式下可以沉积最多电能,获得最大的能量转换效率和最强的冲击波。图 6-20(d)为典型的直接击穿模式,在该模式中,汽化阶段后紧跟着电离阶段和等离子体放电阶段。

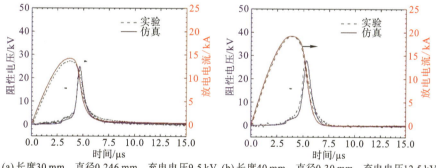

(a) 长度30 mm,直径0.246 mm,充电电压9.5 kV (b) 长度40 mm,直径0.30 mm,充电电压12.5 kV

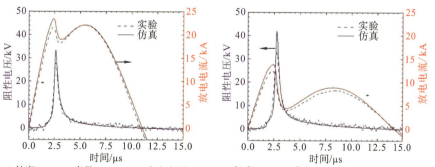

(c) 长度30 mm,直径0.246 mm,充电电压20 kV (d) 长度40 mm,直径0.20 mm,充电电压12.5 kV

图 6-20 不同参数下仿真计算的电压电流波形和实验结果的对比

图 6-21 展示了四种参数下仿真计算的金属丝半径膨胀轨迹和冲击波前

沿位置与条纹图像对比，仿真结果与实验结果符合得很好。四种参数分别与上述四种参数下电压电流波形对应，可以看出匹配模式下电压幅值对应金属丝开始膨胀的时刻，直接击穿模式下电流幅值对应金属丝膨胀起始时刻，此时电路已向金属丝中注入足够的能量，金属丝逐渐液化、汽化、产生相变，体积迅速增大。极短时间内金属丝膨胀速度不断增大，到达峰值后逐渐减小，主冲击波产生于金属丝体积急剧膨胀阶段。图6-21(a)(b)显示主冲击波产生之前，还产生了一重较弱的冲击波，此冲击波产生于金属丝受热液化过程中，称为液化冲击波。液化冲击波的速度小于汽化冲击波，会被汽化冲击波追赶上，合成为一重冲击波。图6-21(c)(d)直接击穿模式中由于汽化冲击波产生得太快，无法观测到液化冲击波。

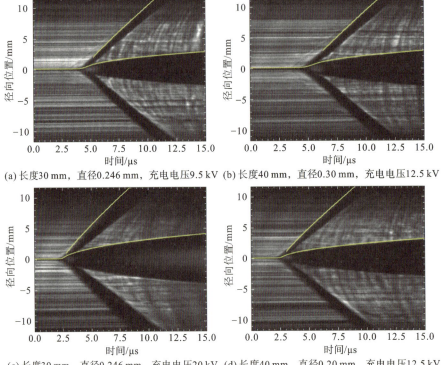

(a) 长度30 mm，直径0.246 mm，充电电压9.5 kV　(b) 长度40 mm，直径0.30 mm，充电电压12.5 kV

(c) 长度30 mm，直径0.246 mm，充电电压20 kV　(d) 长度40 mm，直径0.20 mm，充电电压12.5 kV

图6-21　计算的金属丝半径膨胀轨迹和冲击波前沿位置与条纹图像对比

图6-22展示了放电开始10～30 μs冲击波的演化过程，左边为拍摄的不同时刻的激光阴影图线，右边为仿真计算的对应时刻的压强分布。激光阴影图中可以明显分辨出冲击波前沿的形态和爆炸产物的边界，仿真图中的黑色虚线是描绘的阴影图像中冲击波前沿的位置。可以看出仿真与实验

结果具有良好的一致性，仿真计算结果显示的冲击波传播速度稍快于实验结果。

显然，冲击波的演化受电极形状的影响，受到电极的限制，冲击波产生初期为柱面波，如图 6-22(a)所示，冲击波前沿与对称轴平行；冲击波越过电极后，逐渐向球面波发展，受电极的影响，水中冲击波的拐角绕射会在拐点处形成"涡流"，在其邻近区域产生"零"压力场，从而出现"空化"效应，致使结构邻水面产生负压作用，从图 6-22(d)中可以清楚地看出"空化区"形成于两电极的尖角处，随着冲击波的传播逐渐向远离轴向的方向移动，同时两端的负压区逐渐向中间靠拢，合并为一个空化区，如图 6-22(h)所示，30 μs 时，在中心处形成了负压区，仿真结果显示负压可达几兆帕。阴影图像

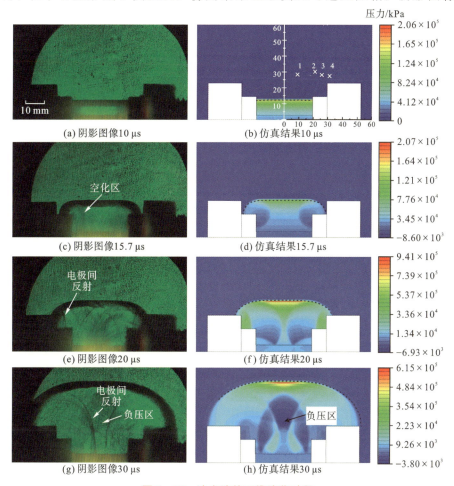

图 6-22 冲击波的二维演化过程

6-22(g)中也显示有相似形状的阴影区域,即为负压区。

由于冲击波作用,水中结构表面附近常常会产生这种"空化"现象,导致结构的邻水面产生负压作用,它是导致结构被破坏的一个重要原因。

此外,仿真和实验的冲击波波形也具有良好的一致性。图 6-23 展示了仿真计算的不同位置处的冲击波波形和实验测量波形的对比,波形较为一致。实验中借助拍照确定冲击波探头的摆放位置,可能存在误差,是导致冲击波到达时间不一致的原因。并且探头摆放位置可能距电极结构较近,测量的波形结果也受电极间折反射的影响。如图 6-24 所示,在中轴面上不同径向位置处设置了测点,对比了仿真与实验的冲击波的径向衰减规律,衰减指数分别为 -0.987 和 -1.004。仿真的冲击波波形是滤波后的结果,可以看出冲击波的到达时间一致,仿真的冲击波峰值压力高于实验值。另外,实验测得的冲击波有第二个峰,可能是由于冲击波在电极间折反射造成的。

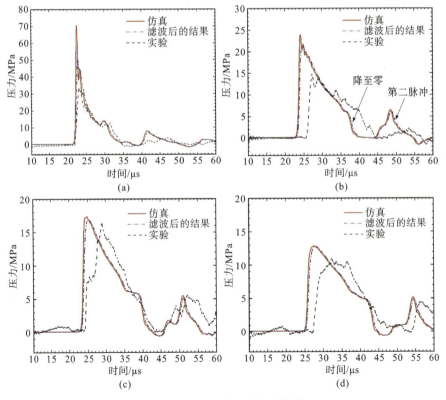

图 6-23 不同位置处的冲击波波形

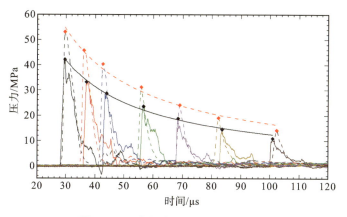

图 6-24 冲击波强度随距离的衰减

利用 AUTODYN 的映射功能,可将二维模型的计算结果(空间压强分布)导出并映射到 3D 模型中,再将测试结构的模型导入,可仿真冲击波与任意结构的相互作用,预测冲击波对结构的损伤,为结构加固提供参考。

6.2.3 水中丝爆冲击波特性

对水中金属丝电爆炸的冲击波特性的掌握是对水中金属丝电爆炸冲击波进行利用的基础。水中金属丝电爆炸的实验参数众多,可分为金属丝参数(直径、长度、材质)、回路参数(回路电感)、脉冲源参数(电容器电容、充电电压、脉冲源内阻)、水介质参数(静压力、电导率、温度)等。众多实验参数在一定程度上增加了冲击波特性研究的困难性,但是通过大量的研究目前对冲击波特性已经有了比较好的掌握,下文分别对这些实验参数对冲击波特性的影响进行介绍。

关于冲击波特性的研究需要对水中冲击波进行准确测量。与水中化学炸药爆炸相比,水中金属丝电爆炸产生的冲击波具有更短脉宽(约 10 μs),对用于测量的压力传感器的高频响应提出了更高要求。用于水中放电冲击波测量的压力传感器有 FOPH2000、Müller-platte 和 PCB138A11。这些传感器基于不同的原理,具有不同的特点。FOPH2000 为光纤型压力传感器,通过测量水中折射率的变化推算压力值,虽然测量量程较大,但是设备昂贵,操作流程复杂,相关研究结果较少。Müller-platte 和 PCB138A11 均为基于压电原理的压力传感器,其中 Müller-platte 传感器的敏感元件体积更小,具有更高的空间分辨力和更好的高频响应,但是测量一致性较差,存在波尾"不归零"的问题,难以获得冲击波脉宽和能量密度;PCB138A11 的高频响应相对较差，但是测量的一致性好，线性度高，不存在波尾"不归零"的问题，目前水中金属丝电爆炸冲击波的测量一般采用 PCB138A11 传感器。

通过压力传感器获得水中某一测点的压力波形后，除了定性比较冲击波压力波形差异，还可对冲击波各特征量进行定量研究。冲击波的特征量包括峰值压力、能量密度、脉宽、冲量等[35]。能量密度指单位面积的冲击波所具有的机械能，通过下式进行计算：

$$E_{sw} \approx \frac{1}{\rho_{w0} c_0} \int_{t_R}^{t_{end}} p_s^2(t) \mathrm{d}t \qquad (6-35)$$

式中：ρ_{w0} 和 c_0 分别为未扰动水的密度和声速；$p_s(t)$ 为压力传感器测量到的压力信号；t_R 为冲击波波前到达传感器位置的时刻；t_{end} 为冲击波波动完全结束的时刻，本节中统一取 $t_{end} = t_R + 200~\mu s$。脉宽表征冲击波持续时间的长短，本节中将脉宽定义为从压力开始上升到压力首次下降到峰值压力5%的时间间隔。冲击波的冲量由下式计算：

$$J = \int_{t_R}^{t_R + PW} p_s(t) \mathrm{d}t \qquad (6-36)$$

式中：PW 为冲击波脉宽，冲量代表了单位面积冲击波可以对目标物体传递的动量，与冲击波的毁伤效果密切相关。

6.2.3.1 金属丝参数的影响

1. 金属丝直径

固定充电电压为 13 kV，金属丝长度为 4 cm，不同直径下水中金属丝电爆炸放电电流、电压波形如图 6-25 所示。其他实验参数为电容器电容 6 μF、回路电感 1.45 μH、回路电阻 90 mΩ。由图可知，金属丝直径对放电过程的影响较大，在固定电源参数和金属丝长度的情况下，仅改变金属丝直径也可以在很大程度上改变放电过程，实现放电模式的转变。

在距离金属丝 5 cm 和 30 cm 的测点处采用 PCB138 压力传感器测量到的不同直径的铜丝在水中电爆炸产生的冲击波的压力波形如图 6-26 所示。同放电波形类似，不同直径的金属丝的冲击波压力波形也表现出较大的差异。对于电流暂停模式(0.05 mm)，汽化过程与重燃过程分别产生了一个前沿陡峭的冲击波；重燃冲击波已经具有较高的峰值压力，达匹配模式下峰值压力的 70%~85%。当放电处于直接击穿模式(0.2 mm)和匹配模式(0.3 mm)时，冲击波具有最高峰值压力。冲击波到达探头位置的时刻存在较大差异，主要受汽化或重燃发生时刻的影响，发生时刻较早的冲击波到达时刻也较早；也受冲击波峰值压力大小的影响，冲击波峰值压力较大时传播速度快，冲击波到达时刻提前。

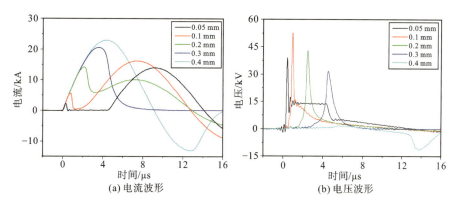

图 6-25 不同直径铜丝在水中电爆炸的放电电流、电压波形

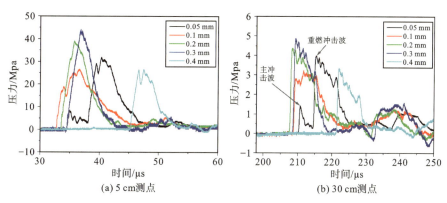

图 6-26 不同直径的铜丝在水中电爆炸产生的冲击波的压力波形

不同直径和测点下的冲击波峰值压力、能量密度、冲量、脉宽总结在图 6-27 中。图中误差棒代表重复实验(3~5次)的标准差。能量密度为压力平方的积分,受峰值压力的影响明显,直接击穿模式和匹配模式下冲击波具有最高峰值压力,也具有最高能量密度。电流暂停模式下重燃冲击波的出现使冲击波脉宽明显延长,获得了最大的冲击波冲量。当金属丝直径过大时(0.4 mm),很大一部分沉积能量用来完成金属丝相变,产生的冲击波的能量密度和冲量最低,冲击波峰值压力也较低。

通过比较不同测点处冲击波特征量的统计结果可以对冲击波演化过程进行分析。图 6-27 中标出了同样实验条件下 5 cm 测点处与 30 cm 测点处特征量的比值,便于对不同实验中冲击波特征量的变化速度进行比较。随着冲击波向外传播,峰值压力、能量密度、冲量均有明显下降,脉宽有明显延长。冲击波由 5 cm 传播到 30 cm,不同冲击波的峰值压力衰减程度有明显差异,直接击穿模式和匹配模式下冲击波脉宽较短,冲击波峰值压力衰减最快(降低至11%),电流暂停模式中主冲击波峰值压力衰减最慢(14%~17%)。相比较而言,不同冲击波能量密度和冲量的衰减基本一致,30 cm处能量密度降低至5 cm处的3.3%~4.0%,30 cm处冲量降低至5 cm处的19%~21%。对于冲击波脉宽的演化,30 cm处冲击波脉宽延长为5 cm处的152%~227%,直接击穿模式下延长最显著,其他模式延长程度比较接近。

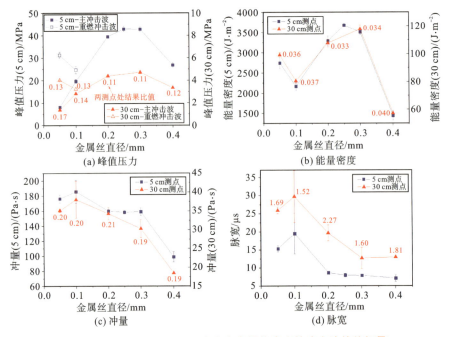

图6-27 不同直径的铜丝在水中电爆炸产生的冲击波的特征量

利用零维磁流体耦合模型可以对冲击波峰值压力衰减速度差异明显的现象进行解释。图6-28给出了模型计算出的三种金属丝直径下金属丝内部压力的演化过程及产生冲击波峰值压力的径向衰减过程。细丝具有更高的比能量沉积功率,在金属丝内部达到了更高的峰值压力,但是随着直径膨胀金属丝密度快速下降,金属丝内部压力也快速下降;后期的等离子放电阶段重新给金属丝注入电能,使金属丝压力下降速度减慢甚至压力有所增大。粗丝的比加热功率低,金属丝内部达到的峰值压力低,但是随着直径膨胀金属丝密度下降速度减慢,压力下降速度也减慢;后期不存在等离子体放电阶段,金属丝内部压力下降速度快于细丝。金属丝类似活塞推动水流运动,因此金属丝压力演化信息将反映在冲击波演化中。冲击波峰值压力的径向衰减表现出与金属丝压力演化相似的趋势,细丝产生的冲击波具有更高的初始峰值压力,但是随后快速下降,在后期下降速度降低;粗丝产生的冲击波初值峰值压力低，随后缓慢下降，但是在后期衰减速度超越细丝。

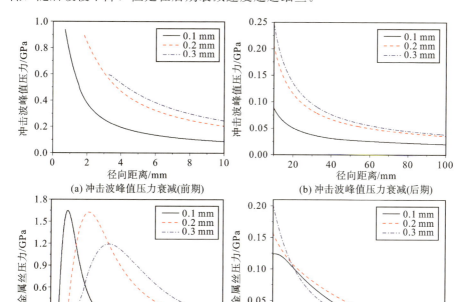

图 6-28 零维磁流体耦合模型计算的冲击波峰值压力的径向衰减与金属丝压力的演化

为了进一步地反映不同实验参数下冲击波峰值压力的径向衰减过程的差异，要计算不同实验中冲击波峰值的比值，即

$$\alpha_{A,B}(r) = \frac{p_{\text{peak,A}}(r)}{p_{\text{peak,B}}(r)} \tag{6-37}$$

式中：$p_{\text{peak,A}}$ 和 $p_{\text{peak,B}}$ 分别表示实验 A 和实验 B 中某一径向位置 r 处的冲击波峰值压力。如果两次实验中冲击波峰值压力都与 $r^{-\alpha}$ 成正比，且幂指数 $-\alpha$ 相同，那么 $\alpha_{A,B}$ 将保持不变；如果 $\alpha_{A,B}$ 随径向距离的增大而减小，则实验 A 产生的冲击波峰值压力衰减得更快，反之认为实验 B 衰减得更快。利用零维磁流体耦合模型计算出的不同实验中的冲击波峰值压力的比值如图 6-29 所示。对于 0.3 mm/0.1 mm 实验的曲线，该比值首先随径向距离的增大而增大，表示在前期 0.3 mm 实验中冲击波峰值压力衰减得更慢；在径向距离为 6.69 mm 处达到最大值 2.820，之后比值开始下降，表明此时 0.3 mm 实验中冲击波峰值压力衰减得更快；在径向距离为 100 mm 处，比值已经显著降低为 1.896。对于 0.3 mm/0.2 mm 实验的曲线，比值同样呈先增大后减小的趋

势，在径向距离为 9.03 mm 处达到最大比值 1.195，在径向位置为 100 mm 处下降至 1.079。图 6-29 中结果也表明，不同实验中冲击波峰值压力的比值不是一个定值，而是随径向距离的改变而改变。在对水中金属丝电爆炸的冲击波峰值压力特性进行研究时，在不同位置进行观测，将得到不同的结论。在冲击波峰值压力特性的研究中必须明确观测位置。

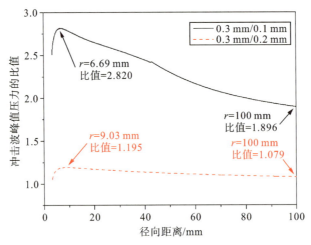

图 6-29 仿真计算的不同实验中冲击波峰值压力的比值随径向距离的变化

总体而言，为了获得尽可能高的冲击波峰值压力、能量密度和冲量，应该选择合适的金属丝直径，使放电处于匹配模式或者临近的直接击穿模式。不同实验中冲击波峰值压力衰减过程有明显差异，在只考虑水流径向一维运动的情况下，冲击波峰值压力的衰减过程由金属丝内部压力演化曲线决定，而后者与金属丝初始直径和能量沉积过程有关。

2. 金属丝长度

金属丝长度的变化将引起金属丝质量和负载电阻的变化，同时改变冲击波源空间尺寸，从而对放电过程和冲击波特性产生影响。不同长度下直径为 0.3 mm 的金属丝的水中电爆炸放电波形如图 6-30 所示(使用 6 μF 储能电容器，充电电压固定为 13 kV)。在放电开始后 2 μs 内，各长度下金属丝电阻均较小，放电波形基本一致。在金属丝汽化过程开始后，放电波形开始出现明显不同，长度较小($l=2$ cm)的金属丝电阻较小，电压峰值低，电流下降幅度小，在汽化过程之后接着出现等离子放电阶段。随着金属丝长度的增大 ($l>5$ cm)，金属丝电阻、电压峰值、电流下降幅度均增大，电流归零后金属丝两端电压不为零，出现电流截断。

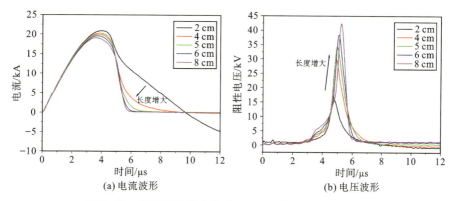

图 6-30 不同长度下直径为 0.3 mm 的金属丝放电波形

不同金属丝长度下金属丝(直径 0.3 mm)的过热系数和在电压峰值时刻的沉积能量如图 6-31 所示。过热系数 k 定义为电压峰值时刻的沉积能量除以金属丝的原子化焓。随着金属丝长度的增大,电压峰值时刻金属丝上沉积电能由约 180 J 持续增大至约 430 J,这应与金属丝质量和电阻的增大有关。但是电压峰值时刻金属丝的过热系数却持续下降,由 2 cm 长度下的 2.4 下降至 10 cm 长度下的 1.1,这表明单位质量上的沉积能量有明显下降。

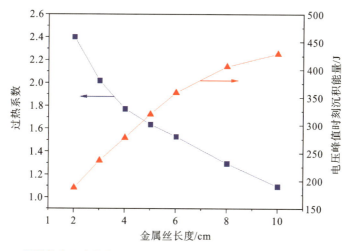

图 6-31 不同长度下直径为 0.3 mm 的金属丝过热系数和电压峰值时刻沉积能量

使用 PCB138 传感器测量的金属丝(直径 0.3 mm)中垂面上冲击波峰值压力如图 6-32 所示。首先可以看出,在实验研究范围内,两个测点处冲击波峰值压力变化趋势不同,在 5 cm 测点处冲击波峰值压力随金属丝长度增加呈先增大后减小的趋势,达到最高冲击波峰值压力的最优长度为 4 cm,而在

30 cm 测点处冲击波峰值压力呈持续增大趋势，达到最高冲击波峰值压力的最优长度改变为 10 cm。这种变化趋势的差异是不同实验中冲击波峰值压力演化速度的显著差异造成的。相同金属丝长度下两测点处冲击波峰值压力的比值标注在图中，由图可知，4 cm 长的金属丝具有最快衰减速度，30 cm 测点处冲击波峰值压力降低至 5 cm 测点处的 0.143，10 cm 长的金属丝具有最慢衰减速度，上述比值显著提高至 0.363。图 6-32 的结果再次表明，冲击波峰值压力特性依赖于测点位置，随测点位置的改变而改变。

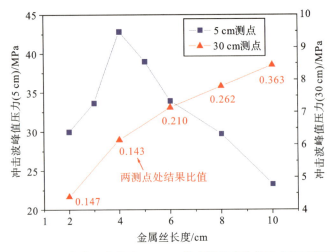

图 6-32　不同长度下直径为 0.3 mm 的金属丝产生的冲击波峰值压力

使用零维磁流体耦合模型对不同长度下金属丝压力与冲击波峰值压力的演化过程进行计算，结果如图 6-33 所示。随着金属丝长度的增大，金属丝压力的演化曲线发生显著变化，峰值压力由 2 cm 长度下的 1.47 GPa 急剧

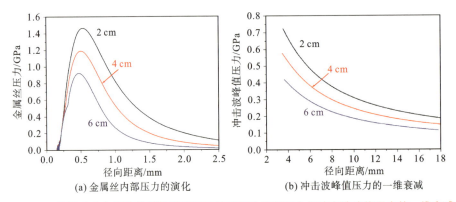

图 6-33　零维磁流体耦合模型计算的不同长度下金属丝压力与冲击波峰值压力的一维衰减

下降至 6 cm 长度下的 0.92 GPa，这与过热系数随金属丝长度增大而迅速降低相符。金属丝压力脉冲持续时长也有明显缩短。在仅考虑冲击波在径向维度的演化时，2 cm 长度产生的冲击波具有最大的峰值压力，随着金属丝长度的增大，冲击波峰值压力快速下降。这能解释 5 cm 测点处，金属丝长度由 4 cm 增大到 10 cm 时冲击波峰值压力的下降，但无法解释全部实验结果。

对实验结果的完整解释还需要考虑冲击波由柱面波向球面波的二维演化。此处借助商业软件 AUTODYN 对不同长度爆炸物产生的冲击波的二维演化过程进行模拟。在模拟中冲击波由 TNT 圆柱爆炸产生，TNT 爆炸过程应与金属丝电爆炸过程有明显差异，此处无意将 TNT 爆炸作为金属丝电爆炸的等效，仅是借助 AUTODYN 给出不同长度爆炸物产生冲击波二维演化过程的直观图像。柱状 TNT 的长度设置为 1 cm、2 cm、4 cm、6 cm、8 cm，半径分别设置为 4 mm、2.8 mm、2 mm、1.6 mm、1.4 mm 以保持 TNT 质量近似不变。不同仿真中材料参数、网格密度等保持一致，避免对仿真结果产生干扰。在径向距离为 4~10 cm 均匀布置 7 个探头，在计算结束时可以获得探头位置压力曲线。爆炸发生 60 μs 后，1 cm 长和 4 cm 长的 TNT 爆炸的压力云图如图 6-34 所示。对于 1 cm 长的情形，冲击波已演化成比较典型的球面波；对于 4 cm 长的情形，演化尚在进行之中，径向位置的压力明显大于轴向位置的压力，整个冲击波的波阵面也接近于一个椭球面而不是球面。

不同长度的 TNT 产生的冲击波峰值压力统计在图 6-35 中。尽管两种爆炸过程具有差异，图中的冲击波峰值压力变化趋势与图 6-32 中趋势表现出高度一致性。对于 5 cm 测点处探头，冲击波峰值压力随着 TNT 长度的增大先增大后减小，当长度为 4 cm 时获得最大峰值压力；对于更远的 10 cm 测点处探头，冲击波峰值压力随 TNT 长度的增大而增大。5 cm 测点处金属丝长度在 2~4 cm 范围内，30 cm 测点处冲击波峰值压力随金属丝长度的增大而增大，是因为金属丝长度增大带来的"二维衰减"速度的降低。

综上，冲击波在向外传播的过程中峰值压力的衰减包括仅考虑水流一维运动时的"一维衰减"，和冲击波由柱面波演化为球面波造成的"二维衰减"。当测点位置与金属丝长度相当或明显小于金属丝长度时，一维衰减占据主导，此时降低金属丝长度可提高过热系数，提升爆炸强度从而提高测点处冲击波峰值压力。当测点位置明显大于金属丝长度时，二维衰减占据主导，在不显著降低沉积能量的前提下增大金属丝长度可以降低二维衰减速度从而提高测点处冲击波峰值压力。

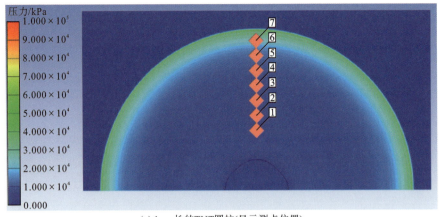

(a) 1 cm长的TNT圆柱(显示测点位置)

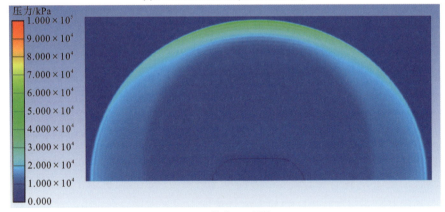

(b) 4 cm长的TNT圆柱

图 6-34　等质量不同长度的 TNT 圆柱的水中爆炸 AUTODYN 仿真结果
(起爆 60 μs 后压力云图)

3. 金属丝材质

不同金属的密度、熔点、沸点、比热、原子化焓等参数有显著差异，金属丝材质对水中丝爆的放电过程与产生的冲击波都有明显影响。难熔金属丝电爆炸时电压峰值前沉积能量高，但是大部分用于相变，电压峰值前沉积能量约为原子化焓的 1～1.5 倍，通常不能产生足够强的冲击波；非难熔金属丝电压峰值前沉积能量为原子化焓的 2 倍以上，因此通常能够产生较强的冲击波；第三类金属丝的电爆炸冲击波特性介于上述两类金属。铝、钛、铁等性质较为活泼的金属在电爆炸中与水发生反应，产生强烈的光辐射。

图 6-36 给出了 Cu、Al、W 三种材质金属丝进行水中电爆炸至放电结束的沉积能量、冲击波峰值压力和冲击波能量密度的统计结果。金属丝长度固

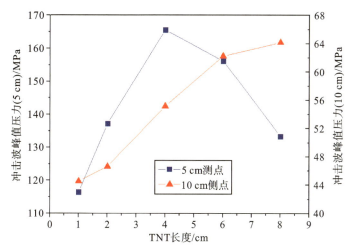

图 6-35　AUTODYN 仿真出的不同长度的 TNT 水中爆炸产生的冲击波峰值压力

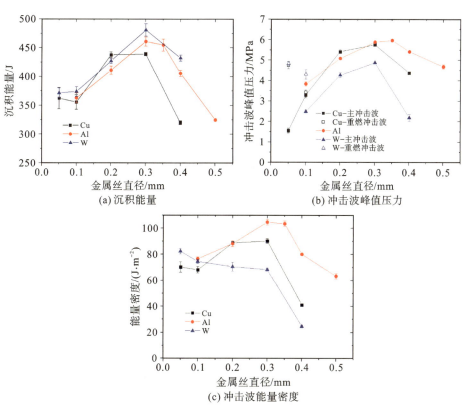

图 6-36　Cu、Al、W 三种材质金属丝水中电爆炸的沉积能量、
冲击波峰值压力和冲击波能量密度（测点位置 30 cm）

定为 4 cm，使用 6 μF 储能电容器，充电电压固定为 13 kV。由图可知，当储能充足时，即当金属丝直径小于等于 0.3 mm 时，材质对总沉积能量的影响不大，低熔点的 Cu、Al 产生的冲击波峰值压力更高，由于 Al 化学性质活泼可以与水反应，Al 丝产生的冲击波具有最高能量密度。在实际应用中，从产生高峰值压力、高能量密度的冲击波的角度而言，宜选择低熔点的、化学性质活泼的金属作为金属丝的材质。

6.2.3.2 回路参数的影响

1. 回路电感

通过在放电回路中插入由漆包线绕制的线圈，可十分便捷地改变回路电感，从而可通过实验方法研究回路电感的影响。为了尽量减小线圈电阻对放电回路的影响，使用较粗的(直径 1.5 mm)漆包线绕制线圈；为防止线圈受到电磁力而变形，将线圈绕制在开有螺纹槽的尼龙棒上，其实物图如图 6-37 所示。插入不同线圈后进行短路实验确定回路参数，在短路实验中采用较低的 7 kV 充电电压，短路电流波形如图 6-38 所示。由图可知，插入电感后，短路电流的峰值降低，周期延长，前 1/4 周期的电流上升率明显降低。通过对短路电流波形进行拟合可以确定回路电感，通过插入线圈，回路电感由原来的 1.55 μH 增大约 60 倍至 90.30 μH。电流上升率由 $0.8 i_p/(t_{90}-t_{10})$ 求出，式中 i_p 为峰值电流，t_{10} 和 t_{90} 分别为电流首次达到 10% 和 90% 峰值电流的时刻。在 7 kV 充电电压下，通过插入线圈，电流上升速率由 3.25 A/ns 下降 60 倍至 0.05 A/ns。由于放电前期电流上升速率与充电电压成正比，其他充电电压下的电流上升速率可以根据此结果计算。短路放电周期由 19.24 μs 增大 $60^{0.5}$ 倍至 148.82 μs。

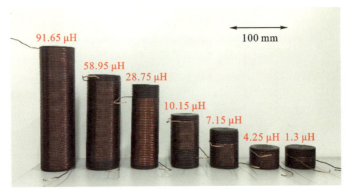

图 6-37 线圈实物图

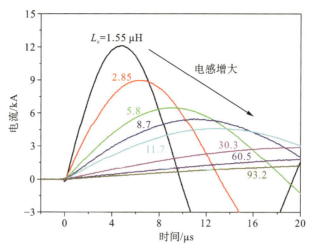

图 6-38 插入线圈后的短路电流波形

使用 0.1~0.3 mm 直径的金属丝在不同电感下进行水中丝爆实验，使用 PCB 探头在距离金属丝 10 cm 处测量到的典型压力波形如图 6-39 所示。

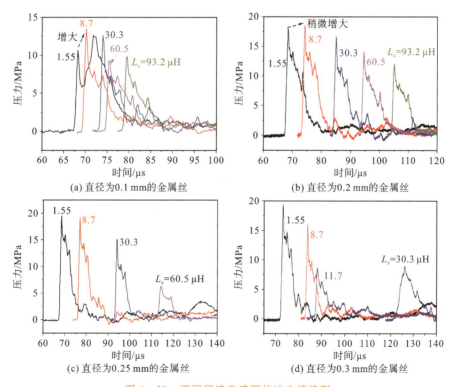

图 6-39 不同回路电感下的冲击波波形

当回路电感由 1.55 μH 增大为 8.7 μH 时，直径为 0.1 mm 的金属丝产生的冲击波峰值压力显著增大，直径为 0.2 mm 的金属丝产生的冲击波峰值压力稍有增大，后文将结合仿真结果对这种违反"直觉"的增大进行解释。当电感继续增大，冲击波峰值压力逐渐降低，回路电感即使增大到 93.2 μH 仍有陡峭的冲击波波前，冲击波峰值压力仍然较高，约为 8.7 μH 下的 70%。整体而言，对于直径为 0.1 mm 和 0.2 mm 的金属丝电爆炸，冲击波峰值压力随着回路电感的增大呈现先增大后减小的趋势，且变化幅度较小。

对于 0.25 mm 和 0.3 mm 金属丝电爆炸，冲击波峰值压力对于电感的变化更为敏感，随着回路电感的增大快速下降。当回路电感增大到 30.3 μH 时，直径为 0.3 mm 的金属丝电爆炸产生的压力波已经没有陡峭的波前，上升沿与下降沿的陡度接近；当回路电感增大到 60.5 μH 时，直径为 0.25 mm 的金属丝电爆炸产生的压力波峰值压力仅为 1.55 μH 下的 25%，压力波的上升沿也已经开始变得缓慢。

对各参数下冲击波峰值压力、波阵面上能量密度、冲量和脉宽进行统计，如图 6-40 所示，图中误差棒表示重复实验（3～5 次）的标准差。图 6-40(a) 表明，随着回路电感的增大，不同金属丝直径下冲击波峰值压力均有小幅增大，之后粗丝快速下降，细丝缓慢下降，粗丝对于回路电感的变化明显更加敏感。在回路电感为 1.55～11.7 μH 的范围内，使用直径为 0.25 mm 的金属丝可以产生最高冲击波峰值压力，即可认为在此范围内 0.25 mm 是最优直径；在回路电感大于 11.7 μH 时，使用直径为 0.2 mm 金属丝可以产生最高冲击波峰值压力，这表明最优直径随着回路电感的增大而降低。在使用最优直径金属丝的前提下，放电实验产生的最高冲击波峰值压力随电感的增大降低并不明显。0.3 mm 金属丝冲击波峰值压力在回路电感由 11.7 μH 增大到 30.3 μH 时仅略微下降，与之前快速下降的趋势不符，这可能是由于在 11.7 μH 之前电流的强制过零将汽化过程中断，而 30.3 μH 下汽化过程已经被全部推迟到第二个半周期，汽化过程没有中断。

图 6-40(b) 给出了不同金属丝直径下冲击波波阵面上能量密度随回路电感的变化。冲击波波阵面上能量密度使用公式（6-35）进行计算。由于能量密度是压力平方的积分，能量密度随回路电感的变化将更加显著。与冲击波峰值压力变化趋势不同的是，除 0.2 mm 实验外，冲击波波阵面上能量密度随着回路电感的增大而降低，未有先增大后减小的趋势，表明此处冲击波峰值压力的增大不是由于能量总量的增加，而是由于能量在时域分布的调整。与冲击波峰值压力变化趋势相近的是，使用粗丝时冲击波能量密度下降更快。在回路电感为 93.2 μH 下的最大能量密度约为回路电感为 1.55 μH 下

的 50%。

图 6-40(c) 给出了冲击波冲量随回路电感的变化。在大部分情况下，冲击波冲量随着回路电感的增大而降低；在回路电感为 93.2 μH 下的最大冲量约为回路电感为 1.55 μH 下的 60%。

图 6-40(d) 给出了冲击波脉宽随回路电感的变化。整体而言，冲击波脉宽随着回路电感的增大并未表现出明确的变化趋势，大部分实验中冲击波脉宽处于 9~17 μs，这表明无法通过延长放电周期的方法延长冲击波脉宽。

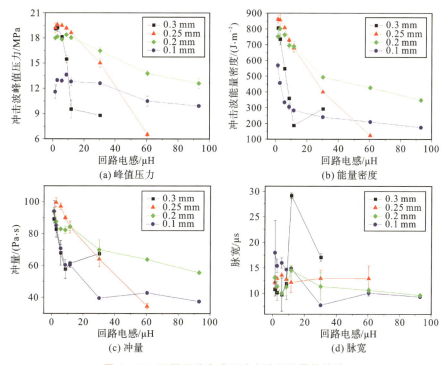

图 6-40 不同回路电感下冲击波特征量的统计

利用零维磁流体模型仿真不同回路电感下冲击波峰值压力的径向演化，以此对冲击波峰值压力的反常增大进行解释。以直径为 0.1 mm 的金属丝为例，利用仿真模型计算出的金属丝内压力演化和冲击波峰值压力径向演化过程如图 6-41 所示。随着回路电感的增大，金属丝内部的峰值压力明显减小，峰值压力对应的金属丝半径增大，这是能量沉积功率降低的表现。在金属丝压力的下降沿，电感增大时金属丝压力下降更慢，导致在某些半径下，金属丝压力反而有所增大。冲击波峰值压力的径向演化过程与金属丝压力随金属丝半径演化过程密切相关，由于金属丝内压力在下降沿的增大，在某些径向范围内冲击波的峰值压力也将增大。如图 6-41(b) 所示，在图中给出的径向范围内，2.85 μH 下的冲击波峰值压力均大于 1.55 μH 下的冲击波峰值压力；在径向距离小于 78 mm 时，30.3 μH 下的冲击波峰值压力仍大于 1.55 μH 下的值。电感增大时金属丝内压力在下降沿的增大是几种因素共同导致的。当金属丝膨胀到相同的半径，金属丝的密度相同，在金属丝具有更大内能时金属丝内的压力更高。一方面，电感增大时金属丝压力的最大值降低，导致金属丝在膨胀时对外做的体积功减少；另一方面，电感增大阻碍了电流的变化，电功率的下降沿变得缓慢，在金属丝内压力的下降沿上可以沉积更多电能。

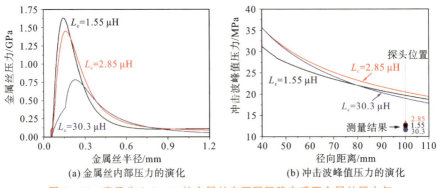

(a) 金属丝内部压力的演化　　(b) 冲击波峰值压力的演化

图 6-41　直径为 0.1 mm 的金属丝在不同回路电感下金属丝压力与冲击波峰值压力演化过程的仿真结果

2. 回路电阻

回路电阻是另一个重要的回路参数，因为回路中将流经大电流，回路电阻的增大将导致消耗在外电路中的能量的增大，沉积在金属丝负载上的能量的减小。利用仿真模型研究了回路电阻对产生冲击波的影响，将回路电阻由 90 mΩ 增大到 500 mΩ，冲击波峰值压力仅减小 3%，冲击波峰值压力对于回路电阻不敏感[38]。

将实验系统中传输脉冲电流的短同轴电缆更换为具有更大电阻和电感的 100 m 长的长电缆，通过实验验证回路电阻和电感对冲击波特性的影响。通过短路实验可获得接入长电缆后回路电感约为 28 μH，回路电阻约为 1 Ω。由图 6-42 可知，使用长电缆时产生的冲击波峰值压力(约 15 MPa)是原实验系统(约 18 MPa)的 83%，是串入线圈后(约 17 MPa)的 88%。另一方面，使用 100 m 长电缆时，0.1 mm 和 0.25 mm 直径金属丝产生的冲击波峰值压力显著降低。因此，在金属丝参数与回路匹配时，冲击波峰值压力对回路电感和电阻不敏感。可借助前文介绍的零维磁流体耦合选择合适的金属丝参数实现放电的匹配。

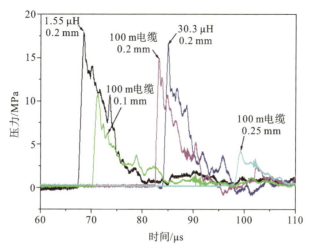

图 6-42 使用 100 m 长电缆传输脉冲电流时产生的冲击波与使用 3 m 短电缆（回路电感约 1.55 μH）和插入线圈（回路电感约 30.3 μH）时产生的冲击波

6.2.3.3 脉冲源参数的影响

对于图 6-1 所示的实验系统，脉冲电源参数主要包括储能电容器的电容 C 和充电电压 U_0。由电路原理可知，电容器储能为 $W_0 = 0.5CU_0^2$，二阶电路的短路放电周期为 $2\pi(LC)^{0.5}$。上述两个脉冲源参数共同决定了电源的原始储能，而电容器电容对放电周期有重要影响。

韩若愚等在固定电容器电容的条件下改变充电电压，研究了不同原始储能下水中丝爆电特性和冲击波特性，指出冲击波峰值压力、能量与电压峰值、沉积能量等电特征量不符合简单关系[39]。他们还同时改变电容器电容（0.4 μF、6 μF、18 μF）和充电电压，在保持电源原始储能一致的条件下，研究放电周期对放电特性和冲击波特性的影响，实验结果表明具有高电流上升速率的快放电可以产生更高的冲击波峰值压力，但是在电压峰值后沉积能量少，导致冲击波衰减时间常数更小；冲击波中能量与放电快慢没有直接关系[40]。

李柳霞等进行了相同储能下不同电容（1 μF、200 μF）的实验，由于小电容器具有更高的内阻（130 mΩ、140 mΩ），当金属丝在爆炸前的初始电阻较小时，更多能量将消耗在电容内阻上而不是金属丝上，造成沉积能量和冲击波峰值压力小于大电容下慢放电情形，这说明当储能比较有限时除了电源的放电快慢外还应该关注电源的内阻[41]。

刘奔等也进行了相同储能不同电容（30 μF、60 μF）的实验，在大部分情况下更快的放电可以产生峰值压力更高的冲击波，但是对于使用更粗丝的情况，即使电源储能是汽化能量的 2 倍以上，较慢放电的沉积能量和产生的冲击波均明显高于较快放电,这说明电源参数和金属丝参数的匹配依旧是重要的[42]。综上,对于相同的金属丝,不一定使用短路周期更小的电源驱动就可以产生峰值压力更大、能量更高的冲击波,金属丝参数与电源参数的匹配等因素也很重要。

利用零维磁流体耦合模型计算出的不同电源参数下 5 cm 测点处的最大冲击波峰值压力总结于图 6-43 中。所谓最大冲击波峰值压力,是指在各种金属丝参数下获得的最大的冲击波峰值压力。固定电源原始储能,最大冲击波峰值压力随着电容的增大呈现先增大后减小的趋势,最快放电(最高电流上升速率)并不一定产生最高的冲击波峰值压力。

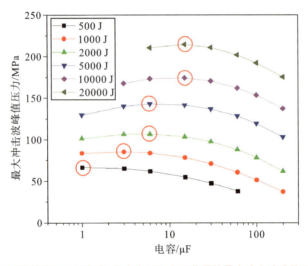

图 6-43 相同原始储能下不同电容-充电电压组合可获得的最大冲击波峰值压力的仿真结果

以电源原始储能 2000 J 为例对上述趋势进行解释。图 6-44 给出了使用 1 μF、6 μF、200 μF 电容器三种条件下仿真模型计算的金属丝压力演化过程和冲击波峰值压力衰减过程。使用 1 μF 小容值电容器的快速放电电流上升速率高,能量沉积速率快,金属丝可以达到更高的峰值压力。使用 6 μF 电容器时电流上升速率和能量沉积速率有所下降,金属丝压力的峰值大幅降低,但是金属丝压力衰减速度也降低,在较大的径向距离处金属丝压力可超过使用 1 μF 电容器的情形。使用 200 μF 大容值电容器时,电流上升速率和能量沉积速率过低,金属丝压力始终远低于上述两种放电。由于 6 μF 放电中金属丝在半径大于 1.2 mm 时具有更高压力,产生的冲击波在径向距离大于 13.5 mm 时具有更高的峰值压力。

图 6-43 中的仿真结果表明在使用合适金属丝参数的前提下,电容器电

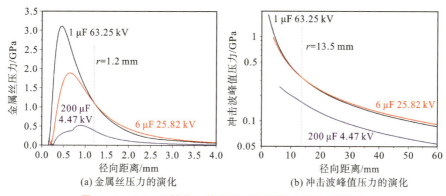

(a) 金属丝压力的演化　　(b) 冲击波峰值压力的演化

图 6-44　2000 J 储能下使用不同电容器时金属丝压力和冲击波峰值压力演化过程的仿真结果

容值（或放电周期、电流上升速率）对于冲击波峰值压力的影响有限。同样以电源原始储能 2000 J 为例，在使用 6 μF 电容器时可以获得该储能等级下最大冲击波峰值压力 107.03 MPa，在使用 1～30 μF 电容器时可以达到该最大峰值压力的 90% 以上，在使用 60 μF 电容器时可以达到该最大峰值压力的 80% 以上。伴随电容值变化一同改变的是充电电压，在使用 6 μF 电容器时需要 25.82 kV，但是在使用 60 μF 电容器时仅需要 8.16 kV。在工程应用中，可以根据实际需要适当增大电容器电容值，在不大幅降低冲击波峰值压力的前提下，大幅降低充电电压，从而降低系统的绝缘要求，实现系统的小型化。

6.2.3.4　水介质参数的影响

在一些实际应用中，如在深井下水中或海水中进行金属丝电爆炸时，水介质的电导率、温度与实验室中使用的去离子水或普通自来水有较大差异，同时由于作业深度的增加，水介质静压力可达数十兆帕，远高于一般浅水实验中约等于一个大气压的环境压力，因此需要对静压力、电导率、温度等水介质参数对放电过程及产生的冲击波的影响展开研究。

1. 水介质静压力

韩若愚通过实验方法研究了 0.1～0.9 MPa 范围内水静压力对于电爆炸过程和冲击波特性的影响，结果表明随着静水压力的提高冲击波峰值压力有微小上升，他认为在上述范围内静水压对冲击波峰值压力影响不大的原因是相爆过程中金属丝内压力达吉帕级，受环境压力的影响小[13]。乌克兰科学院 Smirnov（斯米尔诺夫）等在静压力为 0.1～20 MPa 范围内进行了水中丝爆实验，结果表明静压力对冲击波超压（峰值压力与静压力之差）的影响很小[44]。

通过实验研究水介质静压力的影响需要设计专门的可加压水腔,在承受很高压力差的同时还要为冲击波测量信号线留通路,根据需要设置光学窗口,实现起来难度大,在进行高静压力的实验时还存在一定危险性。利用仿真模型研究静压力的影响是另一条途径,本节建立的零维磁流体耦合模型中使用了水的 Tait 物态方程,其在压力小于 8 GPa 时成立,因此可以使用该仿真模型对不同静压力下的水中放电进行仿真,仅需根据下式重新设置水介质密度的初值:

$$\rho_{hs} = \rho_{w0} \left[\frac{(p_{hs} - p_0)}{A} + 1 \right]^{\frac{1}{\gamma_w}} \quad (6-38)$$

式中:p_{hs} 为水介质静压力;ρ_{hs} 为静压力等于 p_{hs} 时水的密度。

图 6-45 给出了仿真模型计算出的 5 cm 处冲击波超压(冲击波峰值压力与静压力之差)随静压力变化的结果,由图可知,冲击波超压受静压力大小的影响并不明显,当静压力在 0.1~10 MPa 范围内变化时,冲击波超压几乎不会改变。因此,在很宽的径向距离和静压力范围内,高静压力下的冲击波峰值压力可以用以下公式近似:

$$p_{p2} = p_{p1} + \Delta p_{hs} \quad (6-39)$$

式中:Δp_{hs} 为静压力之差;p_{p1} 和 p_{p2} 分别为两个静压力下冲击波峰值压力。仿真结果表明,对于 5 cm 测点,在 0.1~10 MPa 范围内,上式误差小于 1%;当静压力增大到 100 MPa,误差约为 8%。

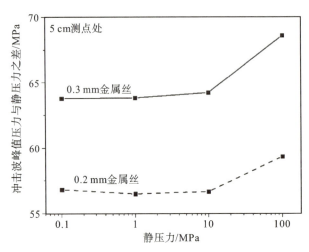

图 6-45　不同水介质静压力下 5 cm 测点处冲击波峰值压力与对应静压力之差

2. 水介质电导率

中国石油大学刘奔等通过实验研究了水介质电导率对放电过程及产生的

冲击波的影响，他们在 500 μS/cm 和 10000 μS/cm 两种水介质电导率下进行水中金属丝爆，发现高电导率下金属丝两端峰值电压显著下降，冲击波峰值压力也降低。他们认为在高电导率下水介质的分流效应不可忽略，有一部分电能沉积在水介质中导致冲击波峰值压力的降低[42]。韩若愚在 184~11000 μS/cm 范围内多种电导率下进行水中丝爆实验，发现汽化冲击波随着电导率的升高有先增大后减小的趋势，大约在 3000 μS/cm 处到达最大值，他认为这可能是因为电导率的增大抑制了击穿的发生，使相爆后有更长时间进行能量沉积。他还发现匹配模式下水介质电导率对放电过程和冲击波峰值压力的影响最小，在具有高电导率的水介质中应用金属丝电爆炸产生冲击波时，仍应使金属丝参数与电源参数匹配从而工作在匹配模式下。

3. 水介质温度

刘奔等还研究了 25~75 ℃ 范围内水温对放电过程和产生的冲击波的影响，整体而言，在高温水介质中电爆炸阻性电压峰值更高，沉积能量更高，但是冲击波峰值压力却有明显下降。他们推测这是由于水温升高后水的热导率提高，在放电过程中有更多能量通过热传导传递到水中，同时他们也认为水介质温度对冲击波产生影响的确切机制还需要研究[42]。韩若愚也对水温的影响展开研究，其结果表明在 20~50 ℃ 范围内，水温对直接击穿和匹配模式下的放电波形、冲击波峰值压力、光辐射几乎没有影响[43]，这与刘奔等的实验结果有所矛盾。根据前人理论估计，微秒尺度的水中金属丝电爆炸中由于热传导造成的金属丝向水介质的能量传递十分微小，在水中金属丝电爆炸的各种数学模型中均未对这一过程进行考虑，且在上述温度范围内，水的压缩性也几乎没有改变，对金属丝膨胀过程也不会产生影响，因此推测水温对放电过程及产生冲击波的影响应该不明显。总体而言水介质温度对水中金属丝电爆炸过程及冲击波特性的影响还需要进一步研究。

6.2.3.5 不同径向位置冲击波峰值压力增强思路

将水域按照与金属丝（直径 d、长度 l）的径向距离 D 大致划分为以下四个区域。

1. A 临近区（$D \leqslant 10d$）

冲击波正在形成，区域内水压力的高低主要由金属丝内部压力的峰值决定。

2. B 柱面波区（$10d < D \leqslant l$）

区域内冲击波峰值压力由金属丝压力下降沿上的值决定，受金属丝峰值压力和金属丝压力衰减速率共同影响。

3. C 过渡区（$l < D \leqslant 10l$）

由金属丝压力下降沿上的值和由柱面波向球面波过渡程度共同决定。

4. D 球面波区（$D > 10l$）

增大金属丝长度可使近处的球面波区变为过渡区，因此在一定范围内仍受柱-球面波演化的影响。

通过提高电流上升速率等方法提高能量沉积比功率可提高金属丝峰值压力，进而提高 A 区-B 区的冲击波峰值压力；通过匹配金属丝直径、增大系统储能等方法可降低金属丝压力衰减速率，从而提高 B 区-C 区的冲击波峰值压力。在 C 区-D 区需考虑冲击波由柱面波向球面波的演化，在总沉积能量不显著降低的前提下增大金属丝长度可以获得更高冲击波峰值压力。C 区的冲击波峰值压力对电流上升速率和放电周期不敏感，在一定范围内选择大回路电感和电容器电容不会造成冲击波峰值压力的显著降低。

6.2.4 丝爆冲击波的应用

6.2.4.1 与其他水中冲击波源的比较

除了水中金属丝电爆炸外，还有其他水中冲击波的产生方法。在对丝爆冲击波应用进行介绍之前，首先对各种冲击波产生方法进行比较。水下炸药爆炸是最传统的水中冲击波产生方法，由于其具有很强的军事应用背景，研究人员在 20 世纪 40 至 50 年代对水中炸药爆炸展开了大量研究，对其冲击波特性已经有了比较充分的掌握。水下炸药爆炸产生的冲击波主要与炸药装药量和炸药种类有关，通过改变这两个参数可以在很大范围内调节产生的冲击波的强度。炸药在生产、运输、储存、使用等环节都具有危险性，国家对于炸药的管理也较为严格，这些因素制约了炸药的应用范围。此外，使用炸药也不易产生重复频率冲击波。

水间隙之间的电弧放电也可以产生水中冲击波。这种水中高电压脉冲放电产生强声辐射的效应最早由苏联科学家 Yutkin（尤特金）发现并命名为液电效应。水中金属丝电爆炸可以看作用金属丝连接两个电极实现电弧引燃的一种特殊的水中电弧放电。实际上，微米级直径的细金属丝常被实现水间隙（气体间隙）的电弧放电。依据电弧的形态及流注，水中电弧放电可被分为具有刷状流注的亚声速模式和具丝状流注的超声速模式[45-47]。电极间施加的电压的高低是决定击穿模式的关键因素。在电压被施加到水间隙后，形成流注需要数十微秒的时间，这段时间被称为预击穿阶段。较高比例（高达 60%）[45] 储存在电源中的能量在预击穿阶段已经被消耗，造成水中间隙击穿的能量转换效率偏低，沉积到放电通道中的能量低于匹配模式下水中丝爆沉积能量的20%。由于击穿的随机性，预击穿阶段的持续时间存在波动，造成击穿时刻电容器中剩余能量存在波动，产生的冲击波峰值压力存在波动。由于击穿后放电通道电阻很快下降，放电通道能量沉积功率和产生的冲击波峰值压力较低，而在水中金属丝电爆炸中，汽化后金属丝电阻迅速升高，放电通道能量沉积功率和产生的冲击波峰值压力更高。水中金属丝电爆炸中，在放电开始前电极与通过低阻的金属丝相连，放电电流主要从金属丝流过，因此对水介质的参数要求不高，在高电导率、高温、高静压力的恶劣环境中也可以进行稳定放电，水间隙电弧放电不具备这种优势。综上所述，水中金属丝电爆炸作为冲击波源在放电可靠性、冲击波可重复性、效率、冲击波强度方面具有优势。水间隙电弧放电的主要优势是可以方便地以重复频率工作。

水中电晕放电也是一种产生水中声波脉冲的方式，一般发生在水介质具有较高电导、电极间电压较低、放电幅值较低的情况下。等离子体放电仅在电极尖端发生，用高电导的水作电流通路，不需要像水中金属丝电爆炸和电弧放电一样采用距离接近的电极对，高低压电极间可以间隔长距离，采用大量的高压电极组成阵列来提高水中声波脉冲的强度。因为放电电流幅值较低，电极烧蚀比较轻，使用寿命较长。产生的冲击波弱于电弧放电产生的冲击波，但是重复性优于后者，已经被广泛应用于海洋地震勘探中[48-51]。电晕放电难以在具有高静水压力的深海进行[52]，限制了这种水下脉冲声波源的应用范围。

为了在金属丝电爆炸法的基础上进一步增强产生的冲击波，西安交通大学张永民等提出在金属丝外包覆含能材料形成复合负载，被爆炸丝引燃的含能材料的释能加强了冲击波[53-56]。在原始储能为 500 J 的条件下，在金属丝外包覆 5 g 的含能材料（铝粉、硝酸铵、高氯酸铵的混合物，质量比为 1∶2∶2）时冲击波能量增大了 525%[57]。刘巧珺等发现在金属丝外包覆硝酸铵后产生的冲击波峰值压力几乎不改变，所以冲击波峰值压力主要是由电爆炸过程决定的，含能材料的燃烧主要延长了冲击波脉宽，从而增大冲击波冲量和能量[58]。爆炸丝产生的冲击波和辐射被认为是引燃含能材料的主导因素[59]。在产生重复频率冲击波时，需要设计储存和运送含能符合负载的装置。三类典型的基于脉冲功率方法的水下冲击波源负载设计原理如图 6-46 所示。

上述各种水下冲击波源优势和劣势的比较列于表 6-1 中。

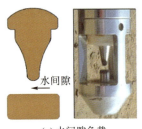    

(a) 水间隙负载　　　　(b) 金属丝负载　　　　(c) 含能弹负载

图 6-46　三种基于脉冲功率方法的水下冲击波源的负载设计

表 6-1　金属丝电爆炸法与其他水中冲击波产生方法的比较

方法名称	优势	劣势
炸药爆炸	冲击波参数可调范围宽；对冲击波特性的掌握较充分	炸药运输、保存等环节危险性高，难以产生重复频率的冲击波
水中电弧放电	可产生重复频率的冲击波	冲击波的分散性大，易受水介质参数的影响，击穿可靠性差，能量转换效率低
水中电晕放电	可以重复频率运行；可以使用电极阵列；电极烧蚀程度低	容易受到水介质参数的影响；难以在深水（高水压）处产生声波
金属丝电爆炸	能量转换效率高，受水介质参数影响小，可在恶劣环境下工作	为了产生重复频率冲击波需要设计可靠的送丝机构
爆炸丝引燃含能材料	在金属丝电爆炸的基础上进一步增大冲击波冲量和能量	需要设计含能弹，及储存和运送含能弹的装置

6.2.4.2　化石能源开发

在石油开采领域，水中冲击波已经在实际生产中取得了一定的应用效果，利用井下金属丝电爆炸产生的冲击波实现射孔解堵、降低石油黏度、提高流动性等。俄罗斯 Novas Energy 公司研制了一种用于石油竖直井的冲击波发生器，利用金属丝电爆炸产生冲击波，其放电通道最高压力约 550 MPa，产生的含有丰富频率成分的冲击波与储层相互作用后可在射孔附近和远距离储层中引发共振，使储层产生微裂缝提高渗透率，疏通被沉积物堵塞的渗流通道，降低原油黏度，增加储层内碳氢化合物的流动性以提高油井产能。设备单次下井可放电 2000 发，取决于携带金属丝的总长度。该公司利用这种冲击波发生器已经在俄罗斯多个油田进行了辅助增产试验,使石油日产量提高52%～700%,且增产效果可以维持数月以上。

除了应用于石油开采,目前研究也致力于将冲击波致裂技术应用于煤层气、页岩油气等非常规油气资源的开采[60-61]。非常规油气资源赋存于低渗透率的致密页岩储层或煤储层中,对其进行开采的效率和经济性很大程度上依赖于储层致裂技术,即在储层中制造大范围延伸的裂缝系统。传统的水力压裂法存在用水量大、环境污染等问题,动力学压裂方法作为一种潜在的水力压裂的替代或者辅助方法受到广泛关注。目前研究人员正在研究冲击波与储层的相互作用,针对非常规油气资源开发可适应井下恶劣环境、具有高可靠性、可适用于水平井的设备。未来可控冲击波储层改造技术可与静压裂措施复合形成新的储层改造工艺。

华中科技大学研究人员研究了重复冲击波对水泥块的影响。冲击波对水泥块的作用分为三个区域,分别是破碎区、破裂区和弹性区。三种区域的分布受电源储能和冲击波作用次数的影响。使用颗粒流程序(Particle Flow Code, PFC)对水泥块中的微孔隙形成过程和形态分布进行了仿真[62-63]。西安交通大学研究人员研究了冲击波对页岩的破碎效应,通过荧光示踪等方法确认页岩产生了大量细胞状多裂纹和渗透裂纹[64]。澳大利亚昆士兰大学研究人员使用水间隙电弧放电促进煤层气的收采,将煤样的渗透率从小于5纳达西(nano-Darcy)提升几个数量级至(0.6 ± 0.11)微达西(micro-Darcy),已存在的裂缝在冲击波作用下将延伸和加宽,新的裂纹更容易在内应力较小的与层面平行的方向发展[65-66]。

井下使用的冲击波源的工作环境具有高温(>100 ℃)和高静压力(数十兆帕)的特点,对冲击波源的可靠性和稳定性构成严重的威胁和挑战,提高冲击波源在严峻环境中的可靠性和稳定性是目前研究人员正在攻克的难题。使用金属丝电爆炸产生重频冲击波需要设计送丝机构,Novas Energy公司设计了一种用于反复加载导线的电磁送丝机构[67],该机构利用电磁铁的直线往复运动作为机构,进行推拉送丝,它的优点是不需要电机驱动,没有旋转运动,结构简单,适合狭窄的地下环境。清华大学李柳霞提出了另一种方法[68],将导线与绝缘导线平行连接,爆炸后保留绝缘导线,将下一根导线拉入放电区;利用储存在平面螺旋弹簧中的机械能作为动力源,不需要电源或复杂的电子电路控制系统。

油气资源是国家的工业经济命脉,我国油气对外依存度高达70%以上,能源安全形势十分严峻。中低成熟度页岩油是未来我国油气资源开发主战场,其可采量达到135亿吨。水力压裂是目前较为成熟的静力学储层致裂技术，其通过"静水"由地面向储层传递压力，可实现大范围裂纹扩展，但存在巨量水资源消耗、潜在环境污染与地质灾害风险等问题。基于水中冲击波的动力学致裂技术有望成为水力压裂的辅助或替代技术，其通过井筒中液体实现强冲击与储层的耦合，与水力压裂相比大大减少了水资源消耗，同时动力学方法产生的裂纹不受最小地应力方向的影响，裂缝复杂度高，且剪切失效产生的裂缝具有自支撑的优点。

动力学致裂的典型手段是化学爆破法，其利用炸药爆炸或爆燃产生的高压破碎目标岩石，但这种方法在工程应用中存在安全性低、可控性差、难以重复作用等问题。脉冲放电同样能够产生高加载速率载荷，其通过液电效应、水中金属丝电爆炸等方式将电能转化为机械能以达到致裂岩石的效果，具备可控、安全、重复性好等优点。但是，这种方式受到脉冲电容器储能及能量转化效率（<20%）的限制，当装置体积受制于复杂、狭小的工作环境（井下、矿洞、隧道等）时无法产生足够能量的冲击波，严重制约了其在油气资源开采中的进一步发展与应用。

基于这种背景，西安交通大学研究人员提出利用金属丝电爆炸驱动低感度含能材料产生可控强冲击波的思路，并将其应用于油气开采等领域。这种技术基于一种新型含能负载结构，即在金属丝外包裹含能材料，利用丝爆产生的高温金属蒸气、等离子体、强辐射、冲击波等引燃含能材料。得益于更高的丝爆储能，所用含能材料可替代为低感度含能材料，避免了高感度炸药的安全隐患；并且含能材料爆燃（或爆轰）产生的冲击波耦合丝爆冲击波能够提升负载单次所能产生的冲击波能量，突破了工作环境对电储能体积的限制。目前，邱爱慈院士团队已开发丝爆驱动低感度含能材料产生可控强冲击波的相关装置，并且将其应用到页岩储层改造中，取得了较好的工程实践结果。本节将从可控冲击波装置及其运行方式、实验室物模测试和实际工程应用三方面展开介绍。

1. 可控冲击波装置及其运行方式

典型的基于脉冲放电的冲击波装置通常由脉冲发生器和负载部分组成，若水中冲击波由水中丝爆或复合负载爆炸产生，则装置需要安装配套的负载馈送装置。邱爱慈院士团队开发的丝爆驱动低感度含能材料产生可控冲击波的装置结构如图6-47(a)所示。负载馈送装置单次下井可携带的复合负载数量约为100个，比水中丝爆冲击波装置大约低一个数量级。可控冲击波装置在垂直井中的运行方式如图6-47(b)所示，装置可以通过重力沿井筒下沉并定位在射孔旁边，并通过电缆连接到地面控制装置和电源。对于水平井来说，其运行方式如图 6-47(c)所示。连续油管被用于将装置推送到加热井目标作业位置，随后可控冲击波装置致裂储层。当达到致裂目标后，在加热井中对储层进行原位加热，提升页岩油流动性，最后抽油机经生产井将页岩油抽至地面，实现中低渗油气资源的有效动用。在某些情况下，装置可移除供电电缆并使用内部电源进行供电。可控冲击波装置在运行过程中会遇到非常恶劣的环境，其中最脆弱的部件之一是隔离爆炸窗口和脉冲电源的高压绝缘子，因为其暴露在高静水压力、强冲击、高温和复杂流体介质中。目前作业结果表明，在温度相对较低的井中（如煤层气井），超高分子量聚乙烯表现出令人满意的性能。

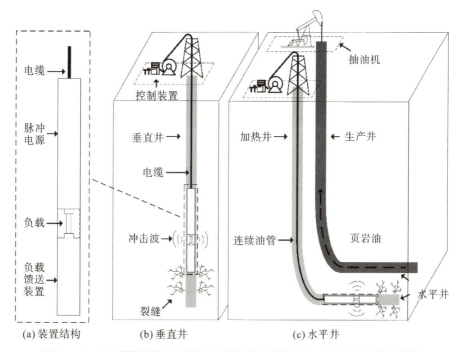

图 6-47　SW 装置结构和可控冲击波装备在垂直井与水平井的运行示意图

可控冲击波装置的工作流程包括以下关键事件。

（1）复合负载提前安装在电极之间，并将装置部署到目标位置。

（2）装置由地面控制单元通过信号线启动；在某些情况下，装置可设置为部署完成后的一定时间开始运行，或者可以从地面通过井筒中的液体介质传输冲击波来完成装置激活。

（3）储存在电容器中的能量通过开关注入负载，开关可以是机械开关，也可以是自击穿火花间隙。

(4)冲击波在装置上产生振动,并被负载馈送装置中的振动传感器拾取,馈送装置工作将下一个负载推到电极之间;在某些情况下,也可以使用罗氏线圈来检测前一发负载的爆炸。

通常,随着冲击波向外传播,波阵面会不断扩大并伴随能量耗散,冲击波在地层中传播时会不断衰减。对于负载周围的近井筒区域,冲击波幅度超过了储层的抗压强度并形成了破碎带。在更远距离处,由于在不连续界面或缺陷处的冲击波折反射引起地层的拉伸和剪切破坏,可能会产生复杂的裂缝网络。随着传播距离的进一步增加,冲击波衰减成高强度声波或地震波,这导致分子在其共振频率上振荡,有助于降低其表面张力,并将较大的小球破碎成较小的小球来增加油的流动性。对于已长期生产的油井,冲击波可将射孔带的堵塞沉积物清除,实现疏通的功能。

基于脉冲功率的冲击波产生技术的另一个重要优点是,由于复合负载产生冲击波的可重复性和可控性,它可以对储层进行精细改造。一方面,通过反复施加冲击波,储层因压裂和疲劳导致力学性能下降,并且由于裂缝发展、流体流动性增强等作用,油藏渗流性能得到改善。另一方面,冲击波强度可以保持在井筒破坏阈值以下,消除了作业过程对井筒和地层的不利影响。

2. 实验室物模测试

尽管基于脉冲放电的可控冲击波对油气增产的作用已得到证实,但是冲击波参数(峰值压力、冲量密度、能量密度、脉宽等)与储层改造效果间的关系仍不清楚。因此,有必要在实验室开展已知参数的物模实验,确定储层改造的最优冲击波参数,提升储层改造效果。周海滨等[56]比较了水间隙放电、水中丝爆以及复合负载对煤矿立方体试样的压裂性能,如图 6-48 所示。在电容器储能相同的情况下,复合负载仅需 8 次即可在煤立方体试样表面形成明显的裂缝,远低于水间隙放电的 200 次和水中丝爆的 50 次。除了更高的压裂效率外,复合负载在煤矿立方体试样表面产生的裂缝质量更高,包括更多的裂缝数量和更大的裂缝开度。

刘巧珏等[64]将复合负载产生的冲击波作用到三轴应力下的页岩样品上,以模拟真实地应力环境下的储层状态。冲击波作用后,页岩样品表面出现大量胞状多条裂缝,如图 6-49 所示。进一步基于荧光示踪法与样品剖面证实了穿透性裂缝的存在。实验结果表明,复合负载冲击波能够在真实地应力环境下的页岩储层中形成复杂的裂缝网络。

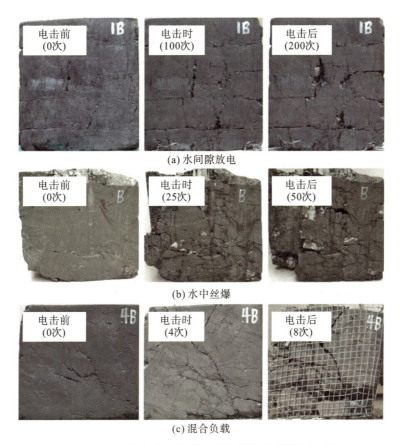

图 6-48 不同负载对煤矿立方体试样的压裂性能对比

3. 油气开采相关应用

苏联是将冲击波技术用于油田增产的先驱。据 2007 年俄罗斯《工业消息报》的统计,俄罗斯采用重复脉冲强冲击波增产措施的有效率为 87.5%,单井平均增产 5.1 t/d,平均有效期为 7.2 m,增产原油 522 t。由于装置储能较小,且我国储层的物性较差,该技术引进后除了初期试用外,后期再无应用。

2014 年以来,张永民等将复合负载运用到了储层增产的工程应用中。对于注水井,复合负载的冲击波增透作业可用于降低注水压力。根据现场测试结果,15 口井经处理后有 14 口的注入压力大大降低。对于生产井,冲击波处理可用于提高储层渗透率。三口薄夹层生产井的测试结果表明,在传统油气增产方法不适用的情况下,可控冲击波增透作业可使其产量提升 100% 以上。

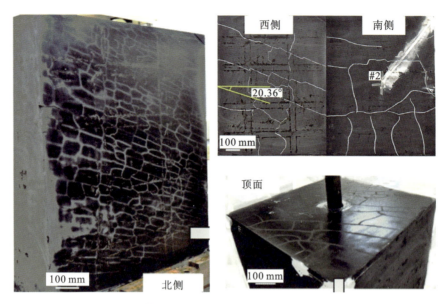

图 6-49 三轴应力环境下页岩样品受冲击后的裂缝情况

可控冲击波增透作业在煤层气的提取中同样有效。在煤层厚度为 3 m、甲烷含量为 10.99 m³/t 的矿井中，增透作业使得瓦斯产量从 500 m³/d 增加到 4000 m³/d，作业使产量增长了 8 倍。作业一个月后，总甲烷提取率达到 32.8%（375875 m³ 中抽取 123363 m³）。一般来说，冲击波增透作业能够大大提高煤层的渗透性。统计结果表明，对于渗透率低于 0.17 m²/(MPa²·d) 的软、硬煤层，作业可使渗透率提高 10 倍以上。尤其是硬煤层，多口井渗透率进入易采范围[＞10 m²/(MPa²·d)]。

在页岩油气井中，在水力压裂前进行可控冲击波增透作业可以大大降低页岩地层的破裂压力。如延川南部一口致密砂岩页岩气井经增透作业后，破裂压力从 42 MPa 下降 3 倍至 14 MPa。冲击波增透作业还可与水力压裂结合作用，即在油井加压的同时进行冲击波作业，在这种情况下水力压裂机施加的静压力可以抵消一部分地层中的地应力，有利于冲击波增透作业；同时增透作业也可以产生更复杂的初始裂缝来提高水力压裂的效果。

可控冲击波的储层有效改造范围可以使用声波测井技术进行评估。具体而言，页岩油井每次增透作业后进行声波测井，可以评估轴向和径向的裂缝范围。结果表明，随着作业次数的增加，反射声波幅度减小，表明储层裂缝范围扩大。经过 30 次作业，冲击波引起的径向断裂范围达到 20 m。

6.2.4.3 金属成形

利用水中放电产生的强冲击波推动金属板料或者管材发生塑性变形的成形制造技术统称为液电成形(electro – hydraulic forming,部分文献也翻译为电液成形)。液电成形最早由苏联科学家 Yutkin 于 20 世纪 50 年代提出,随后几十年间,研究人员针对液电成形的理论计算与工艺参数优化开展了大量研究工作,但是由于高压储能设备、电路控制技术、密封方法等发展滞后,限制了液电成形的工业应用。近年来,随着轻质合金、钛合金、先进高强度钢等高强度难变形材料在航空航天、交通运输领域的大规模应用,液电成形等高速率成形技术由于具有零件成形精度高、表面质量好、可提高材料成形性等优点而重新受到人们的关注[69]。高速率成形主要包括爆炸成形、电磁成形和液电成形三种。相对而言,爆炸成形过程安全性较差、不可控因素较多,难以精确控制工件的变形量;电磁成形中工件的变形区需与线圈尽量接近以保证能量转换效率,同时电磁成形只能加工具有加高电导率的材料;液电成形对被加工材料的电磁属性没有要求,能量利用率较高,可用于大构件(数平米面积)的加工,具有独特优势。

液电成形装置的原理示意图如图 6-50 所示。放电等离子体迅速膨胀产生的冲击波推动金属板料或管材发生塑性形变,在模具的约束下形成特定的形状。液电成形中冲击波产生方式有两种,一种是电极间没有金属丝时液体介质的击穿放电,另一种是电极间安装了金属丝的金属丝电爆炸。与前者相比,水中金属丝电爆炸放电过程稳定,重复性强,能量转换效率高,且可通过金属丝初始位置的设置控制放电通道形状,得到合理的冲击波形状和压力分布,因而大部分液电成形中都使用了金属丝。

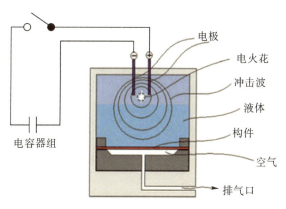

图 6-50 液电成形装置示意图[70]

研究人员已经基于液电成形技术开发出不同的加工工艺。图 6-51 展示了利用液电成形法实现的对金属管件和金属薄片的冲压成形以及对于金属板材的冲裁的结果。对于成形面积大、局部变形复杂等加工条件，单步液电成形较难满足尺寸和形状精度要求，有学者提出采用两步法进行成形加工，第一步可以先使用传统的准静态成形方法进行预成形，最后再使用液电成形方法进行终成形。

(a) 不同充电电压下初始直径为50 mm的铝管成形[71]

(b) 对高强度钢板的冲裁[72]

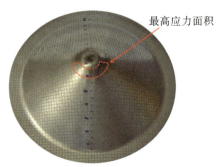

(c) 对金属薄板的成形[73]

图 6-51 液电成形加工结果示例

目前，美国福特汽车公司、西北太平洋国家实验室、哈尔滨工业大学、韩国国立釜山大学等单位正围绕下列问题展开研究：不同材料成形性，应变速率、应变路径对成形性的影响，两步法提高材料成形性实验研究，变形过程数值模拟等[73-76]。随着液电成形理论研究的深入与工艺参数的进一步优化，该技术将在难变形材料的特种成形领域发挥重要作用。

6.2.4.4 产生极端状态水

圆柱形或者球形丝阵负载的水中电爆炸可以在丝阵内部产生汇聚冲击波，在汇聚中心获得具有极高压力、密度、温度的极端状态的水[77]。

以色列理工学院研究人员较早开始水中柱形丝阵电爆炸的研究。在前沿为百纳秒、峰值小于 500 kA 电流的驱动下，柱形丝阵负载获得 4～6.2 kJ 沉积能量，数值计算结果表明冲击波在距离轴线 2.5 μm 时峰值压力约为 430 GPa，冲击波峰值压力大于 100 GPa 的持续时间约为 7 ns。然而由光谱测得的温度约为 4200 K，远低于数值计算的结果(约为 2.2 eV)，其差异可能是低电离度等离子的不透明度造成的。

英国帝国理工学院 Bland(布兰德)等[98]利用 MACH 脉冲源开展了微秒尺度、峰值大于 500 kA 电流下的水中柱形丝阵研究，首次拍摄到冲击波前沿汇聚至距离轴线 0.25 mm 内的阴影图像，证明了冲击波汇聚过程的稳定性。流体模拟结果表明在距离轴线 10 μm 处，水的压力超过 100 GPa，密度为 3 g/m³，温度为数千开。

为了在汇聚中心获得更高压力，以色列理工学院 Antonov(安东诺夫)等提出采用球形丝阵产生汇聚冲击波。在微秒级电流驱动下，结合实验结果利用数值模拟方法计算出在距离汇聚中心 12 μm 处，冲击波峰值压力可达 6.6 TPa，温度达 17 eV，压缩比为 9[78]。

此外，Gurovich(古罗维奇)等还通过理论计算，提出可以利用水中平面丝阵产生的平面压缩水流对材料进行准等熵压缩。计算结果表明，在总放电电流峰值约 500 kA 的条件下，可在铜靶材内部获得约 200 GPa 高压，密度压缩至 14 g/cm³，但是温度不超过 2000 K，比冲击波压缩时温度小 2.1 倍。为了产生没有间断面的压缩水流，本书认为应使放电处于过阻尼态以延长金属丝汽化过程，同时推荐使用钨丝等高熔点金属丝[79]。

6.2.4.5 其他应用

日本熊本大学研究人员探索利用水中丝爆产生的冲击波破碎大型混凝土块，指出冲击波峰值压力和持续时间是影响混凝土块破碎效果的两个重要因素[80]。

哈尔滨理工大学张春喜初步探索了水中金属丝电爆炸的推进效应，为了使水介质在爆炸等离子的推动下能够定向运动，采用了机械约束和磁约束方法，并设计了独特的放电室和电极结构[81]。

冲击波体外碎石是液电效应的典型应用之一[82]。体外冲击波碎石是治疗泌尿系统结石的有效方法，自20世纪80年代体外冲击波碎石专用设备问世以来，已经成功开展了数百万例治疗。水中金属丝电爆炸法产生冲击波具有更高的能量转换效率，产生相同强度的冲击波所需的储能更小，未来可开发基于水中金属丝爆的体外碎石设备，实现设备的小型化。

基于水中大电流放电的等离子震源已应用于海洋或者陆地地质勘探[83]。目前此类设备中不使用金属丝连接高低压电极，而是利用水中电弧放电或者电晕放电产生冲击波，虽然省去了较为复杂的送丝机构，但是也造成能量转换效率较低、冲击波重复性较差、受水介质参数影响等较明显的问题。未来可尝试开发基于水中金属丝爆炸法的震源。

6.3 物态方程及输运参数测量

温密物质通常指粒子数密度在 $10^{22} \sim 10^{25}/cm^3$，温度在 $0.1 \sim 100$ eV 范围内的部分简并、强耦合的非理想等离子体[84]，对于惯性约束聚变、天体物理等有重要的科学意义，因为它是上述过程物质存在和发展必然要经历的状态。对温密物质的理论描述非常困难，因为它既不能用经典的等离子体理论，也不能用固态微扰理论进行准确描述。通过实验方法产生并对其进行诊断，获取其物性参数，服务相关工程应用或推动理论研究发展，具有重要意义。

金属丝电爆炸是产生温密物质的常见方法。美国马里兰大学 DeSilva（德席尔瓦）等首先在玻璃管中进行金属丝电爆炸，测量了较高密度下处于温密状态的 Cu 的电导率数据；后为了获得更低密度下的数据，同时提高密度测量的准确性，改为使用水作为约束介质[5]。

他们由水中金属丝电爆炸获得电导率数据的方法为，测量放电过程的放电电流 I、金属丝两端阻性电压 V_R 波形，获得金属丝电阻随时间的变化；金属丝半径、温度和密度由电能沉积波形、金属的物态方程（Equation of State，EOS）结合流体模型计算得出，物态方程采用美国桑迪亚国家实验室建立的 SESAME 数据，假设电爆炸过程中金属丝内部状态参数均匀分布，在 5 ns 的时间步内，首先由 SESAME 数据获得输入电能 $V_R I \Delta t$ 后金属丝在体积不变的条件下压力的提高，将新压力输入流体模型计算金属丝在此时间步内绝热膨胀后的新半径与新密度，再根据新密度及 SESAME 数据获得时间步结束时新的温度。在上述计算中，假设金属丝在每时间步内先经历了等体积的能量沉积，再经历绝热膨胀。由金属丝电阻、半径随时间的变化及已知的金属丝长度，容易计算出金属电导率随时间的变化，再加上已经计算出的金属丝密度、温度随时间的变化，可以得到金属在不同密度、温度下对应的电导率。改变金属丝尺寸、电源参数等实验条件，可以改变金属丝密度、温度演化路径，从而获得宽范围内金属电导率数据。

DeSilva 等认为用实验方法难以比较准确地测得金属丝温度，这是由于等离子体密度高，其光学厚度仅有微米级，测量到的光谱仅反映了热等离子到冷的水介质之间的交界面上的信息，而无法反映金属丝内部的温度信息，因此采用了结合金属物态方程与流体模型计算金属丝内部温度的方法。

DeSilva 等利用这种方法针对温密物质电导率测量开展了大量工作，除了 Cu 之外，还测量了 Al、W、Fe、Ti、Ag、Zn、Mo、Ta 和 C 等多种材料的电导率[85]。后人常将理论模型或者半经验模型计算结果与 DeSilva 等获得的实验测量结果进行比较，以验证模型计算结果的准确性，如图 6-52 所示。

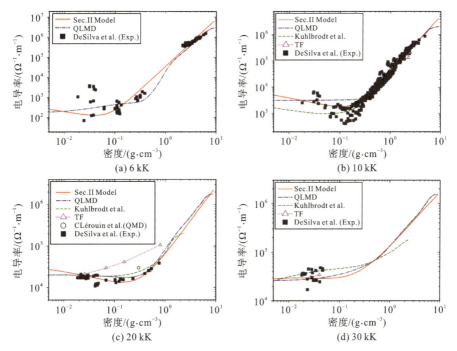

图 6-52 实验获得的 Cu 的电导率数据与模型计算结果的比较[33]

以色列理工学院 Sheftman（谢夫特曼）等利用不同时间尺度的水中金属丝电爆炸对已有物态方程和电导率数据的精确性进行验证。研究发现，对于微秒尺度电爆炸，SESAME 物态方程数据和 LMD 电导率数据与实验结果吻合得较好，具体表现为通过一维 MHD 模型计算出的金属丝膨胀轨迹以及放电波形与实验结果较为一致[29]。对于纳秒尺度电爆炸，必须对 SESAME 物态方程数据进行修正才能获得较好的金属丝膨胀轨迹计算结果，修正方法可以为修改一定温度、密度对应的压力值而保持内能值不变，或者修改内能值而保持压力值不变；为了使计算出的放电波形与实验结果吻合，现有电导率数据也需要进行修正，修正后电导率数据明显小于 LMD 模型给出的电导率数据及微秒尺度电爆炸给出的电导率数据[86]。对于亚微秒尺度电爆炸，物态方程数据不需要进行过多修改，得到的电导率数据位于纳秒尺度电爆炸和微秒尺度电爆炸给出的电导率数据之间[87]。上述研究结果表明，金属在极端状态下的物态方程、电导率等物理性质与能量沉积速率等因素有关。

日本东京工业大学 Sasaki(佐佐木)等也通过水中金属丝电爆炸测量了 Al、Cu、W 的电导率数据[88]。与 DeSilva 等不同，他们采用光谱方法估计了爆炸丝的温度，所获结果与 DeSilva 等的结果有较为明显的差异。

总体而言，水中金属丝电爆炸实验为金属温密物质的物态方程、电导率研究提供了一种有效方法，但是由于金属丝电爆炸过程的复杂性及精细建模的困难，所得数据的精度仍较为有限。

6.4 纳米材料制备

利用金属丝电爆炸中金属丝首先被汽化随后随着体积膨胀快速冷却的特性可以制备金属纳米颗粒。一般而言，制备金属纳米颗粒选择在气体环境中进行电爆炸，通过改变金属丝尺寸、电源参数、气体环境参数可以在一定范围内调节产生纳米颗粒的粒径、成分等特性。水中金属丝电爆炸沉积电能高，金属丝膨胀过程也明显不同，研究人员开展了水中金属丝电爆炸产生纳米颗粒的研究，并与气体环境中产生的纳米颗粒进行了比较。

韩国电气研究院的 Cho(丘)等比较了水中和空气中银丝电爆炸产生的纳米颗粒，水中丝爆条件下，金属丝上沉积能量的提高使产生的纳米颗粒的平均粒径由 469 nm 下降至 60 nm，粒径分布由双峰分布变为更加集中的单峰分布，提高了产物粒径的均一性[6]。南京理工大学彭楚才等比较了水中和空气中铜丝电爆炸产生的纳米铜颗粒，发现前者具有更小的粒径[89]。在利用水中丝爆制备金属纳米材料时，通过双层多孔膜收集产物，X 射线衍射(X-Ray Diffraction，XRD)分析结果表明产物中含有少量的 Cu_2O，推测是在收集和干燥过程中 Cu 纳米颗粒与空气接触造成了氧化[90]。纳米颗粒的粒径主要分布在 10～40 nm 和 80～180 nm 范围内。研究人员认为水中丝爆产生的气泡脉冲导致气泡表面和内部的铜蒸气冷凝速率存在差异，因此形成了这种尺寸分布特征。

韩国蔚山大学研究人员比较了 20～80 ℃ 水中银丝电爆炸产生纳米银胶体，发现水温越低产生的银颗粒平均粒径越小，胶体的稳定性越好[91]。他们也比较了 0～80 ℃ 水中金丝电爆炸产生的纳米金胶体，降低水介质温度同样可以降低纳米金颗粒的粒径，但是胶体的稳定性却有所下降[92]。

此外，也可以在各种水溶液或其他液体介质中进行金属丝电爆炸，此时溶质或液体介质可提供反应物从而生成具有更复杂结构和成分的纳米材料。匈牙利能源研究中心研究人员在多种液体介质（水、石蜡油、乙二醇、硅氧烷）中进行铁丝和铁合金金属丝电爆炸实验，证明在液体中进行电爆炸时，金属丝可以直接与液体介质或与液体介质的汽化分解产物进行反应[93]。彭楚才等在无水乙醇中进行锆丝电爆炸，制备出具有核-壳结构的碳包覆碳化锆颗粒[90]。伊拉克巴格达大学研究人员在 Fe_3O_4 胶体溶液中进行金丝电爆炸，制备了核壳结构的纳米 Fe_3O_4-Au 颗粒[94]。日本熊本大学 Hokamoto（霍卡莫托）等在液氮中进行钛丝电爆炸制备了纳米 TiN 材料[95]。

纳米流体的制备也是液体中丝爆的一个潜在应用。纳米流体是通过将低热导率的基流体与高热导率的固体纳米颗粒混合而成的胶体溶液，与基流体相比，纳米流体具有更优良的传热特性。纳米流体中使用的纳米颗粒通常由金属、氧化物、碳化物或碳纳米管构成，而基流体包括水、乙二醇和油等。生产纳米流体的常用方法有两种，分别为两步法和单步法。两步法首先通过化学或物理方法制备纳米颗粒，然后，借助强磁力搅拌、超声波搅拌、高剪切混合、均质化和球磨等方法将纳米级粉末分散在基液中。由于高表面积和高表面活性，纳米颗粒易发生聚集，不利于纳米流体的稳定性。单步法是在基础流体中制备纳米颗粒的同时将颗粒进行分散，可以减少纳米颗粒的聚集，使纳米流体更稳定。伊朗研究人员利用油基中铜丝电爆炸法合成了三种质量分数不同（0.2%、0.5% 和 1%）的铜-机油纳米流体[96]，该纳米流体具有出色的稳定性，铜纳米颗粒分散性良好，平均粒径为 50 nm。1% 质量分数的纳米流体的热导率相比油基增强了 49%。装置输出电压为 0.5～1 kV，所用铜丝直径为 0.25 mm，长度为 1～5 mm。液体中丝爆作为一种单步制备方法，具有多种优势：利用不同种类的细金属丝，能生产多种金属纳米胶体；液体介质适用范围广泛，包括水、油、甘油等；金属纳米颗粒在液体介质中具有良好的分散性；可大规模生产不同浓度的流体；无表面活性剂添加，无毒、无污染对环境友好。

除了使用金属丝进行电爆炸，还可以使用碳棒等在初始状态有较好导电性的材料进行电爆炸。彭楚才在空气中和水中分别进行石墨棒电爆炸，发现在空气中电爆炸时由于表面击穿的发生，能量难以沉积到石墨棒中，最终石墨棒仅分裂为数段；在水中电爆炸时水介质的存在抑制了表面击穿的发生，石墨棒中沉积能量大幅提升，经检测爆炸产物为石墨烯[90]。北京理工大学Gao(高)等在水中使用石墨棒进行电爆炸，制备出高纯度和高结晶度的单层石墨烯，并提出沉积能量的控制是制备单层石墨烯的关键[97]。

参考文献

[1] CHACE W, MOORE H. Exploding wires[M]. New York: Plenum Press, 1959.

[2] CHACE W, MOORE H. Exploding wires [M]. 2nd. New York: Plenum press, 1962.

[3] ZHOU Q, ZHANG Q, YAN W, et al. Effect of medium on deposited energy in microsecond electrical explosion of wires[J]. IEEE Transactions on Plasma Science, 2012, 40(9): 2198-2204.

[4] YIN G, LI X, WU J, et al. Imaging of discharge plasma channel evolution process of microsecond wire explosion in air[J]. IEEE Transactions on Plasma Science, 2018, 46(10): 3473-3477.

[5] DESILVA A, KATSOUROS J. Electrical conductivity of dense copper and aluminum plasmas[J]. Physical Review E, 1998, 57(5): 5945.

[6] CHO C, CHOI Y W, KANG C, et al. Effects of the medium on synthesis of nanopowders by wire explosion process[J]. Applied Physics Letters, 2007, 91(14): 141501.

[7] 布勒采夫. 导体电爆炸及其在电物理装置中的应用[M]. 绵阳：中国工程物理研究院科技信息中心, 1999.

[8] ROSOSHEK A, EFIMOV S, TEWARI S, et al. Phase transitions of copper, aluminum, and tungsten wires during underwater electrical explosions[J]. Physics of Plasmas, 2018, 25(10): 102709.

[9] LI L, QIAN D, ZOU X, et al. Underwater electrical wire explosion: Shock wave from melting being overtaken by shock wave from vaporization[J]. Physics of Plasmas, 2018, 25(5): 053502.

[10] MARTYNYUK M. Phase explosion of a metastable fluid[J]. Combustion, Explosion and Shock Waves, 1977, 13(2): 178-191.

[11] TKACHENKO S, VOROB'EV V, MALYSHENKO S. The nucleation mechanism of wire explosion[J]. Journal of Physics D: Applied Physics, 2004, 37(3): 495.

[12] TKACHENKO S, VOROB'EV V, MALYSHENKO S. Parameters of wires during electric explosion[J]. Applied Physics Letters, 2003, 82(23): 4047-4049.

[13] ORESHKIN V I, BAKSHT R, LABETSKY A Y, et al. Study of metal conductivity near the critical point using a microwire electrical explosion in water[J]. Technical Physics, 2004, 49(7): 843-848.

[14] HAN R, ZHOU H, WU J, et al. Experimental verification of the vaporization's contribution to the shock waves generated by underwater electrical wire explosion under micro-second timescale pulsed discharge[J]. Physics of Plasmas, 2017, 24(6): 063511.

[15] ORESHKIN V I, CHAIKOVSKY S A, RATAKHIN N A, et al. "Water bath" effect during the electrical underwater wire explosion[J]. Physics of Plasmas, 2007, 14(10): 102703.

[16] GRINENKO A, EFIMOV S, FEDOTOV A, et al. Addressing the problem of plasma shell formation around an exploding wire in water[J]. Physics of Plasmas, 2006, 13(5): 052703.

[17] SHI H, YIN G, FAN Y, et al. Multilayer weak shocks generated by restrike during underwater electrical explosion of Cu wires[J]. Applied Physics Letters, 2019, 115(8): 084101.

[18] 阴国锋. 水中微秒级金属丝电爆炸及其冲击波特性的研究[D]. 西安: 西安交通大学, 2020.

[19] TUCKER T J, TOTH R P. EBW1: a computer code for the prediction of the behavior of electrical circuits containing exploding wire elements[R]. Albuquerque: Sandia National Laboratories, 1975.

[20] 李业勋. 金属丝电爆炸机理及特性研究[D]. 北京: 中国工程物理研究院, 2002.

[21] GUROVICH V T, GRINENKO A, KRASIK Y E, et al. Simplified model of underwater electrical discharge[J]. Physical Review E, 2004,

69(3): 036402.

[22] GRINENKO A, GUROVICH V T, SAYPIN A, et al. Strongly coupled copper plasma generated by underwater electrical wire explosion [J]. Physical Review E, 2005, 72(6 Pt 2): 066401.

[23] CHUNG K J, LEE K, HWANG Y S, et al. Numerical model for electrical explosion of copper wires in water [J]. Journal of Applied Physics, 2016, 120(20): 203301.

[24] YANUKA D, ROSOSHEK A, THEOCHAROUS S, et al. X-ray radiography of the overheating instability in underwater electrical explosions of wires [J]. Physics of Plasmas, 2019, 26(5): 050703.

[25] DONEY R L, VUNNI G B, NIEDERHAUS J H. Experiments and simulations of exploding aluminum wires: validation of ALEGRA-MHD [R]. Aberdeen Proving Ground: Army Research Laboratory, 2010.

[26] YIN G, SHI H, FAN Y, et al. Numerical investigation of shock wave characteristics at microsecond underwater electrical explosion of Cu wires [J]. Journal of Physics D: Applied Physics, 2019, 52(37): 374002.

[27] NITISHINSKIY M, YANUKA D, VIROZUB A, et al. Radial density distribution of a warm dense plasma formed by underwater electrical explosion of a copper wire [J]. Physics of Plasmas, 2017, 24(12): 122703.

[28] YANUKA D, ROSOSHEK A, THEOCHAROUS S, et al. Multi frame synchrotron radiography of pulsed power driven underwater single wire explosions [J]. Journal of Applied Physics, 2018, 124(15): 153301.

[29] SHEFTMAN D, KRASIK Y E. Evaluation of electrical conductivity and equations of state of non-ideal plasma through microsecond timescale underwater electrical wire explosion [J]. Physics of Plasmas, 2011, 18(9): 092704.

[30] GRINENKO A, SAYAPIN A, GUROVICH V T, et al. Underwater electrical explosion of a Cu wire[J]. Journal of Applied Physics, 2005, 97(2): 023303.

[31] VONNEUMANN J, RICHTMYER R D. A method for the numerical calculation of hydrodynamic shocks [J]. Journal of Applied Physics,

1950, 21(3): 232-237.

[32] RAY A, SRIVASTAVA M, KONDAYYA G, et al. Improved equation of state of metals in the liquid-vapor region [J]. Laser and Particle Beams, 2006, 24(3): 437-445.

[33] STEPHENS J, DICKENS J, NEUBER A. Semiempirical wide-range conductivity model with exploding wire verification [J]. Physical Review E, 2014, 89(5): 053102.

[34] MORE R, WARREN K, YOUNG D, et al. A new quotidian equation of state (QEOS) for hot dense matter [J]. The Physics of fluids, 1988, 31(10): 3059-3078.

[35] COLE R H. Underwater explosions[M]. New York: Dover Publications, 1965.

[36] GRINENKO A, EFIMOV S, FEDOTOV A, et al. Efficiency of the shock wave generation caused by underwater electrical wire explosion [J]. Journal of Applied Physics, 2006, 100(11): 113509.

[37] EFIMOV S, GUROVICH V T, BAZALITSKI G, et al. Addressing the efficiency of the energy transfer to the water flow by underwater electrical wire explosion [J]. Journal of Applied Physics, 2009, 106(7): 073308.

[38] YIN G, SHI H, FAN Y, et al. Effects of circuit inductance on electrical and shock wave characteristics at underwater wire explosion [J]. Journal of Physics D: Applied Physics, 2020, 53(19): 13.

[39] HAN R, ZHOU H, WU J, et al. Relationship between energy deposition and shock wave phenomenon in an underwater electrical wire explosion [J]. Physics of Plasmas, 2017, 24(9): 093506.

[40] HAN R, WU J, DING W, et al. Characteristics of underwater electrical explosion of a copper wire under different pulsed currents [J]. Proceedings of the Chinese Society of Electrical Engineering, 2019, 39(4): 1251-1258.

[41] LI L, QIAN D, LIU Z, et al. Comparison of underwater electrical wire explosions with large and small capacitors charged to a same energy [J]. Physics of Plasmas, 2020, 27(6): 063504.

[42] LIU B, WANG D, GUO Y. Effect of circuit parameters and environment on shock waves generated by underwater electrical wire explosion

[J]. IEEE Transactions on Plasma Science, 2017, 45(9): 2519-2526.

[43] 韩若愚. 微秒电流脉冲下水中金属丝电爆炸过程及特性实验研究[D]. 西安: 西安交通大学, 2018.

[44] SMIRNOV A, ZHEKUL V, TAFTAI E, et al. Experimental study of pressure waves upon the electrical explosion of wire under the conditions of elevated hydrostatic pressure [J]. Surface Engineering and Applied Electrochemistry, 2020, 56(192-200).

[45] LIU S, LIU Y, LI Z, et al. Effect of electrical breakdown modes on shock wave intensity in water [J]. IEEE Transactions on Dielectrics and Electrical Insulation, 2018, 25(5): 1679-1687.

[46] LI X, LIU Y, ZHOU G, et al. Subsonic streamers in water: initiation, propagation and morphology [J]. Journal of Physics D: Applied Physics, 2017, 50(25): 255301.

[47] LI X D, LIU Y, ZHOU G Y, et al. Polarity effect variation on electrical breakdown of water under sub-millisecond pulses [J]. Applied Physics Letters, 2017, 111(16): 164101.

[48] 张连成. 等离子体震源电声特性及深拖研究[D]. 杭州: 浙江大学, 2017.

[49] ZHANG L, ZHU X, HUANG Y, et al. Development of a simple model for predicting the spark-induced bubble behavior under different ambient pressures [J]. Journal of Applied Physics, 2016, 120(4): 043302.

[50] HUANG Y, ZHANG L, ZHANG X, et al. The plasma-containing bubble behavior under pulsed discharge of different polarities [J]. IEEE Transactions on Plasma Science, 2015, 43(2): 567-571.

[51] HUANG Y, ZHANG L, YAN H, et al. The influence of water characteristics on plasma-containing bubble dynamics [J]. IEEE Transactions on Plasma Science, 2015, 43(9): 3256-3259.

[52] ZHANG L, ZHU X, HUANG Y, et al. Effects of water pressure on plasma sparker's acoustic characteristics [J]. International Journal of Plasma Environmental Science and Technology, 2017, 11(1): 60-63.

[53] 刘巧珏. 金属丝微秒电爆炸驱动含能材料的基本过程及特性研究[D]. 西安: 西安交通大学, 2018.

[54] HAN R, ZHOU H, LIU Q, et al. Generation of electrohydraulic shock

waves by plasma-ignited energetic materials: Ⅰ. fundamental mechanisms and processes [J]. IEEE Transactions on Plasma Science, 2015, 43(12): 3999-4008.

[55] ZHOU H, HAN R, LIU Q, et al. Generation of electrohydraulic shock waves by plasma-ignited energetic materials: Ⅱ. influence of wire configuration and stored energy [J]. IEEE Transactions on Plasma Science, 2015, 43(12): 4009-4016.

[56] ZHOU H, ZHANG Y, LI H, et al. Generation of electrohydraulic shock waves by plasma-ignited energetic materials: Ⅲ. shock wave characteristics with three discharge loads [J]. IEEE Transactions on Plasma Science, 2015, 43(12): 4017-4023.

[57] HAN R, WU J, ZHOU H, et al. Parameter regulation of underwater shock waves based on exploding-wire-ignited energetic materials [J]. Journal of Applied Physics, 2019, 125(15): 153302.

[58] LIU Q, ZHANG Y, QIU A, et al. Experimental study on shock wave characteristics of ammonium nitrate ignited by wire explosion [J]. IEEE Transactions on Plasma Science, 2018, 46(7): 2591-2598.

[59] LIU Q, YAO W, ZHANG Y, et al. Study on ignition mechanism and shockwave characteristics of nitramine powders ignited by microsecond exploding wire plasma [J]. IEEE Transactions on Plasma Science, 2019, 47(10): 4500-4505.

[60] 张永民, 邱爱慈, 周海滨, 等. 面向化石能源开发的电爆炸冲击波技术研究进展 [J]. 高电压技术, 2016, 42(04): 1009-1017.

[61] 张永民, 蒙祖智, 秦勇, 等. 松软煤层可控冲击波增透瓦斯抽采创新实践——以贵州水城矿区中井煤矿为例 [J]. 煤炭学报, 2019, 44(08): 2388-2400.

[62] XIONG L, LIU Y, YUAN W, et al. Cyclic shock damage characteristics of electrohydraulic discharge shockwaves [J]. Journal of Physics D: Applied Physics, 2020, 53(18): 185502.

[63] XIONG L, LIU Y, YUAN W, et al. Experimental and numerical study on the cracking characteristics of repetitive electrohydraulic discharge shock waves [J]. Journal of Physics D: Applied Physics, 2020, 53(49): 495502.

[64] LIU Q, DING W, HAN R, et al. Fracturing effect of electrohydraulic shock waves generated by plasma-ignited energetic materials explosion [J]. I IEEE Transactions on Plasma Science, 2017, 45(3): 423 – 431.

[65] REN F, GE L, ARAMI-NIYA A, et al. Gas storage potential and electrohydraulic discharge (EHD) stimulation of coal seam interburden from the Surat Basin [J]. International Journal of Coal Geology, 2019, 208: 24 – 36.

[66] REN F, GE L, STELMASHUK V, et al. Characterisation and evaluation of shockwave generation in water conditions for coal fracturing [J]. Journal of Natural Gas Science and Engineering, 2019, 66: 255 – 264.

[67] AGEEV P, MOLCHANOV A. Plasma source for generating nonlinear, wide-band, periodic, directed, elastic oscillations and a system and method for stimulating wells, deposits and boreholes using the plasma source[P]. US9422799B2, 2015.

[68] 李柳霞. 水中微秒级电爆炸铜丝及其冲击波的研究 [D]. 北京：清华大学, 2019.

[69] 于海平, 郑秋丽, 安云雷. 电液成形技术研究现状及发展趋势 [J]. 精密成形工程, 2017, 9(03): 65 – 72.

[70] GOLOVASHCHENKO S F, GILLARD A J, MAMUTOV A V. Formability of dual phase steels in electrohydraulic forming [J]. Journal of Materials Process Technology, 2013, 213(7): 1191 – 1212.

[71] 孙立超. 5052 铝合金管材电液成形工艺试验研究 [D]. 哈尔滨：哈尔滨工业大学, 2015.

[72] GOLOVASHCHENKO S F, GILLARD A J, MAMUTOV A V, et al. Electrohydraulic trimming of advanced and ultra high strength steels [J]. Journal of Material Process Technology, 2014, 214(4): 1027 – 1043.

[73] GILLARD A J, GOLOVASHCHENKO S F, MAMUTOV A V. Effect of quasi-static prestrain on the formability of dual phase steels in electrohydraulic forming [J]. Journal of Manufacturing Processes, 2013, 15(2): 201 – 218.

[74] ROHATGI A, STEPHENS E V, SOULAMI A, et al. Experimental characterization of sheet metal deformation during electro-hydraulic forming [J]. Journal of Materials Process Technology, 2011, 211(11):

1824 – 1833.

[75] YU H, ZHENG Q. Forming limit diagram of DP600 steel sheets during electrohydraulic forming [J]. The International Journal of Advanced Manufacturing Technology, 2019, 104(1 – 4): 743 – 756.

[76] WOO M A, NOH H G, SONG W J, et al. Experimental validation of numerical modeling of electrohydraulic forming using an al 5052 – H34 sheet [J]. The International Journal of Advanced Manufacturing Technology, 2017, 93(5 – 8): 1819 – 1828.

[77] KRASIK Y E, EFIMOV S, SHEFTMAN D, et al. Underwater electrical explosion of wires and wire arrays and generation of converging shock waves [J]. IEEE Transactions on Plasma Science, 2016, 44(4): 412 – 431.

[78] ANTONOV O, EFIMOV S, YANUKA D, et al. Generation of converging strong shock wave formed by microsecond timescale underwater electrical explosion of spherical wire array [J]. Applied Physics Letters, 2013, 102(12): 124104.

[79] GUROVICH V, VIROZUB A, ROSOSHEK A, et al. Quasi-isentropic compression using compressed water flow generated by underwater electrical explosion of a wire array [J]. Journal of Applied Physics, 2018, 123(18): 185902.

[80] OTSUKA M, ITOH S. Destruction of concrete block using underwater shock wave generated by electric discharge [C]. Proceedings of the ASME Pressure Vessels and Piping Conference, 2006.

[81] 张春喜. 水中丝爆引发的推进效应 [D]. 哈尔滨：哈尔滨理工大学, 2005.

[82] LOSKE A M. Medical and biomedical applications of shock waves [M]. Cham, Switzerland: Springer, 2017.

[83] PEI Y, KAN G, ZHANG L, et al. Characteristics of source wavelets generated by two sparkers [J]. Journal of Applied Geophysics, 2019, 170: 103819.

[84] 陈其峰, 顾云军, 郑君, 等. 温密物质特性研究进展与评述 [J]. 科学通报, 2017, 62(08): 812 – 823.

[85] DESILVA A W, VUNNI G B. Electrical conductivity of dense Al, Ti,

Fe, Ni, Cu, Mo, Ta, and W plasmas [J]. Physics Review E, 2011, 83(3): 037402.

[86] SHEFTMAN D, KRASIK Y E. Investigation of electrical conductivity and equations of state of non-ideal plasma through underwater electrical wire explosion [J]. Physics of Plasmas, 2010, 17(11): 112702.

[87] SHEFTMAN D, SHAFER D, EFIMOV S, et al. Evaluation of electrical conductivity of Cu and Al through sub microsecond underwater electrical wire explosion [J]. Physics of Plasmas, 2012, 19(3): 034501.

[88] SASAKI T, NAKAJIMA M, KAWAMURA T, et al. Electrical conductivities of aluminum, copper, and tungsten observed by an underwater explosion [J]. Physics of Plasmas, 2010, 17(8): 084501.

[89] 彭楚才, 王金相, 刘林林. 介质环境对铜丝电爆炸制备纳米粉体的影响[J]. 物理学报, 2015, 7: 261-266.

[90] 彭楚才. 电爆炸法制备纳米粉体及其机理研究 [D]. 南京: 南京理工大学, 2016.

[91] YUN G, BAC L, KIM J, et al. Preparation and dispersive properties of Ag colloid by electrical explosion of wire [J]. Journal of Alloys Compounds, 2011, 509: S348-S352.

[92] BAC L, YUN G, KIM J, et al. Preparation and stability of gold colloid by electrical explosion of wire in various media [J]. Journal of nanoscience and nanotechnology, 2011, 11(2): 1730-1733.

[93] L Z R K, VARGA L K, KIS V K, et al. Electric explosion of steel wires for production of nanoparticles: Reactions with the liquid media [J]. Journal of Alloys Compounds, 2018, 763: 759-770.

[94] WASFI A S, HUMUD H R, FADHIL N K. Synthesis of core-shell Fe_3O_4-Au nanoparticles by electrical exploding wire technique combined with laser pulse shooting [J]. Optics and Laser Technology, 2019, 111: 720-726.

[95] HOKAMOTO K, WADA N, TOMOSHIGE R, et al. Synthesis of TiN powders through electrical wire explosion in liquid nitrogen [J]. Journal of Alloys Compounds, 2009, 485(1-2): 573-576.

[96] ABEROUMAND S, JAFARIMOGHADDAM A. Experimental study on synthesis, stability, thermal conductivity and viscosity of Cu-engine

oil nanofluid[J]. Journal of the Taiwan Institute of Chemical Engineers, 2017, 71: 315-322.

[97] GAO X, XU C, YIN H, et al. Preparation of graphene by electrical explosion of graphite sticks [J]. Nanoscale, 2017, 9(30): 10639-10646.

[98] BLAND S N, KRASIK Y E, YANUKA D, et al. Generation of highly symmetric, cylindrically convergent shockwaves in water[J]. Physics of Plasmas, 2017, 24: 082702.

附录 A

基于 FLASH 的金属丝电爆炸数值模拟

A.1　FLASH 磁流体力学方程组

FLASH 中的 MHD 方程如下[1]：

$$\frac{\partial \rho}{\partial t} + \nabla \cdot (\rho v) = 0 \qquad (A-1)$$

$$\frac{\partial \rho v}{\partial t} + \nabla \cdot \left(\rho vv - \frac{1}{\mu_0} BB\right) + \nabla p_* = \rho g + \nabla \cdot \tau \qquad (A-2)$$

$$\frac{\partial \rho E}{\partial t} + \nabla \cdot \left[v(\rho E + p_*) - \frac{1}{\mu_0} B(v \cdot B)\right]$$

$$= \rho g \cdot v + \nabla \cdot (v \cdot \tau + \sigma \nabla T) + \nabla \cdot \left[\frac{1}{\mu_0^2} B \times (\eta \nabla \times B)\right] \qquad (A-3)$$

$$\frac{\partial B}{\partial t} + \nabla \cdot (vB - Bv) = -\nabla \times \left(\frac{\eta}{\mu_0} \nabla \times B\right) \qquad (A-4)$$

式中：

$$p_* = p + \frac{B^2}{2\mu_0} \qquad (A-5)$$

$$E = \frac{1}{2} v^2 + \varepsilon + \frac{B^2}{2\mu_0 \rho} \qquad (A-6)$$

$$\tau = \mu \left[(\nabla v) + (\nabla v)^{\mathrm{T}} - \frac{2}{3}(\nabla \cdot v) I\right] \qquad (A-7)$$

分别为总压力、单位质量的总能量和黏度张量；ρ 为密度；v 为速度；p 为流体热压力；T 为温度；ε 为单位质量的内能；B 为磁场；g 为重力加速度；μ_0 为真空磁导率；σ 为热导率；η 为电阻率；τ 为黏度张量；μ 为黏度系数；I 为单位张量。FLASH 的 MHD 方程组包括质量守恒、动量守恒、能量守恒和磁感应方程。

FLASH 的磁流体方程组将洛伦兹力写成磁压力和磁张力的形式：

$$J \times B = \frac{1}{\mu_0}(\nabla \times B) \times B = \frac{1}{\mu_0}(B \cdot \nabla)B - \frac{1}{2\mu_0}\nabla(B^2) = \frac{1}{\mu_0}\nabla \cdot BB - \frac{1}{2\mu_0}\nabla(B^2)$$
(A-8)

式（A-8）右边第一项为磁张力，其物理意义表示对抗磁场弯曲的力，可以将磁力线比作弹力带，当弯曲时张力使它回到原来的状态。右边第二项为磁压力，表示为磁场梯度产生的力，这也是 Z 箍缩中驱使等离子体内爆最主要的力。

式（A-4）为磁感应方程，由麦克斯韦方程组和欧姆定律得出：

$$\nabla \times E = -\frac{\partial B}{\partial t} \quad (A-9)$$

$$\nabla \times B = \mu_0 J \quad (A-10)$$

$$\nabla \cdot B = 0 \quad (A-11)$$

$$\eta J = E + v \times B \quad (A-12)$$

式中：E 为电场强度；J 为电流密度。式（A-9）～式（A-11）为忽略位移电流的麦克斯韦方程组（在磁流体模拟中，相对于传导电流，位移电流完全可以忽略）。式（A-12）为欧姆定律公式，FLASH 中的欧姆定律公式是磁流体中最为简化的方式。完整的广义欧姆定律是通过电子和离子两种流体的动量守恒方程相减得来，如式（A-13）所示：

$$\frac{m_e}{ne^2}\frac{\partial J}{\partial t} = E + v \times B + \frac{1}{2ne}\nabla p - \frac{1}{ne}J \times B - \frac{m_e \nu_{ie}}{ne^2}J \quad (A-13)$$

式中：m_e 为电子质量；n 为电子密度；ν_{ie} 为电子与离子间的碰撞频率；$\frac{m_e \nu_{ie}}{ne^2}$ 为电阻率。方程（A-13）中从左到右各项的分别为电子惯性、电场强度、洛伦兹力（磁扩散和磁冻结项）、热压力、霍尔电动力和电阻效应。设 ω 为场变化的频率，$\omega_p = \left(\frac{ne^2}{m_e \varepsilon_0}\right)^{1/2}$ 为等离子体频率。当 $\omega \ll \omega_p$ 并且等离子体密度较高时，电子惯性、热压力和霍尔电动力均可以忽略，这在本节的套筒 Z 箍缩实验条件下是满足的。此时式（A-13）退化为式（A-12），代入麦克斯韦方程组即得到 FLASH 中的磁感应方程（A-4）。

A.2 FLASH 模拟中的计算参数

A.2.1 物态方程的选取

为了使 A.1 节中介绍的磁流体方程组封闭求解，还需要物态方程。一般

的磁流体模拟中，都是选择理想气体物态方程，即

$$P = \frac{N_a k}{\bar{A}} \rho T \qquad (A-14)$$

$$E = \frac{P}{\rho(\gamma - 1)} \qquad (A-15)$$

式中：k 为玻尔兹曼常数；$\bar{A}$ 为相对原子质量；N_a 为阿伏伽德罗常数；γ 为绝热系数，对于单原子气体取 1.67。理想气体物态方程可以描述高温、低密的理想等离子体的状态。但随着等离子体温度的减小、密度的增加，理想气体物态方程的误差逐渐增大。尤其是对于固态和液态的物质，理想气体物态方程有非常大的误差。对于电爆炸过程而言，导体先后经历固态、液态、气态和等离子体状态，需要一个能够准确描述各种状态的物态方程。对于这种物态方程，其计算公式是非常复杂的。因此，绝大多数的材料的物态方程都是通过相应模型计算出一个表格，然后进行磁流体计算时通过对表格进行插值。FLASH 程序自带三温(电子温度、离子温度、辐射温度)IONMIX4 格式的物态方程表格。FLASH 对于 IONMIX4 物态方程表格没有过多的介绍，经过对比发现，IONMIX4 物态方程来源于 Prism 公司的 PropacEOS 物态方程库。

对于三温或双温的物态方程，为了在温度较低(<1 eV)、密度较高(>0.1 g/cm³)的情况下平衡离子压力使总压力趋近于 0，电子压力设为了负数。在 FLASH 中，无法计算负数的压力，因此，如果在 FLASH 中使用三温或双温的物态方程，就无法从低温状态开始算起。FLASH 提供的 IONMIX4 表格只有 1 eV 以上的数据，所以没有负的压力。FLASH 通过对温度在 1 eV 以上的 IONMIX4 表格数据拟合的方法得到温度 1 eV 以下的物态方程数据，虽然不会出现负压力，但总压力 $P = P_e + P_i$ 会偏高。

为了能够实现从低温、高密固体到高温、低密等离子体状态的电爆炸全过程模拟，可以使用 FEOS 程序计算得到单温大范围物态方程表格(如温度 300 K~3×10^6 K，密度 2.7×10^{-7} g/cm³~3.0 g/cm³)。然后将得到的表格代入 FLASH 中，以温度和密度为输入量，内能、压力和电离度等为输出量进行二维插值，实现从固态到高温等离子态的模拟。FEOS(Frankfurt Equation Of State)程序是英国帝国理工大学开发的开源的依赖于 MPQEOS 和 QEOS 的物态方程计算程序。它能够计算出如 Al、Cu、Fe 等常见低、中原子序数元素材料的物态方程表格。用 FEOS 计算得到物态方程表格时需要输入对应材料的参考温度(300K)、参考密度(固体密度)、300 K 固体状态下的杨氏模量，以及材料的原子序数和原子质量。若材料含有多种元素，还需输入不同元素的种类数以及每种元素的元素占比。若使用 Soft-Sphere 函数来

进行模型修正,则需要输入材料的内聚能和相关系数 m 与 n。除此之外,还需确定温度与密度点的分布。FEOS 计算了亥姆霍兹自由能 F,包含了电子项、离子项和原子校正项。

$$F(\rho,T) = F_e(\rho,T) + F_i(\rho,T) + F_b(\rho,T) \quad (A-16)$$

压力、熵、内能等物态方程项分别通过下面三项亥姆霍兹自由能公式导出:

$$P_{e,i,b} = \rho^2 \frac{\partial F_{e,i,b}}{\partial \rho} \quad (A-17)$$

$$S_{e,i,b} = -\frac{\partial F_{e,i,b}}{\partial T} \quad (A-18)$$

$$E_{e,i,b} = F_{e,i,b} + TS_{e,i,b} \quad (A-19)$$

亥姆霍兹自由能离子项通过 Cowan(考恩)模型得到,电子项通过托马斯-费米模型得到。这两种模型忽略中性原子之间的作用力,在凝聚态的压力会被高估。FEOS 用半经验 $F_b(\rho,T)$ 项来校正凝聚态的压力:

$$F_b = E_0(1 - e^{b(1-\sqrt[3]{\rho_0/\rho})}) \quad (A-20)$$

式中:ρ_0 为参考密度,一般选择固体密度。通过设定固体密度,300 K 时压力为 0,杨氏模量的计算值为实测值,可以求出常数 E_0 和 b。图 A-1 展示了 FEOS 计算出的铝的物态方程图。

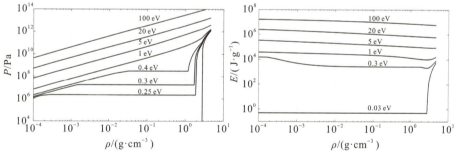

(a) FEOS状态方程中密度、温度和压力的关系　(b) FEOS状态方程中密度、温度和内能的关系

图 A-1　FEOS 计算的铝物态方程图

A.2.2　电阻率的选取

电阻率的计算是磁流体模拟中的重要部分,它决定了 Z 箍缩中的电流密度分布。最常见的等离子体电阻率公式是 Spitzer(斯皮策)电阻公式,如公式(A-21)所示:

$$\eta = 5.2 \times 10^{-5} \frac{Z\ln\Lambda}{T^{3/2}} \quad (A-21)$$

式中：Z 为电离度；$\ln\Lambda$ 为库仑对数。Spitzer 公式能够较好地计算高温等离子体的电阻率 η（单位为 $\Omega \cdot m$），但是当温度 T（单位为 eV）较低时，Spitzer 公式误差较大。Spitzer 公式认为电阻率与密度无关，当我们使用 Spitzer 公式模拟电爆炸等离子体时，低密度区域与高密度区域的电阻率几乎相同，这使得低密度等离子体相较于高密度等离子体温度迅速上升；而温度升高使得低密度等离子体电阻率下降，更多电流通过低密度等离子体，形成一个正反馈过程；最终低密度等离子体区域的温度会升高到一个完全不合理的程度。事实上，密度对电阻率有相当大影响，尤其是当温度较低（<1 eV）时。

为了能够正确计算等离子体的电阻率，尤其是考虑密度对电阻率的影响，可以采用李-莫尔-德斯贾莱斯（Lee - More - Desjarlais，LMD）电阻率模型。李-莫尔（Lee - More，LM）模型在理想等离子体区域和高密度等离子体区域计算结果都较为精确，却过高地计算了金属-绝缘体区域内等离子体电导率。这是因为该模型采用托马斯-费米模型计算平均电离度，但托马斯-费米模型并没有考虑原子结构对电离过程的影响。德斯贾莱斯改进了 LM 模型中原子碰撞截面计算方法，并采用一种半经验公式修正了托马斯-费米电离模型，提高了计算精度，被称为 LMD 模型。图 A - 2 展示了 LMD 模型计算的铝电阻率密度分布图。

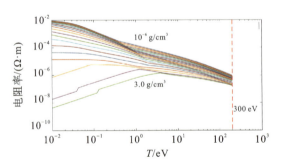

图 A - 2　LMD 模型计算的铝电阻率分布图

从图 A - 2 中可以看出，无论等离子体的温度是多少，等离子密度越低，电阻率越高；对于温度越低的等离子体，密度对于电阻率的影响越大。对于低密度的等离子体（<10^{-4} g/cm³），温度越高，电阻率越低；而对于高密度的等离子体，温度越高，等离子体电阻率先升高后下降。

A.2.3 真空截止密度的选取

不同于拉格朗日网格在不同的材料之间有明显的边界，欧拉网格允许在不同的网格之间发生质量交换，其不同的材料之间没有边界。因此，模拟时必须要人为设置一个真空与等离子体的分界面。如果不设置真空，计算区域就会很快充满非常低密度（$<10^{-7}$ g/cm^3）的等离子体。这些低密度等离子体在洛伦兹力的作用很快加速到一个非常高的速度。FLASH 为了保持计算收敛必须将时间步长缩小到一个不能允许的地步。此外，非常低密度的等离子体电阻率通过 LM 模型计算出的数据是不准确的，其电阻率会被低估。这使得低密度等离子体区域被加热到不能允许的程度。对此的解决方案是设置一个截止密度，低于此密度的区域认为是真空。真空区域的电阻率非常高，没有电流通过，没有欧姆加热，温度一直保持在 300 K。有研究者认为真空区域的电阻率要达到等离子体区域的 10^6 倍，然而对于 FLASH 采用的显式磁扩散算法，为保障收敛磁扩散计算时间步长公式为 $0.5\times(\mathrm{d}x)^2/\eta_{\max}$，其中 d$x$ 为网格大小，$\eta_{\max}$ 为计算区域的最大电阻率。当真空电阻率非常高时，时间步长非常小。为了权衡时间步长和电流密度分布，真空电阻率可设为等离子体区域最大电阻率的 $10^2\sim10^3$ 倍。为了进一步增大时间步长，可使用 FLASH 自带的 STS(Super-Time-Stepping)算法。这种算法能够使得计算的时间步长比原本提升 5~10 倍，但是每计算一步的时间也会增加。

真空截止密度的选择非常重要，如果选择的截止密度过低，则温度会过高；如果选择的截止密度过高，又会使得模型无法模拟低密度等离子体，根据所研究的等离子体密度可选择真空截止密度为 $10^{-7}\sim10^{-5}$ g/cm^3。

在 FLASH4.7 版本中，新加入了隐式磁扩散算法，该算法求解一个典型的扩散方程：

$$A\frac{\partial f}{\partial t}+Cf=\nabla\cdot B\nabla f+D \tag{A-22}$$

式中：f 为随时间扩散的变量；A、B、C、D 为具有空间变化的参数。通过对比 FLASH 的磁扩散方程可知，f 为磁感应强度，A 为真空磁导率，B 为电阻率，C、D 设置为 0。在计算过程中，FLASH 使用 HYPRE 库隐式迭代求解磁扩散方程，使得整体的计算时间步长仅受限于流体计算的时间步长，与电阻率的大小无关，从而大大提升了计算速度。

A.3 FLASH 程序算法检验

为了验证 FLASH 磁流体算法的正确性，需要通过一个有解析解的问题与数值解进行对比验证，这个过程称为标准检查(benchmark)。FLASH 中与本节相关的算法主要有两个，磁流体运动方程和磁扩散方程。磁流体运动方程可以通过由文献[2]中描述的 Magneto‑Noh 算例来验证。Magneto‑Noh 算例是一个有角向磁场存在的条件下，圆柱对称的理想等离子体的内爆过程。

Magneto‑Noh 算例是这样设置的，在计算区域为([0,3]，[0,3])（单位为 cm）的轴对称 rz 坐标系下。左边界条件为轴对称，右边界条件为自由流入流出(outflow)，即速度梯度为 0。在 $rz\theta$ 方向的初始条件设置如下：

$$\rho = 3.1831 \times 10^{-5} r^2$$
$$\boldsymbol{v} = (-3.24101 \times 10^7, 0, 0)$$
$$\boldsymbol{B} = (0, 0, 6.35584 \times 10^5 r)$$
$$p = C \times B^2$$

式中：ρ 为密度，g/cm³；r 为半径；v 为速度，cm/s；B 为磁场，Gs(1 Gs=10^{-4} T)；p 为压力；C 为常数 10^{-6}，以保证这是一个磁压驱动的等离子体。网格划分为 256×256。图 A‑3 展示了 30 ns 时 FLASH 数值解与解析解的对比。对比发现二者符合较好，说明 FLASH 计算磁流体运动方程的算法是合格的。

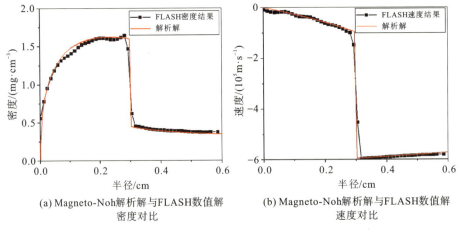

(a) Magneto-Noh解析解与FLASH数值解密度对比

(b) Magneto-Noh解析解与FLASH数值解速度对比

图 A‑3　FLASH 关于 Magneto‑Noh 解析解与数值解对比

通过如下解析解的算例对 FLASH 中的磁扩散进行校验。考虑一个无限长的圆柱棒[3]，把时变磁场作为右边界条件，左边界($r=0$)条件的磁场为 0。一维磁扩散方程可以写为

$$\frac{\eta}{\mu_0} \frac{\partial}{\partial r}\left(\frac{1}{r} \frac{\partial r B_\theta}{\partial r}\right) = \frac{\partial B_\theta}{\partial t} \tag{A-23}$$

式中：η 为电阻率；μ_0 为真空磁导率。设 $B_\theta(r,t)$ 可以写为 $B_\theta(r)B_\theta(t)$，其中 $B_\theta(t)$ 设为 $B_0 \exp(-\omega t)$，此时的磁扩散方程改写为

$$r^2 \frac{d^2 B_\theta(r)}{dr^2} + r \frac{dB_\theta}{dr} + (v^2 r^2 - 1) B_\theta = 0 \quad (A-24)$$

式中：$v = (\omega\mu_0/\eta)^{1/2}$。设 $R = vr$。方程写为

$$R^2 \frac{d^2 B_\theta(R)}{dR^2} + R \frac{dB_\theta(R)}{dR} + (R^2 - 1) B_\theta(R) = 0 \quad (A-25)$$

这是一个典型的一阶贝塞尔方程，它的通解是 $A_1 J_1(R) + A_2 Y_1(R)$。其中 $J_1(R)$ 是一阶贝塞尔函数，$Y_1(R)$ 是二阶贝塞尔函数。因为 $B_\theta(0, t) = 0$，所以 $A_2 = 0$。最终磁场的解析解为 $A_1 B_0 \times J_1(vr) \times \exp(-\omega t)$。表 A-1 展示了一个算例的特解。图 A-4 展示了解析解与 FLASH 数值解的对比。结果表明 FLASH 中的磁扩散模块基本能够满足模拟的要求。

表 A-1 磁方程扩散特解

计算区域/mm	电阻率/(Ω·m)	电流波形	初始磁场分布	磁场变化
0～2	10^{-4}	$I(t)=4064\exp(-\omega t)A$ ($\omega=5\pi\times 10^7$)	$J_1(vr)$ ($A_1 B_0 = 1$)	$J_1(vr)\exp(\omega t)$

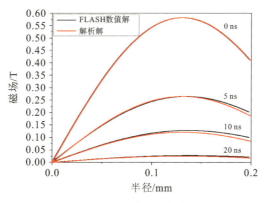

图 A-4 磁扩散方程特解问题的解析解与 FLASH 数值解对比

A.4 FLASH 使用外部物态方程

A.4.1 FEOS 计算所需的数据文件

在运行目录(/FEOS/EOS-Data)中，包含了计算所需的：定义所有材料特征参数的数据库文件"FEOS_Material-DB.dat"；各种材料特有的定义计算参数的参数文件"材料名.par"；氢元素的 TF 表"FEOS_TF-Table_1197.dat"；两个可执行文件"feos""showeos"。其中，需要用户自行配置的

有数据库文件和参数文件。

A.4.2　数据库文件的配置

数据库文件中预设了锡、金、银、钛、铜、铝、钽、二氧化硅总共八种材料的特征参数。如果要计算其他材料的物态方程，需要首先在数据库文件中仿照预设材料添加相应的参数声明。下面对数据库文件中声明的各种材料参数进行简要介绍。

A.4.2.1　两种序号参数

Material Number：数据库文件中每种材料特有的材料编号，是程序用来识别材料的标识符。材料编号的允许值是 1000 – 9999，声明位置在"Material – XXXX"处，以及每一个参数名前缀的方括号内，如"[XXXX] _ Treference"。如果已知材料在 SESAME 数据库中的编号，那么可以将材料编号设置为 SESAME 数据库中的编号；如果未知，那么可以在允许值范围内，将材料编号设置为任意一个与其他材料都不相同的数值。（如果数据库文件中出现了两组材料编号相同的声明，那么计算时程序会优先识别并使用第一种材料的参数，相当于第二种材料无效。）

SESAME – Number：即这种材料在 SESAME 数据库中的编号。不同于材料编号，SESAME 编号并不会影响材料的识别和计算。如上所述，如果未知，可以设置为与材料编号相同。如图 A – 5 所示，第一行的"Material – 3717"，以及所有方括号内的"3717"，都是用于程序定位的材料编号，而第二行的"SESAME – Number＝3717"是 SESAME 编号。

图 A – 5　材料编号声明示意图

A.4.2.2　基本参数

Treference：参考温度。所有材料都相同，默认值为 2.585257×10^{-2} eV，即 300 K。

Rhoreference：参考密度，即材料的固体密度，g/cm^3。

Bulk-Modulus：杨氏模量，erg/cm^3（1 GPa=10^{10} erg/cm^3）。

Number-of-Elements：材料中所有不同元素的种类数，如二氧化硅（SiO$_2$）的元素种数为2。

A、Z、X：分别为某种元素的相对原子质量、原子序数以及其在材料中的占比，后缀的方括号里用正整数声明这是材料中的第几种元素。

例如，对于二氧化硅（SiO$_2$）的声明，如图A-6所示。

```
%%%%%%%%%%%%%%%%%% Fused silica (SiO2) %%%%%%%%%%%%%%%%%%
%%%%%%%%%%%%%%%%%%%%%%%%%%%%%%%%%%%%%%%%%%%%%%%%%%%%%%%%%
Material-7386:

[7386]_SESAME-Number = 7386
[7386]_Treference = 2.585257e-2        % 2.585257771e-2 ---> 300 K
[7386]_Rhoreference = 2.2
[7386]_Bulk-Modulus = 3.7e11           % GPa value multiplied by 1.0e10
[7386]_Number-of-Elements = 2

[7386]_A[1] = 28.0855                  % Element 1: Silicon (Si)
[7386]_Z[1] = 14.0
[7386]_X[1] = 1.0

[7386]_A[2] = 15.9994                  % Element 2: Oxygen (O)
[7386]_Z[2] = 8.0
[7386]_X[2] = 2.0
```

图 A-6　多元素材料声明的示意图

A.4.3　用于Soft-Sphere函数的参数

QEOS模型将物态方程分成电子和离子两个部分。电子部分采用简单托马斯-费米（TF）模型来处理，利用简单TF模型的缩放特性，可以由氢元素一种元素的全局物态方程数据，通过特征参数缩放得到所有元素的物态方程数据，极大地提升了计算的便捷性。但简单TF模型的最大劣势就是忽略了中性原子之间的吸引力（键合力，源于电子-电子相互作用的量子效应），导致了对临界压力和临界温度的高估，以及对固体密度附近压力的普遍高估。虽然有TF模型的扩展理论如托马斯-费米-狄拉克（Thomas-Fermi-Dirac，TFD）模型，托马斯-费米-基尔日尼兹（Thomas-Fermi-Kirzhnitz，TSK）模型和量子统计模型（Quantum Statistical Model，QSM）等可以解决这个问题，但这些扩展理论一方面计算更加繁琐复杂，另一方面也不再拥有简单TF模型的缩放特性。

因此，QEOS模型添加了半经验的键合修正项，以弥补TF模型的不足。尽管如此，它依旧会高估临界点的位置。此外，在某些情况下内聚能（cohesive energy，即升华焓）E_{coh}的数值会变成负数。为了解决这一问题，FEOS模型用Young（扬）等[13]提出的Soft-Sphere函数，替换了固体密度以下的

TF 模型冷曲线和键合修正。

$$E_{\text{cold}}(\rho) = A\rho_r^m - B\rho_r^n + E_{\text{coh}}$$

式中：E_{coh} 为实验得出的内聚能；$\rho_r = \rho/\rho_s$。

Ecohesive：内聚能/升华焓，erg/g。

Soft‐Sphere‐m：Soft‐Sphere 函数的系数 m。

Soft‐Sphere‐n：Soft‐Sphere 函数的系数 n。

参数设置如图 A‐7 所示。

```
                    Aluminum (Al)

Material-3717:

[3717]_SESAME-Number = 3717
[3717]_Treference = 2.585257e-2       % 2.585257771e-2 ---> 300 K
[3717]_Rhoreference = 2.7
[3717]_Bulk-Modulus = 7.5e11          % GPa value multiplied by 1.0e10
[3717]_Number-of-Elements = 1

[3717]_A[1] = 26.9815                 % Element 1: Aluminum (Al)
[3717]_Z[1] = 13.0
[3717]_X[1] = 1.0

[3717]_Ecohesive = 12.123e10
[3717]_Soft-Sphere-m = 0.5
[3717]_Soft-Sphere-n = 2.0
```

图 A‐7 用于 Soft‐Sphere 函数的参数声明示意图

A.4.4 Soft‐Sphere 函数系数的计算

(1) 对于给定元素，确定密度 $\rho = \rho_s$ 时的杨氏模量实验值 B_0。

(2) 通过 Partington(帕延顿)公式[14]或 Jing(靖)的改进公式[15]估算临界温度 T_c^*，文献表明临界温度与熔点沸点之和相近。令 $T_a = T_c^*$。

(3) 选择比 $y_0 = \sqrt{B_0/\rho_s E_{\text{coh}}}$ 小得多的 n 值。

(4) 利用下式计算 x：

$$x = \frac{B_0 - \rho_s n^2 E_{\text{coh}}}{\rho_s n E_{\text{coh}}}$$

进而得到 $m = n + x$，然后利用公式：

$$p_{\text{tot}}(\rho, T) = \frac{\rho k T}{AM_p}(1 + \gamma_F w^{1/3}) + \eta \rho_s \frac{r^2}{\Gamma_e \beta(\rho)} \log \cosh\left[\frac{\Gamma_e \beta(\rho) T}{r}\right] + \rho_s E_{\text{coh}} \frac{mn}{m-n}(\rho_r^{m+1} - \rho_r^{n+1})$$

得到温度 T_a 下的总压力。式中：k 为玻尔兹曼常数；A 为相对原子质量；M_p 为原子质量单位；AM_p 为一个原子的质量；γ_F 为格林艾森参数。

$$\gamma_F = \frac{3\partial \log[T_m(\rho)]}{2\partial \log(\rho)}$$

$$w = \frac{T_m(\rho)}{T}$$

$$\eta = \rho/\rho_s$$

$$r = \frac{0.85 X^{0.59}}{1 + 0.85 X^{0.59}} ZR$$

$$X = \frac{1}{Z^{4/3}} T$$

$$\Gamma_e = 0.5 - 0.6$$

式中：$\beta(\rho)$ 为电子比热的系数；$\rho_r = \rho/\rho_s$。

(5) 已知总压力的一阶二阶导数在临界温度时为零，用下面两个关系式确定密度 ρ_1 和 ρ_2：

$$\left(\frac{\partial p_{\text{tot}}}{\partial \rho}\right)_{T_a} = 0$$

$$\left(\frac{\partial^2 p_{\text{tot}}}{\partial \rho^2}\right)_{T_a} = 0$$

(6) 如果密度 ρ_1 和 ρ_2 相近（一定精确度内），则认为这个密度就是临界密度 ρ_c。因此选定的温度就是临界温度 $T_c = T_a$。最后临界压力就是 $p_c = p_{\text{tot}}(\rho_c, T_c)$。

(7) 如果密度 ρ_1 和 ρ_2 并不相近，则将 n 的数值增大一点然后从步骤(3)重复。

(8) 如果有必要，可以将 T_a 的数值增大然后从步骤(2)重复。

(9) 如果上述步骤都不成功，则改变 B_0 的数值。

通过上述流程计算了如表 A-2 所示的 6 种元素。

表 A-2　FEOS 材料库所需参数汇总

元素	$\rho_0/(\text{g}\cdot\text{cm}^{-3})$	B_0/GPa	A	Z	$E_{\text{coh}}/(\text{MJ}\cdot\text{kg}^{-1})$
Na	0.968	6.3	22.99	11	4.674
Al	2.7	75.6	26.98	13	12.123
Fe	7.874	170.0	55.85	26	7.44
Cu	8.92	140.0	63.55	29	5.287
Mo	10.28	231.0	95.94	42	6.869
Ta	16.65	200.0	180.9	73	4.322

上表中 Al、Cu、Ta 是 FEOS 材料库自带的三种元素，而 Na、Fe、Mo 是 FEOS 材料库中没有的元素。调节参数的计算结果以及临界点的比较见表

A-3，其中：PSO 即用粒子群算法通过上述流程计算的结果，FEOS 是材料库自带参数计算的结果，Ref.1[4]，Ref.2[5]，Ref.3[6]，Ref.4[7]，Ref.5[8]，Ref.6[9]，Ref.7[10]，Ref.8[11]，Ref.9[12]。

表 A-3 调节参数的计算结果与临界点的比较

元素	m	n	$\rho_c/(\text{g}\cdot\text{cm}^{-3})$	T_c/K	P_c/kbar	Z_c	来源
Al	3.5237	0.44448	0.5611	5247.19	1.876	0.21	PSO
	2.0	0.5	0.3543	5657.66	1.729	0.28	FEOS
	2.0	0.5		5520	1.68		Ref. 1
	1.9508	0.4531	0.32	5700	1.87	0.33	Ref. 2
			0.42	5726	1.82	0.24	Ref. 3
			0.69	7151	5.45	0.36	Ref. 4
Cu	2.1177	0.89995	2.5187	6804.41	11.932	0.54	PSO
	2.0	1.1	2.9501	7812.94	18.9861	0.63	FEOS
	2.3857	0.6727	2.31	7800	8.94	0.38	Ref. 2
			2.32	7625	8.3	0.36	Ref. 4
			2.13	7830	9.07	0.41	Ref. 5
			1.76	8400	6.08	0.32	Ref. 6
Ta	4.7533	0.47938	6.6844	10460.0	8.0087	0.25	PSO
	4.0	0.5	5.2071	10644.1	6.9878	0.28	FEOS
	3.0	0.5		10400	7.92		Ref. 1
	2.6315	0.5568	4.19	9900	10.6	0.56	Ref. 2
			4.23	9284	9.99	0.55	Ref. 3
			4.27	17329	12.2	0.36	Ref. 4
Na	2.6295	0.50493	0.203	2733.53	0.5199	0.26	PSO
	5.4823	0.5898	0.20	2448	0.48	0.27	Ref. 2
			0.16	2429	0.30	0.21	Ref. 3
			0.21	2573	0.28	0.27	Ref. 7
			0.22	2573	0.55	0.27	Ref. 8
			0.20	2573	0.35	0.20	Ref. 9

续表

元素	m	n	$\rho_c/(\text{g}\cdot\text{cm}^{-3})$	T_c/K	P_c/kbar	Z_c	来源
Fe	2.1216	0.75028	1.8467	7666.58	10.4508	0.50	PSO
	1.8988	0.6950	1.77	6900	8.82	0.48	Ref. 2
			2.03	9340	10.15	0.36	Ref. 4
			2.03	9600	8.25	0.28	Ref. 7
			1.71	9340	8.03	0.34	Ref. 8
Mo	2.3802	0.62492	2.6656	10721.39	10.4033	0.42	PSO
	2.0	0.65		10500	8.8		Ref. 1
	3.2131	0.4887	2.82	9500	9.64	0.41	Ref. 2
			1.02	8002	9.7	0.61	Ref. 3
			2.61	14588	11.8	0.36	Ref. 4
			3.18	16140	12.63	0.28	Ref. 7

A.4.5 参数文件的配置

A.4.5.1 Computation-Settings

Material-Number：即数据库文件中的材料编号。

Maxwell_Flag：是否在计算中应用麦克斯韦分布的标识符（默认值1＝是，0＝否）。

SoftSphere_Flag：是否用 Soft-Sphere 函数替换固体密度以下的 TF 模型冷曲线的标识符（默认值1＝是，0＝否）。

UserCalculations_Flag：是否进行用户自定义计算的标识符（默认值1＝是，0＝否）。

计算设置如图 A-8 所示：

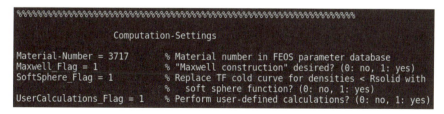

图 A-8 计算设置的示意图

A.4.5.2 Q-table

Q-table 用于定义计算中密度温度点的分布。

Rhonorm：密度常数，g/cm³。

Rhoratio x：在密度区间 [Rhonorm×10^{x-1}，Rhonorm×10^x) 内，对数等距分布的密度点的个数。注意，$x \in [-6, 6]$，FEOS 可处理的密度下限为 10^{-50} g/cm³。

Tnorm：温度常数，eV。

Tratio x：在温度区间 [Tnorm×10^{x-1}，Tnorm×10^x) 内，对数等距分布的温度点的个数。注意，$x \in [-6, 6]$，FEOS 可处理的温度下限为 10^{-4} eV。

Q-table 的设置如图 A-9 所示。

```
%%%%%%%%%%%%%%%%%%%%%%%%%%
              Q-table
% Distribution of densities:
Rhonorm = 2.7e-3       % Norm in g/cm^3
Rhoratio-6 = 10        % Rhoratiox defines number of logarithmically distributed density
Rhoratio-5 = 10        %   points in range Rnorm*1.0e(x-1) to Rnorm*1.0ex, x=-6...6
Rhoratio-4 = 10        % Attention: Take care of lower density library limit!
Rhoratio-3 = 10
Rhoratio-2 = 10
Rhoratio-1 = 20
Rhoratio0 = 20
Rhoratio1 = 30
Rhoratio2 = 30
Rhoratio3 = 50
Rhoratio4 = 50
Rhoratio5 = 0
Rhoratio6 = 0

% Distribution of temperatures:
Tnorm = 2.585257000016552      % Norm in eV
Tratio-6 = 0           % Tratiox defines number of logarithmically distributed temperature
Tratio-5 = 0           %   points in range Tnorm*1.0e(x-1) to Tnorm*1.0ex, x=-6...6
Tratio-4 = 0           % Attention: Take care of lower temperature library limit!
Tratio-3 = 20
Tratio-2 = 20
Tratio-1 = 30
Tratio0 = 30
Tratio1 = 50
Tratio2 = 50
Tratio3 = 0
Tratio4 = 0
Tratio5 = 0
Tratio6 = 0
```

图 A-9 Q-table 设置的示意图

A.4.5.3 EOS table visualization

运行"./showeos"可以生成指定类型（Isocurves、Mountain、Hugoniot 等）曲线的计算结果（不能直接显示图形）。如果需要在 Linux 系统中查看，需要额外安装可视化软件。

A.4.6 物态方程数据导入 FLASH

FLASH 自带的物态方程和输运系数,一方面只有两三种元素,相关计算的局限性很大;另一方面温度密度点的分布非常稀疏,计算结果的精确度不够。因此,为了获得理想的计算结果,需要嵌入外部来源的、更加精确的物态方程和输运系数数据。

A.4.6.1 制作 FLASH 专用格式的表格

FLASH 可以直接读取 IONMIX4 和 IONMIX6 格式的物态方程和输运系数表格文件,这些格式并不易用,因此未来版本可能会支持其他格式的文件。通过将数据处理成 IONMIX4 或 IONMIX6 格式,用户可以在 FLASH 仿真中使用自己的物态方程和输运系数数据。每一个文件包含一种材料的信息,所有的物态方程和输运系数信息都在一个温度密度网格中定义,密度实际上是离子数量密度。

下面对 IONMIX4 和 IONMIX6 格式进行介绍。两种格式非常相似,唯一的区别就是,IONMIX6 格式包含额外的电子比熵信息。现阶段,FLASH 会忽略一些特定的信息,意思是这些数据会读入,但是不会用于任何计算。其他信息或是仅用于 EOS 模块,或是仅用于 Opacity 模块。

(1) 温度点的数目;

(2) 离子数量密度点的数目;

(3) 材料中每种元素的原子序数信息(FLASH 忽略);

(4) 材料中每种元素的比重(FLASH 忽略);

(5) 辐射能量群的数目;

(6) 温度列;

(7) 密度列;

(8) 每个温度/密度点的平均电离度($\bar{z}$)(FLASH 中只用于表格式 EOS);

(9) 每个温度/密度点的 $d\bar{z}/dT_e$[1/eV](FLASH 忽略);

(10) 每个温度/密度点的离子压力 P_i[J/cm^3](FLASH 中只用于表格式 EOS);

(11) 每个温度/密度点的电子压力 P_e[J/cm^3](FLASH 中只用于表格式 EOS);

(12) 每个温度/密度点的 dP_i/dT_i[J/(cm^3·eV^{-1})](FLASH 忽略);

(13) 每个温度/密度点的 dP_e/dT_e[J/(cm^3·eV^{-1})](FLASH 忽略);

(14) 每个温度/密度点的离子比内能 e_i[J/g]（FLASH 中只用于表格式 EOS）；

(15) 每个温度/密度点的电子比内能 e_e[J/g]（FLASH 中只用于表格式 EOS）；

(16) 每个温度/密度点的 de_i/dT_i[J/(g·eV^{-1})]（FLASH 忽略）；

(17) 每个温度/密度点的 de_e/dT_e[J/(g·eV^{-1})]（FLASH 忽略）；

(18) 每个温度/密度点的 de_i/dn_i[J/(g·cm^{-3})]（FLASH 忽略）；

(19) 每个温度/密度点的 de_e/dn_e[J/(g·cm^{-3})]（FLASH 忽略）；

(20) 每个温度/密度点的电子比熵 [J/(g·eV^{-1})]（只出现于 IONMIX6 格式中）；

(21) 每个辐射群的边界[eV]，g 个群有 $g+1$ 个边界；

(22) 每个密度/温度点/辐射群的 Rosseland（罗斯兰）不透明度 [cm^2/g]（FLASH 中只用于表格式不透明度）；

(23) 每个密度/温度点/辐射群的普朗克吸收不透明度 [cm^2/g]（FLASH 中只用于表格式不透明度）；

(24) 每个密度/温度点/辐射群的普朗克发射不透明度 [cm^2/g]（FLASH 中只用于表格式不透明度）；

A.4.6.2 直接导入原始数据，插值读取

(1) 主程序 eos_idealGamma 添加插值程序。

```
do i=ilo, ihi
min=1.0
max=nD
mid=floor((min+max)/2.0)
do while(mid.NE.min)
    if(eosData(dens+i).LT.D(mid))then
        max=mid
    else
        min=mid
    endif
    mid=floor((min+max)/2.0)
enddo
d1=min
d2=max
Em(:, 1)=(E(:, d2)-E(:, d1)) * (eosData(dens+i)-D(d1)) / (D(d2)-
```

附录 A 基于 FLASH 的金属丝电爆炸数值模拟

```
                D(d1)) + E(:, d1)
    min=1.0
    max=nT
    mid=floor((min+max)/2.0)
    do while(mid. NE. min)
        if(eosData(eint+i). LT. Em(mid, 1))then
            max=mid
        else
            min=mid
        endif
        mid=floor((min+max)/2.0)
    enddo
    t1=min
    t2=max
    eosData(temp+i)=(T(t2)-T(t1)) * (eosData(eint+i)-Em(t1, 1)) /
                    (Em(t2, 1)-Em(t1, 1)) + T(t1)
    P13=(P(t1, d2)-P(t1, d1)) * (eosData(dens+i)-D(d1)) / (D(d2)-D
        (d1)) + P(t1, d1)
    P23=(P(t2, d2)-P(t2, d1)) * (eosData(dens+i)-D(d1)) / (D(d2)-D
        (d1)) + P(t2, d1)
    P33=(P23-P13) * (eosData(temp+i)-T(t1)) / (T(t2)-T(t1)) + P13
    eosData(pres+i)=P33
    eosData(entr+i)=(eosData(pres+i)/eosData(dens+i) + eosData(eint+
                    i))/eosData(temp+i)
enddo
```

(2)初始化程序 eos_initGamma 添加读取文件代码。

```
open(unit=10, file='D.txt')
read(10, *) (D(i), i=1, nD)
close(10)
open(unit=11, file='T.txt')
read(11, *) (T(i), i=1, nT)
close(11)
open(unit=12, file='P.txt')
do i=1, nT
    read(12, *) (P(i, j), j=1, nD)
```

```
end do
close(12)
open(unit=13, file='E.txt')
do i=1, nT
    read(13, *)  (E(i, j), j=1, nD)
end do
close(13)
```

(3) 数据定义程序 eos_idealGammaData 声明变量。

```
integer, parameter :: nT=200
integer, parameter :: nD=250
real, save :: eos_gammam1, T(nT), D(nD), P(nT, nD), E(nT, nD)
```

参考文献

[1] Flash Center for Computational Science. FLASH user's guide (version 4.7) [M]. New York, NY: University of Rochester, 2022.

[2] VELIKOVICH A L, GIULIANI J L, ZALESAK S T, et al. Exact self-similar solutions for the magnetized noh Z pinch problem[J]. Physics of Plasmas, 2012, 19(1): 529.

[3] ANGELOVA M A. Numerical study of plasma formation from current carrying conductors[J]. Dissertations & Theses-Gradworks, 2010, 71(6): 3728-3921.

[4] YOUNG D A, COREY E M. A new global equation of state model for hot, dense matter[J]. Journal of Applied Physics, 1995, 78(6): 3748-3755.

[5] RAY A, SRIVASTAVA M, KONDAYYA G, et al. Improved equation of state of metals in the liquid-vapor region[J]. Laser and Particle Beams, 2006, 24(3): 437-445.

[6] YOUNG D A. Soft-sphere model for liquid metals[R]. California: California Univ., 1977.

[7] YOUNG D A, ALDER B J. Critical point of metals from the van der Waals model[J]. Physical Review A, 1971, 3(1): 364.

[8] AL'TSHULER L, BUSHMAN A, ZHERNOKLETOV M, et al. Unloa-

ding isentropes and the equation of state of metals at high energy densities[J]. Soviet Journal of Experimental and Theoretical Physics, 1980, 51: 373.

[9] MORRIS E. An application of the theory of corresponding states to the prediction of the critical constants of metals[M]. Oxford: United Kingdom Atomic Energy Authority, 1964.

[10] FORTOV V E, IAKUBOV I T. The physics of non-ideal plasma[M]. World Scientific, 1999.

[11] HORNUNG K. Liquid metal coexistence properties from corresponding states and third law[J]. Journal of Applied Physics, 1975, 46(6): 2548–2558.

[12] DILLON I, NELSON P, SWANSON B S. Measurement of densities and estimation of critical properties of the alkali metals[J]. The Journal of Chemical Physics, 1966, 44(11): 4229–4238.

[13] YOUNG D A, COREY E M. A new global equation of state model for hot, dense matter[J]. Journal of Applied Physics, 1995, 78(6): 3748–3755.

[14] PARTINGTON J R. An advanced treatise on physical chemistry[M]. London, UK: Longmans, 1949.

[15] JING D Y, TUNG Y T, RONG C L. A new relationship for the melting point, the boiling point and the critical point of metallic elements[J]. Journal of Physics F-Metal Physics, 1984, 14(8): 141–143.

索 引

B

比作用量模型　100
不均匀消融　175

C

长模式　64
超快模式　8
成核　205
成核-耦合模型　211
初级储能源　95
纯电感型负载　99
纯电阻型负载　99
磁化套筒惯性约束聚变　182
磁流体动力学　102

D

大型脉冲源　4
等离子体射流　186
等离子体输运参数　128
等离子体预填充 RPD　190
等离子体诊断　25
等温曲线　121
第一类材料　8
第二类材料　8
第三类材料　9
电爆炸"冷启动"数值模拟　107
电爆炸的介质　10
电感电阻混合型负载　99

电离能　132
电流测量　21
电流上升率　44
电流暂停模式　29
电路模型　94
电热不稳定性　81
电压崩溃　37
电压测量　23
电子热贡献项　123
定相加热　101
动态黑腔惯性约束聚变　181
动态极化率　150
短模式　64
多路汇流区域　98
多重弱冲击波　72

E

二级丝阵　179

F

反向丝阵　187
放电模式　27
非接触测量　25
非理想 Saha 方程　135
非平衡快速冷却　206
分层结构　80
分层现象　81
辐射不透明度　184
辐射及光谱诊断　26

辐射坍塌　158

负载构型　2

G

高熵合金　206

光纤阵列　59

过饱和　204

过热系数　38

H

含温项　123

耗散格式　107

化学势　129

火箭模型　176

J

击穿　43

击穿模式　27

激光预热　183

极端状态水　309

极化作用　136

极性效应　46

交换修正项　119

接触式电测量　25

金属半导体复合桥　240

金属箔　3

金属丝　3

金属套筒　4

径向箔　186

径向电场　47

静态极化率　150

绝缘镀层　50

K

开关　97

L

壳层结构　175

快模式　7，38

冷凝　205

冷却机制　205

离散模型　207

离子热贡献项　123

理想 Saha 方程　134

亮斑　158

量子修正项　119

零维薄壳模型　177

零温项　123

M

慢模式　7，38

N

NND 格式　110

纳米材料　203

内爆压缩　183

能量中断法　253

O

欧姆定律　103

P

泡沫状结构　73

匹配模式　30

平均电离度　134

Q

汽化波　41

强脉冲辐射效应　173

全局磁场　175

全局物态方程　123

R

热斑 158
热电离 132
热平衡 104
韧致辐射 184
弱激波 251

S

三项式全局物态方程 125
射流等离子体 160
实验室软 X 射线辐射源 173
束缚态电子 132
双波长干涉 151
双层嵌套丝阵 174
水介质传输线 95
送丝机构 214

T

探针光诊断 26
特征时间 6
图像诊断 25
微箍缩 158

W

无量纲势 118
无晕丝爆 53
物模测试 304
物态方程 114

X

X 射线闪光照相 189
先导柱 174
线状结构 75
相爆炸 41
芯-晕结构 37
旋节线分解 42
雪耙模型 178

Y

压力传感器 272
压致电离 132
液电成形 307
油田增产 305
预磁化 182
预加热 59
预脉冲 19

Z

Z 箍缩聚变靶 14
真空磁绝缘传输线 98
真空截止密度 104
质量消融率 177
中/小型驱动源 5
种子机制 86
重频丝爆装置 213
重燃冲击波 255
主脉冲 20
柱形丝阵 174
阻性磁流体力学模型 103
最优直径 56